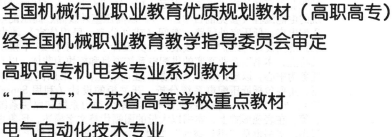

全国机械行业职业教育优质规划教材（高职高专）
经全国机械职业教育教学指导委员会审定
高职高专机电类专业系列教材
“十二五”江苏省高等学校重点教材
电气自动化技术专业

供配电技术项目式教程

第 2 版

蒋庆斌　张平泽　葛朝阳　苏伯贤　编著
朱　平　主审

机 械 工 业 出 版 社

本书是全国机械行业职业教育优质规划教材（高职高专），经全国机械职业教育教学指导委员会审定。在整体结构上，本书按照低压供配电系统的电能流程（参见前言中图一），以高压室外线路、高压配电系统、低压配电房、低压室外线路、车间（或办公室、民用住宅）动力系统和照明系统的设计与维护为主线展开，共设计了8个项目27个模块；在内部结构上，本书以企业真实的供配电系统项目和模块为载体，以真实的工作任务为中心，以理论知识为背景；在内容上，本书以岗位工作任务为依据，主要包括低压配电系统分析，开关柜的设计（利用SuperWORKS软件）、布线和维护，室外线路的布线，室内动力系统和照明系统的设计维护等；在表现形式上，本书以大量的图幅代替文字描述，形象生动，深入浅出。本书也是“书证融通”教材，将电工职业资格要求融于项目或模块之中。

本书可作为高职高专院校供用电技术等电气类专业的教材，也可作为技师学院、成教学院相关专业的教材，还可作为电工职业资格考试的培训教材。

为方便教学，本书配有免费电子课件等，凡选用本书作为授课教材的学校，均可来电索取。咨询电话：010-88379375；Email：cmpgaozhi@sina.com。

图书在版编目（CIP）数据

供配电技术项目式教程/蒋庆斌等编著. —2版. —北京：机械工业出版社，2016.7（2025.1重印）
全国机械行业职业教育优质规划教材（高职高专）经全国机械职业教育教学指导委员会审定. 电气自动化技术专业
ISBN 978-7-111-54095-3

Ⅰ.①供… Ⅱ.①蒋… Ⅲ.①供电系统-高等职业教育-教材②配电系统-高等职业教育-教材 Ⅳ.①TM72

中国版本图书馆CIP数据核字（2016）第142647号

机械工业出版社（北京市百万庄大街22号 邮政编码100037）
策划编辑：于 宁 责任编辑：于 宁
版式设计：霍永明 责任校对：任秀丽
封面设计：陈 沛 责任印制：邓 博
北京盛通数码印刷有限公司印刷
2025年1月第2版·第8次印刷
184mm×260mm·18.25印张·449千字
标准书号：ISBN 978-7-111-54095-3
定价：44.50元

电话服务	网络服务
客服电话：010-88361066	机 工 官 网：www.cmpbook.com
010-88379833	机 工 官 博：weibo.com/cmp1952
010-68326294	金 书 网：www.golden-book.com
封底无防伪标均为盗版	机工教育服务网：www.cmpedu.com

前　言

“低压供配电系统的设计与维护”是高职电气类专业的主要岗位职业能力之一。本书是围绕“低压供配电系统的设计与维护”职业能力培养开发的项目式教材。在整体结构上，本书按照低压供配电系统的电能流程（见图一），以高压室外线路、高压配电系统、低压配电房、低压室外线路、车间（或办公室、民用住宅）动力系统和照明系统的设计与维护为主线展开，共设计了8个项目27个模块，重点突出低压配电系统的分析和设计。在内部结构上，本书以企业真实的、相对完整的供配电系统项目和模块为载体，为实施“体现学生为主体”的教学方法奠定了基础；本书以真实的工作任务为中心，以实践知识为重点，以理论知识为背景，既突出学生实践能力和应用能力的培养，又重视学生理论知识的积累。在教学内容上，本书以岗位工作任务为依据，内容包括低压配电系统的认识和分析，开关柜的设计（利用 SuperWORKS 软件），室外线路的敷设，室内动力系统和照明系统的分析、设计和维护等，既突出真实性，又重视实用性。在学生能力培养上，本书按照“认识→分析→设计”能力递进的规律，对不同的项目、不同的模块提出了不同的要求，目标明确、定位准确，符合学生学习规律和认知规律。在表现形式上，本书以大量的图幅代替文字描述，形象生动，深入浅出。本书也是“书证融通”教材，将电工职业资格要求融于项目或模块之中。

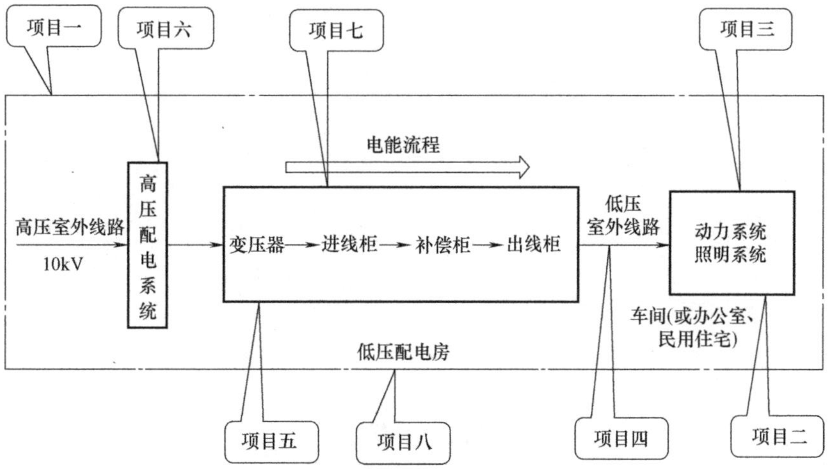

图一　供配电系统的流程和项目设计关系图

本书是江苏省高等教育教学改革重点研究课题“以典型技术为主线的高职专业课程体系的研究”（课题编号：2013JSJG071）的研究成果，是由常州机电职业技术学院和上海欧通电气有限公司、上海 Trace Software International 共同开发的项目化教材，并被评为2014 年江苏省高等学校重点立项建设教材（编号：2014-1-111）。本书由常州机电职业技术学院蒋庆斌、张平泽、葛朝阳、苏伯贤编著，蒋庆斌编写了前言、部分项目五、项目七及部分附录，并负责全书的组织、提纲编写和统稿工作；张平泽编写了项目二、项目六、项目八及部分附录；葛朝阳编写了项目三、项目四及部分附录；苏伯贤编写了项目一、部分项目五及部分附录。本书由常州机电职业技术学院朱平负责主审。在本书的编写过程中，上海欧通电气有限公司提供了大量的素材，总工程师景惠儒、技术部经理王大星对本书进行了严格的审核，并提出了许多宝贵的意见和建议，上海 Trace Software International 邵金玲提供了 elecworks 软件的相关资料，在此深表感谢。

限于编著者水平，本书中一定存在不妥之处，希望广大读者批评和指正。

编　者

目　录

项 目 一

供配电系统概述

【项目概述】 本项目包括两个模块：认识供配电系统、电压等级与供电质量。项目的设计思路是：模块一通过分析企事业单位常见供配电系统，让学生对典型供配电系统的结构原理及运行有一个整体认识。模块二是让学生了解三相交流电网和电力设备的额定电压的标准及确定方法、供电质量的相关要求。

一、教学目标

1）掌握分析供配电系统简图的基本方法，能分析典型供配电系统简图。

2）掌握三相交流电网和电力设备的额定电压的确定方法，能计算线路及设备的额定电压。

二、工作任务

分析典型供配电系统简图，计算线路及设备的额定电压。

模块一　认识供配电系统

一、教学目标

1）掌握工厂企业供配电系统简图的分析方法。

2）能分析典型供配电系统简图。

二、工作任务

分析工厂企业典型供配电系统简图。

三、相关实践知识

电力是现代工业生产的主要能源和动力，是人类现代文明的物质技术基础。做好供配电工作，对于保证企业生产和社会生活的正常进行和整个国民经济的现代化具有十分重要的意义。搞好“三电”（安全用电、节约用电、计划用电），要达到“安全、可靠、优质、经济”四大基本要求。

（一）常见供配电系统

供配电系统是电力系统的重要组成部分，其主要任务是提供和分配电能。供配电系统的接线方式有多种，下面介绍几种典型的工厂企业供配电系统。

1. 具有高压配电所的供配电系统

图 1-1 是一个有代表性的中型企业供配电系统简图。该企业高压配电所有两路 10kV 电源进线，分别接在高压配电所的两段母线上。母线是用来汇集和分配电能的导体，又称汇流排。该系统采用一台开关分隔开的单母线接线，称为“单母线分段制”。当一路电源进线发生故障或进行检修而被切除时，可以闭合分段开关，由另一路电源进线来对全厂负荷进行供电。该类高压配电所最常见的运行方式是：分段开关在正常情况下闭合，整个配电所由一路电源供电，通常这一路来自公共的高压电网；而另一路电源则作为备用，通常这备用电源由临近单位取得。

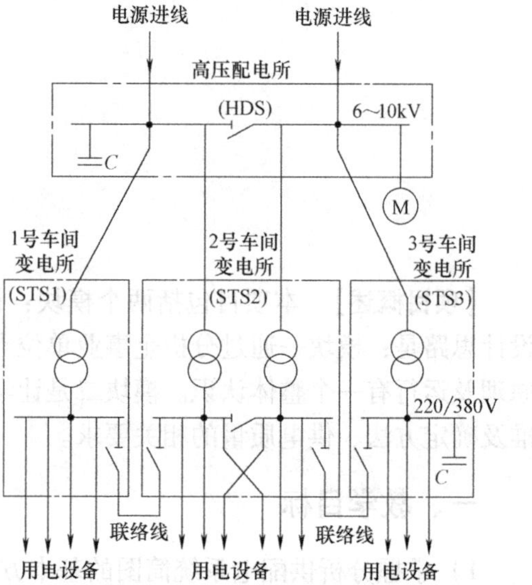

图 1-1　具有高压配电所的企业供配电系统简图

该系统图中的 10kV 母线有四条高压配电线，供电给三个车间变电所。车间变电所装有电力变压器（通称“主变压器”），将 10kV 高压降为低压用电设备所需的 220/380V 电压。2 号车间变电所的两台电力变压器分别由配电所的两段母线供电，其低压侧也采用单母线分段制，从而使供电可靠性大大提高。各车间变电所的低压侧，又都通过低压联络线相互连接，以提高供配电系统运行的可靠性和灵活性。此外，该配电所有一条高压配电线，直接供电给一组高压电动机；另有一条高压配电线，直接连接一组高压并联电容器。3 号车间变电所的低压母线上也连接有一组低压并联电容器。这些并联电容器都是用来补偿系统中的无功功率、提高功率因数的。

该系统图中，配电所的任务是接受电能和分配电能，变电所的任务是接受电能、变换电压和分配电能。两者的区别在于变电所装设有电力变压器，较之配电所增加了变换电压的功能。

2. 具有总降压变电所的供配电系统

对于大中型企业，一般采用具有总降压变电所的供配电系统，如图 1-2 所示。该总降压变电所有两路 35kV 及以上的电源进线，采用“桥形接线”。35kV 及以上的电压经电力变压器降为 10kV 电压，再经 10kV 高压配电线将电能送到各车间变电所。车间变电所又经电力变压器将 10kV 电压降为一般低压用电设备所需的 220/380V 电压。为了补偿系统的无功功率，提高功率因数，通常也在 10kV 母线上或 380V 母线上装设并联电容器。

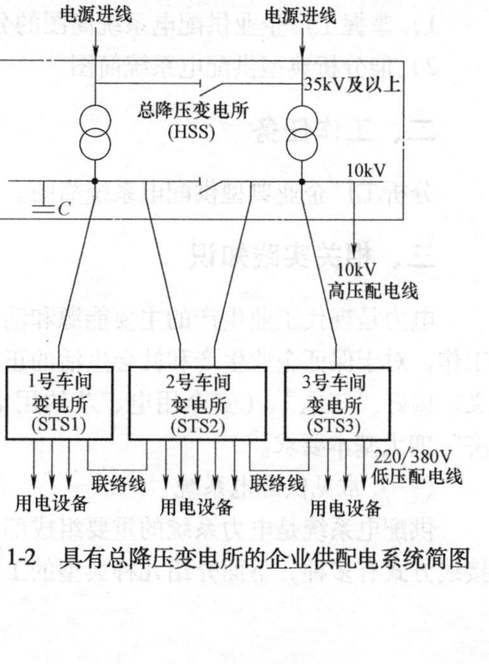

图 1-2　具有总降压变电所的企业供配电系统简图

3. 高压深入负荷中心的企业供配电系统

35kV 进线的工厂可以采用高压深入负荷中

心的直配方式，即将35kV的线路直接引入靠近负荷中心的车间变电所，只经一次降压，这样可以省去一级中间变压，从而简化供电系统的接线，降低电压损耗和电能损失，节约有色金属，提高供电质量。但这种供电方式要求厂区必须有能满足这种条件的“安全走廊”，否则不宜采用，以确保安全，如图1-3所示。

4. 只有一个变电所或配电所的企业供配电系统

对于电力容量不大于1000kVA或稍多的用电单位，通常只设一个将10kV降为低压的降压变电所，如图1-4所示。这种降压变电所的规模大致相当于车间变电所。

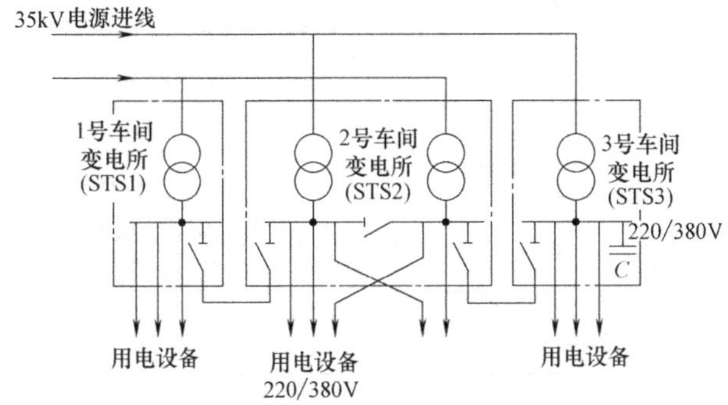

图1-3 高压深入负荷中心的供配电系统简图

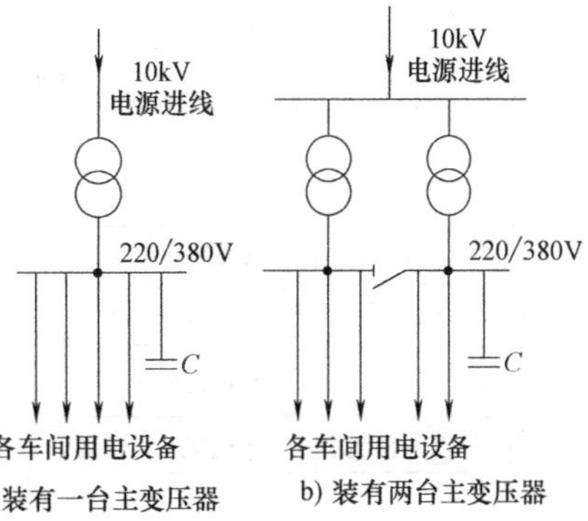

图1-4 只有一个降压变电所的供配电系统简图

对于用电设备总容量在250kW及以下或者变压器容量在160kVA及以下的小负荷用电单位，可直接由当地的公共低压电网——220/380V电压供电，该类单位只需设一个低压配电所（通称“配电房”），通过低压配电房直接向各用电点配电。

（二）电力系统、动力系统和电力网

电力系统是由两个以上的发电厂、变电所、输电网、配电网以及用户所组成的发、供、用电的一个整体。

电力系统加上热能、水能及其他能源动力装置，称为动力系统。

电力网主要包括输电网和配电网，输电网是将发电厂发出的电力送到消费电能的地区，或进行相邻电网之间的电力互送，形成互联电网。输电网由35kV及以上的输电线路和变电所组成，是电力系统的主要网络，也是电力系统中电压最高的网络，它的作用是将电能输送到各个地区的配电网或直接送给大型工业企业用户。

配电网由10kV及以下的配电线路和配电变电所组成，配电网的功能是接受输电网输送的电力，然后进行再分配，输送到城市和农村，进一步分配和供给工业、农业、商业、居民以及有特殊需要的用电部门。

图1-5是动力系统、电力系统和电力网示意图。

（三）新能源发电

发电厂又称“发电站”，是将自然界蕴藏的各种一次能源如水力、煤炭、石油、天然气、风力、地热、太阳能和核能等，转换为电能（二次能源）的工厂。目前我国的发电厂主要是燃煤机组，容量占80%强；其次是水电、核电，占15%左右；其余5%是风能、太阳能和生物质能（即烧秸秆）发电；此外还有一部分燃气机组，多用于市里供热。近年来，以太阳能、风能、核能为代表的新能源发电得到了长足发展。

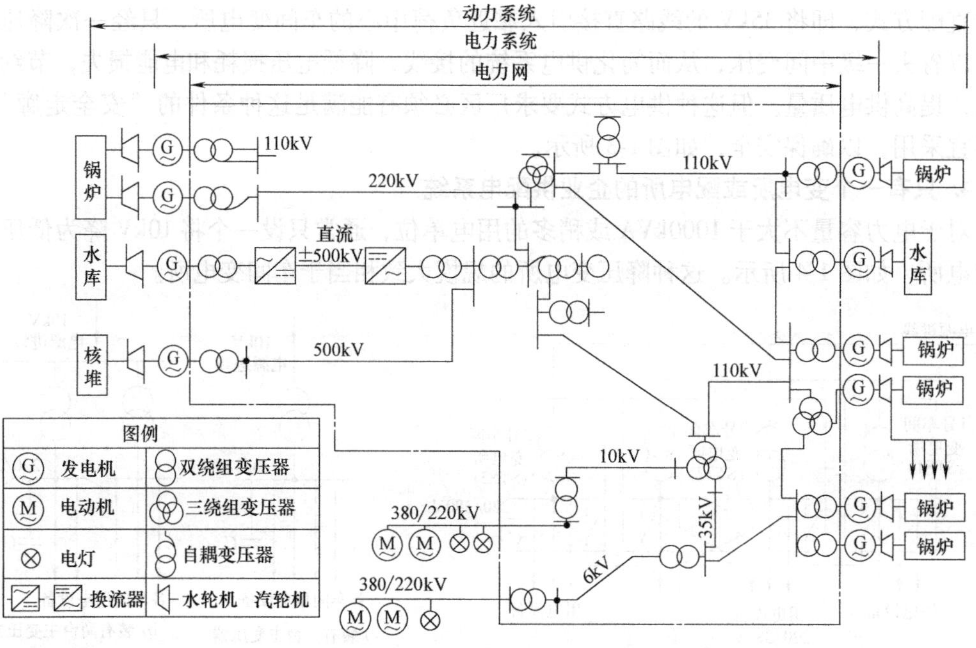

图 1-5　动力系统、电力系统和电力网示意图

1. 核电站

核能包括核裂变能、核聚变能及核素衰变能等，其中主要的核能形式为核裂变能和核聚变能。核裂变能是重元素（铀或钍等）在中子的轰击下，原子核发生裂变反应时放出的能量；核聚变能是轻元素（氘和氚）的原子核发生聚变反应时放出的能量。

在不加控制的链式反应中，从一个原子核开始裂变放出中子，到该中子引发下一代原子核的裂变，只需 1ns（10^{-9}s）的时间。在非常短的时间以及有限空间内，核裂变所放出巨大的能量必然会引起剧烈爆炸，原子弹就是根据这种不加控制的链式反应的原理制成的。通过控制链式反应，使核裂变能缓缓地释放出来，可用于直接供热或发电等。

核电站是利用核裂变反应释放出的能量来发电的工厂。它是通过冷却剂流过核燃料元件表面，把裂变产生的热量带出来，再产生蒸汽，推动汽轮发电机组发电。核能发电实际是“核能→热能→机械能→电能”的能量转换过程。其中“热能→机械能→电能”的能量转换过程与常规火力发电厂的工艺过程基本相同，只是设备的技术参数略有不同。核反应堆的功能相当于常规火电厂的锅炉系统，只是由于流经堆芯的反应堆冷却剂带有放射性，不宜直接送入汽轮机，所以压水堆核电厂比常规火电厂多一套动力回路。

按所使用的慢化剂和冷却剂，核反应堆可分为轻水堆、重水堆、石墨气冷堆及石墨沸水堆。轻水堆又分压水堆和沸水堆，核电厂中以轻水堆核电厂最多。图 1-6 所示为压水堆发电过程示意图。

核能是极其巨大的能源，也是比较洁净和安全的一种能源，世界各国都很重视核电建设，核电发电量的比重正在逐年快速增长。我国从 20 世纪 80 年代起，就确定“适当发展核电”的方针，现已在沿海地区兴建了秦山、大亚湾、岭澳等多座大型核电站，并已安全运行多年。核电站的选址不能处于地震带，以防地震引发核电站的核泄漏，污染环境，危害人类健康。图 1-7 是位于江苏省连云港的田湾核电站。

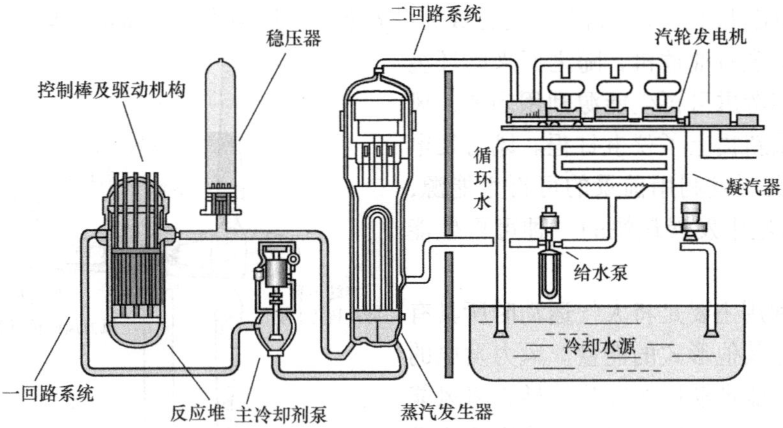

图 1-6 压水堆发电过程示意图

图 1-7 田湾核电站

2. 风力发电

在新能源发电技术中，风力发电是其中最实用和易推广的一种，如图 1-8 所示。风力发电是一个综合性较强的系统，涉及空气动力学、机械、发电机和控制技术等领域。

图 1-8 风力发电

风力发电起源于丹麦，目前丹麦已成为世界上生产风力发电设备的大国。20 世纪 70 年代世界连续出现石油危机，随之而来的环境问题迫使人们考虑可再生能源利用问题，风力发电很快重新提上了议事日程。风力发电是近期内最具开发利用前景的可再生能源，也将是 21 世纪中发展最快的一种可再生能源。

风能的利用主要是将大气运动时所具有的动能转化为其他形式的能量。风力发电的原理是利用风能带动风车叶片旋转，将风能转化为机械能，再通过变速齿轮箱增速驱动发电机，将机械能转变成电能。

风力发电机组主要包含两大部分：一部分是风力机，将风能转换为机械能；另一部分是发电机，将机械能转换为电能。图 1-9 所示为水平轴风力发电机组的主要结构。

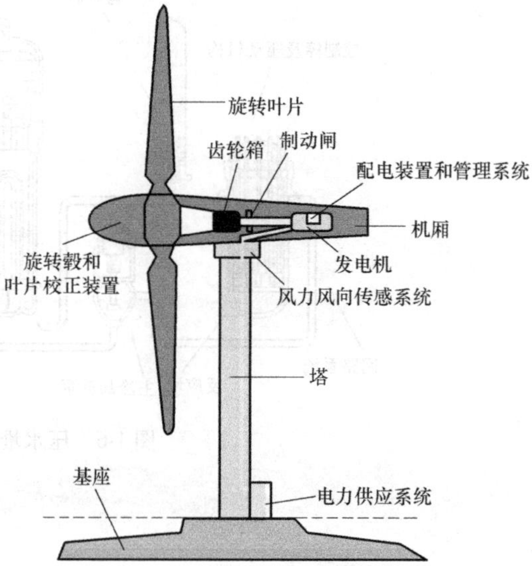

图 1-9　水平轴风力发电机组的主要结构

3. 光伏发电

太阳辐射的光子带有能量，当光子照射半导体材料时太阳能转换为电能——光伏效应。光伏发电系统一般由太阳电池板、太阳能控制器、蓄电池和逆变器等组成，图 1-10 所示为光伏发电示意图。

图 1-10　光伏发电

发电时，太阳能利用光伏效应将太阳能电池板上的光子转换为直流电，供直流负荷使用或蓄电池组进行储存。当负荷为直流负荷时，可以直接供负荷使用。当负荷为交流负荷时，可以利用逆变器转化为交流电送用户或电网。

太阳电池有硅太阳电池、多元化合物薄膜太阳电池、聚合物多层修饰电极型太阳电池、纳米晶太阳电池、染料敏化太阳电池和塑料太阳电池等几种。

硅太阳电池分为单晶硅、多晶硅薄膜和非晶硅薄膜太阳电池三种，如图1-11所示。

a) 单晶硅太阳电池

b) 多晶硅薄膜太阳电池

c) 非晶硅薄膜太阳电池

图1-11　硅太阳电池

多元化合物薄膜太阳电池材料为无机盐，主要包括砷化镓（Ⅲ-Ⅴ族化合物）、硫化镉及硒铟铜薄膜电池等。由于元素毒性及材料的来源稀有等问题，这类电池的发展又必然受到限制。

聚合物多层修饰电极型太阳电池是以有机材料制备的太阳电池，有机材料具有柔性好、制作容易、材料来源广泛及成本低等优势，从而对大规模利用太阳能、提供廉价电能具有重要意义。但该种类太阳电池的研究目前才仅仅开始，还有待于进一步探索。

纳米 TiO_2 晶体化学能太阳电池是新近发展的，优点在于它廉价的成本和简单的工艺及稳定的性能。此类电池的研究和开发刚刚起步，不久的将来会逐步走向市场。

染料敏化太阳电池是将一种色素附着在 TiO_2 粒子上，然后浸泡在一种电解液中。色素受到光的照射，生成自由电子和空穴，自由电子被 TiO_2 吸收，从电极流出进入外电路，最后回到色素。此类电池的制造成本很低，这使它具有很强的竞争力。

塑料太阳电池以可循环使用的塑料薄膜为原料，通过“卷对卷印刷”技术大规模生产，其成本低廉、环保。但目前塑料太阳电池尚不成熟，预计在未来5年到10年，此技术将走向成熟并大规模投入使用。

模块二　电压等级与供电质量

一、教学目标

1）掌握三相交流电网和电力设备的额定电压的标准及选择方法。

2）能计算常见线路及设备的额定电压。

二、工作任务

分析电力系统常见线路及设备的电压等级，计算常见线路及设备的额定电压。

三、相关实践知识

（一）电压等级

额定电压是电力系统及电力设备规定的正常电压，即与电力系统及电力设备某些运行特性有关的标称电压。电力系统各点的实际运行电压允许在一定程度上偏离其额定电压，在这一允许偏离范围内，各种电力设备及电力系统本身仍能正常运行。

输配电电压等级是输电网与配电网中用于升高电压和降低电压的各级电压层次。电压等级在同一输电网或配电网中具有统一性，在电力企业与制造行业之间具有标准性。

1. 三相交流电网和电力设备的额定电压

我国的三相交流电网和电力设备（包括发电机、电力变压器和用电设备等）的额定电压按 GB/T 156—2007《标准电压》规定，见表 1-1。其中“低压”指 1000V 以下的电压；“高压”指 1000V 以上的电压。

表 1-1　我国三相交流电网和电力设备的额定电压

分类	电网和用电设备额定电压/kV	发电机额定电压/kV	电力变压器额定电压/kV	
			一次绕组	二次绕组
低压	0.38	0.40	0.38	0.4
	0.66	0.69	0.66	0.69
高压	3	3.15	3,3.15	3.15,3.3
	6	6.3	6,6.3	6.3,6.6
	10	10.5	10,10.5	10.5,11
	20	13.8,15.75,18,20,22,24,26	13.8,15.75,18,20,22,24,26	—
	35	—	35	38.5
	66	—	66	72.5
	110	—	110	121
	220	—	220	242
	330	—	330	363
	500	—	500	550
	750	—	750	825(800)
	1000	—	1000	1100

（1）电网（线路）的额定电压　电网的额定电压等级是国家根据国民经济发展的需要和电力工业的水平，经全面的技术经济分析后确定的。它是确定各类电力设备额定电压的基本依据。

（2）用电设备的额定电压　用电设备的额定电压规定与同级电网的额定电压相同。通常用线路首端与末端的算术平均值作为用电设备的额定电压，这个电压也是电网的额定电压。由于线路运行时（有电流通过时）要产生电压降，所以线路上各点的电压都略有不同，如图 1-12 中所示。所以用电设备的额定电压只能取首端与末端的平均电压。

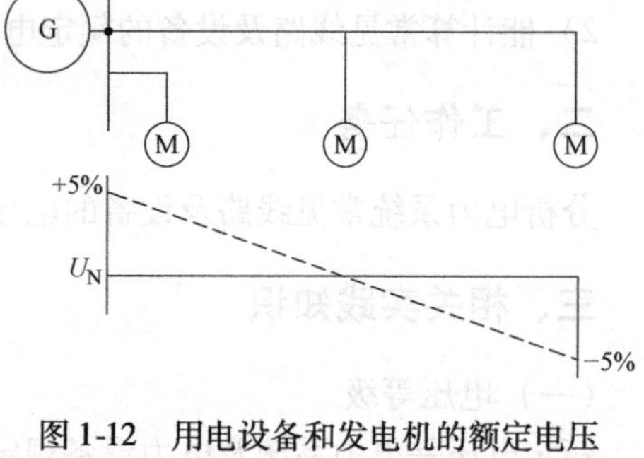

图 1-12　用电设备和发电机的额定电压

（3）发电机的额定电压　由于电力线路允许

的电压偏差一般为 ±5%，即整个线路允许有 10% 的电压损耗，因此为了维持线路的平均电压为额定值，线路首端（电源端）的电压应较线路额定电压高 5%，而线路末端则可较线路额定电压低 5%，如图 1-12 所示。所以发电机额定电压规定应高于同级电网（线路）额定电压 5%。

（4）电力变压器的额定电压

1）电力变压器一次绕组的额定电压分两种情况：①当变压器直接与发电机相连时，如图 1-13 中的变压器 T1，其一次绕组额定电压应与发电机额定电压相同，即高于同级电网额定电压 5%。②当变压器不与发电机相连而是连接在线路上时，如图 1-13 中的变压器 T2，则可看作是线路的用电设备，因此其一次绕组额定电压应与电网额定电压相同。

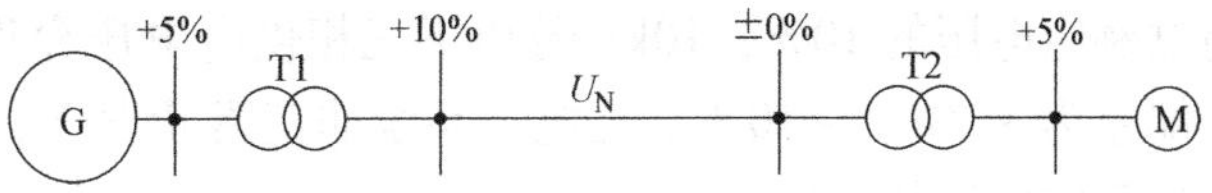

图 1-13　电力变压器的额定电压

2）电力变压器二次绕组的额定电压亦分两种情况：①如图 1-13 中的变压器 T1，变压器二次侧供电线路较长，其二次绕组额定电压应比相连电网额定电压高 10%，其中有 5% 是用于补偿变压器满负荷运行时绕组内部的约 5% 的电压降，另外变压器满负荷时输出的二次电压相当于发电机，还要高于电网额定电压 5%，以补偿线路上的电压损耗。②变压器二次侧供电线路不长，如为低压（1000V 以下）电网或直接供电给高低压用电设备时，如图 1-13 中的变压器 T2，其二次绕组额定电压只需高于所连电网额定电压的 5%，仅考虑补偿变压器满负荷运行时绕组内部 5% 的电压降。

2. 供配电电压的选择

（1）电力用户供电电压选择依据　电力用户供电电压的选择，主要应适应当地供电企业（当地电网）供电的电压等级，同时也要考虑用户用电设备的电压、容量及供电距离等因素。一般负荷容量越大，分布范围越广，则配电电压越高。

根据《供电营业规则》规定，供电企业供电的额定电压，低压有单相 220V，三相 380V；高压有 10kV、35（66）kV、110kV、220kV。同时规定：除发电厂直配电压可采用 3kV 或 6kV 外，其他等级的电压应逐步过渡到上述额定电压。如用户需要的电压等级不在上列范围时，应自行采取变压措施解决。用户需要的电压等级在 110kV 及以上时，其受电装置应作为终端变电所设计，其方案需经省电网经营企业审批。电力用户的用电设备容量在 100kW 及以下或需用变压器容量在 50kVA 及以下时，一般宜采用低压三相四线制供电；但特殊情况（例如供电点距离用户太远时）也可采用高压供电。

（2）高压配电电压选择　高压配电电压的选择主要应考虑当地供电电压的电压及用户高压用电设备的电压、容量和数量等因素。

对于具体用电单位，当所需容量不大于 1000kVA 或稍多（1250kVA 以下）时，通常只设一个将 10kV 降为低压的降压变电所；当用户用电设备的总容量较大且选用 6kV 经济合理时，特别是可取得附近发电厂的 6kV 直配电压时，可采用 6kV 作高压配电电压。如果 6kV 用电设备不多，可采用 10kV 经 10/6. 3kV 变压器单独供电。如果用户有 3kV 的用电设备，可通过专用的 10kV/3. 15kV 变压器单独供电；如果单位用电容量大于 1000kVA 就要考虑 35kV 供电；超大型企业厂区可采用 110kV 配电电压。

（3）低压配电电压选择　用户低压配电电压通常采用 220/380V。其中，380V 线电压供电给三相动力设备或 380V 的单相设备，相电压 220V 供电给一般的照明灯具或其他 220V 的单相设备。对于某些特殊场合（如矿井），可以采用660V甚至更高的电压作为低压配电电压，以减少投资，提高电能质量。

（二）供电质量

供电质量包括电能质量和供电可靠性两方面。

电能质量指电压、频率和波形的质量。电能质量的主要指标有：频率偏差、电压偏差、电压波动和闪变、电压波形畸变引起的高次谐波及三相不平衡度等。

电压和频率是衡量电能质量的主要指标。《供电营业规则》规定：在电力系统正常状况下，用户受电端的供电电压允许偏差为：35kV及以上供电电压正、负偏差的绝对值之和不超过额定电压的10%；10kV及以下三相供电电压允许偏差为±7%；220V单相供电电压允许偏差为+7%、-10%。在电力系统非正常状况下，用户受电端的电压最大允许偏差不应超过额定电压的±10%。

频率的调整主要依靠发电厂来调节发电机的转速。一般交流电力设备的额定频率为50Hz（工频）。原电力工业部1996年发布的《供电营业规则》规定：在电力系统正常情况下，工频的频率偏差一般不得超过±0.5Hz。如果电力系统容量达到3000MW或以上时，频率偏差则不得超过±0.2Hz。在电力系统非正常状况下，频率偏差不应超过±1Hz。

衡量供电可靠性的指标，一般以全部用户平均供电时间占全年时间（8760h）的百分数表示，也可用全年的停电次数和停电持续时间来衡量。原电力工业部1996年发布的《供电营业规则》规定：供电企业应不断改善供电可靠性，减少设备检修和电力系统事故对用户的停电次数及每次停电持续时间。供用电设备计划检修应做到统一安排。供电设备计划检修时，对35kV及以上电压供电的用户的停电次数，每年不应超过一次；对10kV供电的用户，每年不应超过三次。

四、作业

1. 工厂企业常见供配电系统有哪几类？对于大中型企业，一般采用哪一类供配电系统？
2. 任选一种供配电系统，分析其供配电情况。
3. 试分析图1-5中动力系统、电力系统及电力网的结构组成。
4. 简述风力发电的原理。简述风力发电机组的结构和工作情况。
5. 简述光伏发电的基本原理。
6. 太阳电池有哪几种？
7. 简述我国三相交流电网和电力设备的额定电压等级。
8. 简述电力用户供电电压选择。
9. 电能质量的主要指标有哪些？对电压和频率有哪些规定？
10. 如何衡量供电可靠性，其有哪些规定？
11. 试确定图1-14所示供电系统中变压器T1和线路WL1、WL2的额定电压。

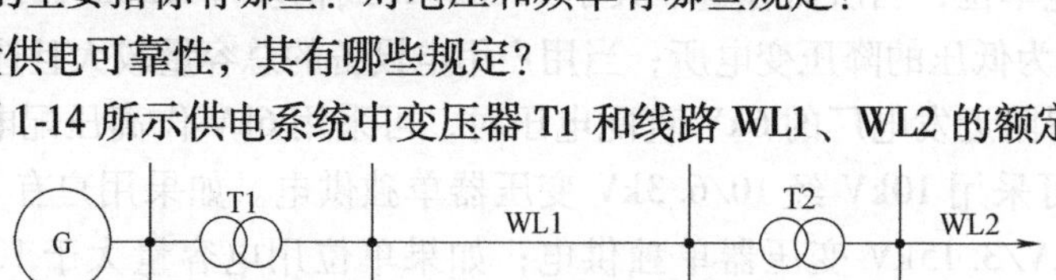

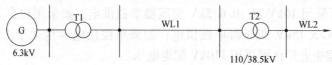

图1-14　习题11的供电系统

12. 试确定图 1-15 所示供电系统中发电机和所有电力变压器的额定电压。

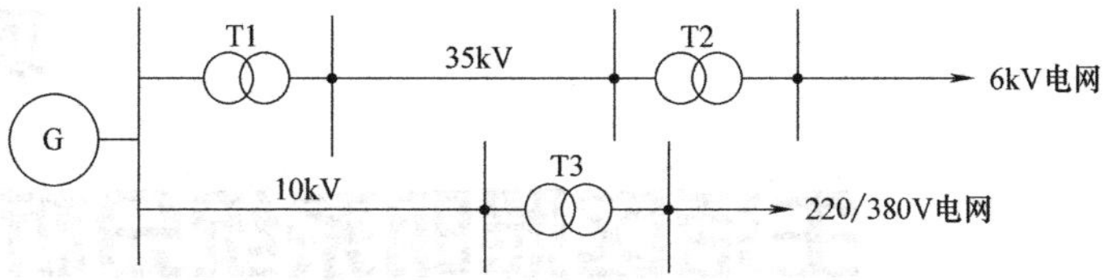

图 1-15　习题 12 的供电系统

项目二

生活区照明系统分析与设计

【项目概述】 本项目包括三个模块：生活区照明系统分析、照明装置的运行维护与故障检修、住宅照明系统设计。项目的设计思路是：模块一以某工厂生活区照明系统工程图为例，分析其工作原理，重点是让学生首先对照明系统有个全面的认识；模块二是以某住宅楼的照明系统的运行维护和故障检修为例，重点介绍照明系统故障分析和排除方法；模块三以某住宅楼完整的照明系统设计为例，培养学生设计完整低压照明系统的能力。

一、教学目标

1）掌握分析生活区照明线路的基本方法，会分析生活区照明线路。

2）能对生活区照明装置的故障进行检修。

3）掌握生活区照明线路设计的基本方法，会设计生活区照明线路。

二、工作任务

分析、设计生活区照明线路并处理照明装置常见故障。

模块一　生活区照明系统分析

一、教学目标

1）掌握生活区照明系统的分析方法。

2）会分析生活区照明配电系统图和平面图。

二、工作任务

1）某制氧机厂住宅楼照明配电系统如图 2-1 所示，请分析该系统的工作过程。

2）某制氧机厂住宅楼照明平面图如图 2-2 和图 2-3 所示，请分析其工作过程。

三、相关实践知识

（一）照明配电系统图的分析

1. 系统总体结构分析

系统采用三相四线制，架空引入，导线为三根 $35mm^2$ 加一根 $25mm^2$ 的橡皮绝缘铜线（BX），引入后穿直径为 50mm 的水煤气管（SC）埋地板，引入到第一单元的总配电箱。第二单元总配电箱的电源是由第一单元总配电箱经导线穿管埋地板引入的，导线为三根 $35mm^2$

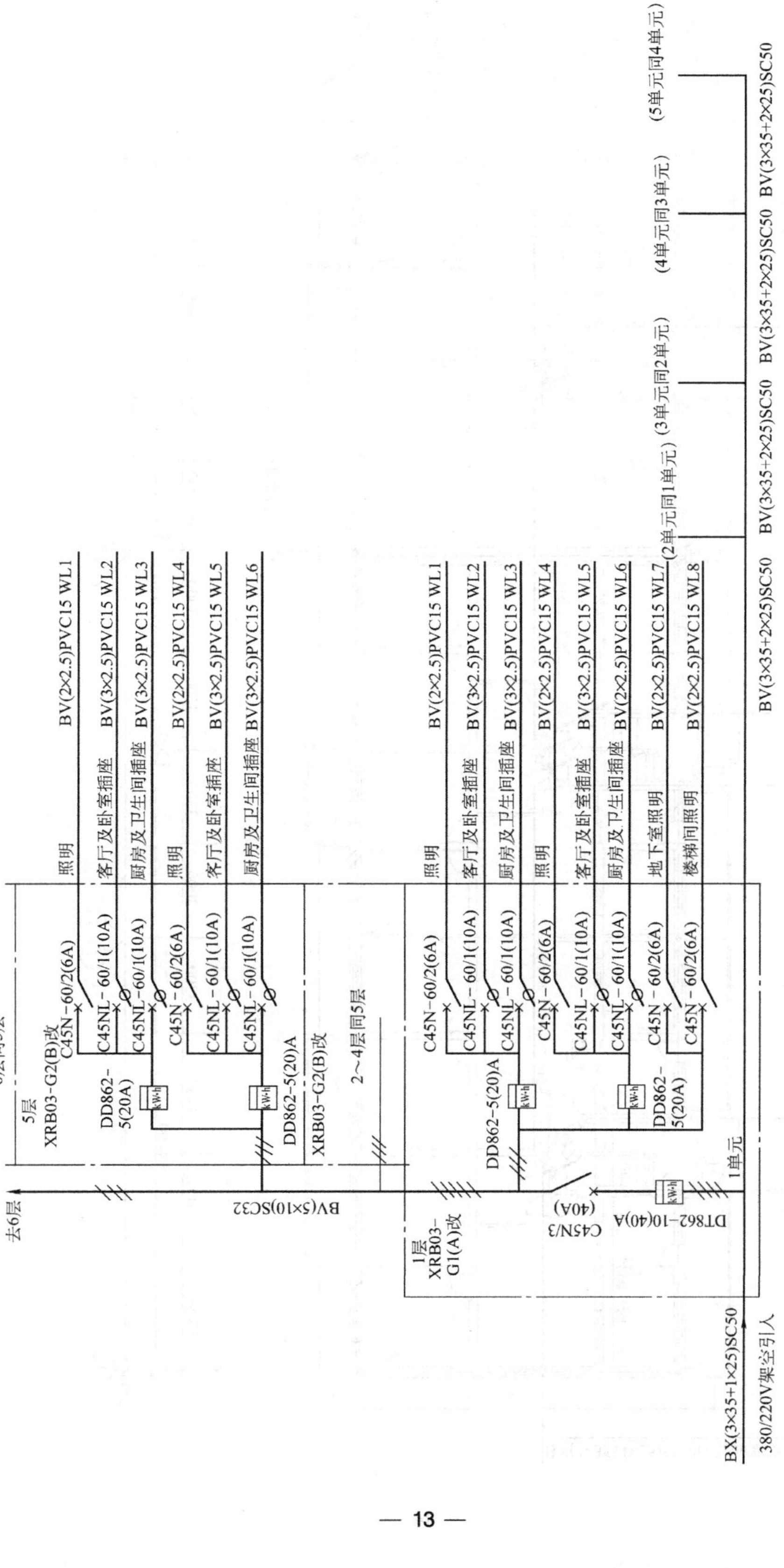

图 2-1 住宅楼照明配电系统图

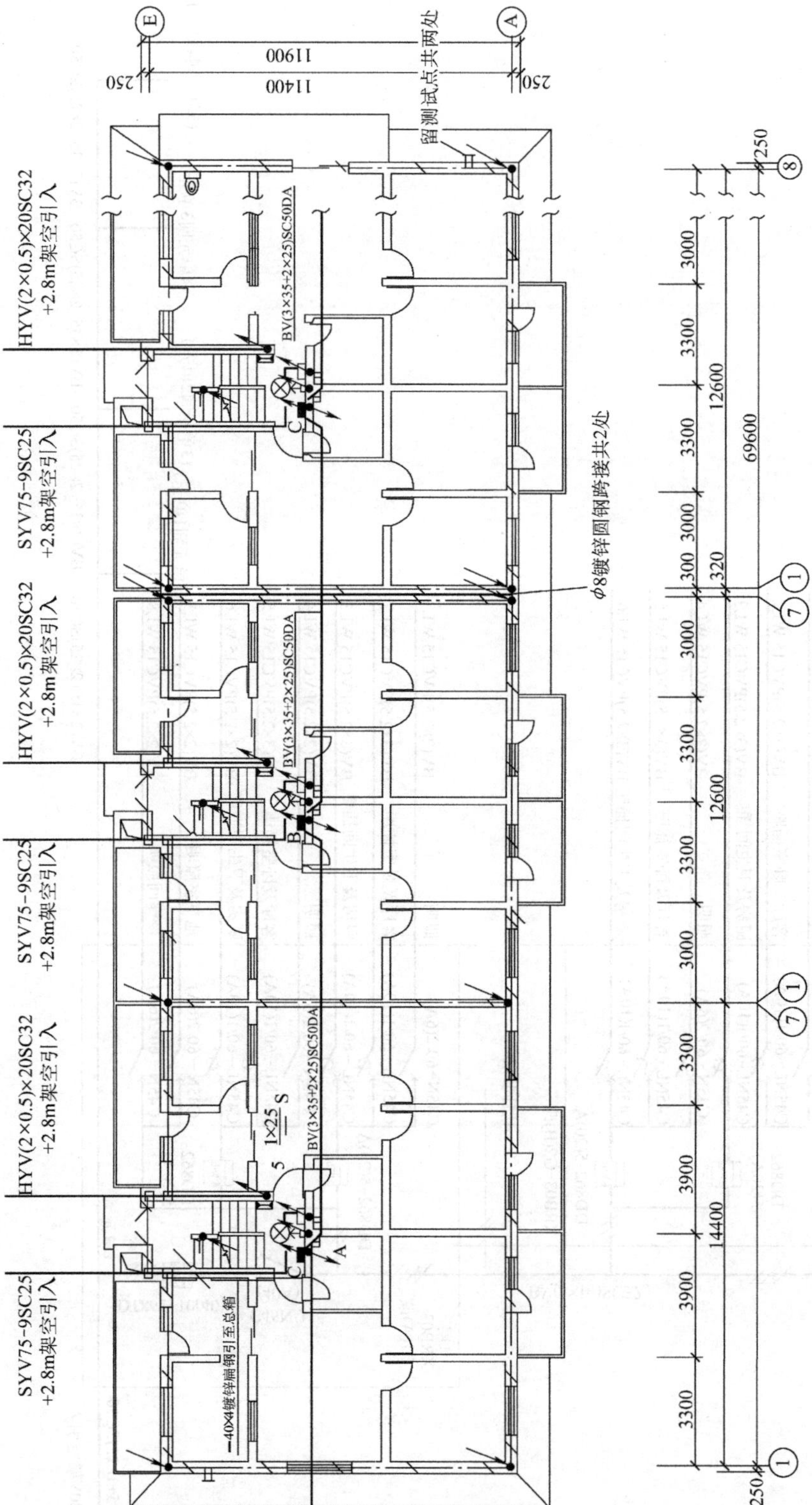

HYV(2×0.5)×20SC32
+2.8m架空引入
SYV75-9SC25
+2.8m架空引入
HYV(2×0.5)×20SC32
+2.8m架空引入
SYV75-9SC25
+2.8m架空引入
HYV(2×0.5)×20SC32
+2.8m架空引入
SYV75-9SC25
+2.8m架空引入
BV(3×35+2×25)SC50DA
BX(3×35+1×25)SC50+2.8m架空引入
—40×4镀锌扁钢引至总箱
留测试点共两处
φ8镀锌圆钢跨接共2处
11900
11400
250
3300
3900
3900
3300
3000
3300
3300
3000
300
3000
3300
3300
3000
14400
12600
12600
320
69600

图 2-2　底层组合平面图

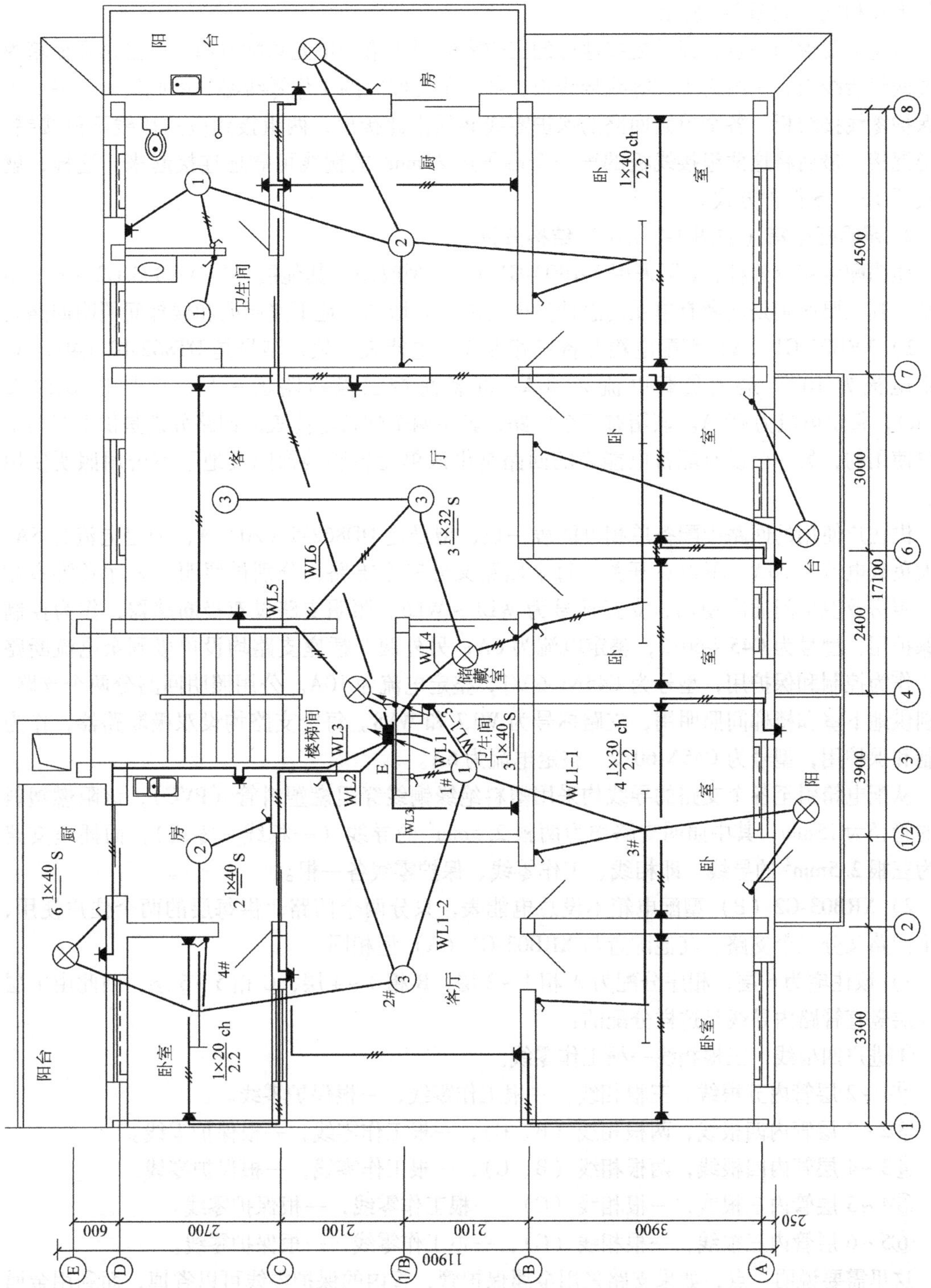

图 2-3　BA 型标准层照明平面图

加两根 $25mm^2$ 的塑料绝缘铜线（BV），$35mm^2$ 的导线为相线，$25mm^2$ 的导线一根为工作零线，一根为保护零线。穿管均为直径 50mm 的水煤气管。其他三个单元总配电箱的电源的取得与上述相同，如图 2-1 所示。

这里需要说明一点，经重复接地后的工作零线引入第一单元总配电箱后，必须在该箱内设置两组接线板，一组为工作零线接线板，各个单元回路的工作零线必须由此接出，另一组为保护零线接线板，各个单元回路的保护零线必须由此接出，两组接线板的接线不得接错，不得混接。最后将这两组接线板的第一个端子用 $25mm^2$ 的铜线可靠地连接起来。这样，就形成了 TN-C-S 保护方式。

2. 照明配电箱（如图 2-1 所示）**结构分析**

照明配电箱分两种，1 层采用 XRB03-G1（A）型改制，其他层采用 XRB03-G2（B）型改制，其主要区别是前者有单元的总计量电能表，并增加了地下室照明和楼梯间照明回路。

1）XRB03-G1（A）型配电箱配备三相四线总电能表一块，型号是 DT862-10（40）A，额定电流为 10A，最大负载电流为 40A；配备总控三极断路器一只，型号是 C45N/3（40A），整定电流为 40 A。该箱有三个回路，其中两个配备电能表的回路分别是供 1 层两个住户使用的，另一个没有配备电能表的回路是供该单元各层楼梯间及地下室公用照明使用的。

供住户使用的回路中配备单相电能表一块，型号是 DD862-5（20）A，额定电流为 5A，最大负载电流为 20A，不设总开关。每个回路又分三个支路，分别供照明、客厅及卧室插座、厨房及卫生间插座使用，支路标号为 WL1 ~ WL6。照明支路设双极断路器，作为控制和保护用，型号为 C45N-60/2，整定电流为 6A；另外两个插座支路均设单极剩余电流断路器，作为控制和保护用，型号为 C45NL-60/1，整定电流为 10A。公用照明回路分两个支路，分别供地下室和楼梯间照明用，支路标号为 WL7 和 WL8。每个支路均设双极断路器，作为控制和保护用，型号为 C45N-60/2，整定电流为 6A。

从配电箱引至各个支路的导线均采用塑料绝缘铜线穿阻燃塑料管（PVC），该阻燃塑料管的管径为 15mm，其中照明支路均为两根 $2.5mm^2$ 的导线（一相线一零线），而插座支路均为三根 $2.5mm^2$ 的导线，即相线、工作零线、保护零线各一根。

2）XRB03-G2（B）型配电箱不设总电能表，只分两个回路，供每层的两个住户使用，每个回路又分三个支路，其他配置与 XRB03-G1（A）型相同。

3）该住宅为 6 层，相序分配为 A 相 1 ~ 2 层，B 相 3 ~ 4 层，C 相 5 ~ 6 层，因此由 1 层到 6 层竖直管路内导线是这样分配的：

①进户四根线，三根相线一根工作零线。

②1 ~ 2 层管内五根线，三根相线，一根工作零线，一根保护零线。

③2 ~ 3 层管内四根线，两根相线（B、C），一根工作零线，一根保护零线。

④3 ~ 4 层管内四根线，两根相线（B、C），一根工作零线，一根保护零线。

⑤4 ~ 5 层管内三根线，一根相线（C），一根工作零线，一根保护零线。

⑥5 ~ 6 层管内三根线，一根相线（C），一根工作零线，一根保护零线。

这里需要说明一点，如果支路采用金属保护管，管内的保护零线可以省掉，而利用金属管路作为保护零线。

（二）平面图的分析

1. 底层组合平面图的分析

图 2-2 为该电气线路的组合平面图，它是一附加图，主要用于说明电源引入、电话电缆引入、有线电视电缆引入以及楼梯间管线引入。现仅以图 2-2 左侧第一单元为例加以说明。

1）电源是在标高 2. 8m 处架空引入的，然后埋地板引到楼梯间的总配电箱 A 内。由 A 箱引出三个回路，其中引上（↗）是由 1 层引至 2 层配电箱的电源；引下（↙）是由 1 层引至地下室照明的电源；引至声控开关（ô）是楼梯照明的电源，同时由声控开关处上引至上层楼梯照明处，然后再引至上层直到顶层。这个声控开关就是这层楼梯照明的开关。楼梯间照明共为 5 盏平灯口灯吸顶安装，每层 1 盏，每盏功率为 25W。

这里还有一个引出回路，就是经楼板穿管引至相邻单元总照明箱的电源，在系统图中已进行了说明。

2）单元入口处的地下室门口有一拉线开关，并标有由下引来的符号↗，这是地下室进口处照明灯的开关，导线是穿管由下引来的。

3）单元入口处的左隔墙上标有有线电视电缆的引入，标高为 2. 8m，用同轴电缆穿水煤气管埋楼板引入至楼梯间声控开关右侧的前端箱内，这里标有向上引的符号↗（表示由此向上层同样位置引管），然后再引管直至顶层。引入电缆采用 SYV75-9 同轴电缆，穿管采用水煤气管，其直径为 25mm。

4）单元入口处的右隔墙上标有外线电话电缆的引入，标高为 2. 8m，用电话电缆穿水煤气管埋楼板引入至楼梯间入口处的电话组线箱内，同样标有向上引的符号↗（表示由此向上层同样位置引管），然后再引管直到顶层。引入电缆采用 HYV（2×0. 5）×20 电话电缆，该电缆有 20 对线，线芯直径为 0. 5 mm，穿管采用水煤气管，直径为 32mm。

5）墙体四周标有符号↙共 14 处，表示柱内主钢筋为接地避雷引下线，主筋连接必须可靠焊接。在伸缩缝处应用 ϕ8mm 镀锌圆钢通过焊接方式跨接。

6）左右边墙上留有接地测试点各一处，一般用铁盒装饰。

2. 标准层照明平面图分析

根据图 2-1、图 2-2 可知，该楼层分 5 个单元，其中中间三个单元的开间尺寸及布置相同，两个边单元各不相同，并与中间单元开间布置不同，因此，五个单元照明平面图只有三种布置，现以右边单元 BA 型标准层照明平面图为例，解读照明平面图，如图 2-3 所示。

1）根据设计说明中的要求，图中所有管线均采用焊接钢管或 PVC 阻燃塑料管沿墙或楼板内敷设，管径为 15mm，采用塑料绝缘铜线，截面积为 2. 5mm^2，管内导线根数按图中标注计，在黑线（表示管线）上没有标注的均为两根导线，凡是用斜线标注的应按斜线标注的根数计。

2）电源是从楼梯间的照明配电箱 E 引入的，共有三个支路，即 WL1、WL2、WL3，这和系统图是对应的，但是其中 WL3 引出两个分路，一是引至卫生间的二、三极扁圆两用插座上，图中的标注是经①/Ⓑ轴用直角引至Ⓑ轴上的，实际中这根管是由 E 箱直接引至插座上去的，不必有直角弯。另一是经③轴沿墙引至厨房的两个插座，③轴内侧 1 只，Ⓓ轴外侧阳台 1 只，实际工程也应为直接埋楼板引去，不必沿墙拐直角弯引去。按照设计说明的要求，这三只插座的安装高度为 1. 6m，且卫生间应采用防溅式，全部暗装。

3）WL1 支路引出后的第一接线点是卫生间的玻璃罩吸顶灯（①$^{1\#}$），40W，吸顶安装，标注为3 $\frac{1\times40}{—}$S，这里的3是与相邻房号卫生间共同标注的。然后再从这里分散出去，共有三个分路，即WL1-1、WL1-2、WL1-3。注意到这里还有引至卫生间入口处的一管线，接至单联单控翘板防溅开关上，这一管线不能作为一分路，因为它只是控制1#灯的开关。该开关明装，标高为1.4m，图中标注的三根导线中一根为保护线。

①WL1-1分路是引至Ⓐ—Ⓑ轴卧室照明的电源，在这里3#又分散出去，共有两个分支路，其中一路是引至另一卧室荧光灯的电源，另一路是引至阳台平灯口灯的电源。WL1-1分路的三个房间的入口处，均有一单联单控翘板开关，控制线由灯盒处引来，分别控制各灯。其中荧光灯为30W，吊高2.2m，链吊式安装（ch），标注为4 $\frac{1\times30}{2.2}$ch，这里的4是与相邻房号共同标注的；而阳台平灯口灯为40W，吸顶安装，标注为6 $\frac{1\times40}{—}$S，这标注在WL1-2分路的阳台上，见该图左上角Ⓓ—Ⓔ轴的阳台。而单控翘板开关均为暗装，标高为1.4m。这里的6包括储藏室和楼梯间的吸顶灯。

②WL1-2分路是引至客厅、厨房及Ⓒ—Ⓔ轴卧室及阳台的电源。其中，客厅为一环形荧光吸顶灯（③$^{2\#}$），32W，吸顶安装，标注为3 $\frac{1\times32}{—}$S，这个标注写在相邻房号的客厅内。该吸顶灯的控制为一单联单控翘板开关，安装于进口处，均为暗装。从2#灯将电源引至Ⓒ—Ⓓ轴的卧室一荧光灯，该灯为20W，吊高2.2m，链吊，其控制为门口处的单联单控翘板开关，同为暗装。从该灯（4#）又将电源引至阳台和厨房，阳台灯具同前阳台，厨房灯具为一平盘吸顶灯，40W，吸顶安装，标注为2 $\frac{1\times40}{—}$S，控制开关位于入口处，安装同前。

③WL1-3分路是引至卫生间本室内④轴的二极扁圆两用插座，暗装，安装高度为1.6m。

由上分析可知，1#、2#、3#、4#灯处有两个用途，一是安装本身的灯具，二是将电源分散出去，起到分线盒的作用，这在照明电路中是最常用的。再者从灯具标注上看，同一张图样上同类灯具的标注可只标注一处，这在图样识读中要注意。

4）WL2支路引出后沿③轴、Ⓒ轴、①轴及楼板引至客厅和卧室的二、三极两用插座上，实际工程均为埋楼板直线引入，没有沿墙直角弯，只有相邻且在同一墙上安装时，才在墙内敷设管路（见⑦轴墙上插座）。插座回路均为三线（一根相线、一根保护零线、一根工作零线），全部暗装。安装高度：厨房和阳台为1.6m，卧室均为0.3m。

5）楼梯间照明为40W平灯口吸顶安装，声控开关距顶0.3m；配电箱暗装，其下边框距地面1.4m。

右侧④—⑧轴房号的线路布置及安装方式基本与①—④轴相同，只是灯具及管线较多而已。

综上所述，可以明确看出，标注在同一张图样上的管线，凡是照明及其开关的管线均是由照明箱引出后上翻至该层顶板上敷设安装，并由顶板再引下至开关上；而插座的管线均是由照明箱引出后下翻至该层地板上敷设安装，并由地板上翻引至插座上，只有从照明回路引出的插座才从顶板上引下至插座处。

四、相关理论知识

1. 照明电压的选择

1）在正常环境中，我国照明灯用电压一般为交流220V，高强度气体放电（High Intensity Discharge，HID）灯中镝灯和高压钠灯亦有用380V的。

2）容易触及而又无防止触电措施的固定式或移动式灯具，其安装高度距地面为2.2m及以下时，在下列场所的使用电压不应超过24V：

①特别潮湿，相对湿度经常在90%以上。

②高温，环境温度经常在40℃以上。

③具有导电性灰尘。

④具有导电地面：金属或特别潮湿的土、砖、混凝土地面等。

3）手提行灯电压一般采用36V，但在不便于工作的狭窄地点，且工作者在良好接地的大块金属面上（如在锅炉、金属容器内或金属平台上等）工作时，手提行灯的电压不应超过12V。行灯变压器必须使用双绕组变压器，不允许使用单绕组自耦变压器。

4）由蓄电池供电时，可根据容量大小、电源条件、使用要求等因素分别采用220V、36V、24V、12V。

5）热力管道隧道和电缆隧道内的照明电压宜采用36V。

2. 电压偏移和电压波动的区别

（1）电压偏移（δ_U）　指系统在正常运行方式下，各点实际电压U对系统标称电压U_N的偏差；也指电压的缓慢变化。用相对电压百分数表示为

$$\delta_U = (U - U_N)/U_N \times 100\% \tag{2-1}$$

根据GB 50034—2013规定，照明灯具的端电压不宜大于其额定电压的105%，亦不宜低于其额定电压的下列数值：

1）一般工作场所为95%。

2）远离变电所的小面积一般工作场所难以满足1）中要求时，可为90%。

3）应急照明和用安全特低电压供电的照明为90%。

（2）电压波动（ΔU_f）　电压波动是指电压的快速变化。冲击性功率的负荷（炼钢电弧炉、轧机、电弧焊机等）会引起连续的电压波动或电压幅值包络线的周期性变动，其变动过程中相继出现的电压有效值的最大值U_{max}与最小值U_{min}之差称为电压波动，常取相对值（与系统标称电压U_N之比值），用百分数表示为

$$\Delta U_f = (U_{max} - U_{min})/U_N \times 100\% \tag{2-2}$$

电压波动能引起电光源光通量的波动，光通量的波动使被照物体的照度、亮度都随时间而波动，使人眼有一种闪烁感。轻度时使人有不舒适感；严重时会使眼睛受损、产品废品增多和劳动生产率降低，所以必须限制电压波动。

3. 照明供电方式

我国照明供电一般采用220/380V三相四线、中性点直接接地的交流网络供电。

（1）正常照明　一般由动力与照明共用的电力变压器供电，二次电压为220/380V。如果动力负荷会引起照明不允许的电压偏移或电压波动，在技术经济合理的情况下，对照明可采用有载自动调压电力变压器、调压器或照明专用变压器供电；在照明负荷较大的情况下，

照明也可采用单独的变压器供电。

（2）应急照明

1）供继续工作用的备用照明应接于与正常照明不同的电源。为了减少和节省照明线路，一般可从整个照明中分出一部分作为备用照明。此时，工作照明和备用照明同时使用，但其配电线路及控制开关应分开装设。若备用照明不作为正常照明的一部分同时使用，则当正常照明因故障停电时，备用照明电源应自动投入。

2）人员疏散的应急照明可按下列情况之一供电：

①仅装设一台变压器时，与正常照明的供电干线自变电所低压配电屏上或母线上分开。

②装设两台及以上变压器时，宜与正常照明的干线分别接自不同的变压器。

③建筑物内未设变压器时，应与正常照明在进户线后分开，并不得与正常照明共用一个总开关。

④采用带有直流逆变器的应急照明灯（只需装少量应急照明灯时）。

（3）局部照明　机床和固定工作台的局部照明可接自动力线路；移动式局部照明应接自正常照明线路，最好接自照明配电箱的专用回路，以便在动力线路停电检修时仍能继续使用。

（4）室外照明　室外照明线路应与室内照明线路分开供电；道路照明、警卫照明的电源宜接自有人值班的变电所低压配电屏的专用回路上。负荷较小时，可采用单相、两相供电；负荷较大时，可采用三相供电，并应注意各相负荷均衡。当室外照明的供电距离较远时，可采用由不同地区的变电所分区供电的方式。露天工作场所、堆场等的照明电源，视具体情况可由邻近车间或线路供电。

4. 照明配电网络的组成

照明配电网络由馈电线、干线和分支线组成。馈电线是将电能从变电所低压配电屏送至照明总配电盘（箱）的线路；干线是将电能从总配电盘送至各个照明分配电箱的线路，分支线是从照明分配电箱分出接至各个灯的线路，如图 2-4 所示。

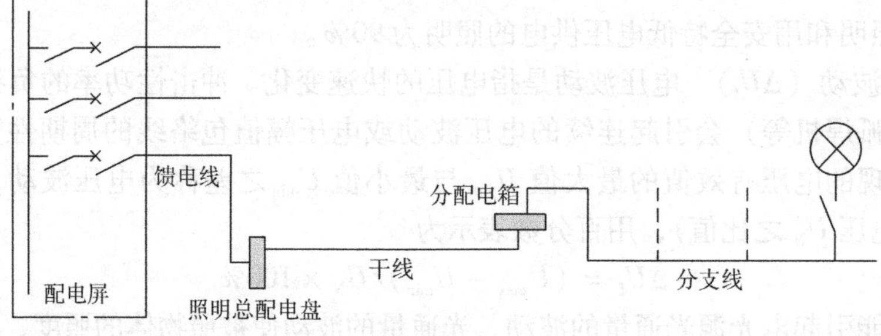

图 2-4　照明线路的组成形式

五、拓展性知识

1. 学生公寓用电管理概述

随着学生生活条件的不断改善，越来越多的电器，如空调、电脑、热水器及饮水机等正逐步走进学生公寓，供电是否适应要求已经关系到学生学习与生活环境质量。因此，必须对学生按日常要求放开电量，而且这些电费显然不能再由以前的住宿费用平均包含，为学生提供一个符合时代发展的学习与生活环境，使高校学生公寓服务向社会化发展，实行电力商品化，势在必行。

普通电表针对单个用电对象，给学生公寓用电集中管理带来很多的不便。如将众多的电表集中安放到一个专用的房间要占用很大的空间，此外，其工程的复杂性及后继结构、电器的配置等费用也比较昂贵。

IC 卡表解决了繁重的抄表收费问题，实现了预收费功能。但它同样针对单个用电对象，且过多的开放窗口、卡片的插拔、接触簧片的应力变化、灰尘、油污等给系统长期安全运行带来隐患。

随着计算机在各行各业中发挥着愈来愈重要的作用，掌握计算机技能，全面提高管理的效率并快捷获取所需信息，已成为人们的迫切需要。由于计算机通用技术的快速发展和广泛的行业应用，加之人们对能源集约化使用的共识，使智能集中式电能计量管理系统的出现成为必然，并迅速在高校学生公寓、住宅小区等领域的应用中显示出其独到的优越性，成为高校后勤现代管理得以实现的一个重要手段。

2. 智能集中式电能计量管理系统简介

下面针对 YH 系列智能集中式电能计量管理系统的系统组成、三大特点、主要功能、技术参数、原理图和使用说明作简要介绍。

（1）系统组成　该系统主要由计算机、网络、用电控制柜组成，简单可靠、成本低。

1）计算机：可实时监控每一路用电单元的情况，具有各种统计查询功能，按天、周、月、季度、年打印报表。

2）网络：采用 TCP/IP 协议利用校园网络通信，联网时计算机直接对用电单元进行数据传输、管理和控制，不需要使用 IC 卡进行数据传输。

3）用电控制柜：分集中式控制柜和分层嵌入式控制柜两种。集中式控制柜安放在宿舍楼的每一层走廊墙壁上，分别对每一个房间的用电进行计量、管理和控制。分层嵌入式控制柜嵌装在宿舍楼的每一层走廊墙壁上，分别对本层每一个房间的用电进行计量、管理和控制。集中式控制柜每台最多可以管理 192 个房间，分层嵌入式控制柜最多可以管理 32 个房间。

（2）三大特点

1）大电流负载。为了适应学生公寓用电负载要求不断增大的趋势，系统采用独特的大电流设计，负载电流 30A 时，满足计量精度要求，保证大电流负载安全工作。

2）学生公寓用电管理系统和校园网的连接。

①网上任一授权终端收取学生公寓预付电费，数据直接传输到相应的用电控制柜。

②学生网上查询房间用电情况。

③网上传输全校用电统计数据报表。

3）用电数据的双重存储，互为备份。

①计算机和用电控制柜是相互独立的两个工作单元。计算机采集用电控制柜的用电数据，发送控制指令。

②在计算机不正常时或关机后用电控制柜仍能单独工作，正确完成各分路电量的计量，并自动存储用电、购电数据，数据掉电保护。

③计算机存储每一学生房间的用电、购电等历史数据和报表。

(3) 主要功能

1) 预收费功能。用户通过收费终端交费后，所购电量数据通过校园网直接传输到管理员终端，并自动加到用户剩余电量。当用户分路剩余电量为零时，系统自动切断该路供电，直至购电存入新电量。

2) 用户计量功能。在用电过程中，系统对用户分路累加计量（显示已用电量）和预购电量递减计量（显示剩余电量），并通过管理员终端直观显示。

3) 切断电路前提示功能。分路剩余电量减至设定报警电量（可自由设置，比如5kW·h、10kW·h）时，电话语音提示查询，系统自动拨打用户电话用语音提示用户购电。

4) 负载限制功能。可以根据各个房间用电情况分别设定分路负载最大电流，也可统一设定。当某分路负载电流超过其限额时系统自动切断该分路。

5) 电量查询功能。

①用户可以通过管理员终端直观查询各自房间的使用电量、剩余电量等数据。

②用户可以打电话查询自己的剩余电量。

③学校网页查询电量。

6) 免费基础电量自动增加功能。学校给每名学生每月的免费基础电量在系统中统一设置（也可以单独设置）后，系统每个月自动为各分路充电。

7) 分时段控制电路通断功能。根据学校作息时间，分别设定房间照明、插座用电时间（双路负载控制）。

8) 退费管理功能。学生毕业时，系统可以打印出所有需退费分路的退费明细表。

9) 数据调换功能。当集体调换房间时，只需将该单元的剩余电量进行转换即可。

10) 短路、过电流保护功能。控制柜上各分路配有断路器，与分路负载限制功能共同构成过电流双重保护。

11) 恶意用电自动切断功能。当学生恶意用电时，系统自动判别并切断供电。恶意用电指使用学校明令禁止使用的电器（电炉、电热棒等）。

12) 数据统计分析功能。监控终端提供用户购电电量、剩余电量、使用电量等用电统计报表及历史纪录。

(4) 技术参数

1) 系统输入电压：三相380(1±10%)V，50Hz，TN-S制；单相220(1±10%)V，50Hz。

2) 系统输出电压：单相220(1±10%)V，50Hz。

3) 单元工作电压：125~300V。

4) 负载判别准确度：≥5W。

5) 单元功耗：<1.3W。

6) 分路最大电流负荷：30A。

7) 计量准确度：优于一级表。

8) 柜体绝缘电阻：≥5MΩ。

9) 工作环境：温度-10~+50℃；湿度≤90%。

10) 断电数据保存时间：>20年。

11) 账户容量：不限制。

（5）原理图和使用说明　智能集中式电能计量管理系统有单路输出和双路输出两种方案，学生公寓要求照明受时间控制，而空调、电淋浴器插座必须不间断供电，所以采用双路输出方案，原理图如图 2-5 所示。

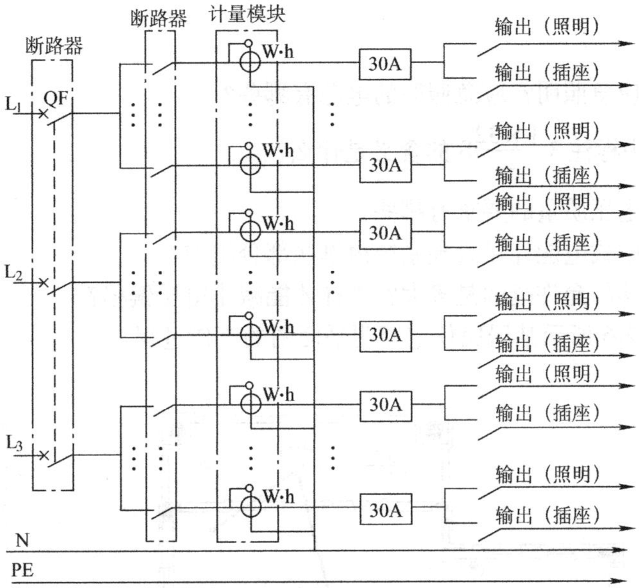

进线及出线的线径由设计院选定
断路器的额定电流由设计院选定

图 2-5　学生公寓用电集中计量系统双路输出原理图

用电控制柜分集中式和分层嵌入式两种，学生公寓负荷较大（约 5kW），为了减少线路电压降，保证供电质量，采用分层嵌入式。下面简单说明分层嵌入式控制柜的使用方法：

1）柜是分层嵌入式，分层安装，集中管理。

2）控制柜采用三相五线制供电，机壳接地。

3）上层断路器（额定电流 200A）控制本控制柜所有输出及本身供电。

4）分路断路器即下层断路器（额定电流 30A）控制各个计量回路（各用电房间）。

5）分路断路器有单极和双极两种。单极断路器只控制计量回路的相线，双极断路器则控制零、相两根线。

6）分路断路器上方的指示灯为各个分路断电指示。

7）安装方法：

①柜外壳固定在墙上。

②把输入输出线通过外壳敲落孔引入外壳，并留有一定余量。

③把机箱主体放入外壳并固定。

④按配线图接上线，检验无误后即可通电使用。

智能集中式电能计量管理系统集电能计量、负荷控制、双重保护、收费管理、用电资料统计分析功能于一体，使抄表和收缴电费等工作被省略；适合集体公寓的特点，有效防止电费流失和设备受损，并可以通过用电资料统计分析来提高管理水平；采用信用卡技术进行预收费，实现了用户“先交钱，后消费”的现代消费模式；安装便捷，现场安装只需数小时；自身功耗低，分路功耗远远低于普通电能表。所以它在高校学生公寓现代化管理中受到一致好评。

六、作业

2-1-1　什么叫应急照明？应急照明的电源有哪些？

2-1-2　图 2-3 中标注 $3\,\frac{1\times 32}{-}S$ 的含义是什么？

2-1-3　照明对电压质量的要求有哪些？

2-1-4　智能集中式电能计量管理系统由哪些部分组成？

2-1-5　电压偏移的允许范围是多大？怎样才能减小电压偏移？

2-1-6　分析图 2-6 所示某居民住宅照明平面图的工作过程。

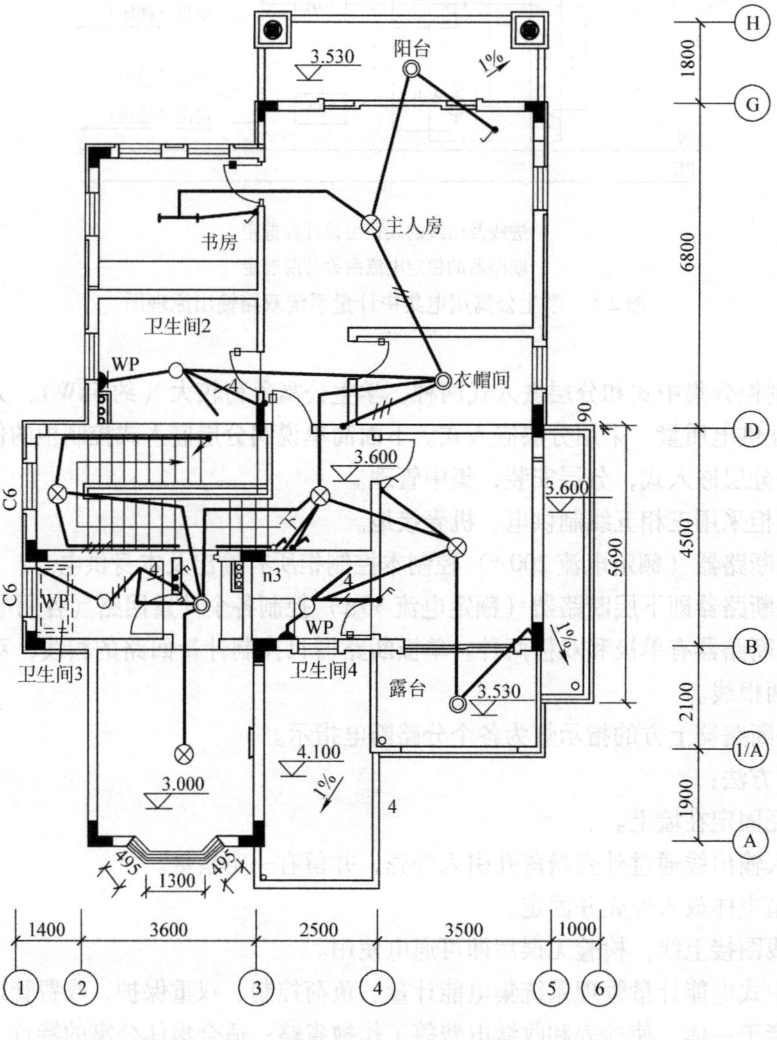

图 2-6　某居民住宅照明平面图

模块二　照明装置的运行维护与故障检修

一、教学目标

1）掌握照明灯具常见故障的处理方法。

2）掌握照明线路常见故障的处理方法。

3）熟悉照明装置的运行要求。

二、工作任务

某住宅楼 A、B 单元一层多次发生短路、断路和漏电故障，请分析故障原因，并排除故障，其配电平面图如图 2-7 所示。

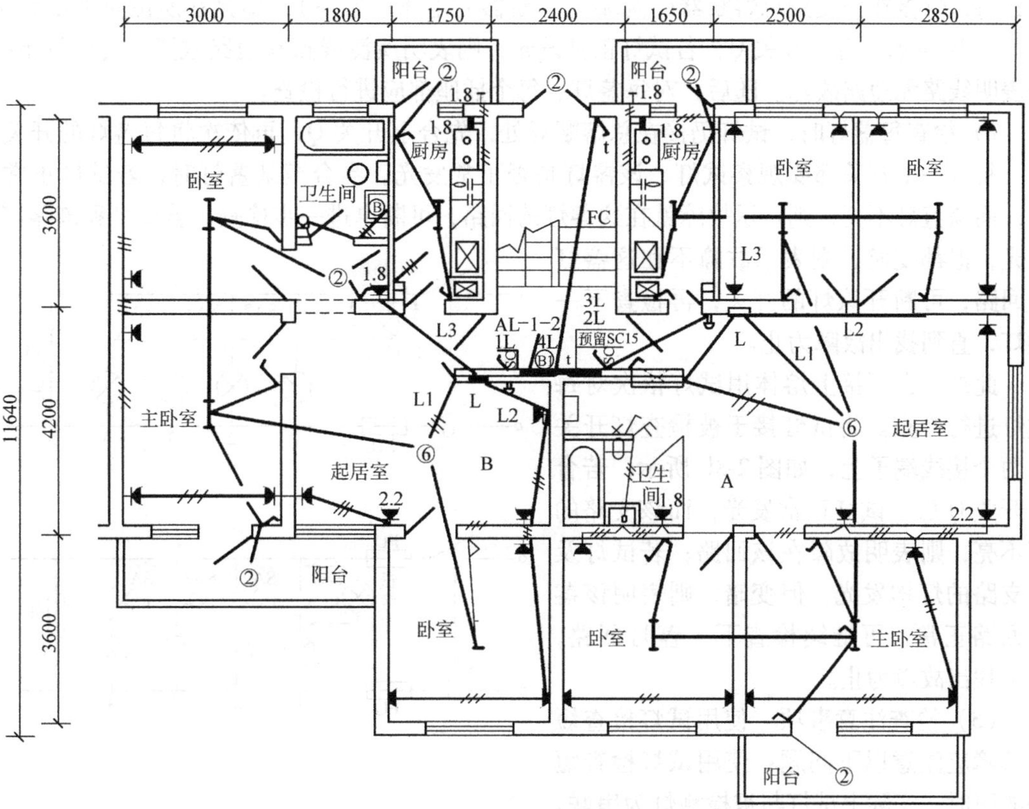

图 2-7　A、B 单元一层配电平面图

三、相关实践知识

1. 短路故障分析排除

（1）故障原因分析　线路发生短路时，因短路电流很大，首先将熔断器熔体烧断。若熔体选择不当而不能及时熔断，短路电流将使电线发热，致使绝缘老化，甚至引起火灾。引起线路短路的原因有：

1）接线时将相线与地线（零线）弄混，致使相线与地线短接。

2）灯座、灯头、吊线盒、开关内的接线柱螺钉松动，或未将多股铜芯线拧紧，以致铜丝散开，线头相碰。

3）在该用插头的位置不用插头，直接将线头插入插座孔内造成混接短路。

4）电气用具内部绝缘损坏，导致导线触碰金属外壳而引起短路。

5）房屋失修漏水，造成灯头或开关过潮甚至进水后，内部相通短路。

6）导线绝缘受外力损伤，在破损处发生电源线碰接或同时接地等。

7）螺口灯座的顶芯和螺纹部分松动，拧紧灯泡时顶芯发生位移，顶芯与螺纹部分相碰。

（2）检查方法　对于线路短路故障，一般可利用试灯采用分支路、分段与重点部位相结合的方法进行检查。具体方法如下：

1）将故障支路上的所有开关都置于断开位置，并将该支路上的所有熔断器熔体都取下；将试灯接在该支路总熔断器的两端（熔断器的熔体应取下），串接在所测量的电路中，如图 2-8a 所示；合上开关 Q，若试灯正常发光，则表明所测线路有短路故障；若试灯不亮，则表明线路无短路故障。随后，对每盏灯、每个插座都应进行检查。

2）检查每盏灯时，试灯仍接在总熔断器处，先合上开关 Q，再依次将每盏灯的开关合上。每合一个开关都要观察试灯、该盏灯是否正常发光。当合至某盏灯时，若试灯正常发光，而该盏灯不亮，则表示故障就在这盏灯的回路，可断电进一步检查。若试灯和该盏灯均发光，但都变暗，则表示故障不在这盏灯的回路，可断开该灯的开关，再检查下一盏灯，直到找出故障为止。

此外，也可接上熔体用试灯依次对每盏灯进行检查。将试灯接于被检查灯开关的两个接线端子上，如图 2-8b 所示，若合上开关 Q 后，试灯正常发光，而该支路的灯不亮，则表明故障在该回路；若试灯及该支路的灯均发光，但变暗，则表明该盏灯回路正常，可继续检查下一盏灯回路，直至找出故障为止。

（3）检查注意事项　使用试灯检查短路故障应注意以下问题：使用试灯检查短路故障时，实际上试灯与被检测灯为串联，试灯灯泡功率应与被检测灯泡功率相差不大。这样，当该灯无短路故障时，试灯与被检测灯发光都变暗。若试灯与被检测灯功率相差很大，则容易出现误判。例如，若试灯功率为 15W，被检测灯功率为 200W（图 2-8c），则试灯两端电压约为 204V，此时试灯发光接近正常，而被检测

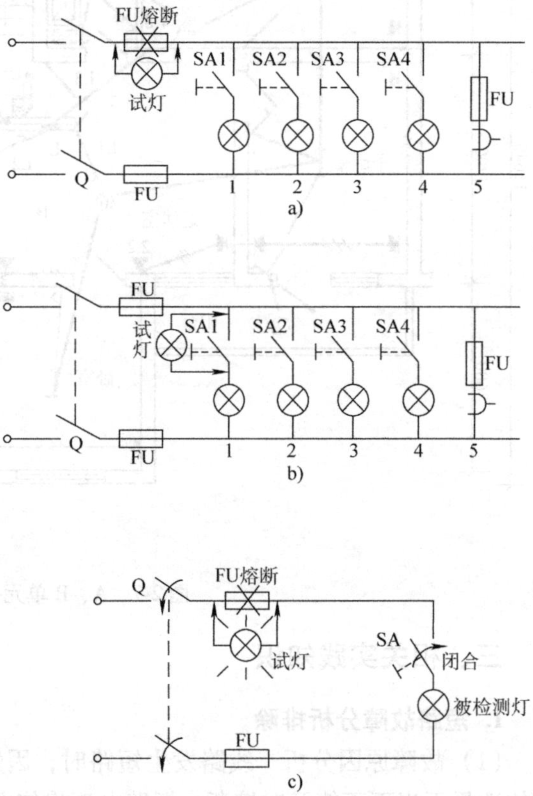

图 2-8　用试灯检查短路故障

灯两端电压很低，不能发光，容易误判为有短路故障。遇到这种情况，可采用功率较大的灯泡作为试灯，或者将被检测灯的灯泡取下，用万用表测试试灯两端的电压是否与电源电压相同。若相同，则表明该灯所在的线路上有短路故障。

（4）A户线路短路故障分析排除

1）线路原理分析。照明支路L1从L箱到起居室内的6号灯。因为照明线不需要保护零线，所以这段线路用两根截面积为2.5mm^2的塑料绝缘铜导线连接，穿直径为15mm的焊接钢管，沿顶板内暗敷设，并在灯头盒内分为3路，分别引至各用电设备。

第1路引向外门方向的为6号灯的开关线。由于要接户外的门铃按钮，这段管线内有三根导线。线路接单极开关后，相线先接到门铃按钮，再和零线一起接到门内的门铃上。

第2路从起居室6号灯上方引至两个卧室，先接左侧卧室荧光灯及开关，从灯头盒引线至右侧卧室荧光灯，再从灯头盒引出开关线，接右侧卧室开关。两开关均为单极翘板开关。从左侧卧室荧光灯灯头盒上分出一路线，到厨房荧光灯灯头盒，开关在厨房门内侧。厨房阳台上有一盏2号灯，开关在阳台门内侧。

第3路从起居室6号灯向下引至主卧室荧光灯，开关设在门右侧。并由灯头盒引至另一间卧室内荧光灯和主卧室外阳台上的2号灯。2号灯开关在阳台门内侧。

2）故障分析排除。将A户所有照明灯开关都置于断开位置，并将试灯接在L箱内照明支路L1熔断器的两端（熔断器的熔体应取下），串接在所测量的电路中。依次合上起居室、右侧卧室、左侧卧室、厨房、主卧室开关，试灯都不亮，则表明线路正常，无故障；合上主卧室外阳台照明灯开关，试灯正常发光，则表明所测线路有短路故障，仔细检查后发现2号灯灯头内零线、相线相碰，经处理后排除短路故障。

2. 断路故障分析排除

（1）故障原因分析　照明线路出现断路故障的主要原因是：

1）导线线头松开脱落，如灯头线未拧紧，脱离接线柱。

2）灯泡钨丝烧断、接合销损坏、灯头和灯座的接合缺口断裂脱落。

3）开关触头烧蚀或弹簧弹性下降，使开关接触不良。

4）导线活动部分的连接线因机械疲劳而断裂，或铝导线线头受严重腐蚀断开。

5）熔断器熔体熔断。

6）外力导致导线断开。

7）敷设线路时，导线接头处压接不实，接触电阻过大，使接头处长期过热，造成导线、接线端子接触处氧化。

（2）检查方法　一般可用试灯、验电笔、万用表等来检查。

线路发生断路故障后，一般先从外观查找，如果未发现问题，则检查熔断器熔体是否熔断，如果熔体已熔断，则接着检查线路有无短路或过负荷等情况。如果熔体未熔断，并且电源侧的相线也没有电，则应检查上一级电源情况。采用逐段检查，缩小故障范围的方法就能查出故障点。查明断路故障的具体原因，采取相应措施接通线路即可。

（3）A户线路断路故障

1）线路原理分析。插座支路L2由户内配电箱L引出，使用3根截面积为2.5mm^2的塑料绝缘铜导线，穿直径为15mm的焊接钢管，沿本层地面内暗敷设到起居室。3根线分别为相线、工作零线和保护零线。起居室内有三只单相三孔插座，其中一只是安装高度为2.2m

的空调插座。进入主卧室后，插座线路分为两路，一路引至主卧室和主卧室左侧的卧室，另一路向左在起居室装一插座后进入卫生间，在卫生间安装一只三孔防溅插座，高度为1.8m。由该插座继续向左接壁灯，壁灯的控制开关在卫生间的门外，是一只双极开关，控制壁灯和卫生间的换气扇，双极开关旁边还安装有一只单极开关，用来控制洗衣房墙上的灯座。

2）断路故障分析排除。打开卫生间门外的壁灯开关，发现壁灯不亮，打开另外一只开关，换气扇也不转，估计是线路断路故障。用万用表交流电压档（量程250V），测得卫生间防溅插座没电，但主卧室插座有220V电压，拆下起居室南墙矮插座，发现接线柱螺钉松动，引起断路故障。

3. 漏电故障分析排除

导线和电气设备的绝缘被外力损伤，导线长期使用后绝缘老化，导线浸水受潮或被污染，导线接头包缠不紧密等均会引起漏电。

照明线路发生漏电现象时，不仅浪费电能，而且还会影响用电设备的正常工作，有时甚至发生触电事故和引起电气火灾。

漏电与短路性质相同，只是程度上有差异。严重漏电，会造成短路，因此常将漏电视为短路的先兆，对漏电现象切不可掉以轻心。为了防止漏电，应对照明线路的绝缘情况进行定期检查。一旦发现线路漏电，应立即查明故障点和故障原因，并采取措施及早排除。

漏电故障的检查方法：

（1）判断是否漏电　可用绝缘电阻表摇测线路的绝缘电阻，如果测得的绝缘电阻值很低或为0，表明线路漏电。也可在被测线路的总开关上接一只电流表，取下所有灯泡，接通全部灯泡的开关，仔细观察。若电流表指针偏转，则表明线路有漏电故障。指针偏移的幅度取决于电流表的灵敏度和漏电电流的大小。若指针偏转幅度大，则表明线路严重漏电。

（2）判断漏电性质　切断零线，观察电流表指示值的变化情况。若电流表指示不变，则表明相线与大地间漏电；若电流表指示为零，则表明相线与零线间漏电；若电流表指示变小但不为零，则表明相线与零线、相线与大地间均漏电。

（3）确定漏电范围　取下分路熔断器或断开刀开关，观察电流表指示值的变化情况。若电流表指示值不变，则表明总线漏电；若电流表指示值为零，则表明分路漏电；若电流表指示值变小但不为零，则表明总线和分路均漏电。

（4）找出漏电点　按上述方法确定漏电的分路或线段后，依次断开该线路的灯具开关。当断开某一开关时，若电流表指示值回零，则表明该分支漏电；若电流表指示值变小，则表明除该分支线漏电外，还有其他漏电地点；若所有灯具开关断开后，电流表指示值仍不变，则表明该段干线漏电。

按上述方法依次将故障范围缩小，进一步检查该段线路的接头、导线穿墙处等部位是否漏电。查出漏电点后，彻底排除故障。

（5）A户线路漏电故障

1）线路原理分析。插座支路L3剩余电流断路器跳闸，沿线路检查，由户内配电箱L引出，先在两间卧室内各装三只单相三孔插座，接入厨房后，装一只防溅型双联六孔插座，安装高度为1m。然后在外墙内侧和墙外阳台上各装一只单相三孔插座，也为防溅型，安装高度为1.8m。

2）漏电故障分析排除。插座支路L3剩余电流断路器跳闸后，首先从剩余电流断路器出线端拆下零线、相线，用绝缘电阻表摇测线路的绝缘电阻，测得绝缘电阻值很低，L3 支路存在漏电故障。接着采取分段测量法，拆开卧室北墙插座，把卧室和厨房阳台插座线路分开摇测。测得卧室线路绝缘电阻值很高，则表明线路正常，估计是厨房阳台插座线路漏电。拆下厨房插座面板，发现接线盒内潮湿，用绝缘电阻表测得阻值很低，插座、导线绝缘老化，剪断损坏导线、更换插座后漏电故障排除。

四、相关理论知识

1）有人将钨丝已断了的灯泡经摇动使其内部断丝再行搭接后继续使用，这样做合适吗？为什么？

这仅是一种权宜办法，其实很不稳妥，也不安全。因为再行搭接后的灯丝总长度已大为减少，此时灯泡的电阻值大幅下降。在同样电源电压作用下，通过的电流将显著增加。所以灯泡暂时也能发光，并较原来的亮，但灯丝寿命不长，灯泡会很快被烧毁。另外，灯泡再次被烧毁时，可能会引起其他不安全的情况，如灯泡破碎甚至爆裂。还有，不适当地增大照明线路的负荷电流，也易引起电线的绝缘受损及接头发热等不良后果。

2）白炽灯不亮，但用验电笔测灯头时为什么两端都有电？

这是由于照明回路的零线断裂，或者零线中某个接头的接触极为不良而引起的。由于上述原因，此时相当于在故障点串入了一个远远大于灯丝阻值的外加电阻，使得灯头接工作零线柱上的对地电压由 0V 上升到近于 220V。所以势必造成白炽灯不亮，而用验电笔测试时却测得灯头两端又都带电。

3）荧光灯为什么启动困难？如何解决？

这是由于湿度过大、室温或电源电压过低，造成荧光灯多次起跳但仍难于启辉发亮，有时甚至根本无法启动。荧光灯最适宜的环境温度为 18～25℃，环境温度过高或过低，都会造成启动困难和发光效率下降。当环境的相对湿度在 75%～80% 内时，灯管放电所需要的启辉电压将急剧上升，也会造成启动困难。解决方法有下面两种。

方法一：假如荧光灯环境条件无法改变，可对电气线路进行改造，提高启动性能。即在启动器两端加装一并联电路，该电路由一只二极管 VD 和一只开关 S2 组成，如图 2-9 所示。

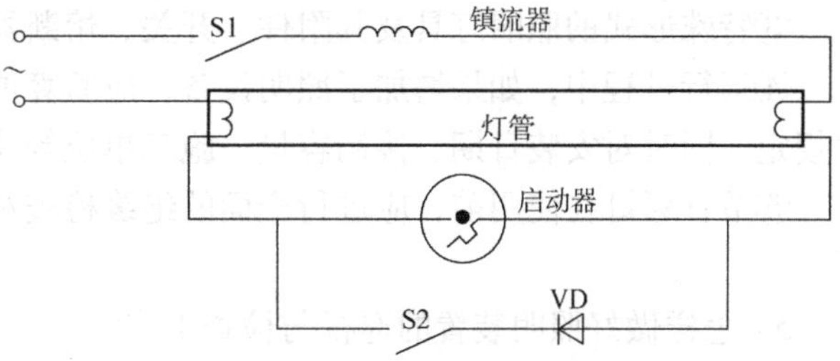

图 2-9　荧光灯启辉改进附加电路

使用时，先闭合 S2 接入二极管，交流电经整流后供给荧光灯灯丝，此时镇流器对整流电流的阻抗显著下降，电流增大，灯丝预热充分；再打开 S2，镇流器产生的瞬时自感电动势增大，使荧光灯启辉发亮。加装后，平时可以不用，即 S2 始终处于开路状态。开灯（合 S1）后，若由于气温低或电压低而荧光灯不亮时，即可合上 S2，约 2～4s 即行断开，此时荧光灯便可启辉发亮。

经试验，20W 荧光灯在 20℃ 时，电源电压即使低到 110V 也能启辉；在 -10℃ 下时，150V 即可启辉；在电压为 220V 时，再低的气温下都可启辉。

该电路中，S2 可用电铃开关或普通拉线开关；二极管可用能耐受 300V 反向电压、0.5A 工作电流的硅管，如 2CZ54D、2CZ54E、2CZ54G 等。

方法二：改用电子镇流器荧光灯。电子镇流器是一种使用半导体电子元件，将直流或低频交流电压转换成高频交流电压，驱动低压气体放电灯工作的电子控制装置。电子镇流器荧光灯有独具的低压启辉功能，150V电压即能正常点亮，克服了电感荧光灯启动困难、频闪、噪声大等缺陷，性能特点描述如下：

①高效的经济性能。电子镇流器以高频驱动灯管发光，效率高且自耗电少，仅为1～2W，与相同功率的电感镇流器比可降低10W有功功率，但灯管亮度却不会降低。节电可达25%左右。电子镇流器提高了功率因数，$\cos\varphi \geqslant 0.98$，降低了无功损耗，有效地提高了供电设备的利用率。

②舒适的光照性能。电子镇流器荧光灯产生的灯光是无频闪的。高频工作（55kHz）使灯管启动时无频闪效应，全电子结构，无电感镇流器发出的“滋滋”噪声，使人们在长时间灯光下工作不会产生视觉疲劳和视力损伤。

③优化的预热启动性能。即在灯管点亮前先将灯丝预热到发射电子的最佳温度，再加高压于灯丝上，使之正常点亮。优良的预热启动性能可以保证产品能用于频繁开关的场合，有效延长使用寿命。

④优良的安全性能和环保性能。电子镇流器荧光灯通过国家CCC强制性产品认证；符合GB 19510.4—2005、GB/T 15144—2009安全性要求；符合GB 17743—2007电磁兼容性要求；符合GB 17625.1—2012对电流谐波含量的控制要求；绿色环保，对电网无污染。

⑤可靠的质量性能。过电压保护电路可保障电子镇流器耐受短时浪涌脉冲和临时性电压过高。

4）照明装置的一般运行要求是什么？

照明装置的一般运行要求是：

①对于用电量较大且以照明用电为主的单位，例如商场、饭店、办公大楼等场所，应建立、健全照明装置的技术管理资料，如供电系统图、平面布线图、电气线路竣工图、检修记录、检查记录及试验记录等。

②运行过程中，照明装置经过大修，变更设备、变动配线路径以及更换导线截面后，均应修改相应的电器图样及资料。

③特殊形式的照明灯具及其附件、开关、熔断器等，应有一定数量的备品或备件。

④运行过程中，如果增加了照明设备，应验算原来的导线、开关、熔断器等能否满足技术规定，同时对安装日期、接用容量、施工单位等作详细记录。

⑤节日彩灯在使用前，应进行全面的绝缘检查和安装质量检查，使用后应及时将电源断开。

5）怎样做好照明装置的巡视与检查工作？

照明装置应进行定期和不定期的巡视与检查工作：

①定期做好季节性的维护检查，例如江苏地区，每年5月应做好雨季前的检查和检修工作；7、8月期间，应做好雷雨季节中的检查；11月底以前做好防寒防冻检查。

②暴风雨及大风后应做特殊的巡视和检查工作。

③对于易燃、易爆等场所的照明装置的巡视和检查，一般每季度不少于一次。

④对在天花板上安装的吸顶灯及荧光灯镇流器等发热元件，应在运行一年后进行抽查，检查有无烤焦木台等现象，必要时对全部照明灯具加强防火措施。

6）照明装置的检查内容有哪些？

照明装置的检查内容主要是：

①检查灯泡容量是否超过额定容量，100W 以上灯具的灯口应使用瓷质灯口。

②检查开关是否断相线，螺口灯相线和零线接法是否正确。

③检查灯具各部件有无松动、脱落、损坏，若有则应及时修复或更换。

④检查熔断器熔体有无烧损、熔断、接触是否良好，熔体的额定电流不应超过照明灯具额定电流的 1.5 倍。

⑤检查照明装置的金属外壳、构架、金属管、金属座等需要进行保护接地的部分，检查接地线是否良好，检查有无漏接、虚接或断线等情况，发现问题及时修复。

⑥检查插座有无烧伤，接地线的位置是否正确，接触是否良好。

⑦检查局部照明变压器是否完好、引线绝缘有无损坏，如有损坏应及时修复或更换。

⑧检查室外照明灯具的开关控制箱是否漏雨、灯具的泄水孔是否畅通，清除灯具内的杂物。

⑨检查剩余电流断路器是否正确完好，其外壳各部及部件、连接端子应牢固、不变色，操作手柄应灵活可靠。

五、拓展性知识

1. 荧光灯的分类

荧光灯根据灯管分为直管荧光灯、环形荧光灯、紧凑型节能荧光灯三大类。直管荧光灯根据灯管的粗细又分为 T12、T10、T8、T5、T4 等，比如 T8 直径 26mm，T5 直径为 16mm。

荧光灯根据镇流器又分为分体式荧光灯和自镇流荧光灯两大类。

1）分体式荧光灯是灯管与电子镇流器分开的，由于电子镇流器为一独立电器盒，可设计较为精密的电路，并装配较多的电路监测及保护组件，所以寿命可长达 3 年以上；又因灯管为消耗品，寿命往往比镇流器短许多，故灯管损坏时仅需更换灯管，即可继续使用，是最不浪费资源的绿色光源。

2）自镇流荧光灯自带镇流器、启动器等全套控制电路，并装有螺旋灯头或插口式灯头。电路一般封闭在一个外壳里，由于外壳空间有限，灯组件中的控制电路极为简单，无法设计良好的保护方式，且由于镇流器组件与灯管过于接近，导致镇流器受热过高，都造成了自镇流荧光灯寿命较短的情况。自镇流荧光灯灯管损坏时，镇流器也同时报废，就资源节约的角度考虑是不环保的。

2. 荧光灯正误两种接线方式的判别

荧光灯电路中的主要附件是镇流器和启动器。接线时灯管、镇流器和启动器三者之间的位置对荧光灯的启动影响很大。如果将镇流器接在相线上，并与启动器中的双金属片相连，如图 2-10 所示，可以产生较高的脉冲电动势，荧光灯易于启动。

如果按图 2-11 接线，镇流器既未接在相线上，也未与启动器中的金属片相连，则荧光灯难以启动；晚上关灯后，有时灯管会闪光。

3. 多联插座的正确使用

多联插座是多台用电设备共用一个电源的一种通用插座，如图 2-12a 所示，它应用广泛，既可固定安装，也可不固定安装（装在可移动的插座板上），使用时应注意以下事项：

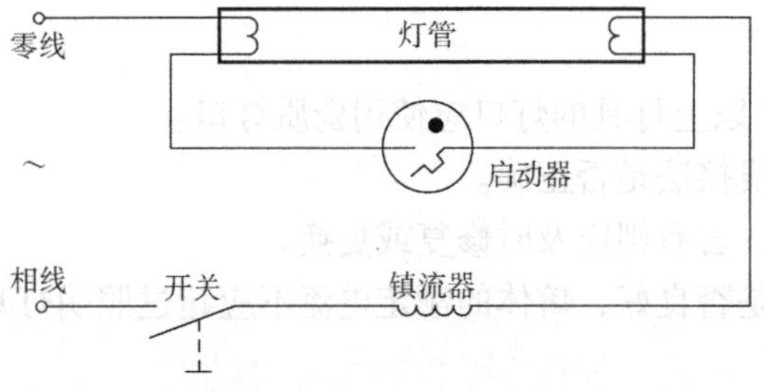

图 2-10　荧光灯的正确接线

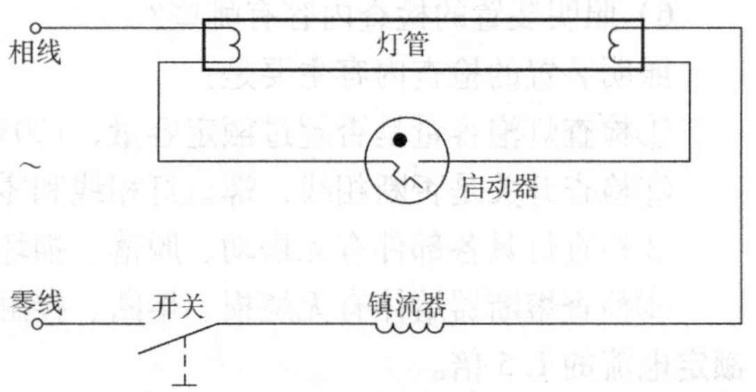

图 2-11　荧光灯的错误接线

1）对于不经常移动的用电设备，多联插座可固定安装在墙上，如图 2-12b 所示，离地面高度一般不小于 1.3m。

2）供移动设备使用或临时提供电源的多联插座，可装在插座板上，并配以电源开关、指示灯和熔断器，如图 2-12c 所示。

3）对于功率较大的用电设备，宜使用单独安装的专用插座，不可与其他电器共用一个多联插座。

4）不许吊挂使用多联插座，如图 2-12d 所示，否则，导线会受到拉力或摆动，造成压接螺钉松动，插头与插座接触不良。

5）不许将多联插座长期置于地面、金属物体或桌上使用，否则，金属粉末或杂物易掉入插孔而造成短路事故。

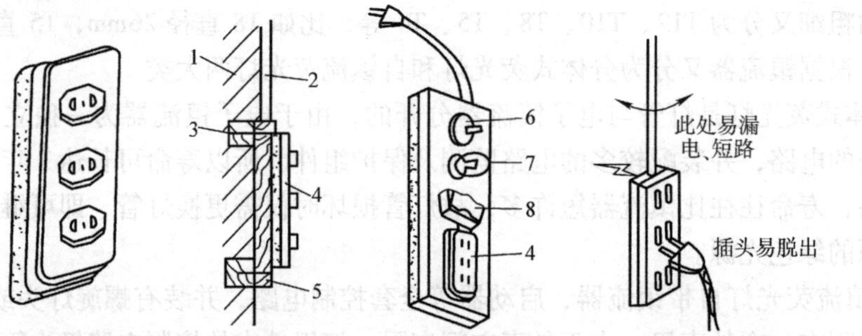

a)多联插座　b)固定在墙上　c)装在插座板上　d)不许吊挂使用

图 2-12　多联插座的使用

1—墙　2—木槽板　3—木砖　4—多联插座　5—木台　6—开关　7—指示灯　8—熔断器

4. 查找灯泡不亮原因的电工实用口诀

查找灯泡不亮原因的口诀如下：灯泡不亮叫人烦，常见原因灯丝断。透明灯泡看得着，否则可用电笔验。合上开关点两端，都不发亮相线断。一亮一灭灯丝断，两端都亮断零线。

口诀说明如下：

灯丝烧断，对透明玻璃灯泡来说，从外面是能看见的；若是磨砂灯泡或其他不透明灯泡，就得用万用表、试灯或验电笔进行检查，本口诀是利用验电笔检查的方法。

检查时，断开灯的电源开关，用验电笔接触电灯的两个接线端，若都不发亮，则说明相线断了，其中的原因可能是开关损坏或未合好，应进一步检查开关，若开关无问题，则应检查连线是否有断点；若一亮一灭，说明灯丝断了；若两端都亮，则说明零线有断点。

当然，若有万用表或试灯，则可简单地判断出不透明灯泡的灯丝是否烧断。

六、作业

2-2-1　荧光灯由哪些部件组成？

2-2-2　引起线路短路的原因有哪些？

模块三　住宅照明系统设计

一、教学目标

1）能设计住宅的照明系统原理图、平面图和高层住宅应急照明系统。

2）能正确选择灯具。

3）会正确选择开关容量和导线截面。

4）掌握照明节能的常用方法。

二、工作任务

某住宅楼为砖混结构，共四层，全楼共三单元，一梯两户，其中一户的建筑设计情况如下：三居室；南面两室，面积分别为 $4.0m \times 3.5m = 14m^2$ 和 $4.3m \times 3.0m = 12.9m^2$；北面一室，面积为 $3.6m \times 3m = 10.8m^2$；餐厅、客厅设在中间位置，面积为 $6.5m \times 3m = 19.5m^2$；厨房在北面，紧靠每户进门处，面积为 $2.4m \times 2.3m = 5.52m^2$；卫生间设在中间位置，还可安放洗衣机，面积为 $3.0m \times 1.75m = 5.25m^2$；另外还有一个小储藏室。请设计其照明系统，要求进行负荷计算，选择灯具、开关、导线，并画出其中一户的配电原理图和平面图。

三、相关实践知识

1. 设计依据

照明设计和电气设计均依照 GB 50034—2013《建筑照明设计标准》的有关规定。照度计算采用单位容量法（对于面积在 $30m^2$ 以下的房间，没有必要进行精确的照度计算）。施工大样图由《电气安装工程图集》选取。工程施工验收标准按 GB 50303—2015《建筑电气工程施工质量验收规范》执行。电源引自小区变电所，设计必须符合住宅配电标准的规定：

1）电压允许偏差为额定电压的 $-5\% \sim +5\%$，三相负荷平衡。

2）应采用 TT、TN-C-S 或 TN-S 接地方式。

3）每户进线截面积不应小于 $10mm^2$，分支回路截面积不应小于 $2.5mm^2$。

4）每套住宅的空调插座、电源插座与照明应分路设计，厨房电源插座和卫生间电源插座宜设独立回路。

5）除空调电源插座外，其他电源电路应设漏电保护装置。

6）每套住宅应设置电源总断路器，并应采用可同时断开相线和中性线的开关电器。

2. 照度值的确定

不管用什么方式进行照明计算，都应根据建筑性质、等级标准、功能要求和使用条件，按《建筑照明设计标准》的规定选取照度值。考虑到住宅的二次装修，每间屋内留 1～2 个出线口，照度不作精确计算。

3. 光源、灯具设计

（1）房间居室　南面两室面积分别为 $14m^2$、$12.9m^2$，根据住宅建筑照明的照度标准值，取照度值为75lx。采用带反射罩的荧光灯，单位面积安装功率为 $7W/m^2$，其总瓦数为 $7 \times 14W = 98W$。因此每间房间用一支 YG2-2、$2 \times 36W$ 的日光色荧光灯就可满足要求。

北面面积为 $10.8m^2$ 的房间，可选用 YG2-1、$1 \times 36W$ 荧光灯。本例选用的是 $2 \times 40W$ 白炽灯，因为对于居室可以采用台灯或床头灯进行局部照明，故白炽灯可满足要求，吸顶安装。

（2）厅　面积为 $19.5m^2$。取照度值为100lx，采用暖色调的白炽灯，房间用 $2 \times 60W$、$2 \times 40W$ 两组白炽灯即可。该房间可以采用低照度的一般照明，再加上落地灯等进行局部照明作为补充。

（3）厨房　厨房的照度取100lx。选 $2 \times 40W$ 的白炽灯吸顶安装。

（4）卫生间　照度取100lx，采用 $2 \times 40W$ 白炽灯的乳白玻璃罩吸顶安装。

（5）过道、阳台　采用内装40W和60W白炽灯的乳白玻璃罩吸顶灯为宜。

（6）储藏室　因储藏室面积较小，选25W白炽灯即可。

4. 负荷计算

每标准层单元共有两户，分别由1、2两条支线供电，1、2支线负荷相同。

（1）一条支线

1）设备容量

白炽灯：$2 \times 40W + (2 \times 60 + 2 \times 40)W + 2 \times 40W + 2 \times 40W + (40 + 60)W + 25W = 565W$。

荧光灯：$2 \times 2 \times 36(1 + 0.2)W \approx 173W$（镇流器功率损耗系数 $\alpha = 0.2$）。

插座回路：考虑到目前家庭用电量的增加（空调、电饭煲、热水器等大功率负载）以及用电的安全和方便，共设有6路，其中3路各1.5kW（1500W），另3路各2.5kW（2500W）。

2）设备的计算负荷

白炽灯组：565W。

荧光灯组：173W。

插座组：12000W。

取需要系数 $K_d = 0.7$，功率因数 $\cos\varphi = 0.9$，则

设备容量　　$P_e = 12000W + 565W + 173W \approx 12.7\ kW$

有功计算负荷　　$P_{30} = K_d P_e = 0.7 \times 12.7kW = 8.89kW = 8890W$

（2）楼梯灯负荷　为 $2 \times 40 \times 4W = 320W = 0.32kW$。

（3）单元供电干线的计算负荷　取 $K_d = 0.5$，则

单元供电干线容量　　$P_{e(1)} = 4 \times (8.89 + 8.89)kW + 0.32kW = 71.44kW$

单元供电干线计算负荷　　$P_{30(1)} = K_d P_{e(1)} = 0.5 \times 71.44\ kW = 35.72kW = 35720W$

（4）进户线计算负荷　因采用单相供电，其中，A相供1单元，B相供2单元，C相供3单元，且每相负荷相等，得各相计算负荷为

$$P_{30\phi} = P_A = P_B = P_C = K_d' P_{e(1)} = 0.5 \times 71.44kW = 35.72kW$$

5. 电流计算

(1) 灯线计算电流 $I_{30d}=P_{30d}/(U_{\phi}\cos\varphi)=[(565+173)/(220\times0.9)]\text{A}\approx3.7\text{A}$

插座回路一计算电流 $I_{30c1}=P_{30c1}/(U_{\phi}\cos\varphi)=[1500/(220\times0.9)]\text{A}\approx7.6\text{A}$

插座回路二计算电流 $I_{30c2}=P_{30c2}/(U_{\phi}\cos\varphi)=[2500/(220\times0.9)]\text{A}\approx12.6\text{A}$

(2) 1、2 支线计算电流

$$I_{30z1}=I_{30z2}=P_{30}/(U_{\phi}\cos\varphi)=[8890/(220\times0.9)]\text{A}\approx44.9\text{A}$$

(3) 单元供电干线计算电流

$$I_{30(1)}=P_{30(1)}/(U_{\phi}\cos\varphi)=[35720/(220\times0.9)]\text{A}\approx180.4\text{A}$$

6. 导线截面积和穿线管径选择

查表选择电缆、导线截面积及穿线管径。灯线回路采用 BV 型 2.5mm^2 的聚氯乙烯绝缘铜线，插座回路一采用 BV 型 2.5mm^2 的聚氯乙烯绝缘铜线，配用线管为 PVC20；插座回路二采用 BV 型 4mm^2 的聚氯乙烯绝缘铜线，配用线管为 PVC20；1、2 支线采用 BV 型导线，中间导线为 3 根铜芯线，截面积为 10mm^2（相线 L、中性线 N 和保护接地线 PE），单相三线制输电，用钢管（内径 25mm^2）地面或墙内暗敷设；单元配电干线采用 BV 型导线，截面积为 70mm^2，配用线管为 SC50；进户线采用铜芯聚氯乙烯绝缘、聚氯乙烯护套内钢带铠装电力电缆 VV22 型，截面积为 70mm^2，配用线管为 SC70。以上导线截面的选择均考虑了为今后的发展留有裕量和减少电压损失，按大一级选取，因此不再进行电压损失的校验。

7. 电源开关的选择

根据住宅配电标准，照明和卧室挂壁空调用断路器控制，其他电源电路应用剩余电流断路器控制。客厅柜式空调因容易与人体接触，也应装设漏电保护装置。

本设计选用“梅兰日兰”Easy9 系列微型断路器，该产品的特点是：单位产品独立塑封，结构紧凑，保护更周到；断路器与漏电保护装置预安装，使得普通用户使用更加简便；限流特性良好，减小了故障对系统和设备的影响，大大提高了安全性及电气寿命；电子式漏电保护装置采用高冗余、高耐压和高抗干扰设计，经济性好，可靠性高。EA9AN1 为单匹断路器，EA9A45、EA9A47 为“相线 + 中性线”断路器。组合式两匹剩余电流断路器和 EA9C 剩余电流断路器实物分别如图 2-13 和图 2-14 所示。

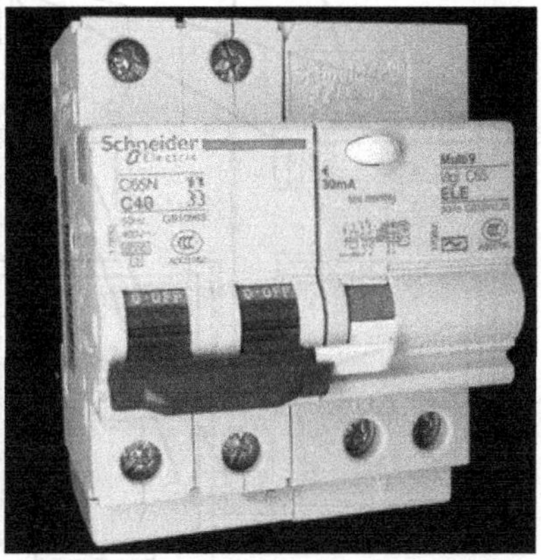

图 2-13 组合式两匹剩余电流断路器

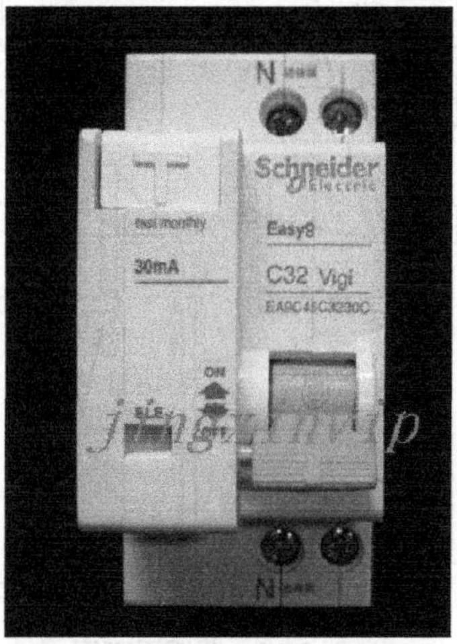

图 2-14 EA9C 剩余电流断路器

根据负荷计算结果，照明回路选用 10A 开关控制，插座回路一选用 16A 开关控制，插座回路二选用 25A 开关控制，进户总开关选用 63A，具体型号详见配电原理图。

8. 配电原理图

设计的配电箱为 20 回路暗装终端箱，原理如图 2-15 所示，适用于在民用住宅规范中强制实行相线 + 中性线断路器的地区。

优点：当有漏电故障时，不影响其他的用电设备，供电可靠性高，且容易检修。

缺点：价格略贵。

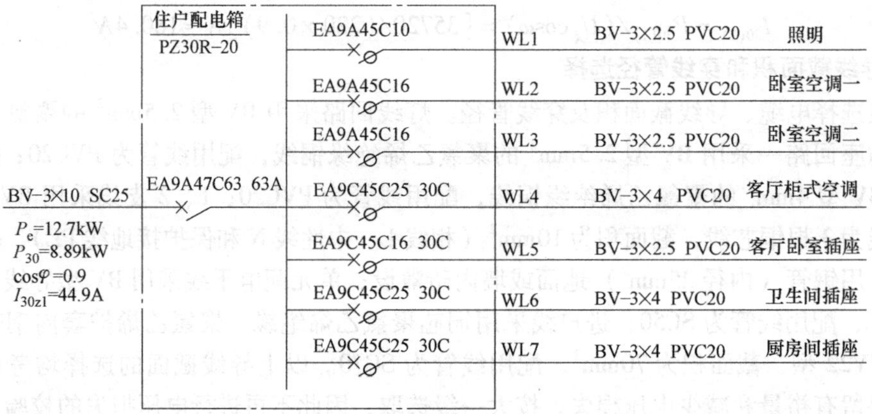

图 2-15　配电箱原理图

9. 平面图设计

照明平面图如图 2-16 所示，插座平面图如图 2-17 所示。

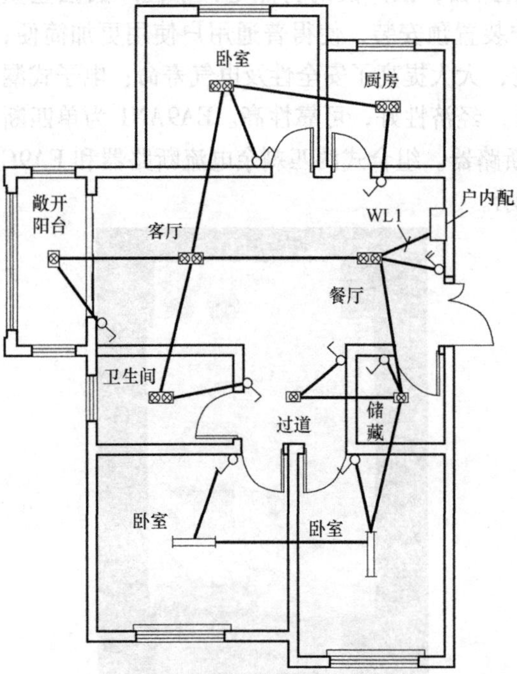

图 2-16　照明平面图

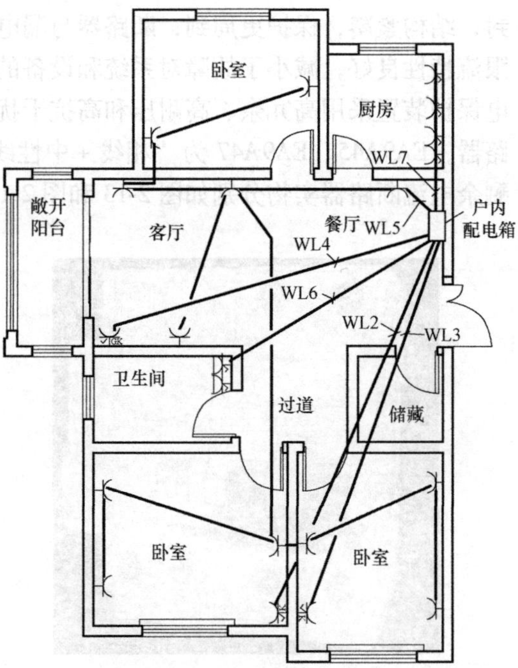

图 2-17　插座平面图

10. 主要设备材料选择

选择的主要设备材料和安装方式见表2-1。

表2-1 主要设备材料明细表

符 号	名 称	规格及型号	安装方式
	配电箱	PZ30R-20	暗装距地1.8m
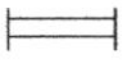	双管荧光灯	YG2-2、2×36W	吸顶
⊗	白炽灯	1×25W(储藏室),1×40W(过道),1×60W(阳台)	吸顶
⊗⊗	白炽灯	2×40W(厨房、卫生间、北面卧室、餐厅),2×60W(客厅)	吸顶
	普通单控开关	10A 250V	暗装距地1.3m
	普通双联单控开关	10A 250V	暗装距地1.3m
	单相暗插座	10A 250V 二孔三孔 安全型	暗装距地0.3m
	单相挂壁空调插座	16A 250V 三孔带开关 安全型	暗装距地2.3m
	单相柜式空调插座	20A 250V 三孔带开关 安全型	暗装距地0.3m
	厨房排油烟机插座	10A 250V 三孔带开关 安全型	暗装距地2.0m
	单相三极带开关防潮插座	10A 250V 三孔带开关 防潮安全型	暗装距地1.5m（带防水罩）

四、相关理论知识

1. 照明常用物理量

照明计量单位的国际单位制单位有基本单位和导出单位。光学计量基本单位为坎［德拉］（cd，发光强度 I 的单位），导出单位有流［明］（lm，光通量 Φ 的单位）、勒［克斯］（lx，照度 E 的单位）、坎［德拉］/米^2（cd/m^2，亮度 L 的单位）等。

（1）光通量（Φ） 光源在单位时间内，向周围空间辐射出的使人眼产生光感的辐射能，称为光通量。

电光源发出的光通量（流明数）除以其消耗的电功率（瓦特数），称为电光源的光效。它是评价电光源用电效率最主要的技术参数。光源的单位用电所发出的光通量越大，则其转换成太阳能的效率越高，即光效越高。光通量是光流的时间速度概念，即光量在单位时间内的流速。

光通量的符号为 Φ，其单位为lm。用国际单位表示的表达式为：lm = cd · sr。

（2）发光强度（I） 为表示光源发光的强弱程度，把光源向周围空间某一方向单位立体角内辐射的光通量，即光源在给定方向的辐射强度，称为发光强度。对于向各个方向均匀辐射光通量的光源，其各个方向的发光强度相同。发光强度本身是在一个给定方向上立体角内光通量的密度，用公式表示为

$$I = \Phi/\omega \tag{2-3}$$

式中，I 为发光强度（cd）；Φ 为光源在立体角内辐射出的总光通量（lm）；ω 为光源发光范围的立体角，单位用 sr（球面度）表示，即

$$\omega = s/r^2$$

式中，r 为球的半径（m）；s 是与立体角 ω 相对应的球表面积（m^2）。

（3）照度（E）　照度用来表示被照面上光的强弱，以入射光通量的面密度表示，即被照物体表面单位面积投射的光通量。照度的符号为 E，其单位为 lx。当光通量均匀地照射到某平面上时，该平面上的照度为

$$E = \Phi/S \tag{2-4}$$

式中，E 为照度（lx）；Φ 为均匀投射到物体表面的光通量（lm）；S 为受照物体表面积（m^2）。

（4）亮度（L）　亮度是表征发光体表面光亮强度的物理量，是指发光体的发光强度与从观察方向"看到"的光源面积之比，这表明亮度具有反方向性。人眼对明暗的感觉不是直接决定于受照物体（间接发光体）的照度，而是决定于物体在眼睛视网膜上形成的像的照度。所以，亮度的含义可理解为发光体在视线方向单位投影面上的发光强度。

$$L = I_\alpha/S_\alpha = I\cos\alpha/(S\cos\alpha) = I/S \tag{2-5}$$

式中，α 为人眼视线与发光体表面法线的夹角；I_α 为视线方向的发光强度；S_α 为视线方向的投影面积。

从式（2-5）看出，实际上发光体的亮度值与视线方向无关。

光学计量基本单位可形象地用图 2-18 表示。

2. 电气照明负荷计算

照明负荷计算的目的是为了合理选择供电系统中的变压器、导线和开关等设备，同时也是确定电压标准和电能消耗量的依据。照明负荷计算通常采用需要系数法。

需要系数就是线路上实际运行时的计算负荷 P_{30} 与线路上接入的总设备容量 P_e 之比，即

$$P_{30} = K_d P_e \tag{2-6}$$

式中，P_{30} 为计算负荷（kW）；P_e 为照明设备安装容量，包括光源和镇流器所消耗的功率（kW）；K_d 为需要系数。

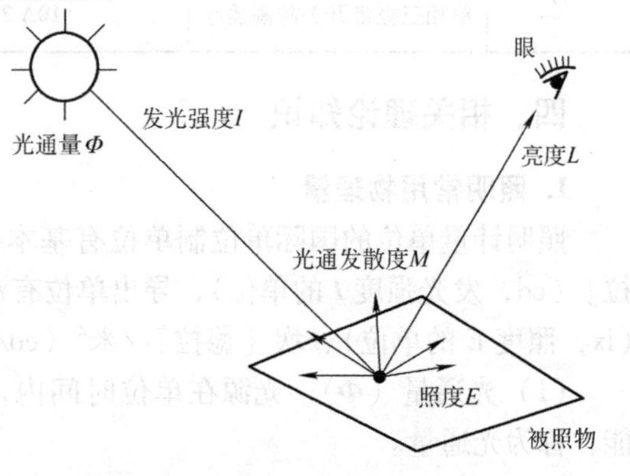

图 2-18　光学计量基本单位说明

需要系数是有关部门通过长期实践和调查研究，利用统计计算得出的。随着技术和经济发展，需要系数也在不断地修改。

由低压配电屏（或总配电箱）至分配电箱的一段线路称为干线；从分配电箱至照明设备及其他用电设备的一段线路称为支线；通常有若干条干线接入一进户线或低压母干线。负荷计算应由负载端开始，经支线、干线至进户线或母干线。

（1）照明设备容量 P_e　各种照明设备容量的计算方法如下。

1）对于热辐射光源的白炽灯、卤钨灯，其设备容量 P_e 等于照明设备的额定功率 P_N，即

$$P_{e} = P_{N} \tag{2-7}$$

2）对于气体放电光源，由于带有镇流器，需要考虑镇流器的功率损耗，因此

$$P_{e} = (1+\alpha)P_{N} \tag{2-8}$$

式中，P_e 为照明设备容量（kW）；P_N 为照明设备的额定功率（kW）；α 为镇流器的功率损耗系数。

部分照明设备的功率损耗系数见表2-2。

表2-2 部分照明设备的功率损耗系数 α

光源种类	损耗系数 α	光源种类	损耗系数 α
荧光灯	0.2	涂荧光物质的金属卤化物灯	0.14
荧光高压汞灯	0.07～0.3	低压钠灯	0.2～0.8
自镇流荧光高压汞灯	—	高压钠灯	0.12～0.2
金属卤化物灯	0.14～0.22		

3）对于民用建筑内的插座，在无具体电气设备接入时，每个插座按100W计算。

（2）分支回路的计算负荷 P_{30f} 分支回路的计算负荷按以下公式计算

$$P_{30f} = K_{d}\sum_{i=1}^{n} P_{e(i)} \tag{2-9}$$

式中，P_{30f}为分支回路的计算负荷（kW）；$P_{e(i)}$为各个照明设备的容量（kW）；n 为照明器的数量；K_d 为分支回路的需要系数。

分支回路的需要系数见表2-3。

表2-3 分支回路的需要系数 K_d

插座数量	4	5	6	7	8	9	10
K_d	1	0.9	0.8	0.7	0.65	0.6	0.5

根据国家设计规范要求，一般照明分支回路应避免采用三相低压断路器对三个单相分支回路进行控制和保护。

照明系统中的每一个单相回路的电流不宜超过16A，单独回路的照明设备套数不宜超过25个；对于大型建筑组合照明器，每一单相回路的电流不宜超过25A，光源数量不宜超过60个；对于建筑物轮廓灯，每一单相回路的光源数量不宜超过100个；对于高压气体放电灯，供电回路电流最多不超过30A。

插座应由单独回路配电，并且一个房间内的插座由同一回路配电，插座数量不宜超过5个（组）。当插座为单独回路时，插座的数量不宜超过10个（组）。住宅不受以上数量的限制。

（3）干线计算负荷 P_{30g} 干线计算负荷可按以下公式计算

$$P_{30g} = K_{d}\sum_{i=1}^{n} P_{30f(i)} \tag{2-10}$$

式中，P_{30g}为干线回路的计算负荷（kW）；$P_{30f(i)}$为各个分支回路的计算负荷（kW）；n 为分支回路的数量；K_d 为照明干线回路的需要系数。

照明干线回路的需要系数见表2-4。

表 2-4　照明干线回路的需要系数 K_d

建筑类型	K_d	建筑类型	K_d
住宅区、住宅	0.5~0.8	由小房间组成的车间或厂房	0.85
医院	0.5~0.8	辅助小型车间、商业场所	1.0
办公楼、实验室	0.7~0.9	仓库、变电所	0.5~0.6
科研楼、教学楼	0.8~0.9	应急照明、室外照明	1.0
多跨厂房	0.8~1.0	厂区照明	0.8

根据国家设计规范要求，变压器二次回路到用电设备之间的低压配电级数不宜超过三级（对非重要负荷供电时，可超过三级），故常用低压干线一般不超过两级。

（4）进户线、低压总干线的计算负荷 P_{30z}

$$P_{30z} = K_d \sum_{i=1}^{n} P_{30g(i)} \tag{2-11}$$

式中，P_{30z}为进户线、低压总干线的计算负荷（kW）；$P_{30g(i)}$为各干线的计算负荷（kW）；n为干线的数量；K_d为进户线、低压总干线的需要系数。

进户线、低压总干线的需要系数见表 2-5。

表 2-5　进户线负荷的需要系数 K_d

建筑物名称		需要系数	备注
一般住宅	20 户以下	0.6	单元式住宅，多数为每户两室，每室户内插座为 5~8 个，装户表
	20~50 户	0.5~0.6	
	50~100 户	0.4~0.5	
	100 户以上	0.4	
高级住宅		0.6~0.7	
集体宿舍			
一般办公楼		0.7~0.8	一开间内 2 盏灯，2~3 个插头
高级办公楼		0.6~0.7	
科研楼		0.8~0.9	一开间内 2 盏灯，2~3 个插头
教学楼			三开间内 6~11 盏灯，1~2 个插头
商店		0.85~0.95	有举办展销会可能
图书馆		0.6~0.7	
食堂、餐厅		0.8~0.9	
托儿所、幼儿园			一开间内 1 盏灯，2~3 个插头，集中卫生间
门诊楼		0.6~0.7	
一般旅馆、招待所		0.7~0.8	
病房楼		0.5~0.6	
影院		0.6~0.7	
体育馆		0.65~0.75	
展览馆		0.5~0.7	

五、拓展性知识

（一）住宅照明设计步骤

照明是建筑设计的重要组成部分，理解光与建筑的相互作用，是照明设计不可缺少的一面。照明设计不仅要考虑照度水平、灯具布置，还要考虑视觉环境，重视照明效果。可以说，光是建筑三维创作之外的另一个广阔天地。

照明常分为自然照明和人工照明两类，这里介绍人工照明的有关问题。电气照明是人工照明中应用范围最广的一种照明方式，由于人们空余时间里，就在室内这个环境内生活、学习、家务劳动以及娱乐，这就需要有一个极其舒适、方便的生活环境，因此搞好住宅的照明设计就显得非常重要了。具体设计步骤如下。

1. 照明方式的确定

住宅照明不仅与光源和灯具有关，而且与其他对照明效果有影响的因素有关。

如何根据室内照明的原理把住宅照明设计得更合理，为家庭创造一个良好的、舒适的环境呢？从一般的住宅建筑来看，常按使用功能将住宅分隔成具有专门用途的房间，如卧室、起居室、厨房及卫生间等。由于这样的划分，住宅照明的设计就应该根据其使用的功能来进行。但目前往往许多视觉工作要在同一房间内完成，如工作、娱乐及休息等，设计单一的照明方式已不能满足人们对照明质量的要求，因此必须考虑灵活性，设置多种照明形式。

为了获得良好的整体效果，设计者必须先确定在每个房间要进行什么样的活动，并为这些活动提供灯光，然后用一般照明将单个作业区联系在一起。也就是说，居室内的一般照明是完全必要的，它可使光线充满整个房间，给顶棚、家具的垂直表面上适当的照度，同时又可减少照度较高的“工作面”与远近环境之间的亮度比。而局部照明可以在工作面上获得较高的水平照度。因此一般照明和局部照明相结合的方式是居室的最佳照明方式。

2. 光源的选择

传统的住宅照明设计大都采用普通白炽灯及管型荧光灯。我国 20 世纪 80 年代初期，H 型和 SL 型紧凑型荧光灯问世，其各项技术指标都接近国际先进水平，具有紧凑、光色好、寿命长、光效高等优点。在相同照度情况下，它与白炽灯相比，可节电 70%。

在住宅照明中，要求使用的灯有良好的显色性，光源的显色指数 R_a 应在 80 左右。在起居室或卧室中有时需要改变光源的亮度来调节空间的气氛，这时可采用调光开关来实现。

3. 灯具的选择

灯具是照明设计的一个重要组成部分，而照明艺术又是室内装饰的主要环节。因此住宅照明的设计既要讲究实效、满足功能的要求，又要综合平衡、全面考虑以达到预期的效果。

一般照明灯具常采用均匀漫射的吸顶灯或吊灯，因为它们能把光线投射到很宽的范围内，能照亮顶棚和墙面。如果使用直接-间接型照明灯具会更好，因为它是均匀漫射照明方式中较特殊的一种，在近水平面的角度上只发射出很少量的光，因此在直接眩光区的亮度较低，可以降低直接眩光的干扰，如市场上供应的扁圆形乳白玻璃吊灯，就被广泛地应用于家庭之中。

4. 照度标准的确定

照度的高、低对室内气氛有着极其明显的影响。高的照度通常能增加活力，并且也是视觉活动所需要的，而低的照度则可形成适于休息、交谈、看电视或听音乐的愉快气氛。

住宅的视觉工作较复杂，照度的要求也不尽相同。如晚间生活、读书就需要较高的照度；用餐、洗碗等则要求中等的照度；看电视、听音乐或休息就要求低照度。因此，如果是多功能使用的房间，最好设置多种灯具，并采用多点控制或用调光开关来控制。

表2-6是根据建筑电气设计规程列出的住宅建筑照明的照度（白炽灯泡）推荐值，末栏是能达到照度推荐值所使用的白炽灯泡的大致容量。根据表中数值可以看出，高照度标准和低照度标准之比大约为2∶1。

表2-6　住宅建筑照明的照度（白炽灯泡）推荐值

场所或作业类别		照度标准值/lx	注	白炽灯泡容量/W
起居室	一般活动	30-50-75		40～60（吊灯）
	看电视	10-15-20	避免在电视屏幕上出现光源的反射像	15（吊灯）
	书写、阅读	150-200-300	宜设局部照明	60～100（台灯）
卧室	床头阅读	75-100-150		60（壁灯）
	精细工作	200-300-500	宜设局部照明	100～150（台灯）
餐室	一般活动	30-50-75		40～60（吊灯）
	餐桌面	50-75-100		60～100（吊灯）
厨房		50-75-100	宜设局部照明	60～100（吸灯）
卫生间	一般卫生间	10-15-20		25（吸灯）
	洗澡、化妆	30-50-75		40～60（壁灯）

5. 特殊视觉作业的专用照明

（1）写字台照明　写字台上的主要视觉工作是读书、写字及绘图等。当使用可移动灯具作为局部照明时，灯罩的下沿不要比处在正确姿势的人眼高度低或高很多，以避免直接眩光。或者使光线来自人的左后斜方，照亮写字台，这也是一种较好的照明方式。一般照明与写字台的局部照明的照度之比取1∶3为宜。

（2）床头阅读照明　人们常喜欢在临睡前几分钟阅读书本，其姿势大都是直坐或半倚半靠在床头。采用固定在床头后墙上的壁灯是较为适宜的。但应注意，照明设备的位置不能造成头影或手影遮住视看部分。

（3）看电视时的照明　此时人们的视觉高度集中在电视屏幕上，且持续时间也较长。由于电视屏幕放射出紫外线和微量的X射线，人眼吸收之后，视力会下降；电视屏幕上的亮度很高，如果室内的照明全部关闭的话，屏幕上的亮度与周围环境的亮度之比可达几十至几百倍，这样会产生较严重的眩光，易使人视觉疲劳，因此室内应保持适当的照明。此外，灯具和电视机间要有正确的位置，灯具不能在看电视的视野范围内，否则会产生严重的眩光。灯具也不能在屏幕上产生亮斑，这也是不合适的。

（4）餐室照明　餐桌上要求的是水平照度，故在餐桌的正上方吊一个以下射分量为主的吊灯，高度距桌面约0.6～0.9m为宜（如使用可调高度的灯具）。这样它能突出餐桌，造成引人注目、增进食欲的效果。除此之外，还应借助一定的一般照明来提高环境亮度。如果采用调光设施可使照度水平适应特殊场合的需要，同时也能增加用餐时的欢乐气氛。

(5) 厨房照明 厨房内除了采用吸顶灯作为一般照明外，局部照明也是需要的（一般装在壁橱下方或洗涤盆的上方)。由于厨房内的油腻会污染灯泡，日久后会影响照度，所以要求经常清洗灯泡。

6. 卫生间照明布置

卫生间包括浴室、洗脸间和厕所间。

1）浴室宜采用防潮型灯具。注意灯具不要安装在浴缸上方，同时灯具的安置不要使人影射到窗帘上。

2）洗脸间宜在镜子前装设灯具。灯具应安装在以人眼水平视线为中心的120°锥角视线外，以避免眩光。

3）厕所间宜安装一开即亮的白炽灯，不宜采用荧光灯，可以用平灯头安装在厕所间的天花板上。

7. 走廊和楼梯照明布置

1）走廊和楼梯灯应能照亮脚下的路面及台阶，以确保行走安全，如图2-19所示。

2）楼梯灯不宜安装在上、下走动时影子能遮住前进方向的位置上。楼梯灯功率为15～20W即可。为了方便，可用平灯头安装在楼梯转弯的楼板上方，如图2-20a所示，或用壁灯安装在楼梯转弯处的墙壁上，如图2-20b所示。

注意：楼梯灯的安装位置不能让人碰着，安装高度约为1.8m。

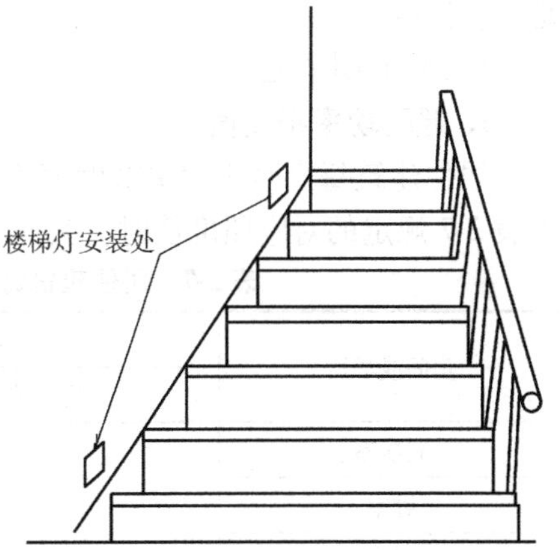

图2-19 楼梯灯的位置图

3）走廊灯可采用吸顶灯的形式，装在走廊的天花板上，也可采用壁灯的形式装在走廊墙上。

注意：走廊灯的安装位置不能让人碰着，安装高度约为1.8m。

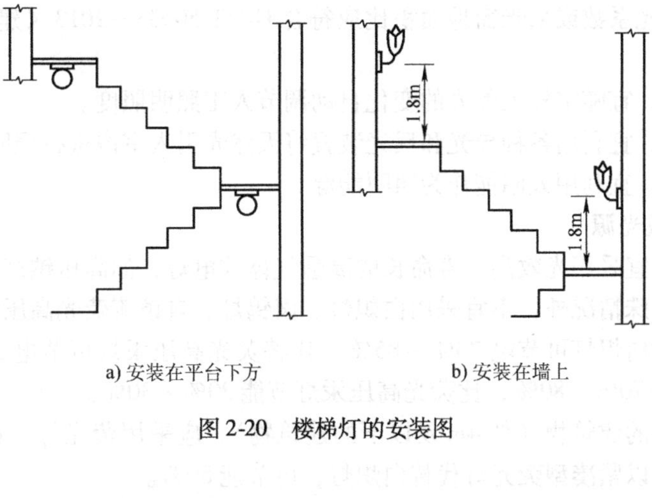

a) 安装在平台下方 b) 安装在墙上

图2-20 楼梯灯的安装图

4）楼梯灯和走廊灯不宜采用荧光灯，而应采用白炽灯。宜采用触摸式延时开关或人体感应式延时开关。

鉴于我国经济条件的限制以及居住者的生活水平、文化程度、家庭成员结构的组成和生活习惯等各不相同，过去我们对住宅建筑电气一次装备的设计只是根据国家的有关规定（住宅建筑电气设计规范）作一般性的统一设计，每户容量仅以1kW考虑。即在每个房间天棚的适当位置设一个灯头，在墙壁四周的适当位置设两个插座点，以满足局部照明灯具或家用电器安放的需要。随着经济的发展，人们的生活水平不断提高，家用电器如电饭煲、空调器、电热水器、微波炉等越来越普遍地进入千家万户，原来的设计标准（每户1kW）已不能满足使用要求，现预留每户的用电量约为7~10kW。另外，国家安全用电的标准也越来越高，除了照明以及客厅、主副卧室安装的空调插座用断路器控制外，厨房、卫生间及其他房间插座均用额定漏电电流为30mA的漏电保护器控制，而对特别高级的商品房（别墅）和侨汇房，有时使用热泵机组作为冷热源，故每户应按15~25kW来考虑，此时电源进户线应是三相四线制。

（二）照明节能

1. 照明功率密度值

居住建筑每户照明功率密度值不宜大于表2-7的规定。当房间或场所的照度值高于或低于表2-7规定的对应照度值时，其照明功率密度值应按比例提高或折减。

表2-7　居住建筑每户照明功率密度值（据GB50034—2013）

房间或场所	照明功率密度/（W/m^2）		对应照度值/lx
	现行值	目标值	
起居室	6	5	100
卧室			75
餐厅			150
厨房			100
卫生间			100

2. 充分利用天然光

1）房间的采光系数或采光窗地面积比应符合GB/T 50033—2013《建筑采光设计标准》的规定。

2）有条件时，宜随室外天然光的变化自动调节人工照明照度。

3）有条件时，宜利用各种导光和反光装置将天然光引入室内进行照明。

4）有条件时，宜利用太阳能作为照明能源。

3. 选用高光效光源

高大建筑物中宜采用光效高、寿命长的高强气体放电灯，如高压钠灯、金属卤化物灯或混光光源等；除特殊情况外，不宜采用白炽灯、卤钨灯、自镇流荧光高压汞灯。金属卤化物灯或高压钠灯代替白炽灯可节电70%~85%，代替荧光高压汞灯可节电30%~60%。混光照明比白炽灯节能70%~80%，比荧光高压汞灯节能20%~30%。

对于比较低矮的建筑物（如4m及以下的建筑物），应采用荧光灯。宾馆、商场等常用的嵌入式筒灯，应以紧凑型荧光灯代替白炽灯，可节能80%。

当因特殊需要采用热辐射光源时，应选用双螺旋白炽灯或小功率低压卤钨灯。

4. 选用高效率灯具

灯具性能的好坏对节能影响很大，如灯具配光不合理，则效率低，能量损失可高达

30% ~40% 。从节能的角度考虑，应按下列原则选用灯具：

1）在保证照明质量的前提下，优先采用开启式灯具，少采用带有格栅、保护罩等附件的灯具。

2）室内用灯具的效率不宜低于 70% ，带有格栅时不宜低于 55% ；室外用灯具的效率不宜低于 40% ；室外投光灯具的效率不宜低于 55% 。

3）根据使用场所选择合理的配光，如房间窄而高时应选用窄配光灯具；宽而矮的房间宜选用宽配光灯具；中等高度的房间则选用中照型灯具。

4）选用高保持率的灯具，即光通量衰减少、终止光通量保持率高的灯具。这就要求灯具反射面的反射比高，且衰减慢，配光特性稳定，易于维护、清洁等。

5）优先选用块板式灯具。块板式灯具通过块板的反射作用，使反射光改变路径而离开灯泡，减少灯泡对光的吸收。这样既保证了灯泡的寿命又增加了光输出，从而提高灯具的效率。它一般比非块板式灯具提高效率 5% ~20% ，节能效果显著。

6）采用功率损耗低、性能稳定的灯的附件。气体放电灯宜采用电子镇流器和电子触发器。荧光灯镇流器的功率损耗不应高于荧光灯标称功率的 20% 。高强气体放电灯镇流器的功率损耗不应高于灯标称功率的 15% 。

5. 选择合适的照明控制方式

按下述原则选择和设置照明开关可有效地节能。

1）公共建筑和工业建筑的走廊、楼梯间及门厅等公共场所的照明，宜采用集中控制，并按建筑使用条件和天然采光状况，采取分区、分组控制措施。

2）体育馆、影剧院、候机厅及候车厅等公共场所，应采用集中控制，并按需要采取调光或降低照度的控制措施。

3）旅馆的每间（套）客房应设置节能控制型总开关。

4）居住建筑有天然采光的楼梯间、走道的照明，除应急照明外，宜采用节能自熄开关。

5）每个照明开关所控光源数不宜太多。每个房间灯的开关数不宜少于 2 个（只设置 1 只光源的除外）。

6）房间或场所装设有两列或多列灯具时，宜按下列方式分组控制：

①所控灯列与侧窗平行。

②生产场所按车间、工段或工序分。

③电化教室、会议厅、多功能厅及报告厅等场所，按靠近或远离讲台分组。

7）有条件的场所，宜采用下列控制方式：

①天然采光良好的场所，应安装自动开关灯或调光装置。

②个人使用的办公室，采用人体感应或动静感应等方式自动开关灯。

③旅馆的门厅、电梯大堂和客房层走廊等场所，宜采用夜间定时降低照度的自动调光装置。

④大中型建筑，按具体条件采用集中或集散的、多功能或单一功能的自动控制系统。

8）道路照明宜分组控制，推广采用半夜节能控制方式。

（三）高层住宅应急照明设计

应急照明是在正常照明系统因电源发生故障熄灭的情况下供人员疏散、保障安全或继续工作用的照明。应急照明是现代建筑物内安全保障体系中的一个重要的组成部分。在紧急情况下，为了保障人员的生命安全和消防、救援工作的顺利进行，设置应急照明十分重要。

1. 应急照明分类

应急照明按使用功能可分为疏散照明、安全照明和备用照明。

（1）疏散照明　疏散照明是指供人员疏散、消防人员撤离火灾现场而设置的疏散指示标志灯和疏散通道照明。

（2）安全照明　安全照明是指正常照明突然中断时，为确保处于潜在危险之中的人员安全而设置的照明。

（3）备用照明　备用照明是指正常照明失效时，为继续工作（或暂时继续工作）而设置的照明。

2. 应急照明设计依据

应急照明设计应保证在正常照明发生故障时，确保建筑物内人身安全，方便人员疏散和救援工作，为必要的生产、运行或操作创造最低限度的视觉条件。应急照明设计应做到安全可靠、技术先进、经济合理。目前涉及应急照明的相关规范如下：GB 50016—2014《建筑设计防火规范》（简称《建规》）第 10.3 节；JGJ 16—2008《民用建筑电气设计规范》（简称《民规》）第 13.8 节；GB 50067—2014《汽车库、修车库、停车场设计防火规范》第 9.0.5 节；GB 50098—2009《人民防空工程设计防火规范》第 8.2 节；GB 50034—2013《建筑照明设计标准》第 5.4.2 节；GB 50303—2015《建筑电气工程施工质量验收规范》；GB 17945—2010《消防应急照明和疏散指示系统》；中国照明学会第 1 号技术文件《应急照明设计指南》。

3. 应急照明的供电方式

根据应急照明的负荷等级和应急电源转换时间，应急照明供电采用以下方式：

1）当建筑物消防用电负荷为一级时，采用主电源和应急电源（EPS，Emergency Power Supply）提供双电源，其中应急电源一般为市电与备用发电机切换的电源，并以树干式或放射式供电，按分区设置末端双电源自动切换应急照明配电箱，提供该分区内的备用照明和疏散照明电源。当采用集中蓄电池或灯具自带蓄电池时，可由双电源中的应急电源提供，专用回路采用树干式供电，并按分区设置应急照明配电箱。

2）当消防用电负荷为二级时，采用双回线路树干式或放射式供电，并按分区设置自动切换应急照明配电箱。当采用集中蓄电池或灯具自带蓄电池时，可由单回线路树干式供电，并按分区设置应急照明配电箱。

应急照明采用应急电源（EPS）配一般灯具和一般电源配自带蓄电池灯具的比较如下：

①应急照明采用应急电源（采用集中蓄电池）配一般灯具在价格上要低于一般电源自带蓄电池灯具，且规模越大，投资越节省。

②一般 EPS 电源配的电池质量要好，故障少，可靠性高，寿命长（一般约为 10a），且 EPS 内蓄电池集中设置，管理维修量大大减少。灯具自带蓄电池，电池质量难以保证，维护保养成本高，使用寿命短（一般约为 2a），如果使用不当，如切断电池组的充电电源，灯具进入放电状态，对使用寿命有很大影响，如不及时更换，无法保证应急照明。有些高层住宅管理人员每天都对每一带蓄电池灯具进行充放电试验，确保应急照明。

③应急照明采用应急电源配一般灯具对供电线路要求高，火灾疏散照明按《建筑电气

工程施工质量验收规范》应采用耐火电缆，但若一般电源配自带蓄电池灯具供电线路出现故障，不影响应急照明供电。

④如果应急照明兼作平时普通照明或调光照明的一部分用时，对于自带蓄电池的应急照明灯具，应采用三线式配电方式，即电池组的充电线与灯具的电源线分开配线。

4. 基于 EPS 的应急照明设计案例

在应用 EPS 作为应急照明集中供电电源的情况下，经常采用将正常照明的一部分灯具兼作应急照明灯具使用。其分散的就地控制开关状态处于不确定的状态。发生火灾时处于常亮状态的疏散指示灯和点亮状态的应急照明灯应保持点亮状态，而对于处在熄灭状态的应急照明灯，就必须使其强制点亮。

（1）应急照明控制原理　应急照明控制原理如图 2-21 所示。

从图 2-21 可以看出，通过在 EPS 柜内引入火灾自动报警联动触头 KM，使应急照明灯具能够与消防信号联动。在实际工程中可以根据需要控制回路的数量，确定交流接触器的数量。

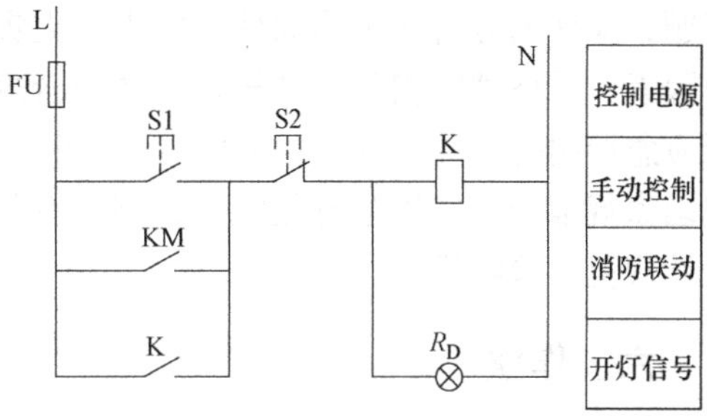

图 2-21　应急照明控制原理图

（2）应急照明的分散控制方式　目前大多数建筑工程的应急照明设计主要采用就地分散控制、集中控制和总线集中控制 3 种控制方式。就地分散控制方式主要适用于住宅、场馆等走道和楼梯间比较分散的建筑。集中控制方式适用于商场、停车场等公共场所。总线集中控制由于在工程实际中不便于施工管理而较少被采用。典型的就地分散控制方式的原理如图 2-22 所示。

图 2-22 中，QF 为 EPS 柜内配置的微型断路器，KM 为火警信号控制继电器的常开触头。在正常情况下，QF 处于闭合状态，KM 处于断开状态，照明灯具受墙壁双控开关控制。当火灾发生时，QF 仍处于闭合状态，KM 接收消防信号后也处于闭合状态，此时不论墙壁开关处于何种状态，应急照明灯具全部由消防电源集中供电并点亮，从而实现火灾应急照明。

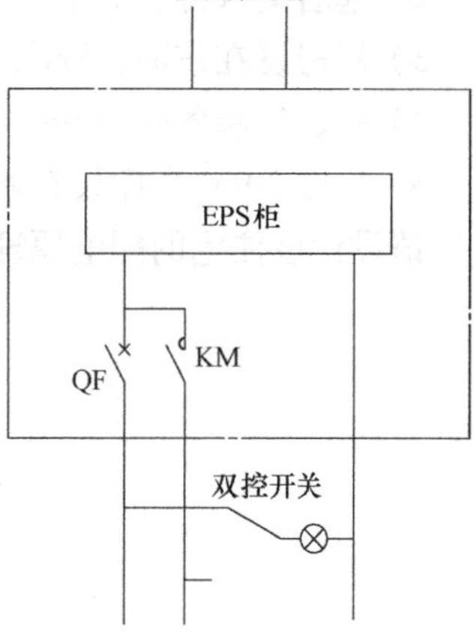

图 2-22　典型的就地分散控制方式的原理图

以上应急照明控制系统虽然很好地解决了火灾应急照明的控制问题，但因其他原因停电需要应急照明的问题还没有得到解决，不符合 GB 50034—2013《建筑照明设计标准》对应急照明的要求。为此，有必要对这种控制方式进行必要的完善和补充，使其能够在火灾报警和电源停电的情况下都能够提供必要的应急照明。

（3）应急照明系统的改进设计　应急照明系统应在停电和火灾两者有一种情况发生时就能提供必要的照明。因此，在停电情况下启动应急照明与火灾情况下启动应急照明在逻辑上是“或”的关系，在物理实现上可采用并联电路解决。改进后的接线图如图 2-23 所示。

图 2-23 中，KT 为检测供电电源继电器的常闭触头，从图中可以看出，当发生火灾时，应急照明的实现与图 2-22 的原理和方法相同。当由于其他原因出现停电时，继电器 KT 的常

闭触头因断电而闭合，EPS启动应急照明，这样就解决了在停电时提供照明的问题。需要说明的是，并联触头KT的继电器线圈电压为正常市电电压，即220V或380V。只有这样，才能随时监测正常电源工作情况，保证应急照明发挥应有的作用。另外，在实际施工过程中，要保证应急照明电源的接线与正常照明电源的相序相同，防止由于接线不正确导致应急照明电源投入时发生短路现象。

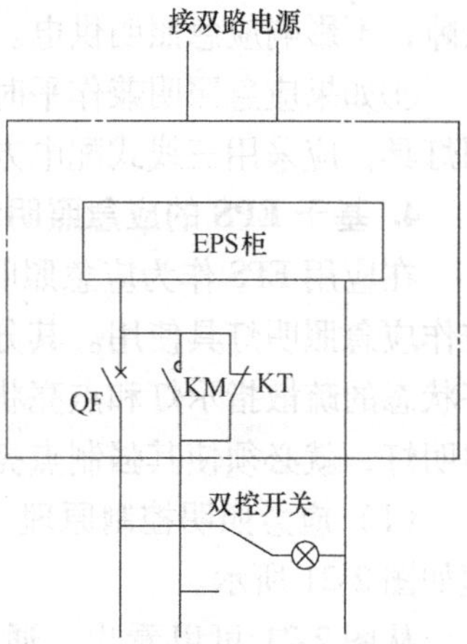

图2-23　火灾及停电应急照明控制原理图

按照逻辑“或”的关系，在理论上可以解决任何情况下对应急照明的需求问题。为从根本上解决实际工程中的类似问题，应仔细分析建筑物的使用特点、火灾危险程度等多方面因素，严格遵守相关设计规范，选择合理的控制方式，实现应急照明的最佳控制。相关部门还应根据不同性质的工程，把国家规范和地方规范有效统一，制定专门的火灾应急照明设计规范及验收规范。

六、作业

2-3-1　简要叙述电气照明计算的方法和步骤。

2-3-2　住宅内的照明线路按规定应采用什么材质线芯的绝缘导线？对其线芯截面有何要求？

2-3-3　解释名词：光通量、发光强度、亮度、照度。

2-3-4　某私人住宅为砖混结构，排层建筑，建筑设计为：

1）二层三居室，南面两室各18m^2、北面一室24m^2。

2）起居室（厅）设在一楼，32m^2。

3）厨房设在东面，8m^2，紧靠户进门处。

4）一、二层各一个6m^2卫生间。

5）一楼20m^2车库设在西面。

请设计该住宅的配电原理图，并选择灯具、开关及导线等。

项目三

车间供配电系统分析与设计

【项目概述】 本项目包括四个模块：车间供配电系统分析、车间供配电系统设计、车间供电线路的敷设及车间照明系统分析。

项目的设计思路是：模块一以某车间的供配电系统图为例，分析供配电系统的原理和常用低压电器的功能；模块二针对典型的车间负荷要求，介绍车间供配电系统的原理设计方法和元器件的选择方法；模块三在会分析设计车间供配电系统的基础上，介绍如何来敷设车间配电线路；模块四则以典型车间照明系统为例，培养学生分析车间照明系统的能力，与项目二的模块一“生活区照明系统分析”形成对应的关系。

一、教学目标

1）熟悉选择低压供配电系统中常用的电气元器件、电气设备的方法。

2）能根据车间的使用性质，设计出简单的供电系统图。

3）认识各种电线电缆，熟悉配电线路的常用敷设方法。

二、工作任务

阅读、分析车间供电系统图及车间照明平面图；设计简单的车间配电系统。

模块一　车间供配电系统分析

一、教学目标

1）能正确分析车间供配电系统线路图。

2）能分析车间配电系统中各配电柜、低压电器的功能。

二、工作任务

某钢厂机修车间的供电系统总配电图如图 3-1 所示，请分析车间配电系统的工作原理、各设备主要功能。

三、相关实践知识

（一）车间配电系统分析

该车间的用电负荷较大，电源进线由车间变电所变压器二次侧直接供电。供配电系统一共由 7 台 GGD 型低压配电柜组成，配电柜数量、功能、主要开关电器的选用、进出线方案

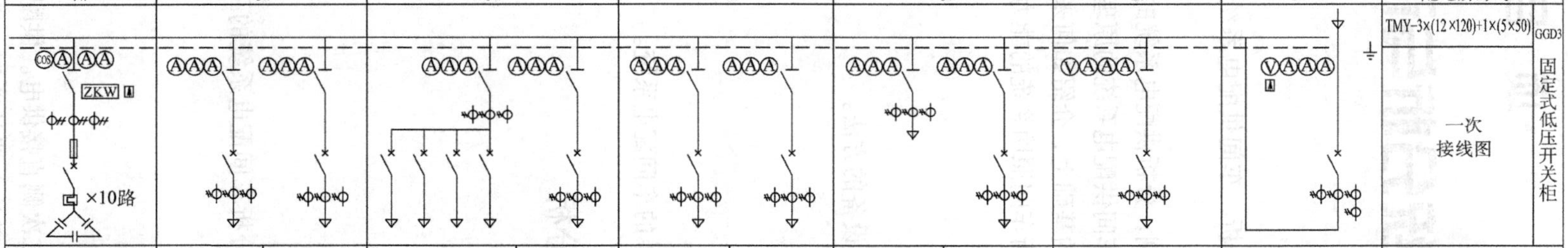

配电屏序号	7#	6#		5#		4#		3#		2#	1#
配电柜(间隔)名称	功率因数补偿柜	机修	七条八条	备用	公共西	公共北	公共南	备用1	备用2	2#联络柜	1#总柜
一次元件设备表：隔离开关HD13BX	1(1000A)	1(600A)	1(600A)	1(400A)	1(400A)	1(600A)	1(600( )A)	1(400A)	1(400A)	1(1600A)	
断路器CW1										1(2000/3 1000A)	1(3200/3 2000A)
断路器CM1		1(600A)	1(600A)	60A 60A 100A 100A	1(250A)	1(600A)	1(250A)		1(250A)		
自动补偿控制仪ZKW-Ⅱ	1										
指示灯	20(白色)									3	3
按钮(红绿各半)										2	2
电流互感器LMZ3-0.66	3(800/5)	3(600/5)	3(600/5)	3(300/5)	3(300/5)	3(300/5)	3(600/5)	3(300/5)	3(300/5)	3(1000/5)	4(1000/5)
电流表42L-A	3(800/5)	3(600/5)	3(600/5)	3(300/5)	3(300/5)	3(300/5)	3(600/5)	3(300/5)	3(300/5)	3(1000/5)	3(1000/5)
电压表42L-V 0~450V										1	1
功率因数表42L-cosφ	1										
电容器BSMJ-0.4-30-3	10										
避雷器FYS-0.22	3										
熔断器 aM-6A	3	3	3	3	3	3	3	3	3	3	3
熔断器 aM-63A	30										
接触器B65C ~220V	10										
热继电器T45 18~25A	10										
转换开关LW5	1									1	1
电能表DT862-3(6)A		1	1	1	1	1	1	1	1	1	1
屏宽/mm×屏深/mm×屏高/mm	1200×800×2200	800×800×2200		800×800×2200		800×800×2200		800×800×2200		800×800×2200	800×800×2200

图 3-1　某钢厂机修车间供电系统总配电图

的确定都由实际用电负荷决定。下面分析各部分的组成和功能。

1. 1#配电柜分析

它是一台主配电柜（总柜），承担主线的控制功能，其外形尺寸：宽为800mm、深为800mm、高为2200mm。柜内装有一台CW1型抽屉式智能断路器，此断路器的框架电流为3200A，额定电流为2000A。智能断路器保护功能较全面，可以方便地接通和断开电路，并且在线路发生短路和过电流故障时能断开电路；抽屉式断路器不仅可以省掉隔离开关，而且在更换时也比较方便。

从图3-1中可以看出：1#配电柜的柜门上有三只指示灯，指示断路器的三种工作状态（断开、接通、故障）；两只按钮，分别是电动合闸、电动分闸按钮；三只电流表，指示三相电流，电流表由三只电流互感器提供电流，另一只电流互感器为电容柜功率因数控制器提供电流（具体线路可参考项目五中）。配电柜门上还有一只电压表和一只电压转换开关，用于检测三相电压值。

1#配电柜的断路器的出线端接入母线，将电能分配给各路出线柜。

2. 2#配电柜分析

它是一台联络柜，用来联络另一配电系统的母线，作为相互间的备用电源，平时处于断开状态。当其他系统由于故障需要用电时，可投入此柜提供电源；或者本系统由于故障进线断电时，可由其他系统向其供电。当由其他线路向其倒送电时，一定要断开1#柜的断路器，才能完成下一步的倒送电。

2#配电柜主要由隔离开关和智能断路器组成，隔离开关在断开时有明显的断点，起隔离电源作用，但不能带负荷操作。断路器可以接通和断开负载电流，能带负荷操作，还有一定的保护作用，最主要的是断路器能分断一定的短路电流。

3. 3#～6#配电柜分析

它们是四台出线柜，它们各自从母线上引电，然后通过各自的隔离开关和断路器向车间的各个区域供电。断路器采用塑壳式断路器，无电动操作功能，具有短路和过载保护功能。其隔离开关和断路器的额定电流由具体负载的大小决定，柜上设有电流指示。

4. 7#配电柜分析

7#配电柜是功率因数补偿柜（简称电容柜），它主要用来提高电网功率因数，减少配电系统无功功率损耗。本柜主要由以下电气元器件组成：在主电路中，有隔离开关（接通或断开主电路）、避雷器（过电压保护）、熔断器（短路保护）、接触器（投切电容器组）、热继电器（过载保护）及电容器（提高功率因数）；在二次回路中，主要有电流表（指示电流）、功率因数表（指示功率因数）、功率因数控制器（根据线路功率因数值发出依次投切电容器组控制信号）及转换开关（选择投切电容器的方式，有手动、自动和停止状态）。该补偿柜的具体线路可参考项目五中的模块四。

（二）车间配电系统中常用低压电器的认识

1. 低压隔离开关

它是一种在分闸位置时触头之间有符合规定的绝缘距离和可见断口，在合闸位置时能承载正常工作电流及短路电流的开关设备。其主要作用是在线路需要停电或维修时隔离电源，起安全保护作用。隔离开关一般不能带负荷操作，在有灭弧装置时，可以断开一定的小负荷电流。带有熔断器的隔离开关还兼有短路保护作用。图3-2是几种常见的隔离开关。

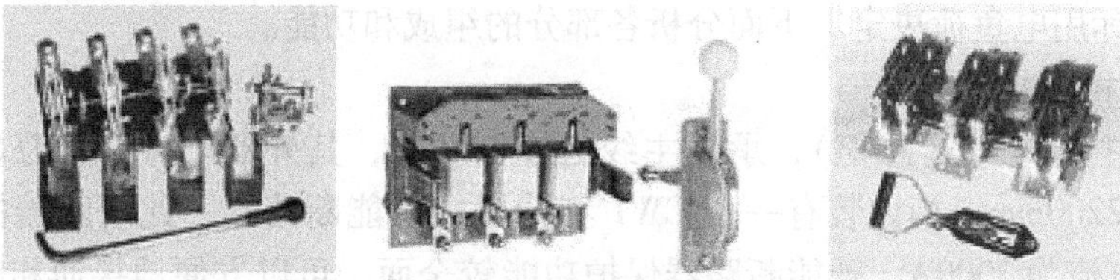

图 3-2　常用隔离开关

2. 低压断路器

低压断路器旧称空气开关，是一种具有多种保护功能的低压电器，一般的断路器都具有短路和过载保护。当线路发生短路和过负荷故障时，它能及时地断开线路，起保护作用。带智能脱扣器的断路器还具有三段式电流保护、欠电压保护、过电压保护功能及远控操作功能。常用的断路器有小型断路器、塑壳式断路器和框架式断路器（万能型）。断路器的结构如果是插入式和抽屉式的，则还具有隔离开关的作用。图 3-3 是几种常见的断路器。

图 3-3　常见断路器

3. 低压熔断器

低压熔断器是用来防止电路和设备长期通过过载电流或短路电流，有断路功能的保护器件。它由金属熔件（熔体、熔丝）、支持熔件的接触结构和瓷熔管三部分组成。熔断器是构造最简单的短路保护设备，它利用低熔点的合金熔丝（或熔片），在电流很大时因发热而熔化，从而切断电路，以保护负载和线路。图 3-4 为几种常见的熔断器。

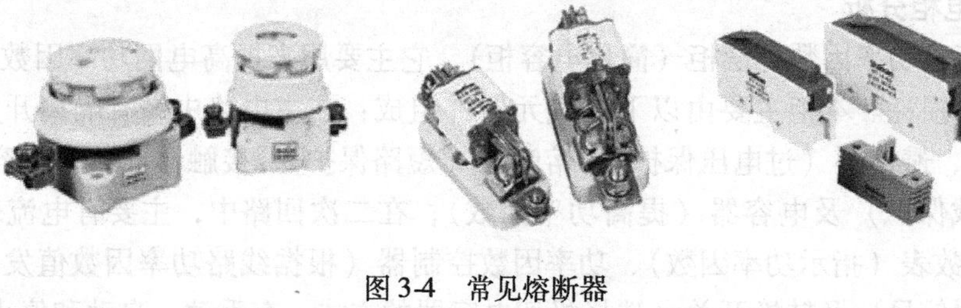

图 3-4　常见熔断器

4. 并联电容器

并联电容器并联于工频交流电力系统中，用于补偿电力系统感性负荷的无功功率，可提高功率因数，改善电压质量，降低线路损耗。

目前国内生产的并联电容器中，除部分产品仍采用电容纸作为固体介质外，大量生产和使用的并联电容器已采用纸膜复合、全膜或金属化膜作为固体介质，国内的一些生产厂家还引进国外的生产技术和设备，生产全腊电容器或金属化膜电容器。图 3-5 为常见的几种并联电容器。

图 3-5 常见的并联电容器

5. 功率因数控制器

功率因数控制器是一种自动控制器件，它可以根据要求，发出控制信号（与接触器配合），自动投切并联电容器，使用电线路的功率因数始终保持在一定数值，以达到减少损耗的目的。控制器的种类很多，有简单的，也有智能型的。图 3-6 为常见的几种功率因数控制器。

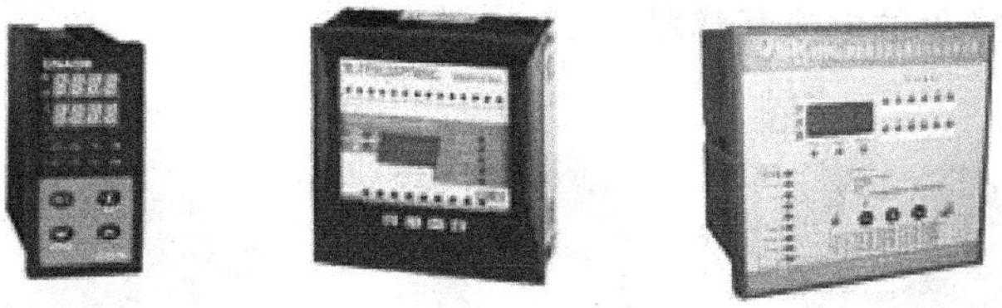

图 3-6 常见的功率因数控制器

6. 避雷器

避雷器是一种过电压保护器件，通过并联放电间隙或非线性放电，对入侵流动电波进行削幅，降低被保护设备所承受的过电压值。避雷器既可用来保护大气过电压，也可用来防护操作过电压。避雷器在低压时呈现高阻开路状态，高压时呈现低阻短路状态，能承受数百安的大电流。本配电系统中所用的避雷器主要用于防止线路上的高电压击穿并联电容器（电力电容器）。图 3-7 为常用过电压保护器件。

图 3-7 常用过电压保护器件

7. 万能转换开关

万能转换开关是具有较多操作位置和触头、能够换接多个电路的一种手动控制电器。由于它能控制多个回路，适应复杂线路的要求，故有“万能”转换开关之称。上面所述的 1# 配电柜、2#配电柜上面用到的就是 LW5 型电压换相开关，它的手柄有四个位置。三相电压接入换相开关，输出给一只电压表，通过转换可以分别测出任两相的电压。7#配电柜上的转换开关具有更多的操作位置，自动位、停止位、手动位、切入 1 及切入 2 等。图 3-8 为常用的几种转换开关。

图 3-8　常见的转换开关

8. 电流互感器

电流互感器用于额定频率为 50Hz 的交流电力系统中，将配电系统中的大电流转换成标准的小电流（一般为 5A），以便连接测量仪表或继电器，供测量电流、计量电能及继电保护用。图 3-9 是几种常见的电流互感器。

图 3-9　常见的电流互感器

9. 交流电压表、电流表

配电柜上用的一般是安装式电压表、电流表，安装式电压表、电流表为塑料外壳，玻璃窗口，外形美观，读数清晰，具有良好的密封性和耐振性能，外形可分为方形、矩形、槽形、“猫头”形几大类，安装方式除特殊说明外，均为凸出嵌入安装。图 3-10 为几种常见的电压表、电流表。

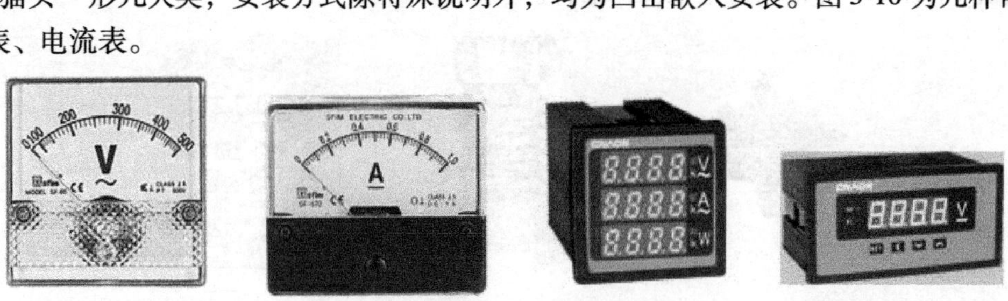

图 3-10　常见的电压表、电流表

四、相关理论知识

在低压供电系统中使用的供电方式主要是三相四线制、三相五线制，也就是我们称为的 TN-C、TN-S 系统。

1. TN-C 系统

该系统电源中性点接地，工作零线 N 和专用保护零线 PE 是同一根线，也就是保护中性线（PEN 线），称为 TN-C 供电系统，即俗称三相四线制，如图 3-11 所示。

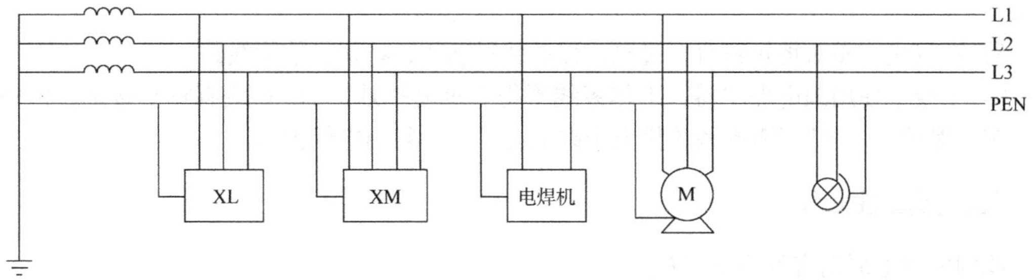

图 3-11 TN-C 系统

该系统特点：

1）中性点直接接地。

2）只适用于三相负载基本平衡情况。

3）设备的外露可导电部分均接 PEN 线（通常称为“接零”）。

4）由于三相负载不平衡，工作零线上有不平衡电流，对地有电压，所以与保护中性线所连接的电气设备金属外壳有一定的电压，因而可对某些接 PEN 线的设备产生电磁干扰。

5）如 PEN 线断线，可使接 PEN 线的设备外露可导电部分带电，而造成人身触电危险。

6）在发生一相接地故障时，线路的过电流保护装置动作，将切除故障线路。

7）TN-C 系统干线不能直接使用漏电保护器，需要改成 TN-C-S 系统（TN-C 与 TN-S 系统的组合），在 TN-S 部分装漏电保护器。漏电保护器出来的工作零线后面的所有重复接地必须拆除，否则漏电保护器合不上；而且，工作零线在任何情况下都不得断线。所以，实用中工作零线只能让漏电保护器的上侧重复接地。

2. TN-S 系统

该系统是指电源中性点接地，工作零线 N 和专用保护零线 PE 严格分开的供电系统，称为 TN-S 供电系统，即俗称三相五线制，如图 3-12 所示。

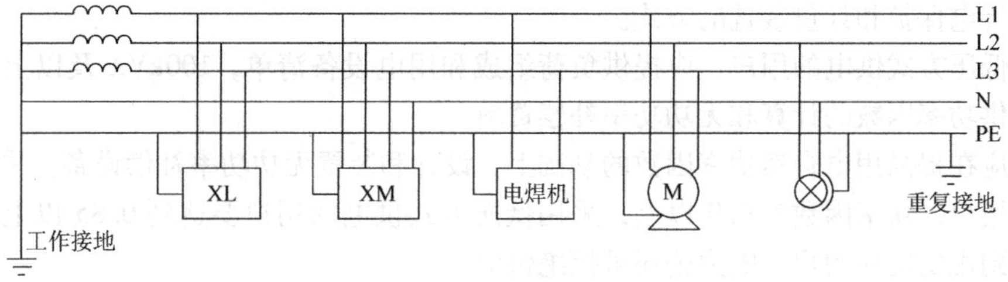

图 3-12 TN-S 系统

该系统特点：

1）中性点直接接地。

2）PE 线与 N 线分开，设备的外露可导电部分均接 PE 线。

3）由于 PE 线与 N 线分开，PE 线中无电流通过，因此对接 PE 线的设备不会产生电磁干扰。

4）PE 线断开时，正常情况下不会使接 PE 线的设备外露可导电部分带电，但在有设备发生一相接壳故障时，将使其他所有接 PE 线的设备外露可导电部分带电，而造成人身触电危险。

5）在发生一相对地短路时，过电流保护装置动作，将切除故障线路。

6）干线上使用漏电保护器，工作零线不得有重复接地，而PE线有重复接地，但是不经过漏电保护器，所以TN-S系统供电干线上也可以安装漏电保护器。

五、拓展性知识

我国的供电原则有哪些要求？

（1）我国供电电压和频率　电力公司供电额定电压为：低压供电有单相220V，三相为380V；高压供电有10kV、35kV、66kV、110kV、220kV、330kV、500kV。除发电厂直配电压可采用3kV、6kV外，其他等级的电压应过渡到上述额定电压。一般用户用电设备容量在250kW或需用变压器在160kVA以下者，应以低压供电方式供电，特殊情况也可用高压方式供电。我国的供电频率为交流50Hz。

（2）新装、增容与变更用电的规定　用户的用电申请及报装接电工作，由电力公司用电管理部门受理，统一对外。

用户新装或增容，均应到电力公司办理用电申请手续。用户在新建项目的选址阶段，应与当地电力公司联系，就供电的可靠性、用电容量、供电条件达成原则性协议，方可定址，签订项目。新建项目确定地址后，用户应向电力公司提供上级主管部门批准的文件及有关资料，如用电规则、用电设备容量、用址选择及负荷大小等。电力公司应密切配合尽快确定供电方案。用户未按上述规定办理时，电力公司不负供电责任。

电力公司为新装或增容的用户确定供电方案，高压的有效期为一年，低压的有效期为三个月，过期注销。用户有特殊情况时，应及时与电力公司协商延长。

（3）供电设计、安装、试验与接电的一般规定　采用高压方式供电的用户，应向电力公司提供下列电气装置的设计文件和资料：电气设计说明、用电负荷分布图、负荷组成和性质、用电功率因数的计算和无功功率补偿方式及容量；高压设备一次接线方式和布置、过电压保护、继电保护和计量装置的方式。

采用低压方式供电的用户，应提供负荷组成和用电设备清单，100kVA及以上的低压用电还应提供功率因数的计算和无功功率补偿资料。

用户应在提高用电自然功率因数的基础上，设计和装置无功功率补偿设备。采用高压方式供电的用户，功率因数为0.9以上；采用低压方式供电的用户要达到0.85以上。凡功率因数达不到规定的新用户，电力公司可拒绝供电。

在用户电气设备安装期间，电力公司应进行中间检查，并协助用户制订操作规程。电气设备安装竣工后，用户应向电力公司提供高压电气设备及继电保护装置整定记录，经电力公司检查，直到合格。用户在供电前应申请用电指标，并就供电方式、装机容量、用电时间、产权划分、调度、通信、计量方式和电费计收等项，与电力公司签订用电协议，电力公司即可装表接电。

六、作业

3-1-1　在图3-1的车间供电系统总配电图中，如果进线断电了，而车间内又急需用电，2#联络柜断路器下桩头可由联络电源送电过来，请分析如何操作开关，才能保证本车间的安全供电。

3-1-2　总结TN-C供电方式与TN-S供电方式的特点。

3-1-3　图3-13为某装配车间低压配电系统图，试分析其配电的工作原理。

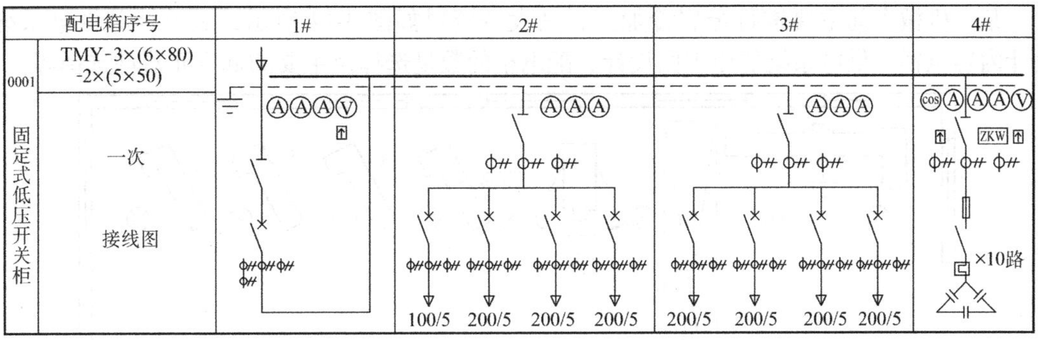

配电屏(间隔)名称	1#次总	底楼	一楼	二楼	三楼	四楼	五楼	六楼	备用	电容补偿主屏
断路器DZ20Y		125A	225A	225A	225A	225A	225A	225A	225A	
断路器DW15	1000/1000A									
隔离开关HD13BX/31	1000A	600A				600A				400A
补偿控制仪ZKW-Ⅱ										1
指示灯AD11-25	2									20(白色)
按钮LA18-22	2									
电流互感器LWZ3	4(1000/5)	3(500/5)				3(500/5)				3(400/5)
电流表42L6-A	3(1000/5)	3(500/5)				3(500/5)				3(400/5)
电压表42L6-V	1									1
功率因数表42L6										1
电容器BSMJ-0.4										10
避雷器FYS-0.22										3
熔断器aM-6A	8	12				12				6
熔断器aM-40A										30
接触器B45～220V										10
热继电器JR36-45A										10
转换开关LW5	1									2
电能表DT862-3(6)A	1	1	1	1	1	1	1	1	1	
$\frac{屏宽}{mm}\times\frac{深屏}{mm}$	1000×800	800×800				800×800				1000×800

图3-13　某装配车间低压配电系统图

3-1-4　查相关资料，说明表征电能质量的基本指标有哪些？我国采用的供电频率是多少？一般要求的供电频率允许偏差是多少？电压质量包括哪些内容？

3-1-5　隔离开关在配电线路中起什么作用？

模块二　车间供配电系统设计

一、教学目标

1）能根据负载情况设计车间低压供配电系统。

2）能正确选择低压配电柜和低压元器件。

二、工作任务

某一机械车间主要进行金属冷加工，其设备资料如图 3-14 所示，试设计其供电系统。设计内容包括：供电系统的原理图设计、配电柜的数量选择及主要的低压元器件选择等。

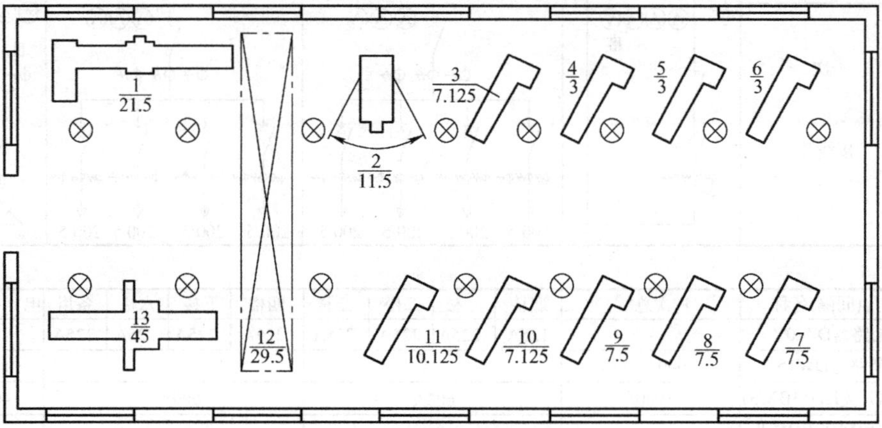

图 3-14 某机械车间的设备资料

三、相关实践知识

1. 车间总电源进线的设计

总电源进线的设计主要包括两个方面：一是根据车间的用电性质选择电源进线的路数；二是依据车间各用电负荷的大小，确定车间的总用电容量，以选择电源进线的截面规格及总电源开关的大小。由于本车间是一般的金属冷加工车间，属于三级负荷，所以对电源进线没有特殊要求，只需一路电源进线。而进线的截面和开关容量的选择则要根据车间负荷的大小确定，车间负荷大小可以根据需要系数法和二项式系数法计算，表 3-1 为机械车间设备明细表。

表 3-1 机械车间设备明细表

序号	设备名称	设备容量/kW	台数
1	大型车床	21.5	1
2	铣床	11.5	1
3、10	卧式车床	7.125	2
4、5、6	卧式车床	3	3
7、8、9	卧式车床	7.5	3
11	数控车床	10.125	1
12	桥式起重机	29.5（$\varepsilon=40\%$）	1
13	龙门刨床	45	1
车间照明		3.5	

负荷计算：（因本车间设备的功率差异大，故按二项式系数法确定计算负荷，照明按需

要系数法）根据设备组的情况，可分为三类设备：机床组、吊车组及照明组。

机床组：查附录表2得二项式系数 $b=0.14$、$c=0.5$、$x=5$、$\cos\varphi=0.5$，$\tan\varphi=1.73$。

$$bP_{e(1)}=0.14\times(21.5\text{kW}+11.5\text{kW}+\cdots+45\text{kW})=18.743\text{kW}$$

$$cP_{x(1)}=0.5\times(45\text{kW}+21.5\text{kW}+11.5\text{kW}+10.125\text{kW}+7.5\text{kW})=47.813\text{kW}$$

吊车组：查附录表2得二项式系数 $b=0.06$、$c=0.2$、$x=3$、$\cos\varphi=0.5$，$\tan\varphi=1.73$。

$$P_{e(2)}=2P_N\sqrt{\varepsilon}=2\times29.5\text{kW}\times\sqrt{0.4}=37.31\text{kW}$$

$$bP_{e(2)}=0.06\times37.31\text{kW}=2.24\text{kW}\qquad cP_{x(2)}=0.2\times37.31\text{kW}=7.46\text{kW}$$

照明组：照明组设备功率较平均，按需要系数法求计算负荷，查附录表2得，$K_d=0.8\sim1$（取 $K_d=0.9$），$\cos\varphi=1$，$\tan\varphi=0$。$P_{30(3)}=K_dP_e=0.9\times3.5\text{kW}=3.15\text{kW}$。

比较以上各组的 cP_x 可知，机床组的最大，为47.813kW，因此总的计算负荷为

$$P_{30}=(18.743+2.24+3.15)\text{kW}+47.813\text{kW}=71.95\text{kW}$$

$$Q_{30}=(18.743\times1.73+2.24\times1.73)\text{kvar}+47.813\times1.73\text{kvar}=119.02\text{kvar}$$

$$S_{30}=\sqrt{71.95^2+119.02^2}\text{kVA}=139.08\text{kVA}$$

$$I_{30}=S_{30(3)}/(\sqrt{3}U_N)=139.08\text{kVA}/(\sqrt{3}\times0.38\text{kV})=211\text{A}$$

根据 $I_{30}=211\text{A}$，我们可以选择车间总配电柜的总开关的参数，如果采用刀熔开关作为主开关，考虑一定的裕量，可以选择额定电流为400A的刀熔开关。进线电缆可以选择VV23－1000－3×150＋1×50的电缆。

2. 低压配电柜数量选择及布置

一般小型车间的配电系统都由一只主配电柜和若干只分配电柜组成。分配电柜的数量可以根据车间内各用电设备的容量、分布状况及线路的接线方式确定。考虑到接线方便和供电可靠性的因素，每只分配电柜供电的对象一般为3～5台用电设备。本车间低压配电柜的安排可参考图3-15。图中，N0为车间主配电柜，负责向各分配电柜（箱）及分支主线馈电。N3为照明配电箱，由N0动力线上分一路作为车间照明电源，车间照明装置由N3控制。13号设备功率较大，由动力柜N1供电。N2分配电柜向设备7～11号供电。1号设备由开关箱N4供电。设备2～6号由N5提供电源。桥式起重机的电源由开关箱N6单独控制。

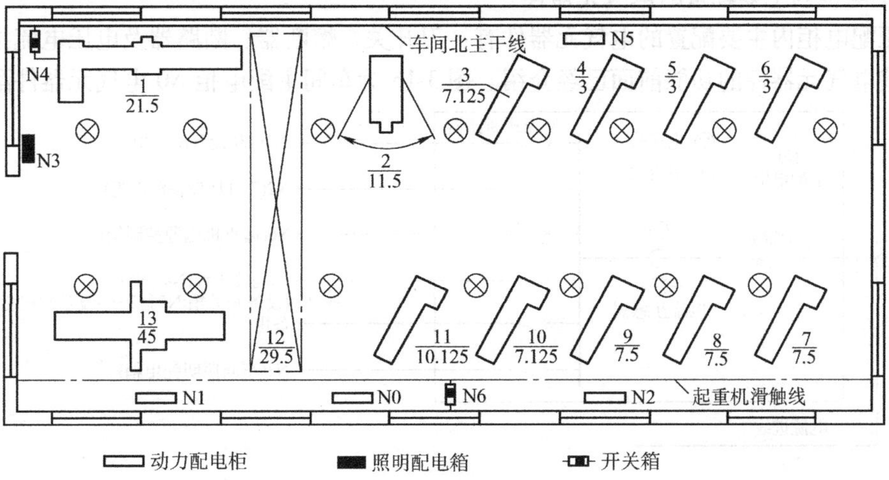

图3-15　车间低压配电柜（箱）布置图

3. 主配电柜配电回路的确定

主配电柜配电回路取决于车间动力线路的接线方式。如果是放射式接线方式，那么有多少只分配电柜就需要有多少路配电回路；如果是树干式接线方式，那么有几路主线，主配电柜就需要有几路配电回路，当然还要考虑一定的备用回路。车间动力线路的接线方式主要有放射式、树干式及链式等，其接线图及特点见表 3-2。

表 3-2　车间动力线路的接线方式

名称	放射式	树干式	链式
接线图	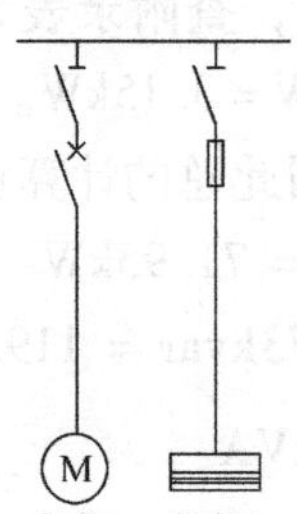	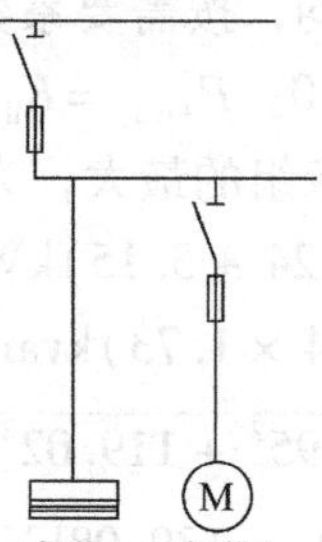	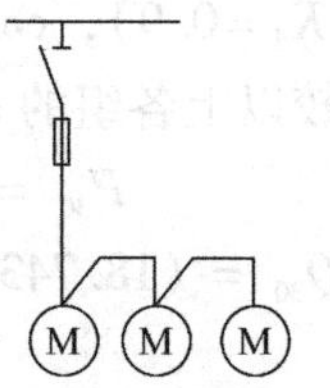
特点	每个负荷单独供电	多个负荷由一条干线供电	后面设备的电源引自前面设备的端子
优点	线路故障时影响范围小，因此可靠性较高；控制灵活，易于实现集中控制	线路少，因此有色金属消耗少，投资省，易于适应发展	线路上无分支点，适合穿管敷设或电缆线路，节省有色金属消耗量
缺点	线路多，有色金属消耗量大，不适应发展	干线故障时影响范围大，因此供电可靠性较低	线路检修或故障时，相连设备全部停电，因此供电可靠性较低

在选择车间动力线路接线方式时，应根据实际情况合理选择，有时可以是一种，有时也可以采用几种方式的组合。

4. 配电柜内主要配置的电气元器件

低压配电柜内主要配置的电气元器件有：刀开关、熔断器、断路器及电压电流指示仪表等，这些电气元器件的功能前面已经介绍。图 3-16 为车间主配电柜 N0 电气元器件配置图。

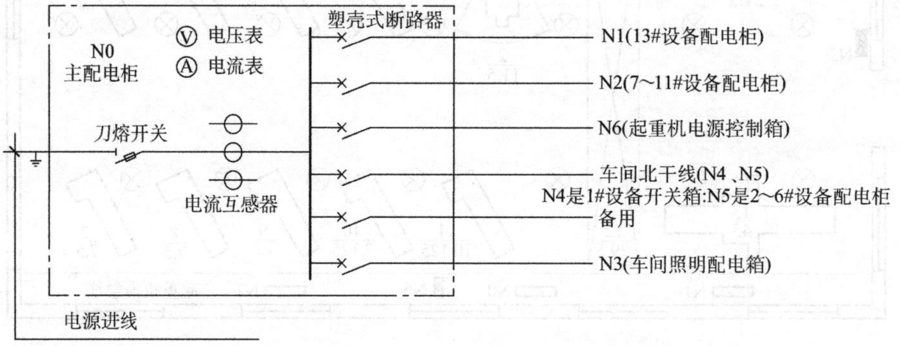

图 3-16　车间主配电柜 N0 电气元器件配置图

5. 配电柜内主要电气元器件的选择

配电柜主要电气元器件的选择包括电气元器件型号、品牌的选择及各种额定参数选择。电气元器件型号、品牌的选择要依据投资情况、电气元器件安装场合及控制要求来选择；而额定参数的选择主要根据控制对象的计算负荷的大小来进行选择。具体的选择方法见本模块“相关理论知识”部分。

四、相关理论知识

（一）计算负荷的计算

计算负荷，是通过统计计算求出的、用来按发热条件选择供电系统中各元件的负荷值。按计算负荷选择的电气设备和导线电缆，如以计算负荷持续运行，其发热温度不致超出允许值，因而也不会影响其使用寿命。导体通过电流达到稳定温升所需要的时间大约在 30min 之内，因此通常取 30min 平均最大负荷 P_{30}作为计算负荷。

计算负荷是供电设计计算的基本依据。如果计算负荷确定得过大，则将使设备和导线选择偏大，造成投资过大和有色金属浪费；如果计算负荷确定得过小，又将使设备和导线选择偏小，造成设备和导线运行时过热，增加电能损耗和电压损耗，甚至使设备和导线烧毁，造成事故。因此正确确定计算负荷具有重要的意义。但是由于负荷情况复杂，影响计算负荷的因素很多，虽然各类负荷的变化有一定规律可循，但准确确定计算负荷却十分困难。实际上，负荷也不可能是一成不变的，它与设备的性能、生产的组织以及能源供应的状况等多种因素有关，因此负荷计算也只能力求接近实际。

我国目前普遍采用的确定计算负荷的方法主要是简便实用的需要系数法和二项式系数法。下面简要介绍这两种计算方法。

1. 需要系数法

需要系数法一般用于用电设备台数较多、各台设备容量相差不悬殊的用电系统，通常用于干线、变配电所的负荷计算。一般情况下，设备台数较多，则需要系数较小；设备台数较少时，需要系数取大一些，当然，具体要依据实际情况而定。需要系数与用电设备的类别和工作状态关系极大，在实际计算中，要灵活运用。

1）利用需要系数法计算负荷的基本步骤如下：

计算设备组的总容量 P_e。

确定有功计算负荷 $P_{30}=K_d P_e$。

确定无功计算负荷 $Q_{30}=P_{30}\tan\varphi$。

确定视在计算负荷 $S_{30}=P_{30}/\cos\varphi$。

确定计算电流 $I_{30}=S_{30}/(\sqrt{3}U_N)$。

多组用电设备总的计算负荷确定：

在确定拥有多组用电设备的干线上或车间变电所低压母线上的计算负荷时，应考虑各组用电设备的最大负荷不同时出现的因素。因此在确定低压干线上或低压母线上的计算负荷时，可结合具体情况对其有功和无功计算负荷计入一个同时系数 K_Σ。对于车间干线，可取 $K_\Sigma=0.85\sim0.95$。对于低压母线，由用电设备组计算负荷直接相加来计算时，可取 $K_\Sigma=0.8\sim0.9$；由车间干线计算负荷直接相加来计算时，可取 $K_\Sigma=0.85\sim0.95$。

2）设备容量的计算。

计算负荷公式中的设备容量 P_e，不包括备用设备的容量，计算时还要考虑设备的工作制。

对于长期工作制和短时工作制的三相设备容量，取所有设备（备用设备不计）的额定容量之和。

断续周期工作制的三相设备容量：如果是电焊机，一般要求设备容量统一换算到 $\varepsilon_{100}=100\%$，设铭牌的容量为 P_N，其负荷持续率为 ε_N，则对应于 ε_{100} 的设备容量为 $P_e=P_N\sqrt{\varepsilon_N}=S_N\cos\varphi\sqrt{\varepsilon_N}$；如果是桥式起重机电动机组，一般要求设备容量统一换算到 $\varepsilon_{25}=25\%$，设铭牌的容量为 P_N，其负荷持续率为 ε_N，则对应于 ε_{25} 的设备容量为 $P_e=2P_N\sqrt{\varepsilon_N}$。

当设备为单相负荷时，要等效于三相设备容量。接于相电压的单相设备，按最大负荷相所接的单相设备容量 $P_{em\varphi}$ 乘以 3 来计算其等效三相设备容量；接于线电压的设备，其等效三相设备容量 $P_e=\sqrt{3}P_{e\varphi}$。

【例 3-1】 一金加工车间 380V 线路上，接有流水作业的金属切削机床组电动机 30 台，共 85kW（其中较大容量电动机有 11kW 的电动机 1 台，7.5kW 的电动机 3 台，4kW 的电动机 6 台，其他为更小容量电动机）。另有通风机 3 台，共 5kW；电动葫芦 1 个，3kW（$\varepsilon=40\%$），试用需要系数法确定各组的计算负荷及总的计算负荷。

解 1）先求各组的计算负荷：

①机床组。查附录表 2 得 $K_d=0.18\sim0.25$（取 $K_d=0.25$），$\cos\varphi=0.5$，$\tan\varphi=1.73$

所以 $P_{30(1)}=K_dP_e=0.25\times85\text{kW}\approx21.3\text{kW}$

$Q_{30(1)}=P_{30(1)}\tan\varphi=21.3\times1.73\text{kvar}\approx36.8\text{kvar}$

$S_{30(1)}=P_{30(1)}/\cos\varphi=21.3/0.5\text{kVA}=42.6\text{kVA}$

$I_{30(1)}=S_{30(1)}/(\sqrt{3}U_N)=42.6\text{kVA}/(\sqrt{3}\times0.38\text{ kV})\approx64.7\text{A}$

②通风机组。查附录表 2 得 $K_d=0.7\sim0.8$（取 $K_d=0.8$），$\cos\varphi=0.8$，$\tan\varphi=0.75$

所以 $P_{30(2)}=K_dP_e=0.8\times5\text{kW}=4\text{kW}$

$Q_{30(2)}=P_{30(2)}\tan\varphi=4\times0.75\text{kvar}=3\text{kvar}$

$S_{30(2)}=P_{30(2)}/\cos\varphi=(4/0.8)\text{kVA}=5\text{kVA}$

$I_{30(2)}=S_{30(2)}/(\sqrt{3}U_N)=5\text{kVA}/(\sqrt{3}\times0.38\text{kV})\approx7.6\text{A}$

③电动葫芦，属机加工起重机组。查附录表 2 得 $K_d=0.1\sim0.15$（取 $K_d=0.15$），$\cos\varphi=0.5$，$\tan\varphi=1.73$，所以

$P_e=2P_N\sqrt{\varepsilon_N}=2\times3\text{kW}\times\sqrt{0.4}\approx3.79\text{kW}$

$P_{30(3)}=K_dP_e=0.15\times3.79\text{kW}=0.569\text{kW}$

$Q_{30(3)}=P_{30(3)}\tan\varphi=0.569\times1.73\text{kvar}=0.984\text{kvar}$

$S_{30(3)}=P_{30(3)}/\cos\varphi=(0.569/0.5)\text{kVA}=1.138\text{kVA}$

$I_{30(3)}=S_{30(3)}/(\sqrt{3}U_N)=1.138\text{kVA}/(\sqrt{3}\times0.38\text{kV})=1.73\text{A}$

2）总的计算负荷（取 $K_\Sigma=0.95$）：

$P_{30}=0.95\times(21.3+4+0.569)\text{kW}=24.6\text{kW}$

$Q_{30}=0.95\times(36.8+3+0.984)\text{kvar}=38.8\text{kvar}$

$S_{30}=\sqrt{24.6^2+38.8^2}\text{kVA}\approx45.9\text{kVA}$

$I_{30}=45.9\text{kVA}/(\sqrt{3}\times0.38\ \text{kV})\approx69.7\text{A}$

2. 二项式系数法

1）利用二项式系数法计算负荷时，不仅要考虑用电设备组的平均最大负荷，而且要考虑少数大容量设备运行时对总负荷的附加影响。因此二项式系数法适合用在设备台数较少而设备容量相差较大的场合计算负荷。二项式系数法常用于支干线和配电屏（箱）的负荷计算。

二项式系数法的基本公式为

$$P_{30}=bP_{e}+cP_{x}$$

式中，bP_e 为用电设备组中的平均功率，P_e 为用电设备组的总容量；cP_x 为用电设备组中 x 台容量最大的设备投入运行时增加的附加负荷，P_x 是 x 台最大容量设备的设备容量；b、c 为二项式系数。

其余的计算负荷 Q_{30}、S_{30}和 I_{30}的计算公式与前述需要系数法相同。

二项式系数 b、c 及最大的设备台数 x 和 $\cos\varphi$、$\tan\varphi$ 等值，可查附录表2。

2）多组用电设备总计算负荷的确定。

$$P_{30}=\sum(bP_{e})_{i}+(cP_{x})_{\max}$$

$$Q_{30}=\sum(bP_{e}\tan\varphi)_{i}+(cP_{x})_{\max}\tan\varphi_{\max}$$

式中，$\sum(bP_e)_i$ 为各组有功平均负荷之和；$\sum(bP_e\tan\varphi)_i$ 为各组无功平均负荷之和；$(cP_x)_{\max}$ 为各组中最大的一个有功附加负荷；$\tan\varphi_{\max}$为$(cP_x)_{\max}$的那一组设备的正切值。

【例3-2】 一金加工车间380V线路上，接有流水作业的金属切削机床组电动机30台，共85kW（其中较大容量电动机有11 kW的电动机1台，7.5 kW的电动机3台，4 kW的电动机6台，其他为更小容量电动机）。另有通风机3台，共5kW；电动葫芦1个，3kW（$\varepsilon=40\%$），试用二项式系数法确定各组的计算负荷及总的计算负荷。

解　1）先求各组 bP_e、cP_x 及其计算负荷。

①机床组。查附录表2得：$b=0.14$，$c=0.5$，$x=5$，$\cos\varphi=0.5$，$\tan\varphi=1.73$

所以　$bP_{e(1)}=0.14\times85\text{kW}=11.9\text{kW}$

$cP_{x(1)}=0.5\times(11\text{kW}\times1+7.5\ \text{kW}\times3+4\ \text{kW}\times1)=18.8\ \text{kW}$

故　$P_{30(1)}=11.9\text{kW}+18.8\ \text{kW}=30.7\ \text{kW}$

$Q_{30(1)}=30.7\times1.73\ \text{kvar}=53.1\ \text{kvar}$

$S_{30(1)}=(30.7/0.5)\ \text{kVA}=61.4\ \text{kVA}$

$I_{30(1)}=61.4\text{kVA}/(\sqrt{3}\times0.38\ \text{kV})=93.3\ \text{A}$

②通风机组。查附录表2得：$b=0.65$，$c=0.25$，$x=5$，$\cos\varphi=0.8$，$\tan\varphi=0.75$

所以　$bP_{e(2)}=0.65\times5\text{kW}=3.25\text{kW}$

$cP_{x(2)}=0.25\times5\text{kW}=1.25\ \text{kW}$

故　$P_{30(2)}=3.25\ \text{kW}+1.25\ \text{kW}=4.5\ \text{kW}$

$Q_{30(2)}=4.5\times0.75\ \text{kvar}=3.38\ \text{kvar}$

$S_{30(2)}=(4.5/0.8)\ \text{kVA}=5.63\ \text{kVA}$

$I_{30(2)}=5.63\ \text{kVA}/(\sqrt{3}\times0.38\ \text{kV})=8.55\ \text{A}$

③电动葫芦，属机加工起重机组。查附录表2得：$b=0.06$，$c=0.2$，$x=3$，$\cos\varphi=0.5$，

$\tan\varphi = 1.73$。

$$P_{e(3)} = 2P_N\sqrt{\varepsilon_N} = 2\times3\ \text{kW}\times\sqrt{0.4} = 3.79\ \text{kW}$$

所以 $bP_{e(3)} = 0.06\times3.79\text{kW} = 0.227\text{kW}$

$$cP_{x(3)} = 0.2\times3.79\ \text{kW} = 0.758\ \text{kW}$$

故 $P_{30(3)} = 0.227\ \text{kW} + 0.758\ \text{kW} = 0.985\ \text{kW}$

$$Q_{30(3)} = 0.985\times1.73\ \text{kvar} = 1.70\ \text{kvar}$$

$$S_{30(3)} = (0.985/0.5)\ \text{kVA} = 1.97\ \text{kVA}$$

$$I_{30(3)} = 1.97\text{kVA}/(\sqrt{3}\times0.38\ \text{kV}) = 2.99\text{A}$$

2）求总的计算负荷。

比较以上各组的 cP_x 可知，机床组 $cP_{x(1)} = 18.8\ \text{kW}$ 为最大。因此总计算负荷为

$$P_{30} = (11.9 + 3.25 + 0.227)\text{kW} + 18.8\ \text{kW} = 34.2\ \text{kW}$$

$$Q_{30} = (11.9\times1.73 + 3.25\times0.75 + 0.227\times1.73)\ \text{kvar} + 18.8\times1.73\ \text{kvar} = 55.9\ \text{kvar}$$

$$S_{30} = \sqrt{34.2^2 + 55.9^2}\ \text{kVA} = 65.5\ \text{kVA}$$

$$I_{30} = 65.5\ \text{kVA}/(\sqrt{3}\times0.38\ \text{kV}) = 99.5\ \text{A}$$

（二）低压配电电器的选择

1. 低压配电电器参数选择原则

1）电器的额定电压应与所在回路标称电压相适应。

2）电器的额定电流不应小于所在回路的计算电流。

3）电器的额定频率应与所在回路的频率相适应。

4）电器应适应所在场所的环境条件。

5）电器应满足短路条件下的动稳定与热稳定的要求。

6）用于断开短路电流的保护电器，应满足短路条件下的通断能力。

2. 低压断路器的选择

（1）低压断路器的类型及选择　1kV 以下的断路器称为低压断路器。按用途分，有配电用、电动机保护用、照明用和漏电保护用断路器；按结构形式分，有框架式断路器、塑壳式断路器和模数化小型断路器，框架式断路器的额定容量为 630～6300A，塑壳式断路器的额定容量为 63～1600A，模数化小型断路器的额定容量为 0.3～125A；按动作原理分，有热断路器、磁断路器及通地漏泄保护器；按操作方式分，有手动型、电动型和气动型。

断路器的类型选择一般应根据使用场合综合考虑。

用于保护线路时，应选用配电用断路器，如果线路电流大，可选用框架式断路器；一般电流的，可选用塑壳式断路器；电流较小的，可选择模数化小型断路器。

用于保护电动机时，可选用电动机专用断路器，电流可以直接整定调节，也可选择普通断路器加热继电器配合保护的类型。电动机功率较大时，选用塑壳式断路器，功率较小时，可选用模数化小型断路器。

用于保护照明线路时，通常选用塑壳式断路器和模数化小型断路器。在照明线路的插座回路中，应选择剩余电流保护断路器。

（2）低压断路器参数的选择　表示断路器性能的主要指标有通断能力和保护特性。通

断能力是断路器在指定的使用和工作条件下，能在规定的电压下接通和分断的最大电流值。制造厂通过型式试验测定其极限通断能力，并作为产品的技术数据写入说明书。如DZ20断路器的通断能力为：直流最大可达25kA，交流50kA。

断路器能在故障的情况下，自动地切断短路电流或过载电流，它的主要参数是额定电流、额定电压、断流能力等。按线路额定电压进行选择时应满足下列条件：

$$U_N \geqslant U_{NL}$$

式中，U_N 为断路器的额定电压（V）；U_{NL}为线路的额定电压（V）。

1）低压断路器的额定电流。国产塑壳式断路器的额定电流为6A、10A、20A、32A、50A、100A、200A、250A、315A、400A 和 600A 等。国产框架式断路器的额定电流为200A、400A、600A、1000A、1500A、3200A 和4000A 等。当按线路计算电流选择时，应能满足下式：

$$I_N \geqslant I_{30}$$

式中，I_N 为断路器的额定电流（A）；I_{30}为线路的计算电流，下标30是指电路接通后30min时的电流值（A）。

为了防止越级跳闸，一般应该使前级断路器的瞬时脱扣器整定电流 I_{N1} 为后级断路器的瞬时脱扣器整定电流 I_{N2}的1.4倍。当短路电流大于前级断路器瞬时脱扣器整定电流时，要想不使前级跳闸，只让后级断路器跳闸，后一级断路器应选限流型。也可以把前一级断路器选为延时型。我国生产的电器设备，设计时是取周围空气温度为40℃作为计算值，如果安装地点日最高气温高于+40℃，但不超过+60℃时，因散热条件差，最大连续工作电流应当适当降低，即额定电流应乘以温度校正系数K。温度校正系数K由下式确定：

$$K = \sqrt{\frac{\theta_e - \theta}{\theta_e - 40}}$$

式中，θ_e 为电气设备的额定温度或允许的最高温度（℃）；θ 是最热月平均最高温度（℃）。

对于负荷开关和隔离开关等，θ_e 根据触头的工作条件确定。当在空气中时，取 θ_e 为70℃；不与绝缘材料接触的载流和不载流金属导体部分，取 θ_e 为110℃；如果周围空气温度低于+40℃时，则每低1℃允许比额定电流值增加0.5%，但增加数不得超过20%。

2）瞬时或短延时过电流脱扣器的整定电流。现在我国生产的用于短路保护和过载保护的脱扣器有瞬时脱扣器、三段式保护特性脱扣器和复式脱扣器等几种。瞬时脱扣器的安-秒特性曲线如图3-17所示。

瞬时或短延时过电流脱扣器的整定电流应能躲开线路的尖峰电流。在具体计算整定值时，若负载是单台电动机，则其整定电流可按下式计算：

$$I_{szd} \geqslant K_{h2} I_{qd}$$

式中，I_{szd}为瞬时或短延时过电流脱扣器的整定电流（A）；K_{h2}为可靠系数，因整定电流也有误差，电动机起动电流会有一定变化（对动作时间在一个周波以内的断路器，还应考虑非周期分量的影响；动作时间大于0.02s的断路器，K_{h2}取1.35；动作时间小于0.02s的断路器，K_{h2}取1.7~2.0）；I_{qd}为电动

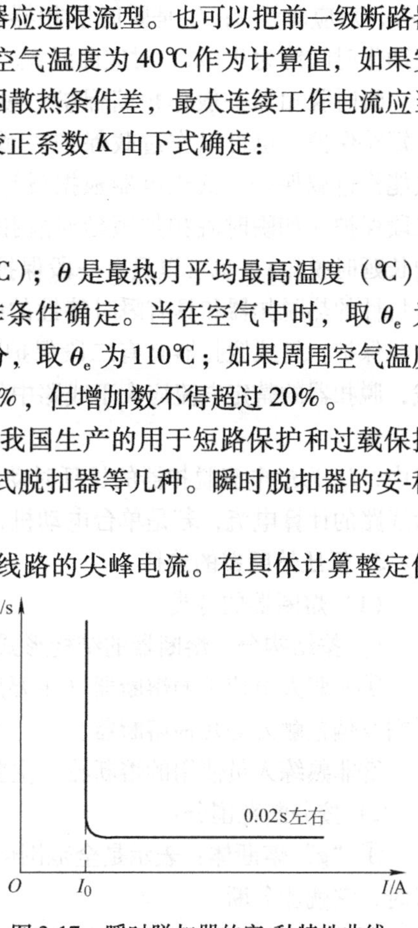

图3-17　瞬时脱扣器的安-秒特性曲线

机的起动电流（A）。

若负载是多台电动机，当配电线路不考虑电动机的起动电流时，则按下式计算整定电流：

$$I_{szd} \geqslant K_{h3} I_{jf}$$

式中，I_{jf}为配电线路的尖峰电流（A）；K_{h3}为可靠系数，一般取1.35。

当配电线路考虑电动机的起动电流时，应按下式计算整定电流：

$$I_{szd} \geqslant K_{h3} I_{qdz}$$

式中，I_{qdz}为正常工作电流和可能出现的电动机起动电流的总和（A）。

本级断路器短延时过电流脱扣器动作电流的整定，还应考虑到下一级开关整定电流选择性的配合。本级断路器短延时过电流脱扣器整定电流I_{szd}应大于或等于下一级断路器短延时或瞬时过电流脱扣器整定电流的1.2倍。

3）长延时过电流脱扣器整定电流的确定。脱扣器的保护特性分为长延时特性、短延时特性、瞬时特性，其特性曲线如图3-18所示。

图3-18中，I_2是长延时脱扣器的电流整定值，其动作时间一般不小于10s，对应曲线1；I_1是短延时脱扣器的电流整定值，其动作时间约为0.1～0.4s，对应曲线2；I_0是瞬时脱扣器的电流整定值，其动作时间约为0.02s，对应曲线3。

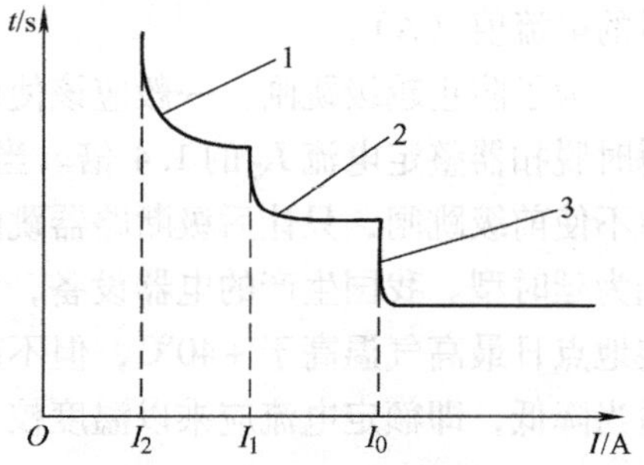

图3-18　三段式保护特性曲线

瞬时脱扣器一般作短路保护；短延时脱扣器可作短路保护，也可以作过载保护；而长延时脱扣器只能作过载保护。低压电器根据设计需要可组合成二段保护（如瞬时脱扣加短延时脱扣或是瞬时脱扣加长延时脱扣），也可以只有一段保护。国产DZ系列断路器中的复式脱扣器就是具有长延时特性的热脱扣器和具有瞬时特性的电磁脱扣器，其长延时脱扣时间为2～20min，可用于过载保护。复式脱扣器具有二段保护特性，由于长延时过电流脱扣器主要用于保护线路过载，脱扣器的整定电流应大于线路中的计算电流，要满足下式：

$$I_{gzd} \geqslant K_{h1} I_{js}$$

式中，I_{gzd}为过电流脱扣器的长延时动作整定电流值（A）；K_{h1}为可靠系数，一般取1.1；I_{js}为线路的计算电流，若是单台电动机，则指电动机的额定电流（A）。

3. 低压熔断器的选择

（1）熔断器的分类

1）按结构分。熔断器的结构形式与使用人员有关，因此可分为：

①专职人员使用的熔断器（主要用于工业场所），主要有：刀形触头、螺栓连接、圆筒形帽及偏置触刀等几种熔断器。

②非熟练人员使用的熔断器，主要用于家用和类似用途的熔断器。

2）按分断范围分：

①“g”熔断体：表示是全范围熔断的熔断器，也就是流过熔断器的电流达到其熔化电流时，它就能分断。

②“a”熔断体：表示是部分范围熔断的熔断器，一般用在电动机保护回路，电动机起

动时，电流可能超过了熔断体的熔化电流，但只要此电流维持的时间不长，熔断体就不会熔断。

3）按使用类别分：

①“G”类：一般用途的熔断体，即保护配电线路用。

②“M”类：保护电动机回路的熔断体。

③“Tr”类：保护变压器的熔断体。

（2）熔断器的选择方法 对于照明等冲击电流很小的负载，熔体的额定电流 I_{RD} 等于或稍大于电路和实际工作电流 I。

$$I_{RD} \geqslant I \text{ 或 } I_{RD} \geqslant (1.1 \sim 1.5)I$$

对于起动电流较大的负载，如电动机，熔体的额定电流 I_{RD} 等于或稍大于电路和实际工作电流 I 的 1.5～2.5 倍。

$$I_{RD} \geqslant (1.5 \sim 2.5)I$$

对于多台电动机的供电干线，熔体的额定电流可以按下式计算：

$$I_{RD} = (1.5 \sim 2.5)I_{NDM} + \sum I_{e(n-1)}$$

式中，I_{NDM} 是设备中最大的一台电动机的额定电流；$I_{e(n-1)}$ 是设备中除了最大的一台电动机以外其他所有电动机的额定电流的总和。

【例 3-3】 已知四台电动机的额定电流分别为 10A、16A、4.6A 和 2.4A，用熔断器作为线路短路保护，试选择总线及各支路的熔断器熔体电流。

解 支路熔断器熔体的电流可以分别选择为 20A、40A、10A 、5A。

总线熔体电流 $I_{RD} = (1.5 \sim 2.5)I_{MQ} + \sum I_{e(n-1)}$

$$= [2 \times 16 + (10 + 4.6 + 2.4)]\text{A} = 32\text{A} + 17\text{A} = 49\text{A}$$

因此，选 50A 即可。

注意：熔丝的电流的选择还要和导线及断路器配合，参见表 3-3。

表 3-3 导线可长期允许的负荷电流 I 与熔断器电流 I_{er}、断路器脱扣器整定电流 I_{z1}、I_{z2} 关系表

保护装置	保护性质	
	过负荷保护	短路保护
熔断器	$I_{er} < 0.8I$	$I_{er} < 2.5I$（电缆或穿管）、$I_{er} < 1.5I$（导线明敷）
断路器长延时过电流脱扣器	$I_{z1} < 0.8I$	$I_{z1} < 1.1I$
断路器瞬时过电流脱扣器	—	I_{z2} 不作规定

注：I_{z1} 为断路器长延时过电流脱扣器整定电流，I_{z2} 为断路器瞬时过电流脱扣器整定电流。

熔断器是一种用易熔元件断开电路的过电流保护器件，当过电流通过易熔元件时，将会使易熔元件过热而熔断。根据这个定义，可以认为，熔断器能响应电流，并对系统过电流提供保护。

熔断器熔断时间要求：额定电流为 100A 及以下的熔断器，当熔体连续通过 200%～240% 额定有效电流时，在 5min 内熔断；额定电流为 100A 以上的熔断器，当熔体持续通过 220%～264% 额定有效电流时，在 10min 内熔断。

4. 隔离电器（刀开关等）的选用

（1）装设要求 当维护、测试和检修设备需要断开电源时，应装设隔离电器；当线路有双电源供电或有备用电源，需要进行电源转换时，应装设隔离电器。

在 TN-C 系统中，PEN 线不应装设隔离电器；TN-S 系统中，N 线不需要装设隔离电器。

（2）选择步骤　首先根据线路的电压和计算电流，确定隔离电器的额定电压和额定电流，额定电压要大于线路的最高工作电压，额定电流要大于流过的最大工作电流。

其次根据隔离电器的使用场合和安装位置，选择隔离电器的种类。隔离电器的品种很多，选择时要综合考虑，包括安装方式、操作形式等。

最后根据用户的综合条件和投资的状况，确定电器的品牌，可以是国产品牌，也可以是进口品牌；可以是经济实用型的，也可以是豪华耐用型的。

5. 低压配电电器选择时应考虑的环境因素

（1）多尘环境　多尘作业工业场所的空间含尘浓度的高低随作业的性质、破碎程度、空气湿度及风向等不同而有很大差异，所以在选择电器时，应考虑空间含尘浓度，选择相应防护等级的封闭电器。对于存在非导电灰尘的一般多尘环境，宜采用防尘型（IP5X 级）电器；对于多尘环境或存在导电灰尘的一般多尘环境，宜采用尘密型（IP6X 级）电器；对导电纤维（如碳素纤维）环境，应采用 IP65 级电器。

封闭电器的外壳防护等级由 IP 后面两位数字表示：第一位表示防护固体异物（异物外形大小）的级别，总共有 7 级，0 级为无防护，6 级为完全防止灰尘进入；第二位表示防水的级别，总共有 9 级，0 级为无防护，不能安装在有水影响的环境，8 级的防护级别最高，可以长时间浸水。

（2）化学腐蚀环境　在化学腐蚀环境，应根据腐蚀环境类别的不同，选择具有防腐功能的电器。防腐电工产品的防护类型共有五种，其标志如下：

代号 F1——户内防中等腐蚀型。

代号 F2——户内防强腐蚀型。

代号 W——户外防轻腐蚀型。

代号 WF1——户外防中等腐蚀型。

代号 WF2——户外防强腐蚀型。

例如：户外防中等腐蚀型 Y 型电动机标为 Y160M2-2WF1。

（3）高原地区环境　我国低压电器各类标准都是适用于海拔 2000m 及以下地区，超过 2000m 时由于空气压力和空气密度下降，空气温度降低，空气绝对湿度减小，对低压电器的使用会带来一定的影响。因此，海拔为 2000m 以上的地区应选用高原型产品。

高原型产品的海拔分级和标识为：G×或 G×-×。G 表示高原型产品，阿拉伯数字表示海拔高度等级。例如：G5 表示适用于海拔最高达 5000m 的产品；G3-4 表示适用于海拔为 3000～4000m 的产品。

（4）热带地区环境

1）热带气候条件对低压电器的影响：由于空气高温、高湿、凝露及霉菌等作用，电器的金属件及绝缘材料容易腐蚀、老化，绝缘性能降低，外观受损。

2）由于日温差大和强烈日照的影响，密封材料易产生变形开裂，熔化流失，导致密封结构的损坏，绝缘油等介质受潮劣化。

3）低压电器在户外使用时，如受太阳辐射，其温度升高，将影响其载流量。如受雷电、风暴、雨水、盐雾的袭击，将影响其绝缘强度。

基于以上的影响，在热带地区宜选用适合这类环境的电器产品，一般湿热带地区宜选用湿热带型产品，在型号后加TH。干热带地区宜选用干热带型产品，在型号后加TA。

（5）爆炸和火灾危险环境　在爆炸和火灾危险环境，电器应选择符合国家规定的防爆电气设备。

1）根据爆炸危险区域的分区、电气设备的种类和防爆结构的要求，选择相应的电气设备。

2）选用的电气设备的级别和组别，不应低于该爆炸气体环境内爆炸气体混合物的级别和组别。当存在有两种以上易燃物质形成的爆炸性气体混合物时，应按危险程度较高的级别和组别选用防爆电气设备。

3）爆炸危险区域的电气设备，应符合周围环境内化学的、机械的、热的、霉菌以及风沙等不同环境条件下对电气设备的要求。电气设备结构应满足电气设备在规定的运行条件下不降低防爆性能的要求。

五、拓展性知识

1. 低压配电柜的类型选择

（1）低压配电柜型号　低压配电柜主导产品型号是标定产品，在我国由原机械电子工业部、能源部等有关国家部门设计定型，指定厂家按统一图样生产制造，也有一些引进产品或厂家自己的型号。低压配电柜分类方法并不唯一，按框架结构分为组合式、抽屉式或抽出式；按维护方式分为单面维护式和双面维护式；按密闭方式可分为全封闭式或开启式等。

低压配电柜外壳的防护等级为IP20～IP54，额定工作电压为380V和660V，额定工作频率为50Hz或60Hz。

（2）选型参考因素　低压配电柜的选型应联系具体的建筑物类别、用电负荷等级、性质（阻、容、抗）、设备安装容量、近期需要系数K_d、增容的可能性、电源情况、进线方式、馈线情况、短路电流、保护接地形式、资金状况及可期待效益比等情况，进行综合比较确定。

2. 各级负荷对电源的要求

（1）一级负荷对电源的要求　应有两个或两个以上的独立电源供电。所谓独立电源是采用两个以上电源供电时，当其中任何一个电源因事故而停止供电时，另一个电源不受影响继续供电。凡满足以下条件者均属独立电源：

1）两个以上电源分别来自不同的发电厂（包括自备电厂）。

2）两个以上电源分别来自不同的变电所。

3）两个以上电源分别来自不同发电厂各不同变电所。

4）两个电源分别来自不同发电厂和不同的地区变电所。

5）两个电源来自电力系统中的不同地区变电所。

对特别重要的负荷，还要求增设“应急电源”，具体方法是由柴油发电机组、干电池或蓄电池组成独立于正常电源的专门供电线路。

（2）二级负荷对电源的要求

1）两路电源供电，需要两台电力变压器，这两台变压器可以不在同一个变电室内。

2）当二级负荷比较小或当地条件困难时，可以只用一台变压器由高压架空线供电，因为架空线路便于维修。

3）当从配电所引线时，应采用两根电缆，而且每根电缆均能承受全部二级负荷，而且互为备用（即同时工作）状态。

三级负荷对电源没有特殊要求，通常只有一个电源供电。

3. 低压配电系统的设计原则

1）低压配电系统设计应根据工程性质、规模、负荷容量及用户要求等综合考虑确定。

2）自变压器二次侧至用电设备之间的低压配电级数不宜超过三级。

3）各级低压配电屏或配电箱，根据发展的可能性宜留有适当数量的备用回路，但在没有预留要求时，备用回路数宜为总回路数的25%。

4）由公用电网引入低压电源线路，应在电源进线处设置电源隔离开关及保护电器。由本单位配变电所引入的专用回路，可以装设不带保护的隔离电器。

5）由树干式系统供电的配电箱，其进线开关宜选用带保护的开关，由放射式系统供电的配电箱进线可以用隔离开关。

6）单相用电设备宜均匀地分配到三相线路上。

六、作业

3-2-1　在设计车间配电系统过程中，应考虑哪些因素？

3-2-2　隔离电器一般用在哪些场合？

3-2-3　在进行负荷计算时，用需要系数法还是用二项式系数法，应考虑哪些因素？

3-2-4　现有9台220V单相电阻炉，其中4台1kW，3台1.5kW，2台2kW。试合理分配上列各电阻炉于220/380V的TN-S线路上，并计算其计算负荷P_{30}、Q_{30}、S_{30}和I_{30}。

3-2-5　不同级别的负荷，对电源有何要求？

模块三　车间供电线路的敷设

一、教学目标

1）能够正确识读车间动力系统布线图。

2）能够分析各种线路敷设方法的特点。

3）能根据动力线路布线要求选择其敷设方式。

二、工作任务

图3-19为某机械加工车间（局部）动力系统电气平面布线图，分析其原理及配电线路的敷设方式。

三、相关实践知识

（一）线缆的主要敷设方式

1. 室内布线主要敷设方式

室内布线方式有明敷、暗敷两种。明敷是指采用瓷（塑料）线夹、鼓形绝缘子或针式绝缘子布线。暗敷是指导线穿在管子或线槽等保护体内。管子常敷设于墙壁、楼板及地坪等的内部，或者在混凝土板孔内敷线，这都属于暗敷式。

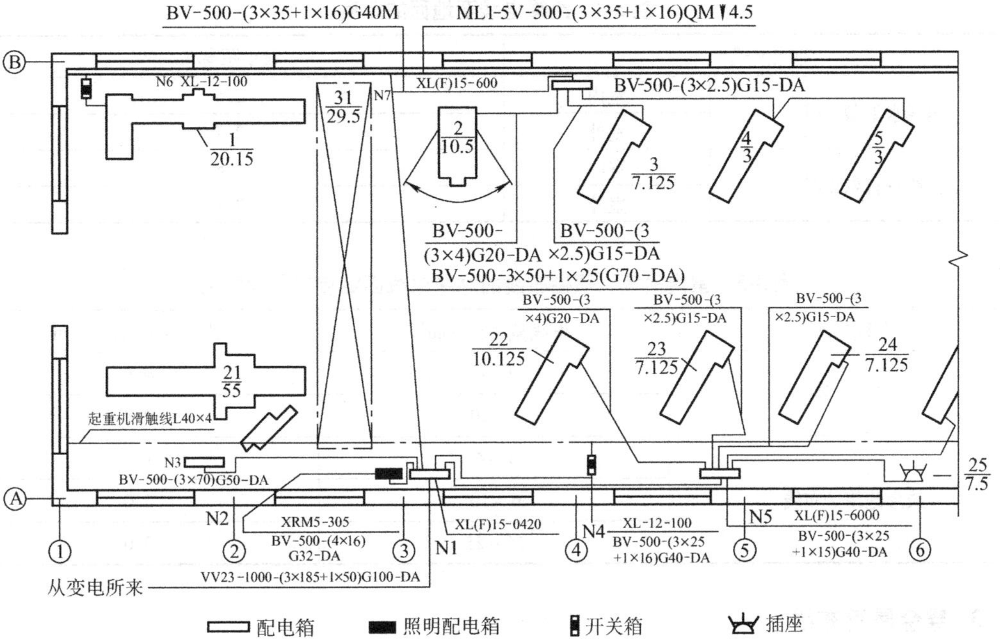

图 3-19　某机械加工车间（局部）动力系统电气平面布线图

对于暗敷式布线，按导线保护材料可以分为穿金属管布线、穿硬质塑料管布线、金属线槽布线和塑料线槽布线等。

2. 线卡和绝缘子布线

线卡布线一般适用于正常环境的室内场所和挑檐下室外场所。鼓形绝缘子、针式绝缘子布线一般适用于室内外场所。图 3-20 和图 3-21 为线卡和绝缘子布线示意图。在建筑物顶棚内，严禁采用瓷（塑料）线夹和鼓形绝缘子布线。

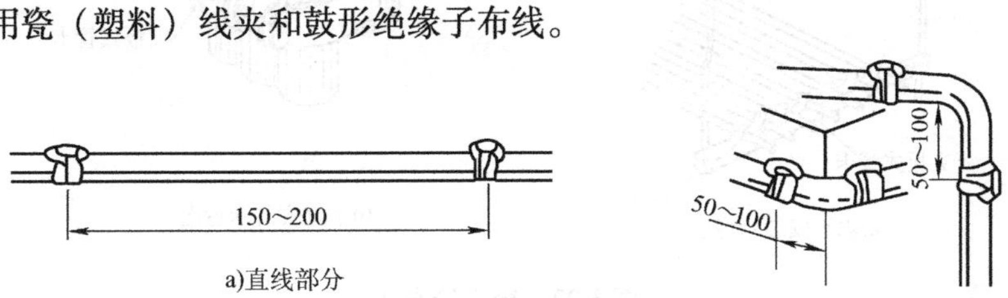

a)直线部分　b)转角部分

图 3-20　线卡布线示意图

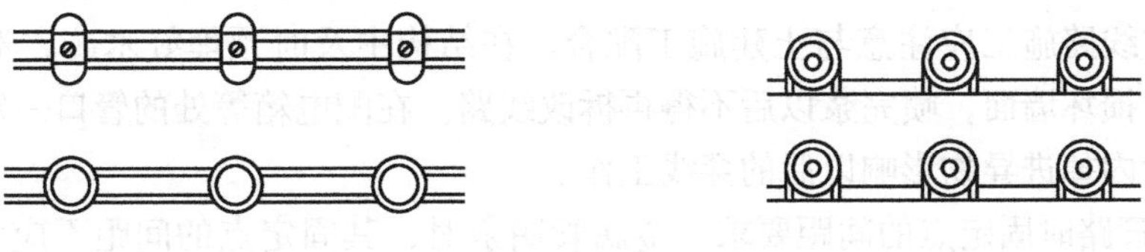

图 3-21　绝缘子布线示意图

采用线卡和绝缘子布线时，绝缘电线至地面的距离要求见表3-4，室内沿墙、顶棚布线的绝缘电线固定点的最大距离见表3-5。

表3-4 绝缘电线至地面的距离

布线方式		最小距离/m
电线水平敷设时	室内	2.5
	室外	2.7
电线垂直敷设时	室内	1.8
	室外	2.7

表3-5 室内沿墙、顶棚布线的绝缘电线固定点的最大距离

布线方式	电线截面积/mm^2	固定点最大间距/m
线卡布线	1~4	0.6
	6~10	0.8
鼓形绝缘子布线	1~4	1.5
	6~10	2.0
	16~25	3.0

3. 穿金属管布线

穿金属管布线一般适用于室内外场所，但对金属管有严重腐蚀的场所不宜采用。建筑物顶棚内，宜采用金属管布线。明敷于潮湿场所或埋地敷设的金属管线，应采用钢管。明敷或暗敷于干燥场所的金属管布线可采用电线管。图3-22为穿钢管布线示意图。

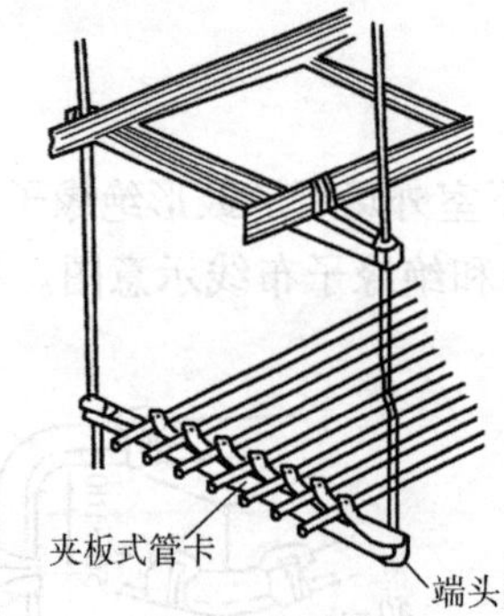

a)水平安装示意图

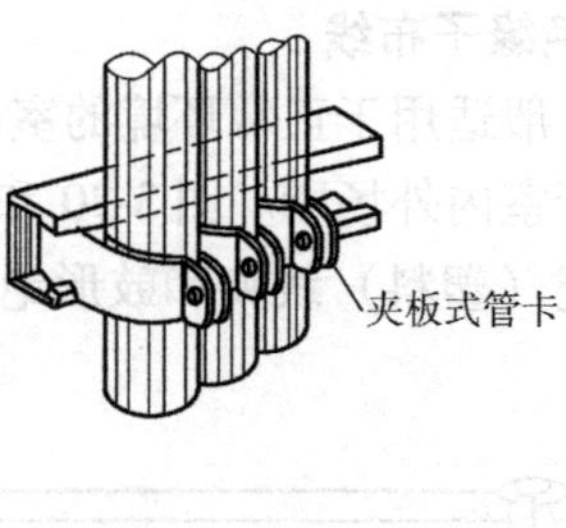

b)垂直安装示意图

图3-22 穿钢管布线

1）对管材的要求。钢管在穿线之前应把管口毛刺打光，套护口，以防刮伤导线。

2）管路暗敷在现浇混凝土梁、柱内时，注意在封侧向模板之前下完管，否则难以插入钢筋内。明敷线路施工应注意与土建施工配合。在结构中及时预埋好木砖、木橛或过墙管等，敷线时勿损坏墙面，喷完浆以后不得再拆改线路。在配电箱等处的管口一定及时用塞子塞牢，以防管内掉进异物影响以后的穿线工作。

3）明敷管路时固定点的间距要求。金属管明敷时，其固定点的间距不应大于表3-6所列数值。

表 3-6 金属管明敷时的固定点最大间距

金属管种类	金属管公称直径/mm			
	15~20	25~32	45~50	70~100
	最大间距/m			
钢管	1.5	2.0	2.5	3.5
电线管	1.0	1.5	2.0	

4）与其他设备管线的关系。电线管路与热水管、蒸汽管同侧敷设时，应敷设在热水管、蒸汽管下面，当必须敷设在其上面时，相互间的净距不宜小于下列数值：

①当管路敷设在热水管下面时为 0.20m，上面时为 0.30m。

②当管路敷设在蒸汽管下面时为 0.50m，上面时为 1.0m。

当不能符合上述要求时，应采取隔热措施。

5）接线盒安装要求：金属管布线的管路较长或有弯时，宜适当加装接线盒，以免穿线困难，加接线盒规定见表 3-7。施工中管路不允许有四个弯。当加装接线盒有困难时，也可适当加大管径。

表 3-7 加接线盒的规定

线形	北京地区规定/m	线形	北京地区规定/m
直线	30	有两个弯	15
有一个弯	20	有三个弯	8

6）管路穿过建筑时的要求：管路暗敷于地下时不宜穿过建筑物基础，当必须穿过建筑物基础时，应加装保护管；在穿越建筑物伸缩缝、沉降缝时，应采取保护措施。绝缘电线不宜穿金属管在室外直接埋地敷设。对于次要用电负荷且线路较短（15m 以下）时，可穿金属管埋地敷设，但应采取可靠的防水、防腐蚀措施。

7）管线测试：管线施工完毕后，应做必要的检查和试验，如测试线间绝缘、测试线间电压、各支路照明试亮及动力全负荷试运行等。

8）对管内穿线的施工要求：

①管内穿线不许有接头、背花及死扣等。金属管内不许只穿一根交流电线，否则会在管内产生感应电流。管内穿线导线总截面积不得超过管孔净面积的 40%。

②三根及以上绝缘导线穿于同一根管时，其总截面积（包括外护层）不应超过管内截面积的 40%。两根绝缘导线穿于同一根管时，管内径不应小于两根导线外径之和的 1.35 倍（立管可取 1.25）。穿金属管的交流线路，应将同一回路的所有相线和中性线（如果有中性线）穿于同一根金属管内。

4. 电缆桥架配线

电缆桥架是由金属或其他不可燃材料制成的一个单元或几个单元或几个部件以及有关零件的组合件，形成一种用于支承电缆的连续性的刚性结构，如图 3-23 所示。这些支承件包括梯子、托盘、电缆槽。当需要有附加的机械保护或其中的通信线路需要附加电气屏蔽时，可以在电缆桥架上加通风的或不通风的槽盖。

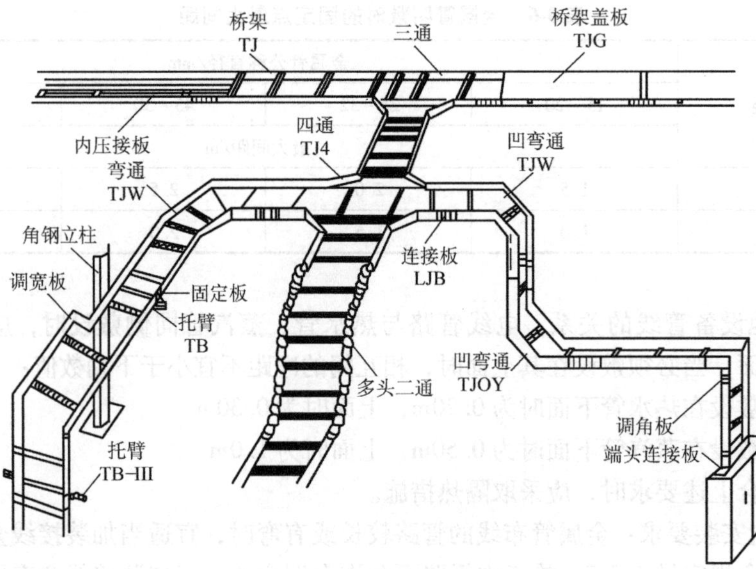

图 3-23　电缆桥架配线图

（1）电缆桥架的特点　电缆桥架配线是常用的配线方式，广泛用于建筑工程、化工、石油、轻工、机械、军工、冶金及医药等行业。当电缆通过桥梁、涵洞时，就常用电缆桥架配线。室外电视、电信、广播等弱电电缆及控制线路也可以采用电缆桥架配线。

电缆桥架结构简单，安装快速灵活，维护方便。桥架的主要配件均实现了标准化、系列化、通用化，易于配套使用。桥架的零部件通过氯磺化聚乙烯防腐处理，具有耐腐蚀、抗酸碱等性能。国产桥架采用国外通用形式，广泛适用于室内外架空敷设工程。

电缆桥架的安装费用低，系统灵活性大，容易修理，便于增加电缆；在同一方向敷设大量线路时，和电缆管道相比，能节省空间。

（2）电缆桥架的主要类型　电缆桥架在我国方兴未艾，产品结构多样化，除了梯级式、托盘式及槽式以外，又发展了组合式、全封闭式；在材料上除了用钢板材料外，又发展了铝合金，美观轻便；表面处理方面也有新的突破，一般通用的是冷镀锌、热镀锌、塑料喷涂，现在又发展到镍合金电镀，其防腐性能比热镀锌提高七倍。

1）QJD 轻型装配电缆桥架。QJD 轻型装配电缆桥架适用于 35kV 以下的电缆明配线，可供冶金、电力、石化、轻纺及机电等工矿企业和宾馆大厦室内外电缆架空敷设或电缆沟、隧道内敷设用。

QJD 轻型装配电缆桥架按支架（包括立柱、横臂等组合）承载能力分为 QJD-1 和 QJD-2 型，前者的横臂载荷为 240kg，后者的横臂载荷为 360kg；按桥架形状分为梯形和槽形两种。梯形桥架是连续滚轧成形，标准长度为 6m，也可按用户要求确定长度，加工后的成品可合拢便于储运。槽形桥架采用冷轧镀锌钢板冲压折边成形，配用盖板后可组合成全封闭电缆桥架，防尘、防水、防烟气及机械损伤，还可减小配电线路对电信装置、电脑及自动控制系统的干扰。

2）ZDT 系列组装式电缆托盘。其外形图如图 3-24 所示，其中 Z 表示组装式，D 表示电缆，T 表示托盘。托盘组装用的紧固螺栓均为 LT 型 M6 × 16 的方颈螺栓。

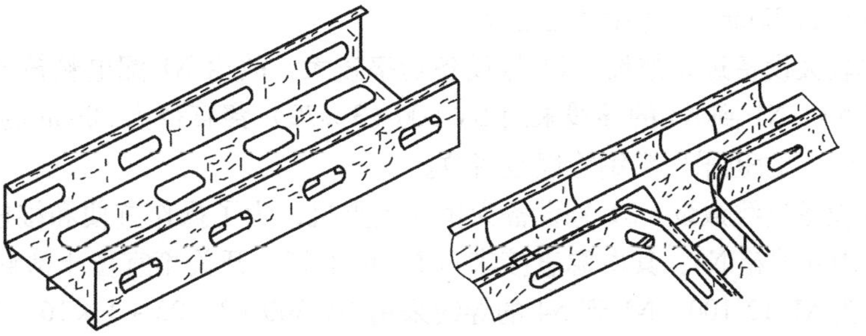

图 3-24　ZDT 系列组装式电缆托盘外形图

3）ZT 型整体线槽。图 3-25 为 ZT 型整体线槽，适用于敷设计算机电缆、通信电缆、照明电缆及其他高灵敏系统的控制电缆等，具有屏蔽、抗干扰性能，是比较理想的配线产品。整体线槽不仅可以敷设电缆和导线，还可以安装插座、熔断器、断路器及吊装灯具等，使工程设计更为方便。线槽的表面处理有镀锌和喷塑两种。

线槽的主体部件包括直通线槽、弯通盖板、异径接头、终端封头、连体件以及为安装线槽而设置的各种支架。

4）XQJ 系列电缆桥架。该型号有多种形式，如梯级式电缆桥架、托盘式电缆桥架。它配有水平弯通、水平三通、水平四通、垂直凹弯通、垂直转动弯通、终端封头、上弯通、下弯通、左下弯通、右下弯通、异径变换接头、调宽片、调高片、调角片、固定压板、隔板、护罩、接头、接片、卡带、卡子等。

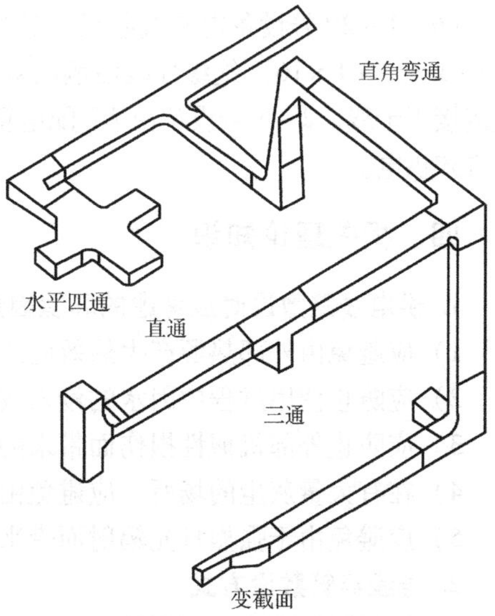

图 3-25　ZT 型整体线槽

（二）车间动力线路敷设方式分析

下面以图 3-19 为例进行分析。

（1）配电箱 N1 进线电缆敷设　从图 3-19 中可以看到，总配电箱 N1 安装在③轴与Ⓐ轴的交叉处，其型号是 XL（F）15-0420。从有关资料可以查到该配电箱有 4 个 100A 及 2 个 200A 熔断器回路。

N1 配电箱的电源来自变电所，引入的电缆的型号为 VV23-1000，即铜芯塑料绝缘、塑料护套、钢带铠装电力电缆，额定工作电压为 1kV，截面积为 $(3\times185+1\times95)\ mm^2$，穿直径为 100mm 的钢管。

进线电缆的敷设方式主要根据电缆的型号和敷设路径确定，依据本车间的进线电缆型号，一般可以选择直埋敷设和电缆沟敷设。

由于本段电缆从车间外进入车间，要经过马路和建筑物，所以采用穿钢管埋地暗敷，钢管的管口应去飞边打光，套护口，以防刮伤电缆。

（2）照明配电箱 N2 进线敷设　图 3-19 中 N2 为照明配电箱，其电源来自总配电箱 N1。N2 的电源也可以直接来自变电所的照明专用回路，这样既便于动力、照明分别计量，也可以避免动力和照明的相互影响。本图中，照明配电箱型号为 XRM5-305，进线选用 BV-500-

(4×16) 穿直径为32mm的钢管埋地暗敷。

(3) 功率较大设备进线敷设　21号设备功率较大，故由N1配电箱按放射式配电到该设备的控制箱N3，N1到N3的导线采用BV-500-(3×70) 穿直径为50mm的钢管埋地暗敷。N3到设备的线路一般也采用穿钢管埋地暗敷。

(4) 特殊设备进线敷设　31号设备为桥式起重机，为了操作方便和维修安全，起重机滑触线设有专用开关箱N4，其电源直接来自N1配电箱。开关箱宜位于滑触线的中部。N4开关箱的型号为XL-12-100，N1到N4的导线采用BV-500-(3×25+1×16) 穿直径为40mm的钢管埋地暗敷。滑触线为沿墙明敷线路，安装在车间的竖梁上，高度与起重机高度配合。开关箱到滑触线的连线一般采用穿钢管沿墙敷设。

(5) 22~25号用电设备电源线敷设　它们由N5配电箱供电。该配电箱装有6个60A熔断器回路。25号设备为三相插座，供接用电设备，容量按7.5kW计。进线与出线都采用穿金属管暗敷。

(6) 1~20号设备电源线敷设　这些设备功率较小，由干线WL1供电，WL1采用BV-500-(3×35+1×16) 绝缘导线沿墙明敷，绝缘子布线，高度为4.5m。1号设备经开关箱N6直接接于干线。2~5号设备由N7配电箱供电，其中4号和5号设备功率较小，采用链式接线方式供电。

四、相关理论知识

1. 供电线路敷设时应考虑的环境因素

1) 应避免由外部热源产生热效应的影响。

2) 应防止使用过程中因水的侵入或因固体物进入而带来的影响。

3) 应防止外部机械性损伤而带来的影响。

4) 在有大量灰尘的场所，应避免由于灰尘的聚集在布线上所带来的影响。

5) 应避免由于强烈日光辐射而带来的影响。

2. 导线穿管敷设方式

1) 潮湿的场所应选用钢管。

2) 明敷于干燥的场所可以用电线管。

3) 有腐蚀的场所选用硬塑料管或镀锌钢管。

4) 有火灾或爆炸危险的场所选用钢管。

5) 如穿过混凝土墙、梁时，应预留双洞口。

6) 电线电缆穿越防火区、楼板、墙体的洞口和重要机房活动地板下的缆线夹层等，应采用耐火材料进行封堵。

7) 明敷或暗敷于干燥场所的金属管布线应采用壁厚不小于1.5m的电线管。直接埋于土壤中的金属管布线，应采用低压流体输送钢管。绝缘导线在水平敷设时，距离地面高度不小于2.5m，垂直敷设时不小于2m，否则应用钢管或槽板加以保护。

8) 室内线路敷设应避免穿越潮湿房间。潮湿房间内的电气管线应尽量成为配电线回路的终端。

例如某供电系统图中标注有BV (3×50+1×25) SC50-FC表示该线路采用铜芯塑料绝缘线，三根导线截面积为50mm²，一根导线截面积为25mm²，穿钢管敷设，内管径为

50mm，地面暗设。

3. 线路共管敷设注意事项

不同电压、不同回路、不同电流种类的导线，不得同穿在一根管内。只有在下列情况时才能共穿一根管。

1）一台电动机的所有回路，包括主回路和控制回路。

2）同一台设备或同一条流水作业线多台电动机和无防干扰要求的控制回路。

3）无防干扰要求的各种用电设备的信号回路、测量回路及控制回路。

4. 线路敷设时的绝缘间距

线路电压不超过1kV时，允许在室内用绝缘线或裸导线明敷。如果采用裸导线，则距离地面的高度不得小于3.5m，当有保护网时，不得低于2.5m。在搬运物件时，不得触及裸线。裸线不得设在经常有人进去检查或维修的管道之下。室内明敷裸导线的最小间距见表3-8。

表3-8　室内明敷裸导线的最小间距

名　　称		最小允许距离/mm
导线固定点间距	2m及以下时	50
	2～4m时	100
	4～6m时	150
	6m以上时	200
导线和架线结构之间的距离		50
导线和管道、机电设备之间的距离	至需要经常维护的管道	1000
	至需要经常维护的设备	1500
	至不需要经常维护的管道	300
	至可燃性气体管道	1500
	至起重机的下梁	2000

5. 敷设导线的最小截面积

导线的敷设方式不同时，其最小截面积应该符合表3-9的规定。

表3-9　导线的敷设方式不同时的最小截面积

敷设方式			最小线芯截面积/mm^2	
			铜　芯	铝　芯
裸导线敷设于绝缘子上			6	10
绝缘导线敷设在绝缘子上	室内　$L \geqslant 2m$		1.0	2.5
	室外　$L \geqslant 2m$		1.5	2.5
	室内外	$2m < L \leqslant 6m$	2.5	4
		$6m < L \leqslant 16m$	4	6
		$16m < L \leqslant 25m$	6	10
绝缘导线穿管敷设			1.0	2.5
绝缘导线槽板敷设			1.0	2.5
绝缘导线线槽敷设			0.75	2.5
塑料绝缘护套导线扎头直敷			1.0	2.5

注：L为绝缘子支持间距。

6. 导线的敷设方式对导线允许载流量的影响

导线实际载流量的计算公式为

$$I_{校正} = KI$$

式中，$I_{校正}$为导线敷设后的实际允许载流量；K 为校正系数；I 为导线允许载流量。

K 的计算公式为

$$K = \sqrt{\frac{t - t_1}{t - t_2}}$$

式中，K 为校正系数；t 为导线最高允许工作温度（℃）；t_1 为导线敷设处的环境温度（℃）；t_2 为导体载流量标准中所采用的环境温度（℃）。

导体敷设处的环境温度：对于直接敷设在土壤中的电缆，为埋深处的历年最热月的月平均温度；当敷设在空气中时，为敷设处的历年最热月的日最高温度的平均值；当电缆沟或隧道内敷设且无良好通风时，为历年最热月的日最高温度值另加 5℃；对于敷设在空气中的裸导线及绝缘线，为敷设处历年最热月的平均最高温度。其中，历年平均温度应取 10 年以上的总平均值。

五、拓展性知识

室内配电线路用常用管材有：

1）钢管：标称直径（mm）近似于内径，敷设符号为 SC。钢管的特点是抗压强度高，若是镀锌钢管还比较耐腐蚀。

2）电线管：敷设符号为 TC，标称直径近似于外径，也称薄壁铁管，抗压强度较差。

3）阻燃管：敷设符号为 PVC，近年来有取代其他管材之势。这种管材的优点如下：

PVC 管施工截断方便，用一种专用管刀很容易截断；用一种专用胶粘剂很容易把 PVC 管粘接起来。PVC 管耐腐蚀，抗酸碱能力强；耐高温，符合防火规范要求；重量轻，只有钢管重量的 1/6，便于运输；加工作弯容易，在管内插入一根弹簧就可以煨弯成形；价格与钢管相比较低；可以提高工作效率，有相应的连接头配件，如三通、四通、接线盒等。

管径为 32mm 以下的 PVC 管可以用冷加工方法作弯，32mm 以上的管子通过加热可以弯曲。可以用热气喷射、电热器或热水加热，但应注意不能用明火直接加热。当管子受热弯软后立刻放到适当的定形器上，慢慢地弯曲，弯曲后保持 1min 不动，定形方可，也可以用湿布冷却。用冷弯或热弯的弯曲半径都不小于管径的 2.5 倍。注意定形器不应采用热的良导体，否则管子有可能尚未定型就冷却了。

此外，还有阻燃型半硬塑料管 BYG、KRG，它们的含氧指数均高于 27%，符合防火规范要求，质地软，不宜作干线，只作支线用。硬塑料管 VG 的特点是耐腐蚀性能好，但是不耐高温，属非阻燃型管，其含氧指数低于 27%，不符合防火规范要求，现已逐渐淘汰。

4）常用绝缘导线。

一般铜芯塑料绝缘导线的截面积有 $1.5mm^2$、$2.5mm^2$、$4mm^2$、$6mm^2$、$10mm^2$、$16mm^2$、$25mm^2$、$35mm^2$、$50mm^2$、$70mm^2$、$95mm^2$、$120mm^2$、$150mm^2$、$185mm^2$ 和 $240mm^2$ 等。铝芯线最小截面积为 $2.5mm^2$。铝绞线的最小截面积为 $2.5mm^2$。

六、作业

3-3-1 车间供电线路的敷设方式有哪些？这些敷设方式各适合哪些场合？

3-3-2　在某电气平面布线图上，某一线路旁标注有 BLV-500（3×70＋1×35）G70-QM，请查有关资料，说明各文字符号的含义。

3-3-3　采用钢管穿线时，可否分相穿管？为什么？

3-3-4　穿管配线时，接线盒的装设有何具体要求？

3-3-5　试分析桥架配线的特点。

模块四　车间照明系统分析

一、教学目标

1）能正确分析车间照明系统线路图。

2）能正确选用车间照明灯具。

二、工作任务

图 3-26 和图 3-27 分别为某车间的照明系统图和照明平面图，试分析照明系统图的接线方案和照明平面图的结构。

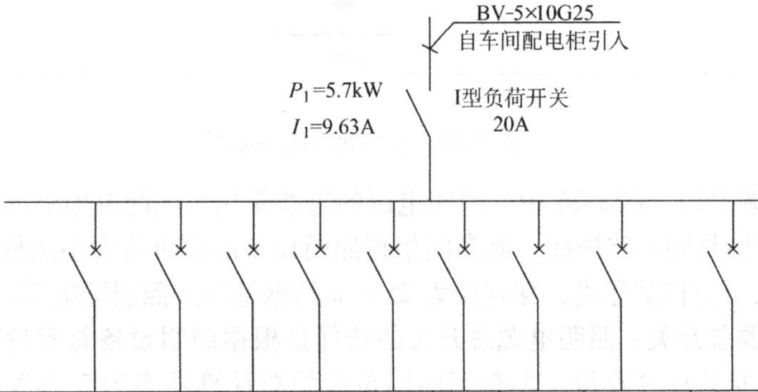

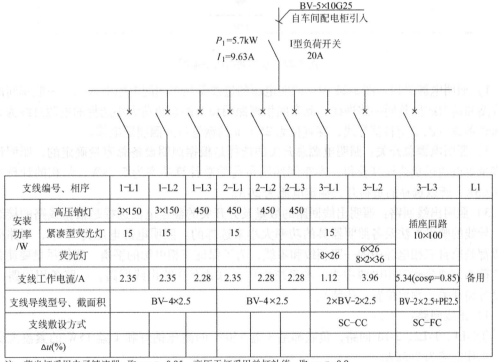

支线编号、相序		1–L1	1–L2	1–L3	2–L1	2–L2	2–L3	3–L1	3–L2	3–L3	L1
安装功率/W	高压钠灯	3×150	3×150	450	450	450	450			插座回路 10×100	
	紧凑型荧光灯	15	15		15			15			
	荧光灯							8×26	6×26 8×2×36		
支线工作电流/A		2.35	2.35	2.28	2.35	2.28	2.28	1.12	3.96	5.34(cosφ=0.85)	备用
支线导线型号、截面积		BV–4×2.5			BV–4×2.5			2×BV–2×2.5		BV–2×2.5+PE2.5	
支线敷设方式								SC–CC		SC–FC	
Δ*u*(%)											

注：荧光灯采用电子镇流器，取 cos*φ*=0.95；高压汞灯采用单灯补偿，取 cos*φ*=0.9。

图 3-26　某车间的照明系统图

三、相关实践知识

1. 车间照明系统图分析

照明系统图也就是照明电源的分配图，是在车间进行照明设计后，即选定了照明光源、确定了照明灯具数量及种类、灯具的布置状况及经过照明负荷计算后，通过电气设计才能确定。

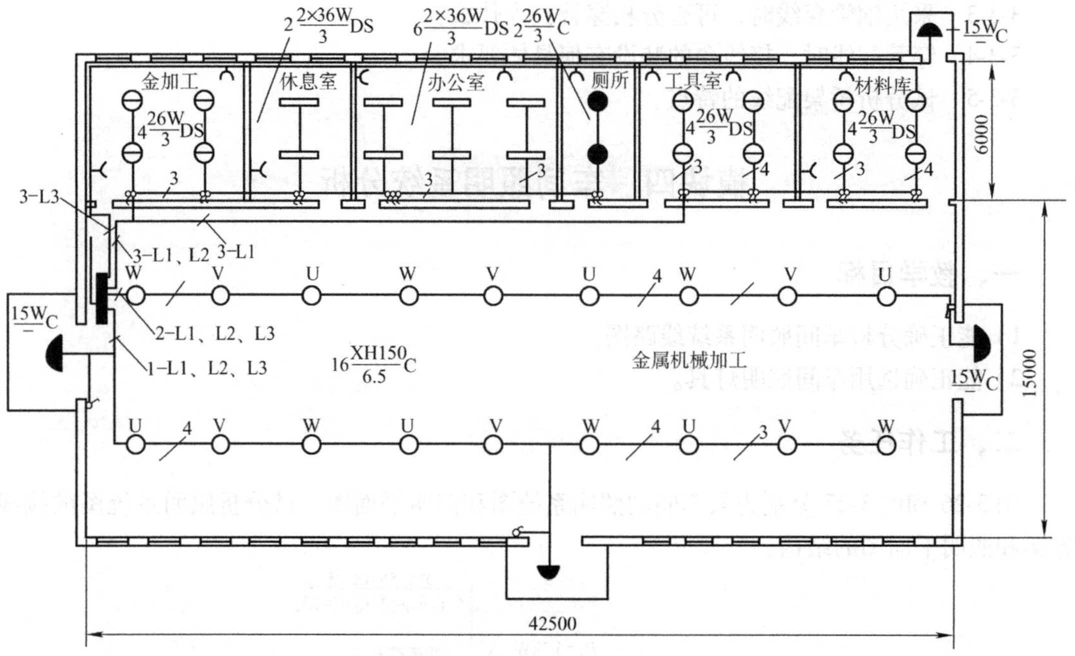

图 3-27 某车间照明平面图

1）照明电源进线：图 3-26 中，照明电源的进线是从车间配电柜引入的，一般车间的照明线路和动力线路是同一路进线。此车间根据照明设备的总负荷大小选择的电源总线为 5 根 $10mm^2$ 的聚氯乙烯塑料铜导线，穿直径为 25 mm 的钢管进入照明配电箱。

2）照明电源总开关：照明电源总开关的选择是根据照明设备总容量确定的，照明设备总容量可以通过负荷计算获得，本车间照明负荷的总计算功率为 5.7kW，每相的计算电流为 9.63A，所以选择的负荷开关额定电流为 20A。

3）照明出线回路：照明出线回路的数量及分开关的额定电流选择是根据线路的接线方式、导线的敷设方法及各照明器具的功率大小来选择的。照明电源电压为 220V，每路照明电源都是取自三相电源中的一路相线和零线，为了保证三相电源的平衡，我们尽量要使各照明负荷均匀地分到三相电源中去。本系统图中，总共有 9 路出线回路，一路备用回路（没有设分路开关，预留位置，待装）。

4）出线回路：

①1-L1、1-L2、2-L1 回路，负载都是 3 盏 150W 的高压钠灯和 1 盏 15W 的紧凑型荧光灯，工作电流为 2.35A。

②1-L3、2-L2、2-L3 回路，负载都为 3 盏 150W 的高压钠灯，工作电流为 2.28A。

③3-L1 回路，供给 1 盏 15W 的紧凑型荧光灯和 8 盏 26W 的荧光灯，工作电流为 1.12A。

④3-L2 回路，供给 6 盏 26W 的荧光灯和 8 盏 36W 双管荧光灯，工作电流为 3.96A。

⑤3-L3 插座回路，10 路插座，每路插座按 100W 计算，工作电流为 5.34A。

2. 车间照明平面图分析

车间照明平面图是在车间建筑平面图上应用国家标准规定的有关图形符号，按照照明灯具的安装位置及电气线路敷设方式、部位和路径等绘出的电气布置图。

图3-27平面图所表示的是一机械加工综合车间的照明布置图，根据照明功能不同，本车间的结构布置可分为以下几部分：门庭照明、金属机械加工区照明、金加工区照明、办公休息区照明、卫生间照明及辅房照明（工具室、材料库）。

1）本车间有四个进出门，都是采用15W紧凑型荧光灯吸顶安装在门庭的雨篷上，采用单极翘板开关控制，车间西、南门庭灯的线路与车间照明线路1-L（1-L1、1-L2）一路，车间东门庭灯的线路与车间照明线路2-L（2-L1）一路，材料库旁边和北门庭灯的线路与材料库照明线路3-L1一路。门庭灯由于功率小，线径小于主线线径，主线线径为2.5mm^2，由主线分支获得。

2）金属机械加工区面积较大，高度较高，所以照明灯具的数量多，功率大。本车间的总的照明配电箱装在西门的进门处，总照明电源进线由总配电柜引来，通过照明配电箱分成各个支路向各路灯具供电。三相出线回路中有两路的配电线为4根2.5mm^{2}的聚氯乙烯塑料铜导线，穿管引出。单相照明出线两路，配电线为2根2.5mm^{2}的聚氯乙烯塑料铜导线，穿管沿顶篷敷设。单相插座回路一路，配电线为2根2.5mm^{2}的聚氯乙烯塑料铜导线及一根2.5mm^{2}接地线，穿管沿地板埋地暗敷。

金属机械加工区的照明一共采用18盏150W的高压钠灯，均布于车间的顶部，管吊式安装，安装高度为6.5m，由照明配电箱内的断路器直接控制。

3）金加工区照明：采用4盏26W的荧光灯，管吊式安装，离地3m，采用4个单极翘板开关控制。房间内有两路插座，插座回路采用链式接线，即第二个插座的进线由第一个插座处引入，依次类推。

4）办公休息区照明：休息室采用2盏36W双管荧光灯，管吊式安装，离地3m，采用2个单极翘板开关控制。房间内有一路插座。办公室采用6盏36W双管荧光灯，管吊式安装，离地3m，采用3个单极翘板开关控制，一个开关控制2盏36W双管荧光灯，房间内有两路插座。

5）卫生间照明：采用2盏26W紧凑型荧光灯吸顶安装，离地3m，采用2个单极翘板开关控制，有一路插座。

6）辅房照明：工具室和材料库都采用4盏26W的荧光灯，管吊式安装，离地3m，采用4个单极翘板开关控制，房间内各有两路插座。

3. 常用光源认识和选择

（1）白炽灯　白炽灯是靠钨质灯丝通电加热到白炽状态时辐射发光的原理制成的光源。其特点是结构简单，价格便宜，启动迅速，无频闪效应而且显色性能好，因此使用较为广泛。但发光效率较低，使用寿命较短，且不耐振。图3-28为白炽灯构造图。

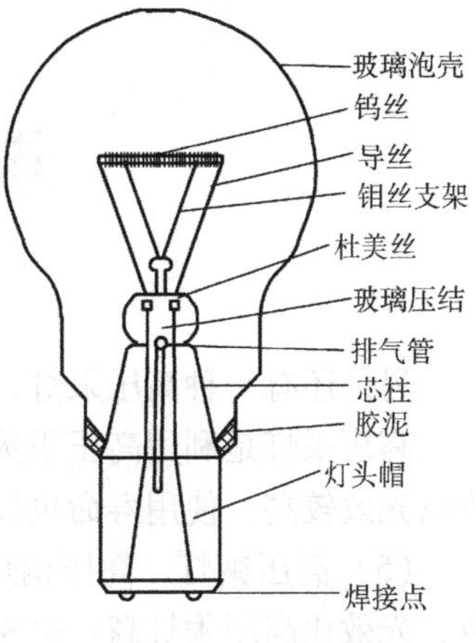

图3-28　白炽灯构造图

（2）卤钨灯　卤钨灯是在白炽灯泡中充入微量含有卤族元素或卤化物的气体，利用卤钨循环原理来提高光效和使用寿命的一种新光源。这种光源可以达到既提高光效又延长寿命的目的，而且在使用上与白炽灯一样方便。最常用的卤钨灯是灯内充有微量碘的碘钨灯。图3-29为碘钨灯的结构图。

其工作原理为：碘钨灯两端加电压后，钨质灯丝通电加热到白炽状态发光，而且蒸发出钨分子，使之移向灯管内壁。钨分子在管壁与碘化合，生成气态的碘化钨。生成的碘化钨沉积在钨质灯丝上，当钨分子沉积的数量与灯丝蒸发的钨分子相等时，就形成相对平衡状态，这就是所谓的“卤（碘）钨循环”。这实际上是通过卤族元素（如碘）作媒介，将由灯丝蒸发的附在内壁的钨迁回灯丝的过程。这样，一方面防止了灯管发黑提高了发光效率，另一方面，又延长了灯的使用寿命。

注意：卤钨灯在使用时灯管必须水平放置，其倾斜角范围为±4°，而且不允许采用人工冷却措施（如用风机冷却等）。

由于工作时管壁温度很高（可达800℃），故不能与易燃物接近。卤钨灯的抗振性能较差，因此使用时不宜用于有振动的场所。

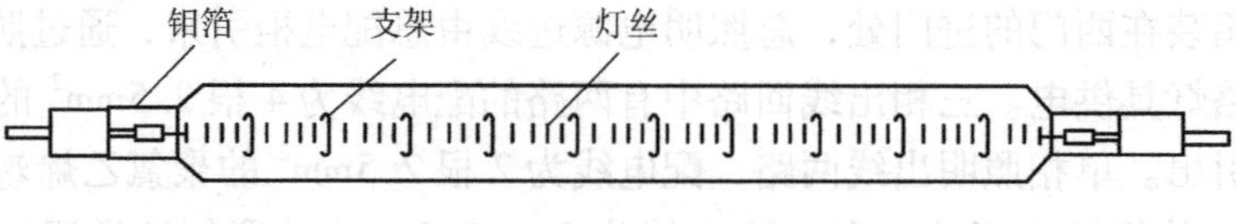

图3-29　卤钨灯结构图

（3）荧光灯　荧光灯俗称日光灯，是利用汞蒸气在外加电压作用下产生弧光放电时发出可见光和紫外线，紫外线又激励内壁的荧光粉而发出大量可见光的光源。荧光灯发光效率比白炽灯高得多，使用寿命也比白炽灯长得多。但荧光灯的显色性较差，有频闪效应，不宜在有旋转机械的车间作照明。另外荧光灯属于低气压放电灯，工作在弧光放电区，此时灯具有负的伏安特性，要求外加电压比较稳定。

（4）高压汞灯　高压汞灯是一种高气压（压强可达10^5Pa以上）的汞蒸气放电光源。该灯的外玻璃壳内壁涂有荧光粉，它能将壳内的石英玻璃汞蒸气放电管辐射的紫外线转变为可见光以改变光色，提高光效。高压汞灯不需要启动器来预热灯丝，但它必须与相应功率的镇流器L配合使用。图3-30是高压汞灯外形及工作线路图。图中，C为补偿电容器，B为镇流器。

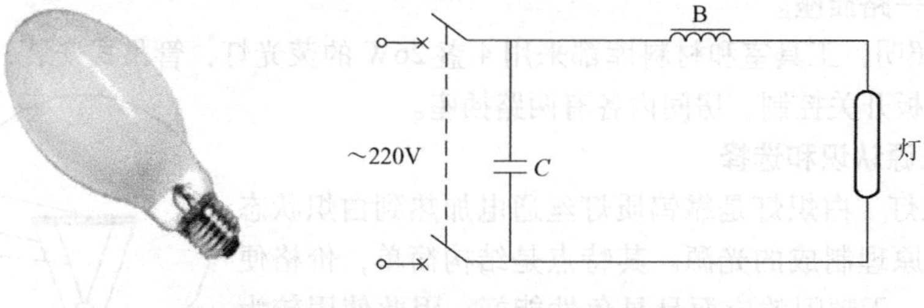

图3-30　高压汞灯外形及工作线路图

另外还有一种高压汞灯，是自镇流高压汞灯，它用自身的钨丝兼作镇流器。

高压汞灯是利用高压汞蒸气、白炽灯灯体和荧光粉三种发光物质同时发光的复合光源，所以光效较高，使用寿命也较长，但启动时间较长（4～8min），显色性也较差。

（5）高压钠灯　高压钠灯是一种利用高压钠蒸气放电的高压气体放电电源。光色呈黄色，光效比高压汞灯高一倍左右，使用寿命也比较长，但显色更差，且启动时间长。高压钠灯外形及工作线路如图3-31所示，其中，C为补偿电容器，B为镇流器，A为触发器。

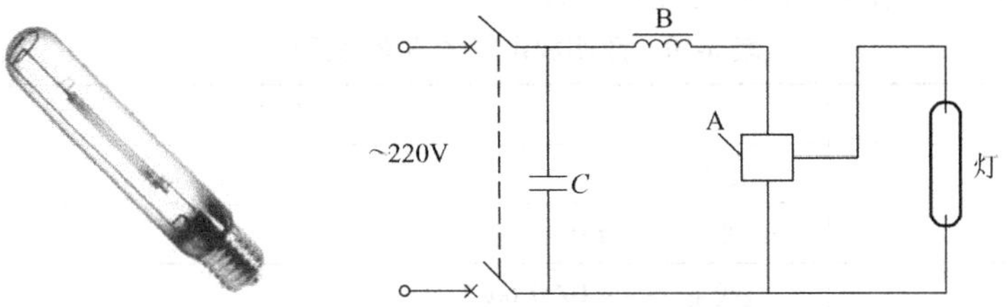

图 3-31　高压钠灯外形及工作线路图

（6）常用光源和灯具的选择

1）对于高大车间（高度大于 15m），其一般照明采用高强气体放电灯作为光源，采用较窄光束的灯具吊在屋架下弦，并与装在墙上或柱上的灯具相结合，以保证工作面上所需要的照度。

2）对于中等高度的厂房（高度为 5 ~ 15m），原则上采用小功率（35W、50W、70W、100W 及 125W 等）的高强气体放电灯，采用宽配光或较宽配光的灯具吊在屋架下弦。

3）高度为 5m 及以下的厂房可采用荧光灯为主要光源，灯具布置可以与梁垂直，也可以与梁平行，最好不用裸灯管，注意应减小光源与顶棚的亮度对比。

4）特殊场所的照明：

①对于多尘场所，可以采用整体密闭式防尘灯，将全部光源及反射器都密闭在灯具之内，也可采用反射型灯泡，不易污染，维护工作少。

②对于潮湿场所，场所潮湿会使灯具的绝缘水平下降，易造成漏电或短路。在选择灯具时，其外壳防护等级要符合防潮气的要求，当地下室中灯具悬挂高度低于 2. 4m 而又无防触电措施时，应采用 36V 安全电压。

③对于腐蚀气体场所，选择灯具时应注意：腐蚀严重场所用密闭防腐灯，选择抗腐蚀性强的材料及面层制成灯具；对内部易受腐蚀的部件实行密闭隔离。对腐蚀性不强烈的场所可用半开启式防腐灯。

④对于火灾、爆炸危险场所，应选用防爆灯具。

4. 常用照明配电箱认识

照明配电箱是指墙上安装的小型配电设备，箱内装有控制设备、保护设备、测量仪表和漏电保护器等。它在电气系统中的作用是分配和控制各支路的电能，并保障电气系统安全运行。照明配电箱的功能比较单一，体积较小，主要用于末端设备的控制。照明配电箱的结构大部分采用冲压件，如冲压的流线型面板，外形平整线条分明，箱内的零部件一般有互换性。箱壁进出线有敲落孔，一般采用长腰敲落孔，适应于我国土建工程的特点。

照明配电箱的型号含义：

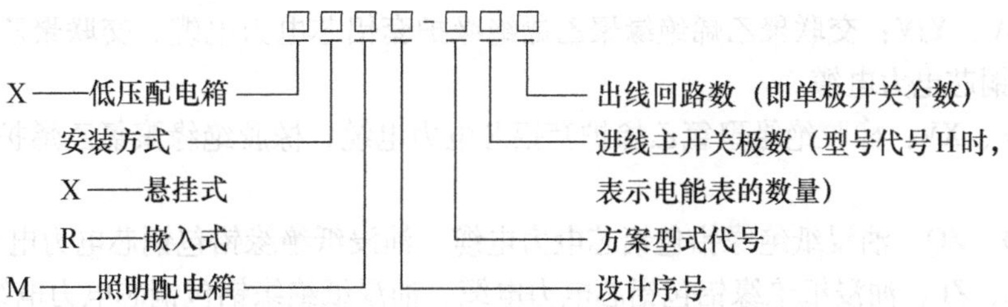

其中，照明配电箱的方案形式代号见表 3-10。

表 3-10　照明配电箱的方案形式代号

方案号	含义
A	无进线主开关
B	进线主开关为 DZ47-60/2
C	进线主开关为 DZ47-60/3
D	进线主开关为 DZ20-100/3
E	带有单相电能表一只及主开关为 DZ47-60/2
F	带有三相四线电能表一只及主开关为 DZ47-60/3
G	带有三相四线电能表一只及主开关为 DZ20-100/3
H	单相电能表箱

常用照明箱外形如图 3-32 所示。

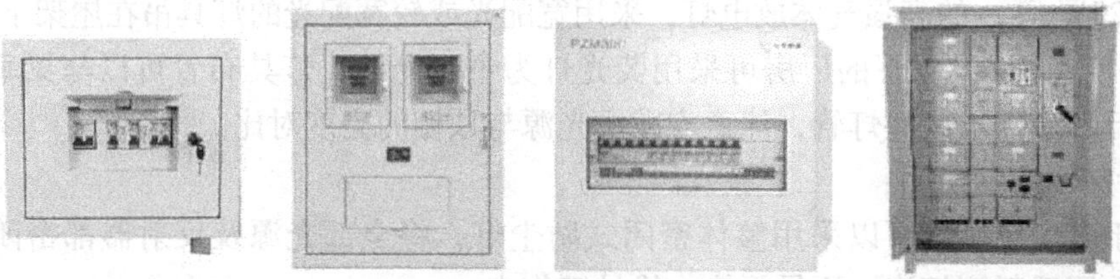

图 3-32　常用照明箱外形图

四、相关理论知识

1. 车间照明线路用电线、电缆类型的选择

导线类型的选择主要考虑环境条件、运行电压、敷设方法、经济性和可靠性方面的要求。经济因素除考虑价格外，还应注意节约较短缺的材料，例如优先采用铝芯导线，以节约用铜；尽量采用塑料绝缘电线，以节省橡胶等。

目前，照明线路常用的电线类型有：

1）BLV、BV：塑料绝缘铝芯、铜芯电线。

2）BLVV、BVV：塑料绝缘塑料护套铝芯、铜芯电线（单芯及多芯）。

3）BLXY、BXY：橡胶绝缘聚乙烯护套铝芯、铜芯电线。

目前，照明线路常用的电缆类型有：

1）VLV、VV：聚氯乙烯绝缘聚氯乙烯护套铝芯电力电缆、聚氯乙烯绝缘聚氯乙烯护套铜芯电力电缆。

2）YJLV、YJV：交联聚乙烯绝缘聚乙烯绝缘护套铝芯电力电缆、交联聚乙烯绝缘聚乙烯绝缘护套铜芯电力电缆。

3）XLV、XV：橡胶绝缘聚氯乙烯护套铝芯电力电缆、橡胶绝缘聚氯乙烯护套铜芯电力电缆。

4）ZLQ、ZQ：油浸纸绝缘铅包铝芯电力电缆、油浸纸绝缘铅包铜芯电力电缆。

5）ZLL、ZL：油浸纸绝缘铝包铝芯电力电缆、油浸纸绝缘铝包铜芯电力电缆。

2. 导线截面的选择

（1）按载流量选择　选用时，导线的允许载流量必须大于或等于线路中的计算电流值。在最大允许连续负荷电流通过的情况下，导线发热不超过线芯所允许的温度，导线不会因过热而引起绝缘损坏或加速老化。

导线的允许载流量是通过实验得到的数据。不同规格的电线、电缆的载流量和不同温度、不同敷设方式、不同负荷特性的校正系数等可查阅设计手册。

（2）按电压损失选择　导线上的电压损失应低于最大允许值，以保证供电质量。

（3）按机械强度要求选择　在正常工作状态下，导线应有足够的机械强度以防断线，保证安全可靠运行。

（4）与线路保护设备相配合选择　为了在线路短路时，保护设备能对导线起保护作用，两者之间要有适当的配合。

（5）热稳定度校验　由于电缆结构紧凑，散热条件差，为使其在短路电流通过时不至于由于导线温升超过允许值而损坏，还必须校验其热稳定度。

中性线（N）截面积可按下列条件确定：

1）在单相及两相线路中，中性线截面积应与相线截面积相同。

2）在三相四线制供电系统中，中性线（N 线）的允许载流量不应小于线路中最大不平衡电流，且应计入谐波电流的影响。如果全部或大部分为气体放电灯，中性线截面积不应小于相线截面积。在选用带中性线的四芯电缆时，应使中性线截面积满足载流量的要求。

3）照明分支线及截面积为 $4mm^2$ 及以下的干线，中性线应与相线截面积相同。

五、拓展性知识

1. 照明负荷分级

（1）一级照明负荷　一级负荷为中断供电将造成政治上、经济上重大损失，甚至出现人身伤亡等重大事故的场所的照明，如重要车间的工作照明及大型企业的指挥控制中心的照明，国家、省市等各级政府主要办公室照明，特大型火车站、国境站、海港客运站等交通设施的候车（船）室照明，售票处、检票口照明，大型体育建筑的比赛厅、广场照明，四星级、五星级宾馆的高级客房、宴会厅、餐厅、娱乐厅主要通道照明，省、直辖市重点百货商场营业区和收款处照明，省、市级影剧院的舞台、观众厅部分照明、化妆室照明，医院的手术室照明、监狱的警卫照明等。

（2）二级照明负荷　二级负荷为中断供电将在政治上、经济上造成较大损失，严重影响正常工作的重要单位以及造成秩序混乱的重要公共场所的照明，如省、市图书馆的阅览室照明，三星级宾馆饭店的高级客房、宴会厅、餐厅、娱乐厅等照明，大、中型火车站及内河港客运站、高层住宅的楼梯照明、疏散标志照明等。

（3）三级照明负荷　不属于一、二级负荷的均属三级负荷。

2. 照明系统供电电压的选择

1）在正常环境中，我国灯用电压一般为交流 220V（高压钠灯亦有 380V 的）。

2）容易触及而又无防止触电措施的固定式或移动式灯具，其安装高度距地为 2.2m 及以下时，在下列场所的使用电压不应超过 24V：特别潮湿，相对湿度经常在 90% 以上；高温，环境温度经常在 40℃ 以上；具有导电性灰尘；具有导电地面，金属或特别潮湿的土、砖、混凝土地面等。

3）手提行灯的电压一般采用36V，但在不便于工作的狭窄地点，且工作者在接触良好接地的大块金属面上工作时，手提行灯的供电电压不应超过12V。

4）由蓄电池供电时，可根据容量大小、电源条件、使用要求等因素分别采用220V、36V、24V或12V。

5）热力管道、隧道和电缆隧道内的照明电压宜采用36V。

3. 照明系统供电方式的选择

（1）正常照明

1）照明系统的电源一般由动力与照明共用的电力变压器供电（表3-11中的A），二次电压为220/380V。如果动力负荷会引起对照明不容许的电压偏移或波动，在技术经济合理的情况下，照明可采用有载自动调压电力变压器、调压器或照明专用变压器供电；在照明负荷较大（如高照度的多层车间）的情况下，照明也可采用单独的变压器供电。

表3-11 照明系统供电方式

<table>
<tr><th>序号</th><th>供电方式</th><th>照明供电系统</th><th>简要说明</th></tr>
<tr><td>A</td><td>一台变压器</td><td>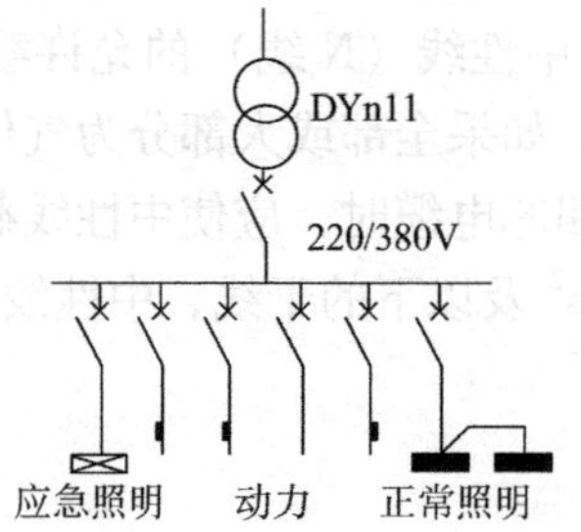
</td><td>照明与动力在母线上分开供电</td></tr>
<tr><td>B</td><td>一台变压器及蓄电池组等</td><td>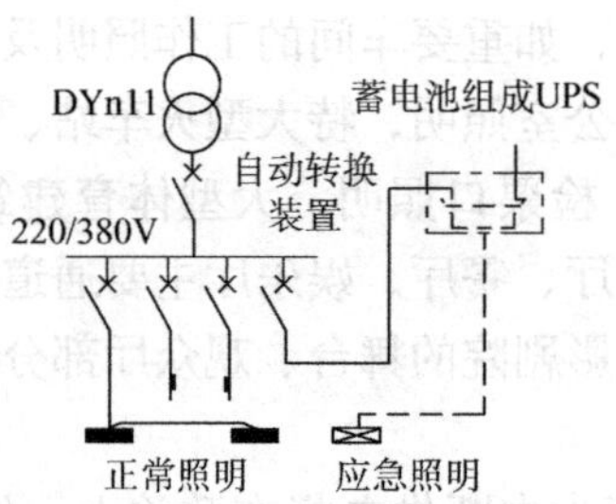
</td><td>照明与动力在母线上分开供电，应急照明由蓄电池组成UPS供电</td></tr>
<tr><td>C</td><td>两路独立电源，自起动发电机作第三电源</td><td>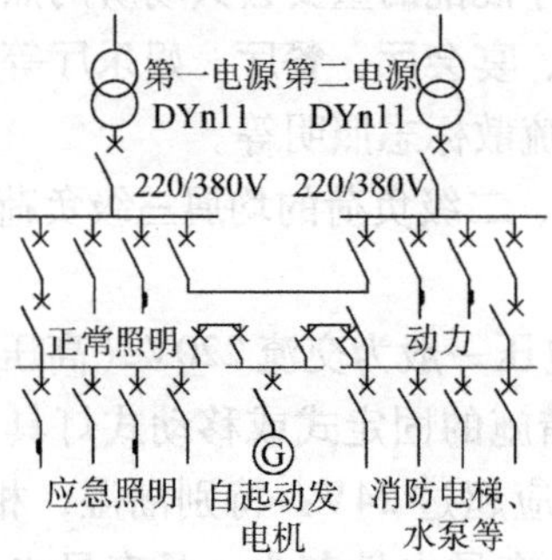
</td><td>两路独立电源，照明设专用变压器，自起动发电机为第三独立电源</td></tr>
</table>

（续）

序号	供电方式	照明供电系统	简要说明
D	一台变压器供电的变压器-干线	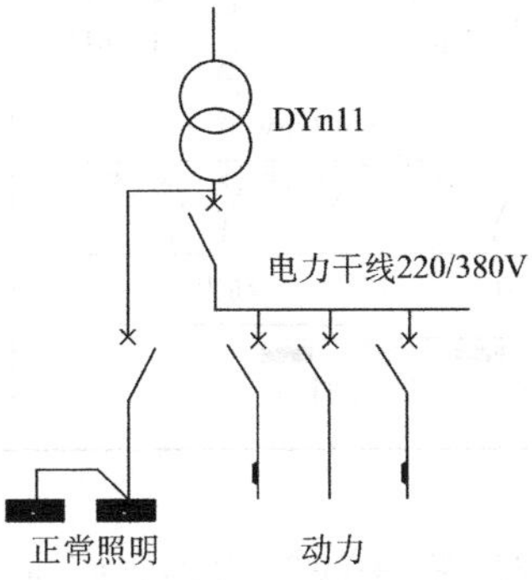	对外无低压联络线时，正常照明电源接自干线总断路器前
E	两台变压器供电的变压器-干线	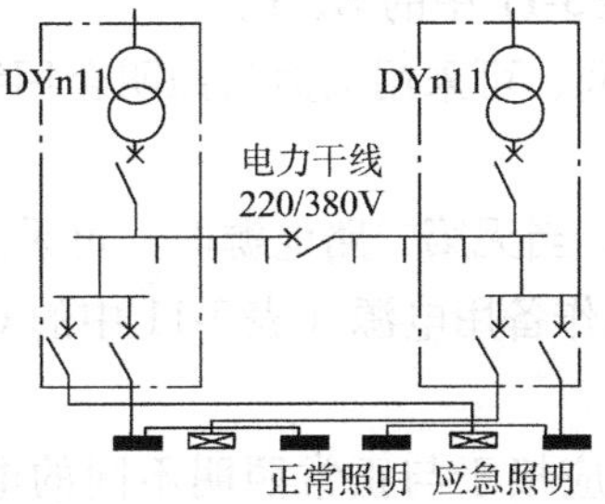	照明电源接自变压器低压总断路器后，当一台变压器停电时，通过联络断路器接到另一段干线上，应急照明两段干线交叉供电
F	两台变压器	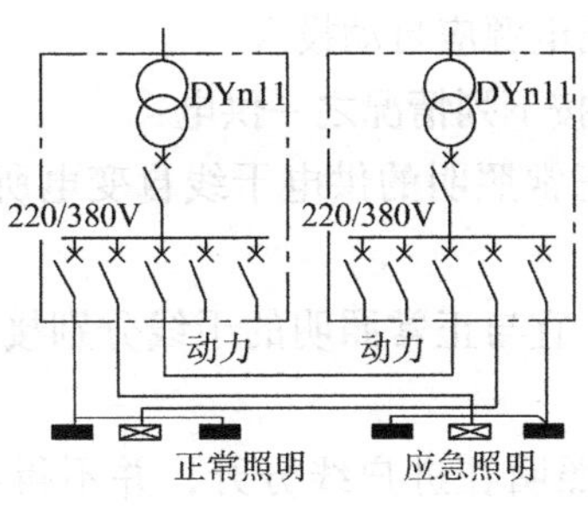	照明与动力在母线上分开供电，应急照明由两台变压器交叉供电
G	由外部线路供电	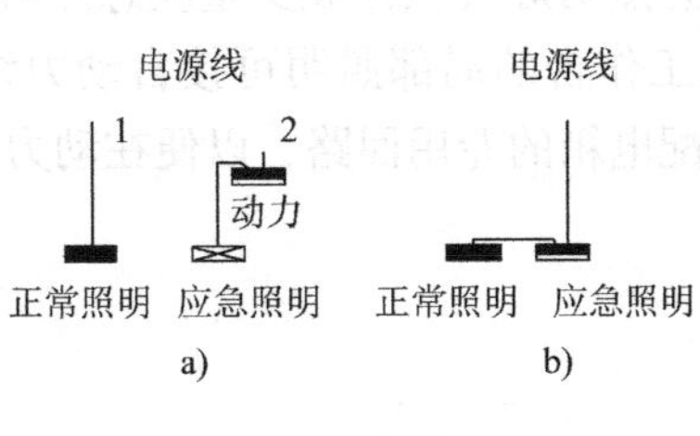	图a适用于不设变电所的较大负荷 图b适用于次要或较小的负荷

（续）

序号	供电方式	照明供电系统	简要说明
H	两台变压器电源为独立的	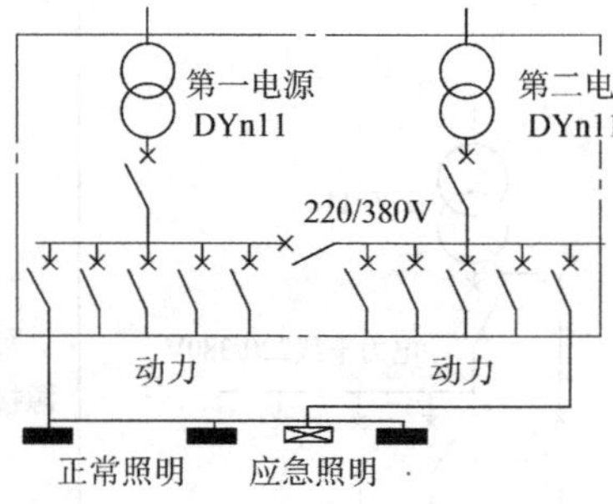	变压器的电源相互独立

2）当生产车间的动力采用“变压器-干线”式供电而对外又无联络线时，照明电源宜接自变压器低压侧总开关之前（表3-11 中的 D），如对外有低压联络线时，则照明电源宜接自变压器低压侧总开关之后；当车间变电所低压侧采用放射式配电系统时，照明电源一般接在低压配电屏的照明专用线上（表3-11 中的 E、F）。

3）在电力负荷稳定的生产车间，可采用动力与照明合用线路，但应在电源进户处将动力、照明线路分开。

4）对于重要车间的照明负荷，当无第二路电源时，可采用自备快速起动发电机为备用电源，某些情况下也可采用蓄电池作备用电源（表3-11 中的 C、B）。

（2）应急照明

1）供继续工作用的备用照明应接于与正常照明不同的电源。为了减少和节省照明线路，一般可从整个照明中分出一部分作为备用照明。此时，工作照明和备用照明同时使用，但其配电线路及控制开关应分开装设。若备用照明不作为正常照明的一部分同时使用，则当正常照明因故障停电时，备用照明电源应自动投入。

2）人员疏散用的应急照明可按下列情况之一供电：

①仅装设一台变压器时，与正常照明的供电干线自变电所低压配电屏上或母线上分开（表3-11 中的 A）。

②装设两台及以上变压器时，宜与正常照明的干线分别接自不同的变压器（表3-11 中的 E、F、H）。

③未设变压器时，应与正常照明在进户线分开，并不得与正常照明共用一个总开关（表3-11 中的 G）。

④采用带有直流逆变器的应急照明灯（只需装少量应急照明灯时）。

（3）局部照明　机床和固定工作台的局部照明可接自动力线路；移动式局部照明应接自正常照明线路，最好接自照明配电箱的专用回路，以便在动力线路停电检修时仍能继续使用。

六、作业

3-4-1　车间照明有几类方式？应如何选择供电方式？

3-4-2 车间照明的光源与灯具应如何选择?

3-4-3 照明线路导线在选择截面时，应考虑哪些因素?

3-4-4 不同场合的照明装置，其照明电压应如何选择?

3-4-5 图 3-33 为某车间变电所照明平面图，分析其照明系统设计方案。

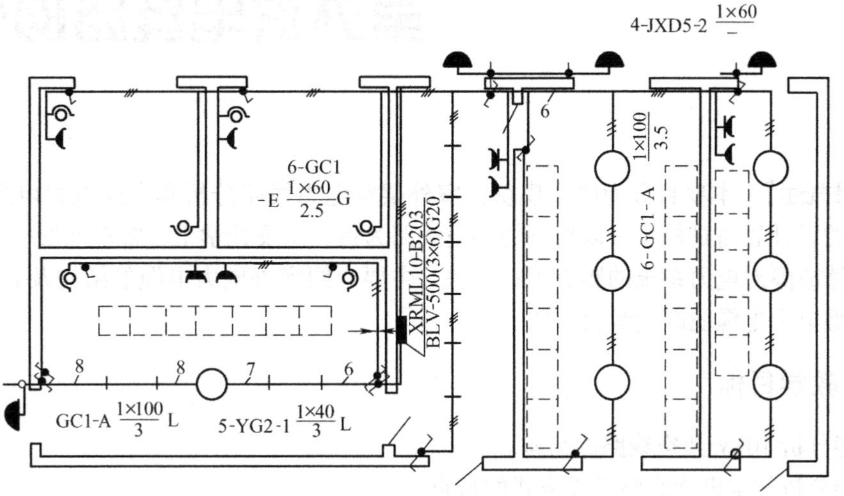

图 3-33 某车间变电所照明平面图

项 目 四

室外供电线路的分析

【项目概述】 本项目分为两个模块：室外架空电力线路分析和室外电力电缆线路的敷设。项目的设计思路是模块一以典型的架空线路为例，主要让学生了解室外架空电力线路的结构、短路故障对电力系统的影响等；模块二主要介绍室外电力电缆的结构及其敷设方式，让学生掌握电力电缆线路的敷设方法。

一、教学目标

1）能分析 10kV 架空线路的结构。

2）能分析架空电力线路敷设方式的特点。

3）能认识各种常用电缆的结构和型号含义。

4）能根据电缆的特点及线路要求选择电缆的敷设方式。

5）能进行直埋电缆的敷设。

二、工作任务

分析室外架空线路和室外电力线路敷设方式。

模块一　室外架空电力线路分析

一、教学目标

1）能分析 10kV 架空线路的结构。

2）能分析架空电力线路敷设方式的特点。

3）能分析架空线路发生短路时，短路电流对线路的影响。

二、工作任务

1）工作任务一：分析图 4-1 所示的 10kV 终端式电缆登杆装置（无熔丝，15m）的结构。

2）工作任务二：分析图 4-2 所示的 10kV 瓷横担三角排列直线杆装置结构。

三、相关实践知识

1. 架空线路的特点

架空线路最大的优点是初次投资少，而且能够迅速查出故障点，很快修复。但在另一方

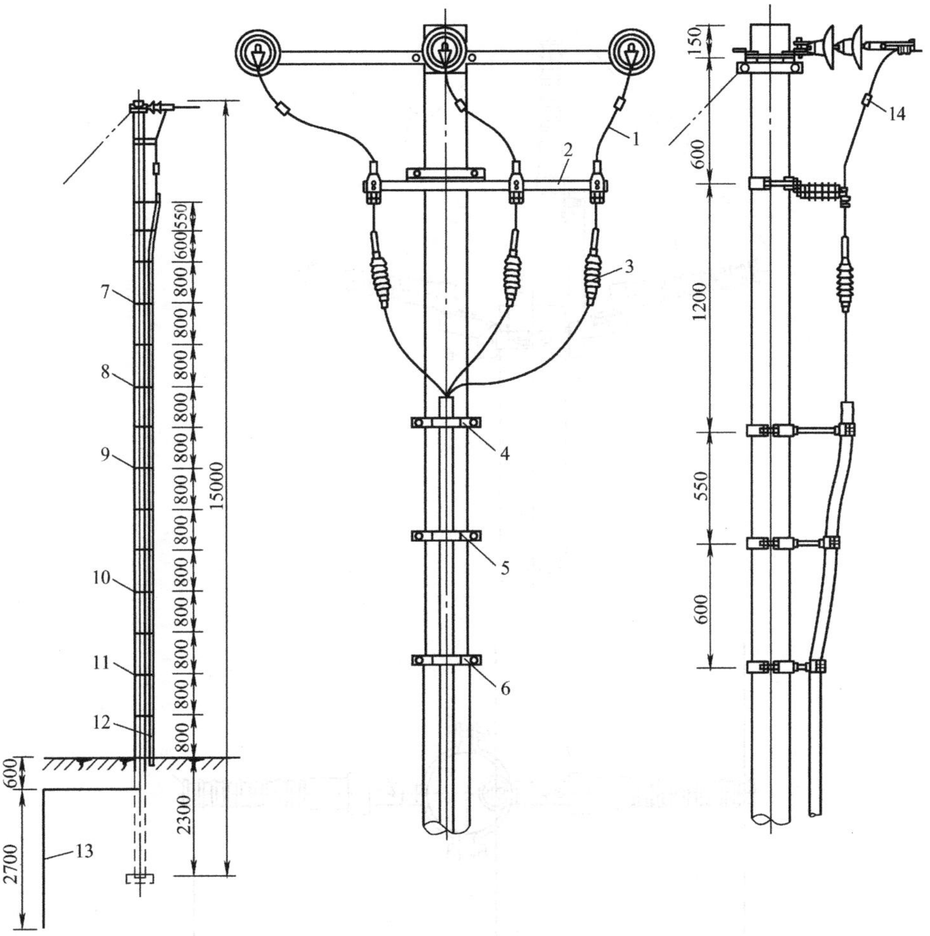

图 4-1　10kV 终端式电缆登杆装置的结构图

注：图 4-1 中 1～14 详见表 4-4。

面，导线容易受到机械性破坏，很容易因鸟害、动物祸害、雷击等而停电；在可能使用起重机或起重卡车的地方，危险性更大；在一些地区，由于绝缘子的污染和导线的腐蚀，维修费用可能很高。裸露的架空线路比其他方式更易遭受雷击而停电，对策是安装架空地线和避雷器。

2. 一般架空线路的结构

架空线路主要由电杆、导线、横担、绝缘子、拉线及金具等组成，如图 4-3 和图 4-4 所示。

1）电杆。电杆按材质分有木杆、钢筋混凝土杆及金属塔杆。其中，木杆用于临时供电线路，钢筋混凝土杆用于低压线路，金属杆用于高压线路。

电杆按其功能分有直线杆、转角杆、终端杆、跨越杆、耐张杆、分支杆及戗杆等，如图 4-5 所示。

直线杆：用以支持导线、绝缘子及金具等重量，承受侧面风压，用在线路中间。

耐张杆：即承力杆，它要承受导线的水平张力，同时将线路分隔成若干段，以加强机械

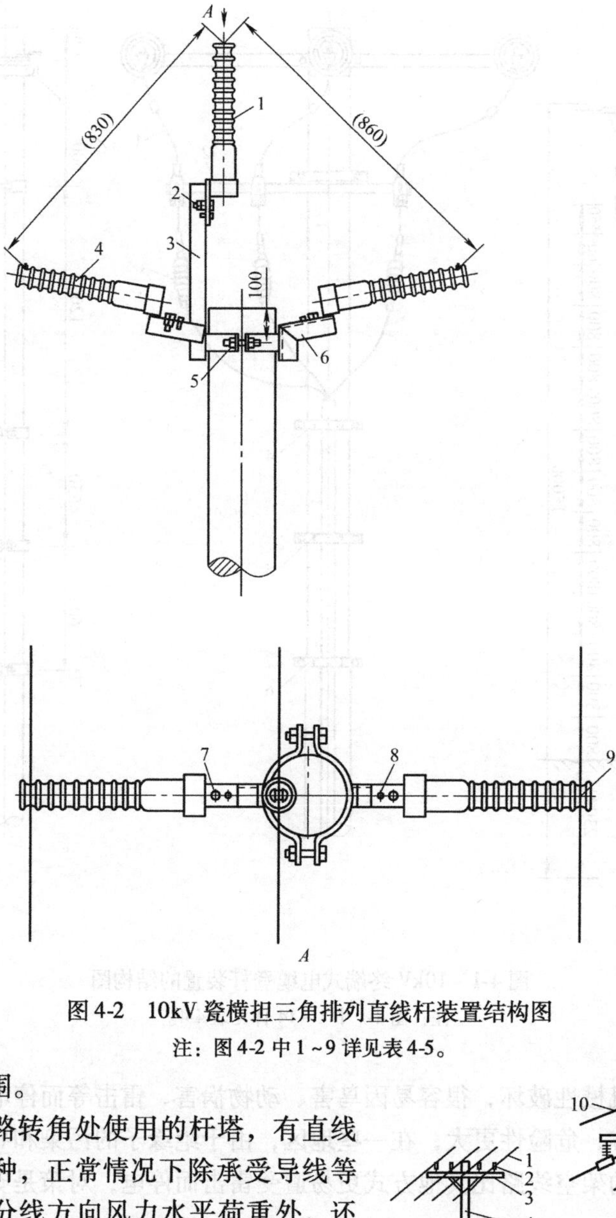

图 4-2　10kV 瓷横担三角排列直线杆装置结构图

注：图 4-2 中 1 ~ 9 详见表 4-5。

强度，限制事故范围。

转角杆：为线路转角处使用的杆塔，有直线转角和耐张转角两种，正常情况下除承受导线等垂直荷重和内角平分线方向风力水平荷重外，还要承受内角平分线方向导线全部拉力和合力。

分支杆：为线路分支处的杆塔，正常情况下除承受直线杆塔所承受的荷重外，还要承受分支导线等的垂直荷重、水平风力荷重和侧分支线方向导线的全部拉力。

终端杆：为线路终端处的杆塔，除承受导线的垂直荷重和水平风力外，还要承受顺线路方向的全部导线的拉力。

跨越杆：跨越铁路、通航河道、公路、建筑

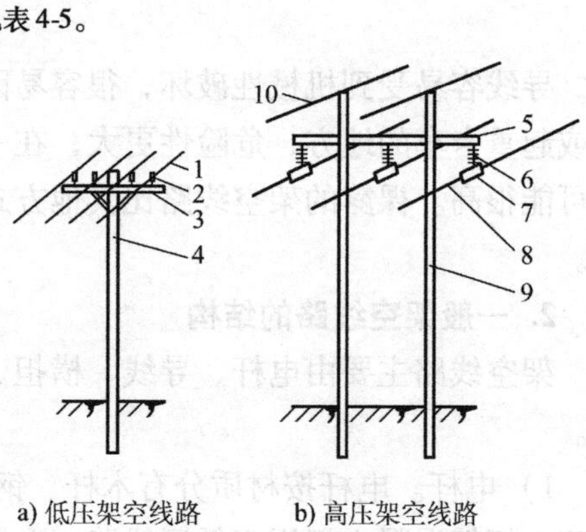

图 4-3　架空线路的结构

1—导线　2—针式绝缘子　3—横担　4—低压电杆　5—横担　6—绝缘子串　7—线夹　8—高压电线　9—高压电杆　10—避雷线

物和电力线、通信线等处所使用的杆塔。

2）拉线。按安装方式分有普通拉线、水平拉线、V 形拉线、Y 形拉线和弓形拉线五种，拉线截面积有 $35mm^2$ 和 $70mm^2$ 两种。

3）横担、线路绝缘子和金具。横担用来固定绝缘子以支承导线，并保持各相导线之间的距离。目前常用的横担有铁横担和瓷横担。铁横担由角钢制成。10kV 线路多采用 L63 ×6 的角钢，380V 线路多采用 L50 ×5 的角钢。铁横担的机械强度高，应用广泛。瓷横担兼有横担和绝缘子的作用，能节约钢材并提高线路的绝缘水平，但机械强度较低，一般仅用于较小截面导线的架空线路。

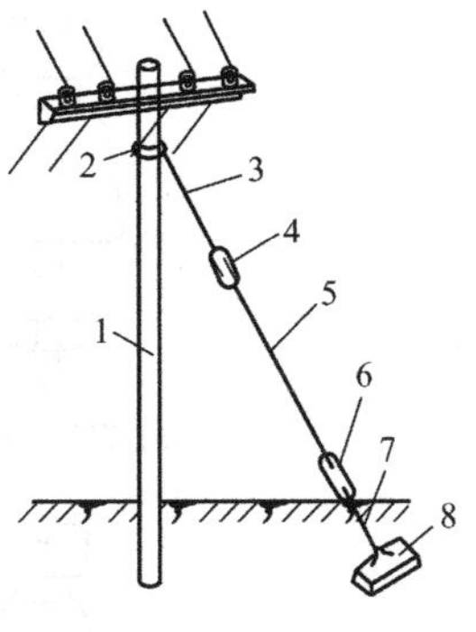

图 4-4 拉线的结构

1—电杆 2—拉线抱箍 3—上把 4—拉线绝缘子 5—腰把 6—花篮螺钉 7—底把 8—拉线底盘

线路绝缘子俗称瓷瓶，用来固定导线并使导线与电杆绝缘。

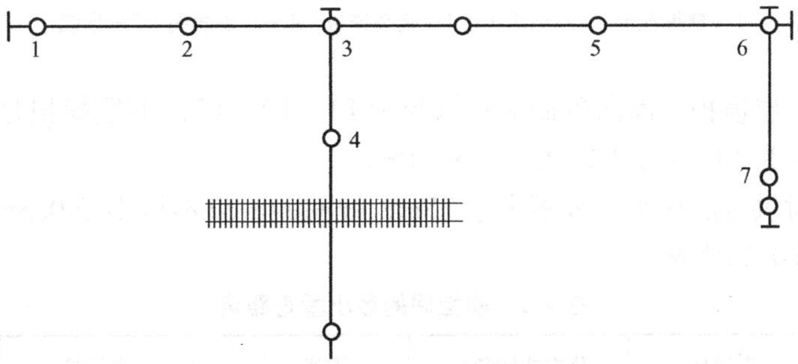

图 4-5 电杆的名称

1—终端杆 2—直线杆 3—分支杆 4—跨越杆 5—耐张杆 6—转角杆 7—戗杆

线路金具是用来连接导线、安装横担和绝缘子的金属附件，包括安装针式绝缘子的直角和弯脚，安装蝴蝶式绝缘子的穿心螺钉，将横担或拉线固定在电杆上的 U 形抱箍，调节松紧的花篮螺钉以及悬式绝缘子串的挂环、挂板、线夹等。图 4-6 为架空线路常用金具。

4）架空导线。架空导线是架空线路的主体构件，担负着输送电能的作用。导线架设在电杆上，经常承受风、雨、冰、雪、空气温度等的作用以及大气中各种有害物质的侵蚀，因此要求导线满足下列主要条件：导电性能好、机械强度高、密度小、价格低且耐腐蚀。常用架空导线的种类有铜线、铝线、钢芯铝线、钢线及绝缘导线等。

3. 架空线路的敷设方法

1）电线杆的敷设。低压电杆的杆距为 30 ~45m。架空导线间距不小于 300mm，靠近混凝土杆的两根导线间距不小于 500mm。上下两层横担间距：直线杆时为 600mm；转角杆时为 300mm。广播线、通信电缆与电力线同杆架设时应在电力线下方，两者垂直距离不小于 1.5m。安装卡盘的方向要注意，在直线杆线路中应一左一右交替排列。安装转角杆时应注意导线受力方向和拉线的方向。

2）横担的敷设。横担一般架设在电杆靠近负荷的一侧。导线在横担上排列应符合如下规律：①当面向负荷时，从左侧起为 L1、N、L2、L3、PE。②动力、照明在两个横担上分

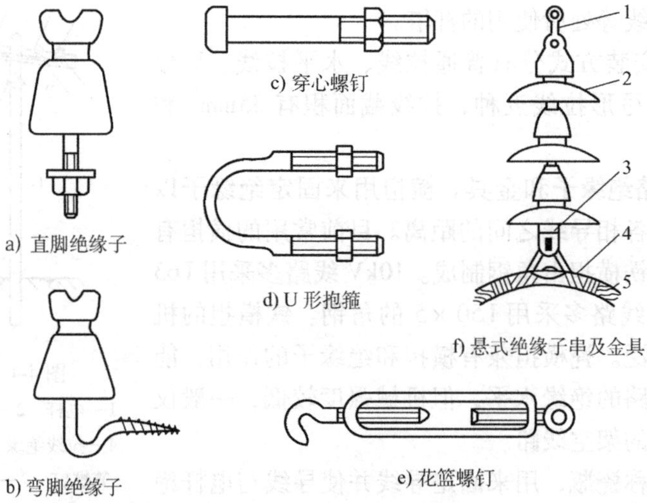

图4-6　架空线路常用金具

1—球形挂环　2—绝缘子　3—碗头挂板　4—悬垂线夹　5—导线

别架设时，对于上层横担，面向负荷从左侧起为L1、L2、L3；下层横担是单相三线时，面向负荷，从左侧起为L1、(或L2、L3)、N、PE。

建筑工地临时供电的杆距一般不大于35m，线间的距离不得小于0.3m；横担的最小垂直距离不小于表4-1的要求。

表4-1　横担间的最小垂直距离　　（单位：m）

排列方式	直线杆	分支或转角杆	排列方式	直线杆	分支或转角杆
高压与低压	1.2	1.0	低压与低压	0.6	0.3

3）架空导线的敷设。市区或居民区的架空导线必须用绝缘导线。郊区0.4kV室外架空导线应采用多芯铝绞导线，导线截面统一选用$35mm^2$、$70mm^2$、$95mm^2$及$120mm^2$四种规格。同一横担上导线截面等级差不应超过三级。架空导线截面积在$120mm^2$及以上时，终端杆、直线杆及转角杆应使用ϕ190mm以上直径的混凝土电杆。

TN-S供电系统架空线路，在终端杆处PE线应作重复接地，接地电阻不大于10Ω，当与引入线处重复接地点距离小于50m时，可以不作重复接地。

4）架空线路的最小截面要求。

①6～10kV线路铝绞线：居民区$35mm^2$，非居民区$25mm^2$。

②6～10kV线路钢芯铝绞线：居民区$25mm^2$，非居民区$16mm^2$。

③6～10kV铜绞线：居民区$16mm^2$，非居民区$16mm^2$。

④<1kV线路铝绞线：$16mm^2$。

⑤<1kV钢芯铝绞线：$16mm^2$。

⑥<1kV铜线：$10mm^2$。

但是1kV以下线路与铁路交叉跨越档处，绞线的最小截面积为$35mm^2$。低压进户线应采用绝缘导线，截面积不小于表4-2中所列数值。

表 4-2 低压进户线的最小截面积

敷设方式	档距/m	最小截面积/mm^2	
		绝缘铝线	绝缘铜线
自电杆上引下	<10	6	4
	10~25	10	6
沿墙敷设	≤6	6	4

5）架空线的高度。导线对地必须保证安全距离，不得低于表 4-3 中的数据。

表 4-3 导线对地的安全距离 （单位：m）

情况	跨铁路、河流	交通要道、居民区	人行道、非居民区	乡村小道
安全距离	7.5	6	5	4

6）电杆埋深。电杆埋深一般为杆长的$\frac{1}{6}$；下有底盘和卡盘，防止电杆倾斜；卡盘安装位置应沿纵向在一杆左侧，下一杆右侧，交替设置。

4. 架空线路分析

下面以图 4-1 和图 4-2 为例进行分析。

图 4-1 是 10kV 高压架空配电线路中一种终端杆的装置图，终端杆是装设在架空线路终点（或起点）的耐张型电杆，它承受线路最后一个耐张段（或第一个耐张段）导线的拉力。终端杆只有一侧有导线，另一侧的导线很短，另一侧的导线是高压引下线，终端杆在高压引下线的一侧加装拉线来平衡线路导线的拉力。具体的部件明细见表 4-4。

表 4-4 10kV 终端式电缆登杆装置部件明细表

序号	材料名称及规格	单位	数量	序号	材料名称及规格	单位	数量
1	电缆登杆高压引下线	套	3	8	ϕ280 电缆登杆固定装置	套	2
2	ϕ205 电缆登杆避雷器支架组件	套	1	9	ϕ305 电缆登杆固定装置	套	3
3	10kV 硅橡胶电缆头及附件	套	3	10	ϕ330 电缆登杆固定装置	套	2
4	ϕ230 电缆登杆固定装置	套	1	11	ϕ355 电缆登杆固定装置	套	2
5	ϕ230 电缆登杆固定装置	套	1	12	电缆保护罩及螺栓	副	1
6	ϕ230 电缆登杆固定装置	套	12	13	单根接地管接地装置	套	1
7	ϕ255 电缆登杆固定装置	套		14	弹射式楔形线夹	只	3

在终端杆的杆顶布置中，一律采用铁横担加支持铁拉板，如三角排列，用 2000mm 长的终端铁横担和 750mm 长的支持铁拉板；如水平排列，用 2500mm 长的终端铁横担和 1020mm 长的支持铁拉板。导线在终端杆上用悬式绝缘子和耐张线夹固定。

图 4-2 是 10kV 高压架空配电线路中一种直线杆的装置图。直线杆也叫中间杆，用于架空线路的直线段，分布在两个耐张杆的中间，是架空线路上数量最多的一种杆型。直线杆只承受垂直荷重（导线、绝缘子、金具和覆冰质量）和水平（侧向）风压，不能承受线路方向的拉力，所以直线杆结构比较简单。瓷横担是用陶瓷材料制成的一种横担，它不仅具有横

担的作用，还可以代替绝缘子来支持导线。图4-2中是一种三角排列的瓷横担，另外还有一种是水平排列的形式。具体的部件明细见表4-5。

表4-5　10kV瓷横担三角排列直线杆装置部件明细表

序号	材料名称及规格	单位	数量	序号	材料名称及规格	单位	数量
1	10kV瓷横担绝缘子(顶相)	只	1	6	ϕ190瓷横担边相抱箍支架	块	1
2	M16×55×40单电缆帽螺栓(加螺母)	只	1	7	M16×75×50单电缆帽螺栓	只	2
3	ϕ190瓷横担顶相抱箍支架	块	1	8	ϕ6×30圆钢铆钉销子	只	3
4	10kV瓷横担绝缘子(边相)	只	2	9	1×10铝包带	kg	0.1
5	M16×75×50单电缆帽螺栓	只	2				

四、相关理论知识

1. 短路的概念

短路是指电网中不同电位的点，被阻抗接近于零的金属连通。短路中有单相短路、两相短路和三相短路，其中三相短路是最严重的。在一般情况下，单相短路居多。

供电网络中发生短路故障时，很大的短路电流会使电气设备过热或受电动力的作用而损坏，同时使电网电压大大降低，破坏网络内用电设备的正常工作。为了预防或减轻短路的不良后果，需要计算短路电流，以便正确地选用电气设备、设计继电保护和选用限流元件。例如断路器的极限通断能力可通过计算短路电流得到验证。

运行经验表明，在中性点直接接地系统中，最常见的是单相短路，大约占短路故障的65%～70%，两相短路故障占10%～15%，三相短路占5%。

2. 短路的原因

1）供电系统发生短路的原因大多是电气设备的绝缘因陈旧老化或电气设备受到机械力破坏而损伤绝缘保护层。电气设备本身质量不好或绝缘强度不够而被正常电压击穿，也是短路的原因。

2）因为雷电过电压而使电气设备的绝缘击穿所造成短路。

3）没有遵守安全操作规程的误操作，例如带负荷拉闸、检修后没有拆除接地线就送电等。

4）因动物啃咬使线路绝缘损坏而漏电或者是动物在母线上跳窜而造成短路。

5）因为风暴及其他自然原因而造成供电线路的断线、搭接、碰撞而短路。

6）由于接线的错误而造成短路，例如低电压设备误接入高电压电源，仪用互感器的一、二次绕组接反。

3. 短路的后果

电路短路后，其阻抗比正常负荷时电路的阻抗值小得多，因此短路电流往往比正常负荷电流大得多。在大容量系统中，短路电流可高达几万安或几十万安。如此大的短路电流对电力系统将产生极大的危害。

1）短路的电动效应和热效应。短路电流将产生很大的电动力和很高的温度，可能造成电路及设备的损坏。

2）电压骤降。短路将造成系统电压骤降，越靠近短路点电压越低，这将严重影响电气设备的正常运行。

3）造成停电事故。短路时，电力系统的保护装置动作，使开关跳闸或熔断器熔断，从而造成停电事故。越靠近电源点的短路，引起停电的范围越大，从而给国民经济造成的损失也越大。

4）影响系统稳定。严重的短路可使并列运行的发电机组失去同步，造成电力系统解列，破坏电力系统的稳定运行。

5）产生电磁干扰。单相接地短路电流可对附近的通信线路、信号系统及电子设备等产生电磁干扰，使之无法正常运行，甚至引起误动作。

4. 架空线路短路电流的计算

1）无限大容量电力系统。无限大容量电力系统是指其容量相对于单个用户（例如一个工厂）的用电设备容量大得多的电力系统，以致馈电给用户的线路上无论负荷如何变动甚至发生短路时，系统变电站馈电母线上的电压能始终维持基本不变。

实际上，电力系统容量总是有限的，但通过计算发现，当电力系统容量大于所研究的用户用电容量50倍时，即可将此系统看作无限大容量系统。

一般来说，中小型工厂甚至某些大型工厂的用电容量相对于现代大型电力系统来说是很小的，因此在计算工厂供电系统的短路电流时，可以认为电力系统是无限大容量系统。

2）无限大容量系统三相短路的物理过程。图4-7a为无限大容量系统供电的三相电路上发生三相短路的电路图。由于三相对称，因此这个三相电路可用图4-7b所示的等效电路来表示。图中，$Z=R+\mathrm{j}X_L$ 为从电源至短路点的阻抗；$Z'=R'+\mathrm{j}X_L'$为从短路点至负荷的阻抗。

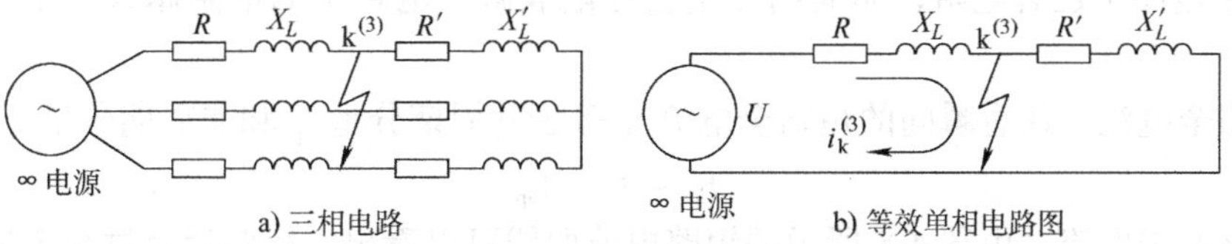

a) 三相电路　b) 等效单相电路图

图4-7　无限大容量系统中的三相短路

系统正常运行时，电路中的负荷电流 I 按照欧姆定律，取决于电源电压 U 和电路的阻抗 $(Z+Z')$，即 $I=U/(\sqrt{3}\,|Z+Z'|)$。当系统发生短路时，由于短路点至负荷的阻抗 Z'被短路，而且 $Z \ll Z'$，因此按照欧姆定律，短路电流 $I_k=U/(\sqrt{3}\,|Z|)\gg I$，比正常负荷电流要突然增大几十倍甚至上百倍。然而，由于短路电路中存在电感，而且感抗远大于电阻，按照楞次定律，电流不可能突变，因此短路电流从正常负荷电流转变为短路稳态电流之前，存在一个过渡过程，即短路暂态过程。

3）短路有关的物理量。图4-8为无限大容量系统发生三相短路时的电压、电流曲线。

①短路电流周期分量。短路电流周期分量是按欧姆定律由短路电路的电压和阻抗所决定的一个短路电流，即图中的 i_p。在无限大容量系统中，由于电压不变，因此 i_p 是幅值恒定的正弦交流。

假设在电压瞬时值 $u=0$ 时发生短路，而系统正常运行时设 i 滞后 u 一个相位角 φ，因此在短路瞬间（$t=0$ 时），电流瞬时值 i_0 为负值。系统短路后，由于短路电路的感抗远大于电阻，因此短路电路可近似地看作一个纯电感电路。短路瞬间（$t=0$ 时）的电压 $u=0$ 时，电流 i_p 则要突然增大到幅值 $i_{p(0)}=-\sqrt{2}I''$。I''为短路后第一个周期的短路电流周期分量 i_p的有

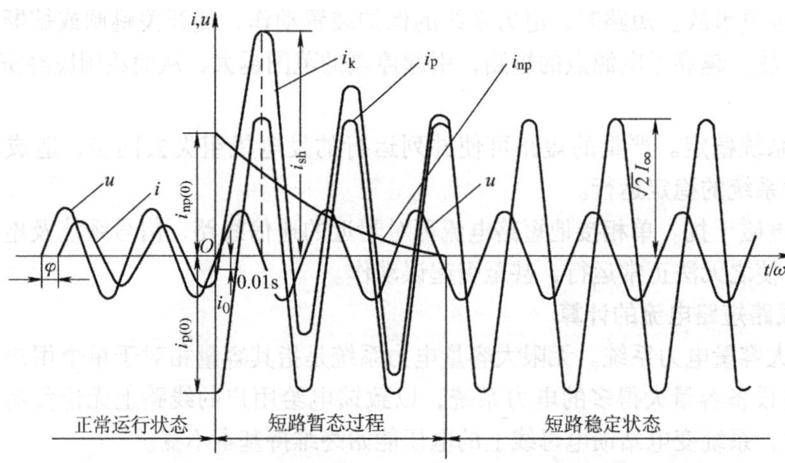

图 4-8 无限大容量系统发生三相短路时的电压、电流曲线

效值，称为短路次暂态电流有效值。

②短路电流非周期分量。刚短路时，电流不可能突然变为最大值，因为电路中存在着电感，突然短路的瞬间，要产生一个自感电动势，以维持短路初始瞬间电路内的电流和磁通不至于突变。自感电动势产生的反向电流成指数函数下降。非周期分量 i_{np} 的初始绝对值近似为$\sqrt{2}I''$。由于电路中还有电阻，非周期分量会逐渐衰减。电路中的电阻越大和电感越小，衰减越快。

③短路全电流。任意瞬间的短路全电流 i_k 等于其周期分量 i_p 和非周期分量 i_{np}之和，即

$$i_k = i_p + i_{np}$$

④短路冲击电流。由图 4-8 所示的短路电流曲线可以看出，短路后经过半个周期（大约 0.01s）时短路电流的瞬时值最大，这一瞬时称为短路冲击电流，用 i_{sh}表示。

高压电路短路时有 $i_{sh} = 2.55I''$

低压电路短路时有 $i_{sh} = 1.84I''$

⑤短路稳态电流。短路电流非周期分量 i_{np} 衰减完毕以后（一般约经过 0.1 ~0.2s）的全电流，称为短路稳态电流或稳态短路电流，其有效值习惯上用 I_∞ 表示。在无限大系统中，短路电流周期分量有效值在短路全过程中始终是恒定不变的，所以

$$I'' = I_\infty = I_k$$

4）短路电流的计算。短路电流的计算方法有欧姆法、标幺值法和短路容量法等。欧姆法是最基本的短路电流计算方法。考虑到短路电流的特点，工程设计短路计算时，功率单位通常采用 kW 或 kvar，阻抗单位采用 Ω（低压电路有时用 mΩ）。

下面介绍采用欧姆法进行三相短路电流的计算。

①在无限大容量系统中发生三相短路时，三相短路电流周期分量的有效值可以按下列公式计算：

$$I_k^{(3)} = \frac{U_C}{\sqrt{3}Z_\Sigma} = \frac{U_C}{\sqrt{3}\sqrt{R_\Sigma^2 + X_\Sigma^2}}$$

式中，U_C 为短路点的短路计算电压，因为线路的首端短路时最为严重，所以要按首端电压

考虑，即短路计算电压取为比线路额定电压 U_N 高 5%，按我国电压标准 U_C 有 0.4kV、0.69kV、3.15kV、6.3kV、10.5kV、37kV 等；Z_Σ、R_Σ、X_Σ 为分别为短路电路中的总阻抗、总电阻和总电抗。

在高压电路的短路计算中，正常总电抗远比总电阻大，因此一般只计算电抗。在计算低压侧的短路时，也只有当短路电路的 R_Σ 大于 X_Σ 的 $\frac{1}{3}$ 时，才需要考虑电阻。如果不计电阻，则三相短路电流的周期分量有效值为

$$I_k^{(3)} = \frac{U_C}{\sqrt{3}X_\Sigma}$$

下面分别介绍电力系统、电力变压器和电力线路的阻抗。至于供电系统的母线、线圈型电流互感器的一次绕组、低压断路器的过电流脱扣线圈及开关的触头等的阻抗，由于相对很小，在短路计算中可忽略不计。在略去一些阻抗后，计算出来的短路电流自然稍稍偏大，但更加具有安全性。

②电力系统的阻抗。电力系统的电阻相对于电抗来说很小，一般可略去不计。而电力系统的电抗可由电力系统的变电站高压输电线出口断路器的断流容量 S_{OC} 来估算，这个断流容量就可看作是电力系统的极限短路容量 S_k。因此可推出电力系统的电抗为

$$X_S = \frac{U_C^2}{S_{OC}}$$

式中，U_C 为高压馈电线的短路计算电压；S_{OC} 为系统出口断路器的断流容量，可查有关手册、样本，表 4-6 为少油断路器的有关参数。

表 4-6 少油断路器的参数

型号	开断电流 /kA	断流容量 S_{OC}/MVA	额定电压 U_N/kV	额定电流 I_N/A	热稳定电流有效值 /kA	极限通过电流(峰值) /kA	固有分闸时间/s	合闸时间 /s	操动机构
SN10-10-Ⅰ	16	300	10	630 1000	16(2s)	40	0.06	0.2	CS2 CD10
SN10-10-Ⅱ	31.5	500	10	1000	31.5(2s)	80	0.06	0.2	CT7 CT9
SN10-10-Ⅲ	43.3	750	10	1250 2000 3000	43.3(4s)	130	0.06	0.2	CD10

【例 4-1】 已知某工厂电力系统中，输给 10kV 高压配电线路的变压器容量为 16000kVA，一次电压为 35kV，二次电压为 10.5kV，试选择二次侧断路器。现 10kV 线路处短路，试求电力系统的电抗。

解 计算电力变压器二次额定电流 I_{2N}

$$I_{2N} = \frac{S_N}{\sqrt{3}U_2} = \frac{16000}{\sqrt{3} \times 10.5}\text{A} = 880\text{A}$$

根据 I_{2N} 可知，应选择的断路器为 SN10-10-Ⅰ型高压少油断路器，断流容量 S_{OC} 为 300MVA，所以

$$X_S = \frac{U_C^2}{S_{OC}} = \frac{(10 \times 10^3)^2}{300 \times 10^6}\Omega = 0.333\Omega$$

③电力变压器的阻抗。变压器的电阻 R_T 可由变压器中的负载损耗近似计算。由

$$\Delta P_k \approx 3I_N^2 R_T \approx \frac{3S_N^2 R_T}{(\sqrt{3}U_C)^2} = \frac{S_N^2 R_T}{U_C^2}$$

可得

$$R_T = \Delta P_k \left(\frac{U_C}{S_N}\right)^2$$

式中，U_C 为短路点的短路计算电压；S_N 为变压器的额定容量；ΔP_k 为变压器的负载损耗。

变压器的电抗 X_T 可由变压器的阻抗电压 $U_k\%$ 来近似计算。

$$U_k\% \approx (\sqrt{3}I_N X_T / U_C) \times 100 \approx S_N X_T / U_C^2 \times 100$$

$$X_T \approx \frac{U_k\%}{100}\frac{U_C^2}{S_N}$$

式中，$U_k\%$ 为变压器的阻抗电压，可查有关变压器手册，表 4-7 列出了 SL7 系列变压器的有关损耗数据。

表 4-7　SL7 系列低损耗电力变压器负载损耗及阻抗电压

变压器容量 S_N/kVA	100	125	160	200	250	315	400
负载损耗 ΔP_k/W	2000	2450	2850	3000	4000	4800	5800
阻抗电压 $U_k\%$	4	4	4	4	4	4	4
变压器容量 S_N/kVA	500	630	800	1000	1250	1600	2000
负载损耗 ΔP_k/W	6900	8100	9900	11600	13800	16500	19800
阻抗电压 $U_k\%$	4	4.5	4.5	4.5	4.5	4.5	4.5

④线路的电阻 R_{WL} 可由已知截面的导线或电缆的单位长度的 R_0 求得，即

$$R_{WL} = R_0 l$$

式中，R_0 为导线或电缆单位长度的电阻；l 为导线的长度。注意求三相短路电流时用单方向长度，求单相短路电流时用来回长度之和。

线路的电抗 X_{WL} 可由已知截面和线距的导线或已知截面和电压的电缆单位长度电抗 X_0 值求得，即

$$X_{WL} = X_0 l$$

式中，X_0 为导线或电缆单位长度的电抗，如果线路的结构数据不同，则可按有关资料取其电抗的平均值，因为同类线路的电抗值变动幅度不大。

LJ 型铝绞线的主要数据见表 4-8，电力线路每相的单位长度电抗的平均值见表 4-9。

表 4-8　LJ 型铝绞线的主要数据

额定截面/mm^2	16	25	35	50	70	95	120	150	185	240
50℃时的电阻/(Ω/km)	2.07	1.33	0.96	0.66	0.48	0.36	0.28	0.23	0.18	0.14

表4-9 电力线路每相的单位长度电抗平均值

线路结构	线路电压	
	220/380V	6～10kV
电缆线路/(Ω/km)	0.066	0.08
架空线路/(Ω/km)	0.32	0.38

⑤电力变压器的阻抗变换。计算电路的短路阻抗时，如果电路中含有变压器，那么电路中各元件的阻抗都必须统一换算到短路点的计算电压标准下。如果短路点发生在变压器的低压侧，则需要把变压器一次侧（高压侧）线路的阻抗换算到变压器的低压侧。阻抗等效换算的条件是元件的功率损耗不变。因此由 $\Delta P=U^2/X$ 的关系可知，元件阻抗值是与电压二次方成正比的，因此阻抗换算的公式为

$$R'=R\left(\frac{U'_C}{U_C}\right)^2$$

$$X'=X\left(\frac{U'_C}{U_C}\right)^2$$

式中，R、X 和 U_C 为换算前元件的电阻、电抗和元件所在处的短路计算电压；R'、X'和U'_C为换算后元件的电阻、电抗和短路点的短路计算电压。

就短路计算中考虑的几个主要元件的阻抗来说，只有电力线路的阻抗有时需要换算。例如计算低压侧的短路电流时，高压侧的线路阻抗就需要换算到低压侧。而电力系统和电力变压器的阻抗，由于它们的计算公式中含有 U_C 的二次方，因此计算时直接代以短路点的计算电压，就相当于阻抗已经换算到短路点一侧了。

【例4-2】 某大型公共建筑物的电力系统如图4-9所示。电力系统出口断路器的断流能力为750MVA。电力变压器型号为SL7-2000/10，低压侧电压为0.4kV。求在10kV母线上短路点k1及低压380V上短路点k2处的短路电流和短路容量各是多少？

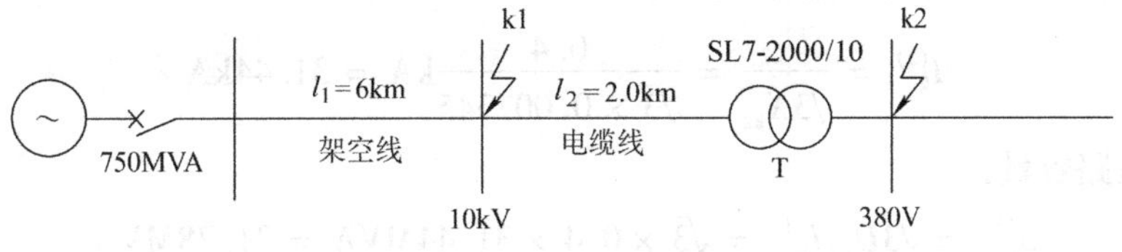

图4-9 短路计算电路

解

先求高压（k1处）短路电流及短路容量。该点计算电压 $U_{C1}=1.05\times10\text{kV}=10.5\text{kV}$。

①电力系统的电抗为

$$X_1=\frac{U_{C1}^2}{S_{OC}}=\frac{10.5^2}{750}\Omega=0.147\Omega$$

②架空线路的电抗：查表4-9得10kV架空线路 $X_0=0.38\Omega/\text{km}$，所以

$$X_2=X_0l_1=0.38\Omega/\text{km}\times6\text{km}=2.28\Omega$$

系统等效短路电路如图4-10a所示。

总阻抗为 $$X_{k1}=X_1+X_2=0.147\Omega+2.28\Omega=2.427\Omega$$

③三相短路电流的周期分量有效值为

$$I_k^{(3)}=\frac{U_{C1}}{\sqrt{3}X_{k1}}=\frac{10.5}{\sqrt{3}\times2.427}\text{kA}=2.498\text{kA}$$

④三相短路容量

$$S_{k1}^{(3)}=\sqrt{3}U_{C1}I_k^{(3)}=\sqrt{3}\times10.5\times2.498\text{MVA}=45.430\text{MVA}$$

再求低压 380V（k2 处）短路电流及短路容量。$S_{OC}=750\text{MVA}$，$U_{C2}=0.4\text{kV}$。

①电力系统的电抗为

$$X_1=\frac{U_{C2}^2}{S_{OC}}=\frac{0.4^2}{750}\Omega=0.000213\Omega=2.13\times10^{-4}\Omega$$

②架空线路的电抗：这个电抗在变压器的一次侧，需要变换阻抗。

$$X_2=X_0l_1\left(\frac{U_{C2}}{U_{C1}}\right)^2=0.38\times6\times\left(\frac{0.4}{10.5}\right)^2\Omega=0.0033\Omega=3.3\times10^{-3}\Omega$$

③高压电缆的电抗：查表 4-9 得 $X_0=0.08\Omega/\text{km}$。

$$X_3=X_0l_2\left(\frac{U_{C2}}{U_{C1}}\right)^2=0.08\times2.0\times\left(\frac{0.4}{10.5}\right)^2\Omega=0.000232\Omega=2.32\times10^{-4}\Omega$$

④电力变压器的电抗：查表 4-7 得 $U_k\%=4.5$，所以

$$X_T=\frac{U_k\%}{100}\frac{U_{C2}^2}{S_N}=\frac{4.5}{100}\times\frac{0.4^2}{2000}\times1000\Omega=0.0036\Omega=3.6\times10^{-3}\Omega$$

系统等效短路电路如图 4-10b 所示。

⑤总阻抗为 $X_{k2}=X_1+X_2+X_3+X_T$

$$=(2.13\times10^{-4}+3.3\times10^{-3}+2.32\times10^{-4}+3.6\times10^{-3})\ \Omega=0.007345\Omega$$
$$=7.345\times10^{-3}\Omega$$

⑥三相短路电流的周期分量有效值为

$$I_k^{(3)}=\frac{U_{C2}}{\sqrt{3}X_{k2}}=\frac{0.4}{\sqrt{3}\times0.007345}\text{kA}=31.44\text{kA}$$

⑦三相短路容量：

$$S_{k2}^{(3)}=\sqrt{3}U_{C2}I_k^{(3)}=\sqrt{3}\times0.4\times31.44\text{MVA}=21.78\text{MVA}$$

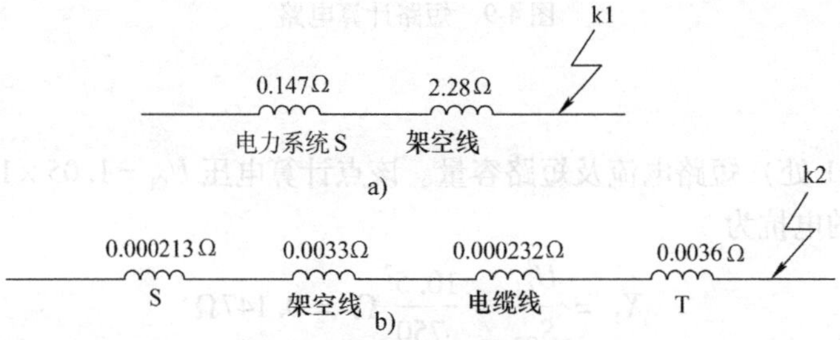

图 4-10 短路等效电路

5）短路时热稳定的校验。在供电系统发生短路故障时，通过导体的短路电流要比正常时大许多倍。系统中的短路保护装置虽然能动作切断电源，从而防止电气设备的损坏，但是

短路电流所产生的高温仍会烧坏电气设备。如果导体发生短路产生的高温没有超过规定的允许温度，这时就认为导体对短路电流是热稳定的。所以短路电流热效应的校验就是算出导体短路时的最高温度，再与允许的温度比较，进行校验。表4-10为导体在正常和短路时最高允许温度及热稳定系数。

表4-10　导体在正常和短路时最高允许温度及热稳定系数

导体种类和材料		最高允许温度/℃		热稳定系数 C /(A·$s^{\frac{1}{2}}$/mm²)
		正常 θ_L	短路 θ_k	
母线	铜	70	300	171
	铜（接触面有锡层时）	85	200	164
油浸纸绝缘电缆	铜芯 1～3kV	80	250	148
	铜芯 6kV	65	220	145
	铜芯 10kV	60	220	148
橡胶绝缘导线和电缆铜芯		65	150	112
聚氯乙烯导线和电缆铜芯		65	130	100
交联聚乙烯绝缘电缆		80	230	140

因导体在短路后达到的最高温度很难准确计算，因此可以根据短路热稳定度的要求来确定其最小允许截面积。只要选择的导体截面积大于此最小截面积，即能满足热稳定要求。

$$A_{min} = \frac{I_{\infty}^{(3)}\sqrt{t_{ima}}}{C}$$

式中，A_{min}为导体的最小截面积（mm²）；$I_{\infty}^{(3)}$为三相短路稳态电流（A）；t_{ima}为短路发热的假想时间，$t_{ima}=t_k+0.05s$，$t_k \leqslant 0.05s$；C为导体的热稳定系数（A·$s^{\frac{1}{2}}$/mm²）。

6）短路时动稳定的校验。供电系统在短路时，由于短路电流特别是短路冲击电流相当大，因此相邻载流导体之间将产生强大的电动力，可能使电器和载流部分遭受严重的破坏。要使电路元件能够承受短路时的最大电动力的作用，电路元件就要具有足够的电动稳定度。

①短路时的最大电动力。

在物理学中，电动力F与通电导线的长度l、电流I及磁感应强度B等有关，方向可根据左手定则判断，即

$$F = BlI\sin\alpha$$

式中，α是导线和磁场方向的夹角。

如果两个平行导体同时通过电流i_1和i_2，其间距为a，相邻两支点的档距为l'，则导体间的相互电磁力F为

$$F = 2i_1i_2(l'/a)\times10^{-7}\text{N/A}^2$$

上式用于圆形、矩形、实芯和空芯导线电动力的计算均可以。例如在三相供电系统中发生两

相短路时，两相短路冲击电流为 $i_{sh}^{(2)}$，通过两相导体时产生的电动力最大，即

$$F^{(2)} = 2i_{sh}^{(2)2}(l'/a) \times 10^{-7}\text{N/A}^2$$

三相短路冲击电流产生的最大电动力为

$$F^{(3)} = \sqrt{3}i_{sh}^{(3)2}(l'/a) \times 10^{-7}\text{N/A}^2$$

②短路动稳定的校验条件：不同电器动稳定度的校验条件不同。

a）一般低压电器动稳定度的校验条件：电气设备的极限通断电流应该大于三相短路冲击电流，即

$$I_{max} \geqslant I_{sh}^{(3)}$$

式中，I_{max}为电气设备的极限通断电流的有效值，数据可由产品样本查得。$I_{sh}^{(3)}$为三相短路冲击电流有效值。

b）绝缘子动稳定度的校验条件：绝缘子的最大允许载荷大于三相短路作用于绝缘子上的力。

$$F_{al} \geqslant F^{(3)}$$

式中，F_{al}为绝缘子的最大允许载荷，可由产品样本查得，如果样本给的是绝缘子的抗弯破坏载荷值，则应乘 0.6 作为 F_{al}的值；$F^{(3)}$为三相短路时作用于绝缘子上的计算力。

c）母线等硬导体的动稳定度校验条件：硬母线所允许的最大应力大于计算的应力。

$$\delta_{al} \geqslant \delta_0$$

式中，δ_{al}为母线材料的最大允许应力（Pa），铜为 137MPa，铝为 69MPa；δ_0 为母线通过 $I_{al}^{(3)}$时所受到的最大计算应力。

最大计算应力为

$$\delta_0 = M/W$$

式中，M 为母线通过 $I_{sh}^{(3)}$时所受到的弯曲力矩（N·m），当母线的档数为 1～2 时 $M = F^{(3)}l/8$，当档数大于 2 时 $M = F^{(3)}l/10$，l 为母线档距（m）；W 为母线的截面系数（m^3），当母线水平放置时 $W = l^2h/6$，l 是母线的水平宽度（m），h 是母线截面的垂直高度（m）。

d）电缆的机械强度较好，所以不用校验。

五、作业

4-1-1　架空线路的电杆有哪几种？工厂架空线路中常用哪种电杆？为什么？

4-1-2　架空线路中的横担起什么作用？常用的横担有哪些？

4-1-3　架空线路中的导线应满足哪些条件？

4-1-4　架空线路中，电杆根据功能的不同，可以分为哪些？各起什么作用？

4-1-5　电力线路发生短路时，有哪些危害？

4-1-6　电力线路发生短路时，线路上的电流是如何变化的？

4-1-7　进行短路电流计算时，有几种方法？应考虑哪些因素？

4-1-8　图 4-11 为 10kV 悬式绝缘子 60°～90°转角杆装置图（右转），分析其结构，说出各组成部分的名称及功能。

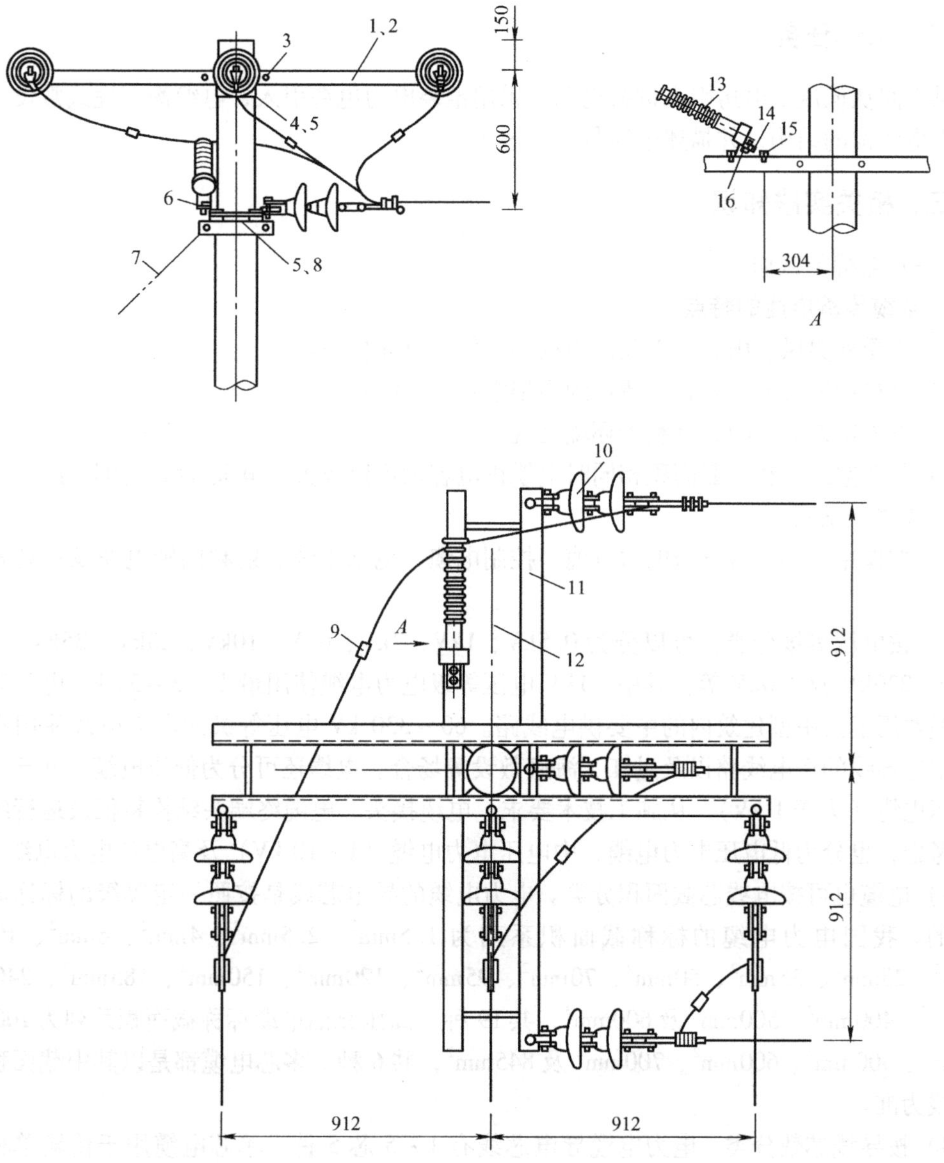

图 4-11　10kV 悬式绝缘子 60°～90°转角杆装置图（右转）

模块二　室外电力电缆线路的敷设

一、教学目标

1）熟悉各种常用电缆的结构和型号含义。

2）能根据电缆的特点及线路要求选择电缆的敷设方式。

3）能进行电缆敷设。

二、工作任务

某车间从低压配电房引入进线电源，采用铠装电力电缆引入，电缆沟直埋式敷设。请设计直埋电缆沟的结构，并描述电缆敷设的过程。

三、相关实践知识

（一）电缆的认识

1. 电缆传输电能的特点

1）不受外界风、雨、冰雹及人为损伤，供电可靠性高。

2）材料和安装成本较高，造价约为架空线的10倍。

3）不占用地面空间、有利于环境美观。

4）与架空线比较，截面积相同时电缆供电容量可以较大，电缆导线的阻抗小。

2. 电缆的分类

1）按作用分类，可分为电力电缆、控制电缆、电话电缆、射频同轴电缆及移动式软电缆等。

2）按电压等级分类，可以分为0.5kV、1kV、3kV、6kV、10kV、20kV、35kV、60kV、110kV、220kV及330kV等。其中，1kV电压等级电力电缆使用最多。3～35 kV电压等级电力电缆常用于大中型建筑内的主要供电线路。60～330 kV电压等级的电力电缆使用在不宜采用架空导线的送电线路以及过江、海底敷设等场合。电缆还可分为低压电缆（小于1 kV）和高压电缆（大于1 kV）。从施工技术要求、电缆接头、电缆终端头结构特征及运行维护等方面考虑，也分为低电压电力电缆、中电压电力电缆（1～10 kV）及高电压电力电缆。

3）电缆也可按电线芯截面积分类。电力电缆的导电芯线是按照一定等级的标称截面积制造的。我国电力电缆的标称截面积系列为1.5mm^2、2.5mm^2、4mm^2、6mm^2、10mm^2、16mm^2、25mm^2、35mm^2、50mm^2、70mm^2、95mm^2、120mm^2、150mm^2、185mm^2、240mm^2、300mm^2、400mm^2、500mm^{2}及600mm^2，共19种。高压充油电缆标称截面积系列为100mm^2、240mm^2、400mm^2、600mm^2、700mm^{2}及845mm^2，共6种。多芯电缆都是以其中截面积最大的相线为准。

4）按导线芯数分类，电力电缆导电芯线有1～5芯5种。单芯电缆用于传输单相交流电、直流电及特殊场合（高压电机引出线）。60 kV及以上电压等级的充油、充气高压电缆多为单芯。二芯电缆多用于传送单相交流电或直流电。三芯电缆用于三相交流电网中，广泛用于35 kV以下的电缆线路。四芯电缆用于低压配电线路、中性点接地的TT方式和TN-C方式供电系统。五芯电缆用于低压配电线路、中性点接地的TN-S方式供电系统。

5）按绝缘材料分类，可分为以下几种。

①油浸纸绝缘电力电缆：它是历史最久、应用最广和最常用的一种电缆，其成本低，寿命长，耐热、耐电强度高，介电性能稳定。在各种低压等级的电力电缆中都有广泛的运用。它通常以纸为主要绝缘材料，用绝缘浸渍剂充分浸渍制成。

②塑料绝缘电缆：塑料绝缘电缆制造简单，重量轻，终端头和中间接头制造容易，弯曲半径小，敷设简单，维护方便，有一定的耐化学腐蚀和耐水性能，可使用在高落差和垂直敷设场合。塑料绝缘电缆有聚氯乙烯绝缘电缆和交联聚乙烯绝缘电缆，前者用于10 kV以下的

电缆线路中，后者用于 10 kV 以上至高压电缆线路中。

③橡胶绝缘电缆：由于橡胶富有弹性，性能稳定，有较好的电气、机械、化学性能，大多数用于 10 kV 以下的电力系统中。

④阻燃聚乙烯绝缘电缆：前面三种电缆共同的缺点是材料具有可燃性，当线路中或接头处发生故障时，电缆可能因局部过热而燃烧，扩大事故范围。阻燃聚乙烯绝缘是聚氯乙烯中加入阻燃剂，即使明火也不会燃烧。它属于塑料电缆的一种，常用于 10 kV 以下电力系统中。

3. 电缆的内部结构

电缆的基本构造主要为三部分：导电线芯，用来传输电能；绝缘层，保证电能沿线芯传输，在电气上使线芯与外界隔离；保护层，起保护密封作用，使绝缘层不被潮气浸入，不受外界损伤，保持绝缘性能。电力电缆的结构如图 4-12 所示。

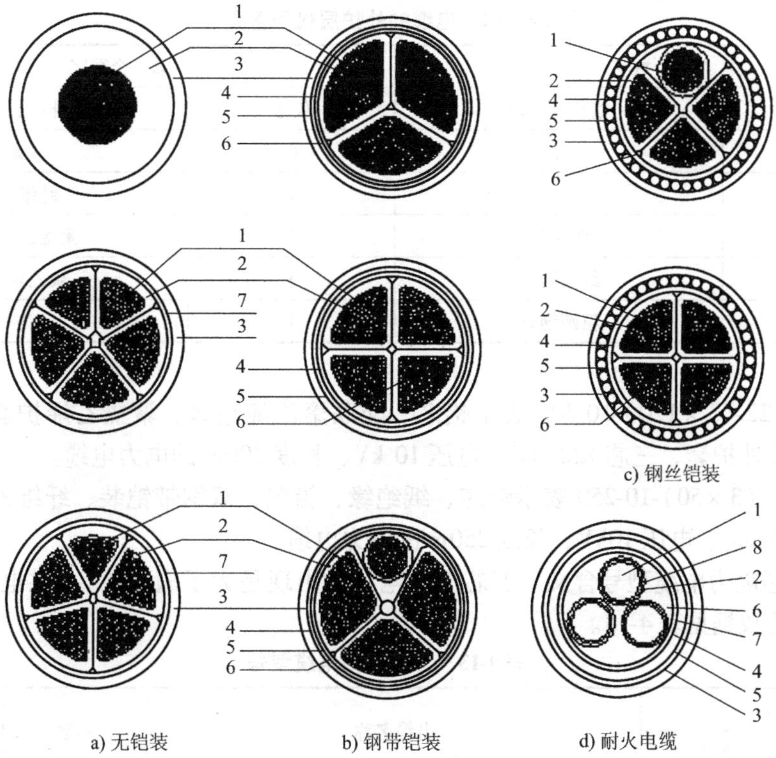

图 4-12　电力电缆的结构

1—导体　2—绝缘层　3—外护层　4—内护层　5—钢带　6—填充　7—包带　8—耐火层

4. 电缆型号及特点

电缆的型号内容包含其用途类别、绝缘材料、导体材料及铠装层等。在电缆型号后面还有芯线根数、截面积、工作电压和长度。

（1）一般电缆型号的含义　电缆型号的含义和外护层代号含义见表 4-11 和表 4-12。例如：

1）VV22（3×25+1×16）表示铜芯、聚氯乙烯内护套、双钢带铠装、聚氯乙烯外护套、三芯 $25mm^2$、一根 $16mm^2$ 的电力电缆。

表 4-11　电缆型号的含义

类别	导体	绝缘	内护套	特征
电力电缆（省略不表示）	T：铜线（可省）	Z：纸绝缘	Q：铅包	D：不滴油
K：控制电缆	L：铝线	X：天然橡胶	L：铅包	P：分相金属护套
P：信号电缆		（X）D：J 基橡胶	H：橡套	P：屏蔽
B：绝缘电缆		（X）E：乙丙橡胶	（H）F：非燃性橡套	
R：绝缘软电缆		V：聚氯乙烯	V：聚氯乙烯护套	
Y：移动式软电缆		Y：聚乙烯	Y：聚乙烯护套	
H：市内电话电缆		YJ：交联聚乙烯		

表 4-12　电缆的外护层代号含义

第 1 个数字		第 2 个数字	
代号	铠装层类型	代号	外护层类型
0	无	0	无
1	—	1	纤维绕包
2	双钢带	2	聚氯乙烯护套
3	细圆钢丝	3	聚乙烯护套
4	粗圆钢丝	4	—

2）YJLV22-(3×120)-10-300 表示铝芯、交联聚乙烯绝缘、聚氯乙烯护套、双钢带铠装、聚氯乙烯外护套、三芯 $120mm^2$、电压 10 kV、长度 300m 的电力电缆。

3）ZQ21（3×50)-10-250 表示铜芯、纸绝缘、铅包、双钢带铠装、纤维外被层（如油麻）、三芯 $50mm^2$、电压 10kV、长度 250m 的电力电缆。

（2）五芯电力电缆型号含义　五芯电力电缆的出现是为了满足 TN-S 供电系统的需要，其型号及有关数据见表 4-13。

表 4-13　五芯电力电缆型号

型号		电缆名称	芯数	标称截面积 $/mm^2$
铜芯	铝芯			
VV	VLV	PVC 绝缘 PVC 护套电力电缆	3+2 4+1 5	4~185
VV22	VLV22	PVC 绝缘钢带铠装 PVC 护套电力电缆		
ZR-VV	ZR-VLV	阻燃型 PVC 绝缘 PVC 护套电力电缆		
ZR-VV22	ZR-VLV22	阻燃型 PVC 绝缘钢带铠装 PVC 护套电力电缆		

（3）交联聚乙烯绝缘电力电缆型号含义　交联聚乙烯绝缘电缆即 XLPE 电缆，是利用化学或物理的方法使电缆的绝缘材料聚乙烯塑料的分子由线形结构转变为立体网状结构，即把原来是热塑性的聚乙烯转变成热固性的交联聚乙烯塑料，从而大幅度提高了电缆的耐热性能和使用寿命，而且仍保持其优良的电气性能。其型号及适用范围见表 4-14。

表 4-14　交联聚乙烯绝缘电力电缆型号及适用范围

电缆型号		名　称	适用范围
铜芯	铝芯		
YJV	YJLV	交联聚乙烯绝缘聚氯乙烯护套电力电缆	室内、隧道、穿管、埋入土内（不受机械力）
YJY	YJLY	交联聚乙烯绝缘聚乙烯护套电力电缆	
YJV22	YJLV22	交联聚乙烯绝缘聚氯乙烯护套钢带铠装电力电缆	室内、隧道、穿管、埋入土内
YJV32	YJLV32	交联聚乙烯绝缘聚氯乙烯护套细钢丝铠装电力电缆	竖井、水中，有落差的地方，能承受外力

（4）同芯导体电力电缆　目前国内低压电力电缆都为各芯线共同绞合成缆，这种结构的电缆抗干扰能力较差，抗雷击的性能也差，电缆的三相阻抗不平衡和零序阻抗大，难以使线路保护电器可靠地动作等。而同芯导体电力电缆则解决了以上问题。

（5）聚氯乙烯绝缘聚氯乙烯护套电力电缆的特点　聚氯乙烯绝缘聚氯乙烯护套电力电缆长期工作温度不超过 70℃，电缆导体的最高温度不超过 160℃，短路最长时间不超过 5s，施工敷设最低温度不得低于 0℃，最小弯曲半径不小于电缆直径的 10 倍。聚氯乙烯绝缘聚氯乙烯护套电力电缆技术数据见表 4-15。

表 4-15　聚氯乙烯绝缘聚氯乙烯护套电力电缆技术数据

产品型号		芯数	标称截面积 $/mm^2$
铜芯	铝芯		
VV/VV22	VLV/VLV22	1	1.5～800 2.5～800 10～800
VV/VV22	VLV/VLV22	2	1.5～805 2.5～805 10～805
VV/VV22	VLV/VLV22	3	1.5～300 2.5～300 10～300
VV/VV22	VLV/VLV22	3+1	4～300
VV/VV22	VLV/VLV22	4	4～185

（二）电缆的敷设方式

1. 直埋敷设

直接埋地敷设必须采用铠装电缆，这种敷设方式投资省、散热好，但不便于检修和查找故障，且易受外来机械损伤和水土侵蚀，一般用于户外电缆不多的场合。直埋式电缆沟构造如图 4-13 所示，具体敷设应符合下列要求。

1）电缆表面距地面的距离不应小于 0.7m，电缆沟深不小于 0.8m，电缆的上下各有 10cm 砂子（或过筛土），上面还要盖砖或混凝土盖板。地面上在电缆拐弯处或进建筑物处要埋设方向桩，以备日后施工时参考。在引入建筑物处、与地下建筑物交叉及绕过地下建筑处，可浅埋，但应采取保护措施。

2）电缆应埋设于冻土层以下，当受条件限制时，应采取防止电缆受到损坏的措施。

3）电缆与热管道及热力设备平行、交叉时，应采取隔热措施，使电缆周围土壤温升不超过10℃。

4）电缆与厂区道路交叉时，应敷设于坚固的保护管或隧道内，电缆管的两端宜伸出道路路基两边各2m。直埋电缆在直线段每隔50～100m处、电缆接头处、转弯处、进入建筑物等处应设置明显的方位标志或标桩。

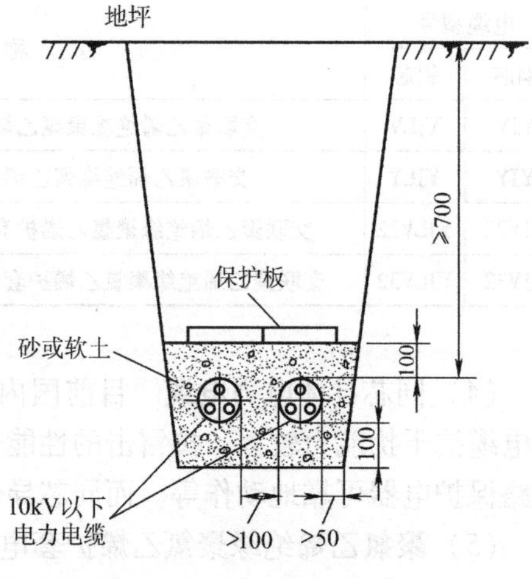

图4-13　直埋式电缆沟构造

2. 电缆沟敷设

直埋电缆一般限6根电缆以内，超过6根应采用电缆沟敷设方式。电缆沟内要预埋金属支架，当电缆较多时，可以两侧都设支架，一般最多可设12层电缆。如果电缆非常多，则可用电缆隧道敷设。图4-14为电缆沟构造图。

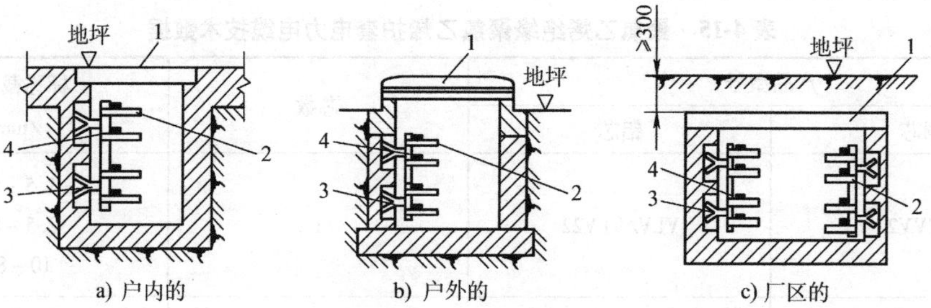

图4-14　电缆沟构造

1—盖板　2—电缆支架　3—预埋铁件　4—电缆

1）有化学腐蚀液体或高温熔化金属溢流的场所或在载重车辆频繁经过的地段，不得用电缆沟。

2）经常有工业水溢流的场所或可燃粉尘弥漫的房间内，不宜用电缆沟。

3）在建筑物内地下电缆数量较多但不需要采用隧道时、道路开挖不便且电缆需分期敷设时，宜用电缆沟。

4）有防爆、防火要求的明敷电缆，应采用埋砂敷设的电缆沟。

3. 电缆穿管敷设

1）在有爆炸危险场所敷设的电缆、露出地坪上需要保护的电缆、与道路交叉的地下电缆应穿管敷设。

2）地下电缆通过房屋或广场的地段、电缆敷设在规划将作为道路的地段，宜穿管敷设。

3）在地下管网较密的建筑物、道路狭窄或道路挖掘困难的通道等场所且电缆数量较多的情况下，可穿管敷设。

4. 沿墙敷设

电缆沿墙敷设一般用于室内环境正常的场合，电缆支架通过预埋铁件架设在墙上，电缆放置在电缆支架上。

5. 电缆桥架敷设

采用电缆桥架敷设的线路整齐美观、便于维护，槽内可以使用价格低廉的无铠装的全塑电缆。

6. 架空电缆

架空电缆可用来代替架空线，最大的好处是有更高的安全性和可靠性，所占的空间也比较小。

（三）直埋电缆的敷设步骤

1）依据设计图样，复测电缆敷设路径，确保路径的准确性。

2）准备各种材料及工器具，检查是否合格、齐全。决定电缆中间接头位置，将电缆安全运送到便于敷设的现场。

3）根据复测记录，决定敷设电缆线路的走向，进行放样划线。在市区内，可用石灰粉和绳子在地上标明电缆的位置和电缆沟的开挖宽度，其宽度应根据人体宽度和电缆条数以及电缆间距而定。当敷设一条电缆时，开挖宽度一般为0.5m，同沟敷设两条电缆时，宽度为0.6m左右。在农村，可用标桩钉在地上，标明电缆沟的位置。在山坡地带，应挖成蛇形曲线，曲线的振幅为1.5m，这样可以减缓电缆的敷设坡度，使其最高点受拉力较小，且不易被洪水冲断。

4）敷设过路保护管。可以采用不开挖路面的顶管法或开挖路面的施工方法，使钢管敷设在地下。

5）挖沟。挖沟时应采用垂直开挖，挖出来的泥土分别堆在沟边的两旁。开挖深度不小于0.85m。在土质松软处开挖时，应在沟壁上加装护板，以防电缆沟倒塌。电缆沟验收合格后，在沟底铺上100mm厚的砂层。

6）敷设电缆。可采用机械牵引进行电缆敷设。具体的做法是：先沿沟放好滚轮，每隔2～2.5m放一个，将电缆放在滚轮上，使电缆牵引时不至与地面摩擦，然后用机械（如卷扬机、绞磨等）、人工或两者兼用牵引电缆。

7）填沟。电缆放入电缆沟后，经检查合格后，上面覆以100mm的软土或砂层，然后盖上水泥保护盖板，再回填土并设置标示桩。两根电缆直埋敷设的电缆沟构造如图4-13所示。

四、拓展性知识

1. 低压电缆终端头的制作

低压电缆终端头制作的步骤如下。

1）准备材料和工具，并对电缆进行校潮。

2）剥取外护套。将电缆固定在便于安装位置，矫直。制作1m长电缆端头，从电缆端部量取长度l，并剥除其外护层，一般长度l为450～550mm，如图4-15所示。

3）剥除铠装层。在距电缆外护层断口30mm处的铠装带上，用$\phi2.0$mm铜线绑扎4匝，用铁锯在绑线末端侧1mm处，锯环形痕，深度为铠装厚度的2/3，剥除内外层铠装。

4）剥除内衬套。保留5mm内衬套，其余剥除。

5）焊地线。

①将30mm宽的铠装打光镀锡，使铜编织地线一端朝下（电缆末端为上，本体端为

下），另一端平放贴紧在镀锡的铠装带上，用铜绑线绑扎并焊牢。用锉修光棱角并清洁。自外护层断口向下 30mm 范围内的铜编织地线上渗焊锡以形成防潮段。

②将铜编织地线下端套上接线端子压接。

6）用填充胶或聚氯乙烯带填充或包绕四芯（或三芯）分支处。其填充或包绕外径约大于电缆外径 10mm，铠装带上绕 2 层聚氯乙烯带。

7）包绕热熔胶带。清洁电缆外层断口下 100mm 左右的外护层，并打麻面，自外护层断口向下包绕 2 层长约 50mm 的热熔胶带，并将地线绕包在中间。

8）安装分支套。在四芯（或三芯）分支处（尽量往下）套入分支套，从分支套分支根部向下加热收缩，缩好后下部应有胶溢出，再收缩分支部分，直至完全收缩。

9）安装接线端子。

①将接线端子孔外表面用锉或锯条打成麻面，按接线端子孔深加 5mm 剥除线芯绝缘。

②套入接线端子，校正方向后压接，用锉修光棱角飞边并清洁。

10）安装绝缘管。清洁绝缘及分支套表面，每相套入绝缘管（涂胶端与分支套搭接到底），细绝缘管套入零线线芯上，从下往上加热收缩。

11）安装密封管。每相套入密封管加热收缩，相位确定后每相套入相色管加热收缩，至此终端头制作完毕。低压橡塑绝缘电缆终端头局部解剖示意图如图 4-16 所示。

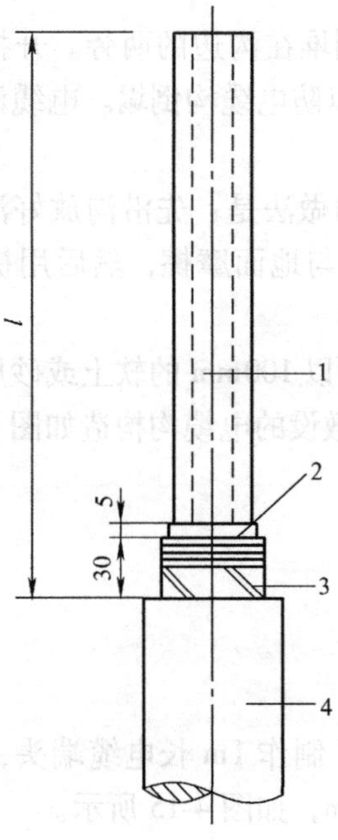

图 4-15　电缆外护层剥除示意图

1—主绝缘　2—内衬套

3—铠装　4—外护层

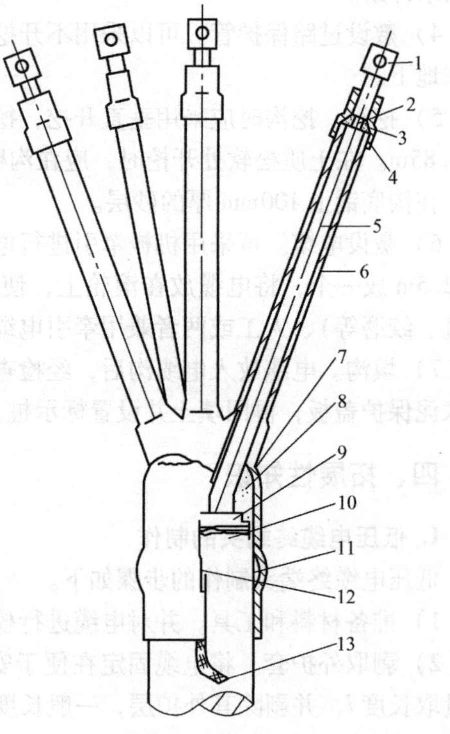

图 4-16　低压橡塑绝缘电缆终端头局部解剖示意图

1—接线端子　2—线芯导体　3—密封胶　4—密封管

5—主绝缘层　6—绝缘管　7—分支管　8—填充胶

9—内衬套　10—铠装　11—热熔胶　12—地线防潮段　13—地线

2. 电缆的保护

（1）电缆运输过程中的保护　电缆在运输装卸过程中，不应使电缆及电缆盘受到损伤。严禁将电缆直接由车上推下。电缆盘不应平放运输、平放贮存。运输或滚动电缆盘前，必须保证电缆盘牢固，电缆绕紧。充油电缆至压力油箱间的油管应固定，不得损伤。压力油箱应牢固，压力指示应符合要求。滚动时必须顺着电缆盘上的箭头指示或电缆的缠紧方向。

（2）电缆保护管的加工　电缆保护管不应有穿孔、裂缝和显著的凹凸不平，内壁应光滑。金属电缆管不应有严重锈蚀。硬质塑料管不得用在温度过高或过低的场所。在易受机械损伤的地方和受力较大处直埋时，应采用足够强度的管材。另外电缆保护管的加工应符合下列要求：

①管口应无飞边和尖锐棱角，管口宜做成喇叭形。

②电缆管的弯曲半径不应小于所穿入电缆的最小允许弯曲半径。

③电缆管在弯制后，不应有裂缝和显著的凹瘪现象，其弯曲程度不大于管子外径的10%。

④应在金属电缆管外表涂防腐漆或沥青，镀锌管锌层剥落处也应涂以防腐漆。

（3）电缆的保管　电缆及附件运到工地后一般要运到仓库保管，若作为备用件，存放时间可能比较长，因此必须妥善保管，以免造成损伤影响使用。电缆盘上应标注电缆型号、电压、规格和长度。电缆盘周围应有通道以便于检查，地基应坚实，电缆盘应稳固，不得平卧放置。在室外存放充油电缆时，应有遮棚，避免阳光直接照射，应有防止遭受机械损伤和附件丢失的措施。因充油电缆的油压随环境温度的升降而增减，在存放的压力箱内应有一定油量以保证电缆在环境最低温度时油压不低于0.05MPa。为了防止电缆终端头及中间头使用的绝缘附件和材料受潮变质而失效，应将其存放在干燥室。充油电缆的绝缘纸卷筒密封应良好。存放过程中应定期检查电缆及附件是否完整，对充油电缆，还应定期检查油压，避免电缆油压为负值，否则将吸进空气或水汽。如果已经为负压，处理前不要滚动电缆盘，以免空气和水分在电缆内窜动，增加处理难度。长期备用的充油电缆应装设油压报警装置。

五、作业

4-2-1　电缆配电线路的特点是什么？

4-2-2　从构造上来看，电缆主要由哪几部分组成？各部分的作用是什么？

4-2-3　在电气图样上，某电缆旁标有这样的符号：YJV22-(4×95+1×50)-10-300，请说明这代表什么含义？

4-2-4　某厂区内将采用电缆配电线路，直埋敷设，请问应选用何种电缆？为什么？

4-2-5　电缆敷设时，如需穿越公路或建筑物，应采取哪些保护措施？

4-2-6　有三根电缆需进行直接埋地敷设，试设计该电缆沟的结构，并简要叙述施工步骤。

项目五

小型变配电所供电系统分析

【项目概述】 本项目包括六个模块：认识小型变配电所、认识电力变压器、认识智能型低压断路器、进线柜（含母联柜）供电系统分析、无功功率补偿柜线路分析及出线柜工作原理分析。项目的设计思路是：模块一让学生全面了解低压配电所内主要设备及其功能；模块二主要介绍低压变配电所内最重要的电器——电力变压器、智能型低压断路器的结构及使用方法；模块三至模块五，以上海某企业生产的整套系列开关柜（包括进线柜、出线柜、补偿柜）为例，介绍其结构、主要元器件、工作原理，让学生全面掌握低压配电所内的供电设备及其原理，全面了解电能的流程。

一、教学目标

1）掌握变配电所供电系统的分析方法。

2）能分析小型低压配电系统的工作过程。

二、工作任务

分析小型变配电所的供电系统。

模块一　认识小型变配电所

一、教学目标

1）能认识小型变配电所的设备。

2）能分析各设备的主要功能。

二、工作任务

分析小型变配电所的主要设备及其功能。

三、相关实践知识

1）什么是小型变配电所？

小型变配电所是电力输送系统中的一个重要组成环节，它的任务是接受电能、变换电能电压，将电网输送来的35kV、10kV或6kV高压电能降低为普通电气设备及照明电器能使用的220/380V电压。常见小型变配电所总体布置图如图5-1所示。

2）小型变配电所中各设备的功能。

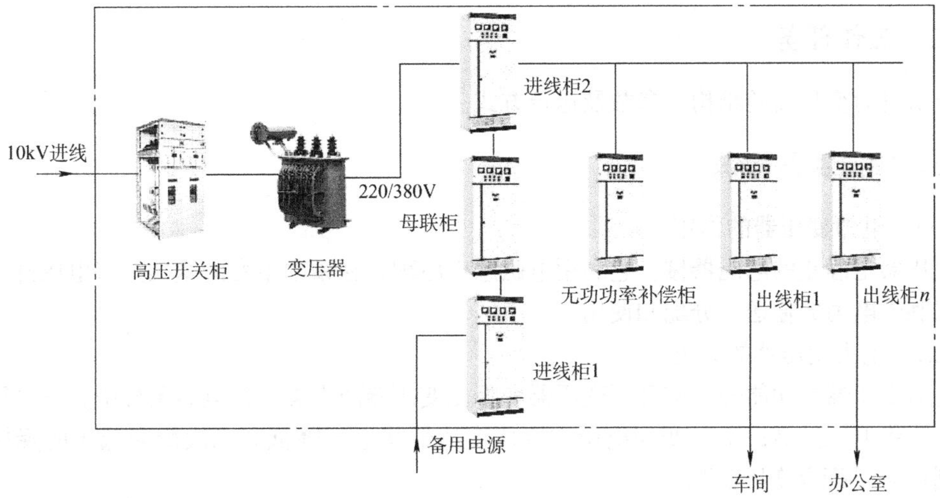

图 5-1 小型变配电所总体布置图

小型变配电所的主要设备有高压开关柜、变压器、进线柜、补偿柜及出线柜等。

高压开关柜：将 10kV 的高压引入到小型变配电所，并且起到隔离、分合和保护作用。

变压器：将 35kV、10kV 或 6kV 的高压转换为 220/380V 的低压。

进线柜：接受、分配电能和计量电能消耗量，是低压侧电源的总开关柜。当小型变配电所使用备用电源时，要使用两个进线柜。

母联柜：当小型变配电所使用备用电源时，母联柜起着联系进线柜 1 和进线柜 2 的作用。

补偿柜：对感性负载进行功率因数补偿，提高功率因数 $\cos\varphi$，减少电能损耗，从而降低导线选择截面和电器选择容量。

出线柜：将电能分配给各种负载，例如车间、办公楼、动力、照明等。根据不同的负载要求，小型变配电所内的出线柜可能有多个。

四、作业

参观某小型变配电所，描述小型变配电所内电能的输送过程，并分析小型变配电所内各电气设备的主要功能。

模块二 认识电力变压器

一、教学目标

1）能够认识电力变压器的结构。
2）能正确分析电力变压器型号含义和参数特征。
3）能理解电力变压器的运行方式。
4）能了解电力变压器的选择方法。

二、工作任务

分析电力变压器的结构、参数及运行方式。

三、相关实践知识

（一）电力变压器的作用

变压器是静止的电磁器械，它利用电磁感应原理，在频率不变的基础上将电压升高或降低，以利于电力的输送、分配和使用。

（二）电力变压器的分类

电力变压器按功能分，有升压变压器和降压变压器两大类。在电力系统中，发电厂用升压变压器将电压升高；工厂变配电所用降压变压器将电压降低。二次侧为低压的降压变压器，则称为“配电变压器”。

电力变压器按容量系列分，有 R8 系列和 R10 系列两大类。所谓 R8 系列，其容量等级是按 $R8=\sqrt[8]{10}=1.33$ 倍数递增的。在我国，旧的变压器容量等级采用此系列，如 100kVA、135kVA、180kVA、240kVA、560kVA、750kVA、1000kVA 等。所谓 R10 容量系列，其容量等级是按 $R10=\sqrt[10]{10}=1.26$ 倍数递增的。R10 系列的容量等级较密，便于合理选用，这是国际电工委员会（IEC）推荐的，我国新的变压器容量等级均采用此系列，如 100kVA、125kVA、160kVA、200kVA、250kVA、315kVA、400kVA、500kVA、630kVA、800kVA、1000kVA 等。

电力变压器按相数分，有三相变压器和单相变压器，用户变电所通常都采用三相变压器。

电力变压器按结构形式分，有心式变压器和壳式变压器。如果绕组包在铁心外围，则为心式变压器。如果铁心包在绕组外围，则为壳式变压器。

电力变压器按调压方式分，有无励磁调压变压器和有载调压变压器两大类。

电力变压器按绕组数目分，有双绕组变压器、三绕组变压器和自耦变压器三大类。用户变电所一般采用双绕组变压器。

电力变压器按绕组绝缘和冷却方式分，有油浸式、树脂绝缘干式和充气式等，如图 5-2、图 5-3 所示。而油浸式变压器又分为油浸自冷式、油浸风冷式和强迫油循环风冷（或水冷）三种类型。用户变电所大多采用油浸自冷式变压器，近年来树脂绝缘干式变压器在用户变电所中的应用逐渐增多，高层建筑中的变电所普遍采用干式变压器或充气式变压器。充气式（如 SF_6）变压器一般用于成套变电所。

电力变压器按其绕组导体材料分，有铜绕组和铝绕组两种类型。以往的用户变电所普遍采用价格较为低廉的铝绕组变压器，如 SL7 型等；而铜绕组变压器在运行中损耗低，现在被广泛应用，如 S9、SC9 等系列。

电力变压器按安装地点分，有户内式和户外式。

电力变压器按结构性能分，有普通变压器、全密封变压器和防雷变压器等。用户变电所大多采用普通变压器（油浸式和干式）。全密封变压器（油浸式、干式和充气式）结构全密封，易于维护，在高层建筑中有较多应用。防雷变压器一般应用在多雷地区的用户变电所。

图 5-2　S9 系列油浸式电力变压器

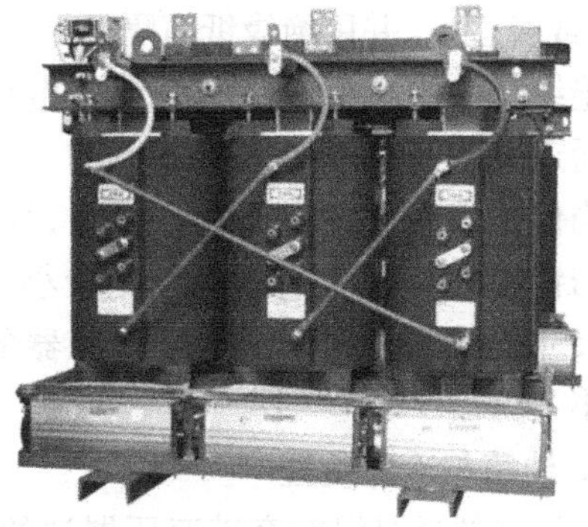

图 5-3　树脂绝缘干式变压器

（三）电力变压器型号

电力变压器的全型号的表示和含义如下：

□□□□□□-□/□

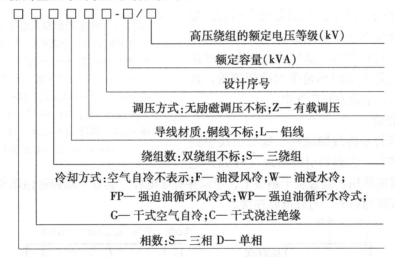

- 第一个□：相数：S— 三相 D— 单相
- 第二个□：冷却方式：空气自冷不表示；F— 油浸风冷；W— 油浸水冷；FP— 强迫油循环风冷式；WP— 强迫油循环水冷式；G— 干式空气自冷；C— 干式浇注绝缘
- 第三个□：绕组数：双绕组不标；S— 三绕组
- 第四个□：导线材质：铜线不标；L— 铝线
- 第五个□：调压方式：无励磁调压不标；Z— 有载调压
- 第六个□：设计序号
- “-”后的□：额定容量(kVA)
- “/”后的□：高压绕组的额定电压等级(kV)

（四）油浸式电力变压器结构

油浸式电力变压器结构的主体部分包括铁心和一次、二次或一次、二次、三次绕组两方面；辅助部分主要涉及冷却、绝缘、保护和调压等几方面。图 5-4 为 S9 系列油浸式变压器整体结构。

1. 铁心

变压器的铁心结构有两种：壳式和心式。

心式又叫内铁式，是变压器最常采用的结构，目前绝大多数变压器都是心式。

2. 绕组

绕组是变压器的电路部分，它一般用绝缘的铜或铝导线绕制。

绕制线圈的导线必须进行包扎绝缘，最常用的是纸包绝缘，也有采用漆包线直接绕制的。电力变压器的绕组采用同心式结构，如图 5-5 所示。

同心式的高、低压绕组同心地套在铁心柱上，在一般情况下，总是将低压绕组放在靠近铁心处，将高压绕组放在外面。

高压绕组与低压绕组之间以及低压绕组与铁心柱之间都留有一定的绝缘间隙和散热通道（油道或气道），并用绝缘纸筒隔开。

绝缘间隙的大小取决于绕组的电压等级和散热通道所需要的间隙。

当低压绕组放在靠近铁心柱时，由于低压绕组与铁心柱所需的绝缘间隙比较小，所以绕组的尺寸也就可以缩小，整个变压器的体积也就减小了。

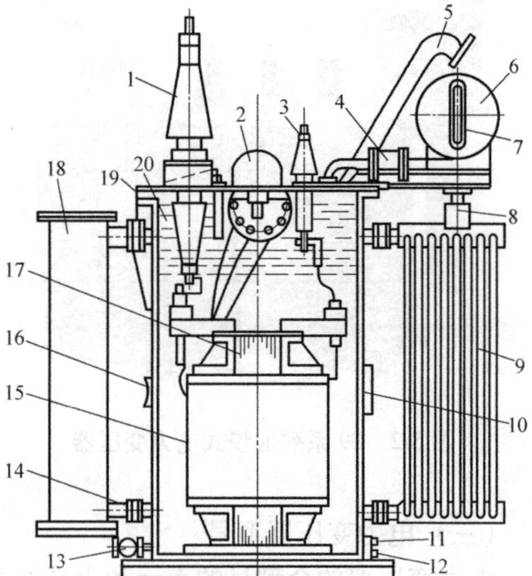

图 5-4　S9 系列油浸式电力变压器

1—高压套管　2—分接开关　3—低压套管
4—气体继电器　5—防爆管　6—储油柜
7—油位计　8—吸湿器　9—散热器
10—铭牌　11—接地螺栓　12—油样阀门
13—排油阀门　14—蝶阀　15—绕组
16—信号温度计　17—铁心　18—净油器
19—油箱　20—变压器油

3. 油箱与冷却装置

变压器的器身浸在充满变压器油的油箱里。变压器油既是绝缘介质，又是冷却介质，变压器油受热后形成对流，将铁心和绕组的热量带到箱壁及冷却装置，再散发到周围空气中。

变压器的冷却装置将变压器在运行中产生的热量散发出去，以保证变压器安全运行。变压器的冷却介质有变压器油和空气，干式变压器直接由空气进行冷却，油浸式变压器通过油的循环将变压器内部的热量带到冷却装置，再由冷却装置将热量散发到空气中。

4. 绝缘套管

变压器套管是将线圈的高、低压引线引到箱外的绝缘装置，它起到引线对地（外壳）绝缘和固定引线的作用。套管装于箱盖上，中间穿有导电杆，套管下端伸进油箱与绕组引线相连，套管上部露出箱外，与外电路连接。

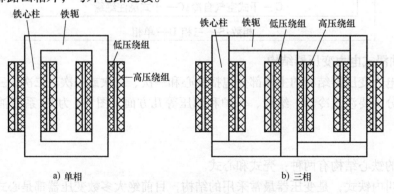

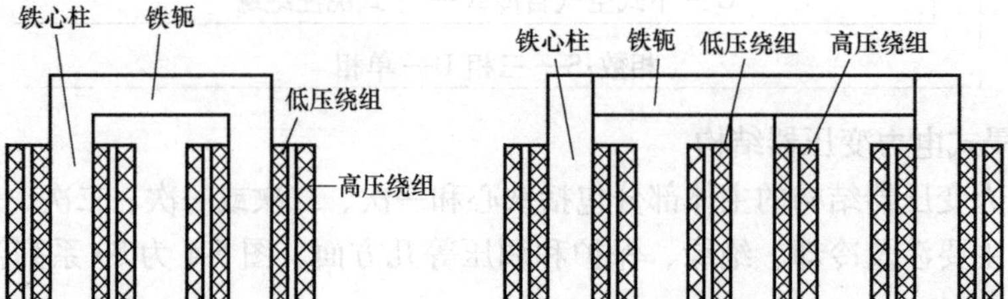

a) 单相　　b) 三相

图 5-5　变压器的绕组采用同心式结构

套管一般有瓷绝缘套管、充油式套管和电容式套管等。瓷绝缘套管以瓷作为套管的内外绝缘，用于 40kV 及以下的电压等级。充油式套管以纸绝缘筒与绝缘油作为主绝缘，以瓷套为外绝缘，用于 60kV 及以上的电压等级。电容式套管以绝缘纸绕制的电容芯子为主绝缘，配以瓷套及其他附件，用于 110kV 及以上电压等级。

5. 保护装置

变压器的保护装置包括：储油柜、吸湿器、净油器、气体继电器、防爆管、事故排油阀门、温度计和油标等。

6. 分接开关

为了使配电系统得到稳定的电压，必要时需要利用变压器调压。变压器调压的方法是在高压侧（中压侧）绕组上设置分接开关，用以改变线圈匝数，从而改变变压器的电压比，进行电压调整。抽出分接的这部分线圈电路称为调压电路，这种调压的装置，称为分接开关，或称调压开关，俗称“分接头”。变压器的调压电路设在高压线圈上是因为高压线圈套在中低压线圈的外面，引出分接抽头相对简单，且高压线圈电流较小，技术上难度小，节省材料，较易制造。

变压器的调压方式分为无励磁调压和有载调压两种。二次侧不带负载，一次侧又与电网断开时的调压是无励磁调压（无载调压），适用于电压较稳定、调整范围和频度都不大的地方；有载调压可在变压器带负荷运行的情况下进行调压，这种调压方式效果好，不受条件限制，但变压器价格较贵。对应以上两种调压方式，变压器的分接开关也分为两大类：无励磁分接开关和有载分接开关。

（五）电力变压器的技术参数

（1）额定容量 S_N（kVA）　额定容量是指在额定工作状态下变压器能保证长期输出的容量。由于变压器的效率很高，规定一、二次侧的容量相等。

（2）额定电压 U_N（kV 或 V）　额定电压是指变压器长时间运行时所能承受的工作电压。一次额定电压 U_{1N}是指规定加到一次侧的电压；二次侧的额定电压 U_{2N}是指变压器一次侧加额定电压时，二次侧空载时的端电压。在三相变压器中，额定电压指的是线电压。

（3）额定电流 I_N（A）　变压器的额定电流是变压器在额定容量下允许长期通过的电流。三相变压器的额定电流指的是线电流。

对于单相变压器：　$S_N = U_N I_N$

对于三相变压器：　$S_N = \sqrt{3} U_N I_N$

（4）额定频率 f_N（Hz）　我国规定的标准频率为 50Hz。

（5）阻抗电压 U_d　将变压器二次侧短路，一次侧施加电压并慢慢升高电压，直到二次侧产生的短路电流等于二次侧的额定电流 I_{2N}时，一次侧所加的电压称为阻抗电压 U_d，通常变压器铭牌表示的阻抗电压用相对于额定电压的百分数表示：$U_d\% = \frac{U_d}{U_{1N}} \times 100\%$。

（6）空载电流 I_0　当变压器二次侧开路，一次侧加额定电压 U_{1N}时，流过一次绕组的电流为空载电流 I_0，通常变压器铭牌表示的短路电流用相对于额定电流的百分数表示：$I_0\% = \frac{I_0}{I_{1N}} \times 100\%$。空载电流的大小主要取决于变压器的容量、磁路的结构和硅钢片质量等因素，它一般为额定电流的 3%～5%。

（7）空载损耗 P_0　空载损耗指变压器二次侧开路，一次侧加额定电压 U_{1N}时变压器的损耗。它近似等于变压器的铁损。空载损耗可以通过空载实验测得。

（8）负载损耗 P_d　负载损耗指变压器一、二次绕组流过额定电流时，在绕组的电阻中所消耗的功率。负载损耗可以通过短路实验测得。

(9) 额定温升　变压器的额定温升是以环境温度为 +40℃作参考，规定在运行中允许变压器的温度超出参考环境温度的最大温升。我国标准规定，绕组的温升限值为65℃，上层油面的温升限值为55℃，以确保变压器上层油温不超过95℃。

(10) 冷却方式　为了使变压器运行时温升不超过限值，通常要进行可靠的散热和冷却处理，变压器铭牌上用相应的字母代号表示不同的冷却循环方式和冷却介质。

四、相关理论知识

(一) 电力变压器的联结组标号

电力变压器的联结组标号，是指变压器一、二次绕组因联结方式不同而形成变压器一、二次侧对应的线电压之间的不同相位关系。

为了形象地表示一、二次绕组线电压之间的关系，采用“时钟表示法”，即把一次绕组的线电压作为时钟的长针，并固定在“12”上，二次绕组的线电压作为时钟的短针，短针所指的数字即为三相变压器的联结组标号，该标号也是将二次绕组的线电压滞后于一次绕组线电压的相位差除以30°所得的值。

(1) Yyn0 联结的配电变压器　Yyn0 联结示意图如图 5-6 所示。图中“·”表示同名端，其一次线电压与对应的二次线电压之间的相位差为0°。联结组标号为零点。

(2) Dyn11 联结的配电变压器　Dyn11 联结示意图如图 5-7 所示。其二次绕组的线电压滞后于一次绕组线电压 330°，联结组标号为 11 点。

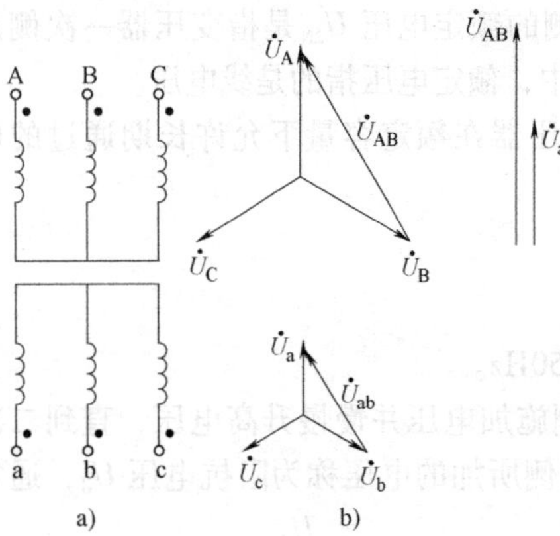

图 5-6　变压器 Yyn0 联结的接线、相量图

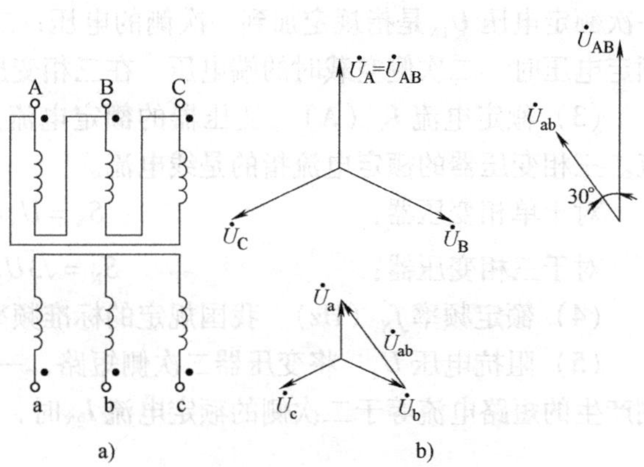

图 5-7　变压器 Dyn11 联结的接线、相量图

(3) 采用 Yyn0 和 Dyn11 联结的特点

1) 采用 Dyn11 联结的变压器，其 $3n$ 次（n 为正整数）谐波电流在其三角形接线中的一次绕组内形成环流，因此比采用 Yyn0 联结的变压器有利于抑制高次谐波电流。

2) 由于采用 Dyn11 联结的变压器的零序阻抗比采用 Yyn0 联结的变压器小得多，导致二次侧单相接地短路电流比 Yyn0 联结的变压器大得多，因此采用 Dyn11 联结的变压器更有利于低压侧单相接地保护动作。

3) 由于采用 Dyn11 联结的变压器的中性线允许通过的电流达到低压侧额定相电流的75%以上，比采用 Yyn0 联结的变压器的中性线允许电流大得多，因此采用 Dyn11 联结的变压器承受不平衡负荷电流的能力比采用 Yyn0 联结的变压器大得多。Yyn0 联结的变压器中性线允许电流不能超过低压侧额定相电流的 25%。

4）由于采用 Yyn0 联结的变压器一次绕组的绝缘强度要求比采用 Dyn11 联结的变压器低，因此制造成本也低于采用 Dyn11 联结的变压器。

（二）电力变压器额定运行的允许温度和温升

变压器在额定使用条件下，全年可按额定容量运行。为了保证变压器的安全运行，在运行中必须监视变压器的允许温度和温升。

（1）允许温度　变压器的允许温度是根据变压器所使用材料的耐热强度而规定的最高温度。油浸式电力变压器的绝缘属于 A 级，即浸渍处理过的有机材料，如纸、木材和棉纱等，其允许温度为 105℃。

变压器在运行中温度最高的部件是线圈，其次是铁心，变压器的油温最低。线圈的匝间绝缘是电缆纸，超过允许温度，在几秒钟内就会烧毁。所以线圈的允许温度，就是电缆纸的允许温度。能测量的是线圈的平均温度，运行时线圈的温度不超过 95℃。

变压器上层油的温度一般比线圈温度低 10℃。为了便于监视变压器运行时各部件的平均温度，我们规定以变压器上层油温来确定变压器允许温度。在正常情况下，为了使变压器油不过快氧化，规定上层油温不超过 85℃。为了防止油质劣化，规定变压器上层油温最高不超过 95℃。

测变压器线圈温度是用电阻法，测出的是平均温度。变压器运行中线圈的最高温度较其平均温度高 10℃左右。因此，规定变压器运行时线圈温度不超过 95℃，就是为了保证线圈最高温度不超过 105℃。

根据变压器运行经验，变压器线圈温度连续地维持在 95℃时，可以保证变压器具有适当的经济上合理的寿命（约 20 年），影响这个寿命的主要原因就是温度。

变压器油的温度由油箱下部至箱盖是逐渐升高的。下层和中层的油温要比上层油温低，规定的油温是指上层油的允许温度。上层油温最高不超过 95℃，是为了在周围介质温度为 40℃时，线圈的温度不超过 105℃。

油温超过 85℃时，油的氧化加快。试验认为，油温在 85℃的基础上增高 10℃，氧化速度增加一倍。油的氧化速度越快，油老化得越快，其绝缘性能和冷却效果降低。因此在运行中要严格控制油的温度。

（2）允许温升　变压器的允许温度与周围空气最高温度之差为允许温升。周围空气最高温度规定为 +40℃。同时还规定：最高日平均温度为 +30℃，最高年平均温度为 +20℃，最低气温为 -30℃，并且海拔高度不超过 1000m。

由于变压器内部热量传播不均匀，因此变压器内部各部位的温差很大，这不但对变压器的绝缘强度有很大影响，而且温度升高时，绕组的电阻还会增加，使其损耗增加。

因此，要对变压器在额定负荷时各部分温升做出规定：绕组（A 级绝缘油浸自冷或非导向强迫油循环）温升限值为 65℃，上层油的温升限值为 55℃。

（3）允许温度与允许温升的关系　允许温度 = 允许温升 +40℃（周围空气的最高温度）。当周围空气温度超过 40℃后，就不允许变压器带满负荷运行，因为这时变压器温度与周围空气温度之差减少了，散热困难，会使线圈发热。当周围空气温度低于 40℃时，尽管变压器温度与周围空气温度之差增大，有利于散热，但线圈散热能力受结构参数的限制，提高不了。

例如：一台油浸自冷式变压器，当周围空气温度为32℃时，其上层油温为60℃，这时变压器上层油温没超过95℃，上层油的温升为：60℃ -32℃ =28℃，没超过允许温升值55℃，变压器可正常运行。若周围空气温度为44℃，上层油温为99℃，虽然上层油的温升99℃ -44℃ =55℃，没有超过允许值，但上层油温却超过了允许值，故不允许运行。若周围空气温度为-20℃，上层油温为45℃，这时上层油温虽未超过95℃最高允许值，但上层油的温升为45℃ -（-20℃）=65℃，却超过了允许的温升值55℃，也不允许运行。因此，只有变压器的上层油温及其温升值均不超过允许值时，才能保证变压器安全运行。

（三）电力变压器的允许过负荷运行方式

变压器有一定的过负荷能力，允许变压器可以在正常和事故的情况下过负荷运行。所谓变压器的过负荷能力是指变压器在较短的时间内所输出的最大容量，即在不损坏变压器的线圈绝缘和不降低变压器使用寿命的条件下，变压器的输出容量可大于变压器的额定容量。变压器的过负荷能力可分为正常过负荷能力和事故过负荷能力。

1. 变压器正常过负荷

根据国家标准 GB 1094. 2—2013 规定，变压器正常使用的最高年平均气温为 +20℃。如果变压器的安装地点的平均气温 $Q_{0.av} \neq 20℃$时，则每升高1℃，变压器的容量就要减少1%，因此变压器的实际容量 S_T 为

$$S_T = \left(1 - \frac{Q_{0.av} - 20}{100}\right) S_{N.T} \tag{5-1}$$

式中，$S_{N.T}$为变压器额定容量。

应该指出，一般所说的平均气温是指户外温度，而对变压器来说，由于它运行时发热，一般户内温度按高于户外8℃考虑。

因此户内变压器的实际容量 S_T 为

$$S_T = \left(0.92 - \frac{Q_{0.av} - 20}{100}\right) S_{N.T} \tag{5-2}$$

油浸式电力变压器在必要时可以过负荷运行而不致影响其使用寿命。变压器的正常过负荷与下列因素有关：

1）由于昼夜负荷不均衡而允许过负荷。变压器因昼夜负荷不均衡而允许的过负荷系数 K_{OL}，可根据日负荷率 β 和最大负荷持续时间 t 查图 5-8 的曲线求得。

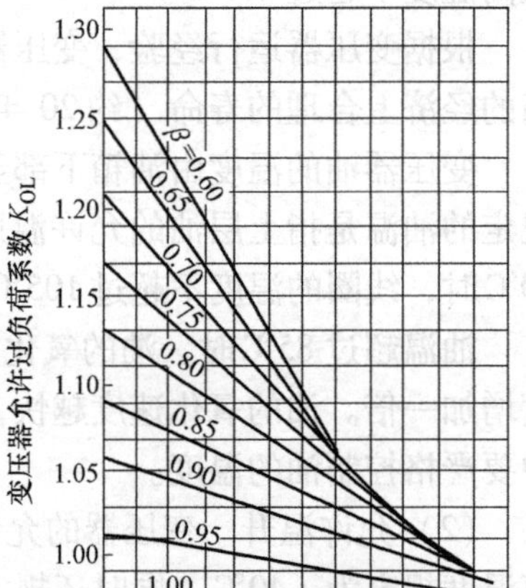

图 5-8　油浸式变压器允许过负荷系数与日负荷率及最大负荷持续时间的关系曲线

如果缺乏负荷率资料，也可根据过负荷前变压器油箱上层油温升值，参照表 5-1 来确定变压器允许过负荷系数及允许过负荷的持续时间。

2）由于夏季负荷轻而允许冬季过负荷。根据变压器的典型负荷曲线，如果在夏季（6、7、8 月三个月）最大负荷低于变压器的实际容量时，则夏季负荷每降低1%，在冬季（11、12、1、2 月四个月）可过负荷 1%，但以15%为限。其允许过负荷系数可按下式计算：

表 5-1 变压器正常过负荷允许过负荷系数及允许过负荷的持续时间 （单位：min）

过负荷系数 K_{OL}	过负荷前上层油温升/℃						
	18	24	30	35	42	48	54
1.05	350	325	290	240	180	90	
1.10	230	205	170	130	85	10	
1.15	170	145	110	80	35		
1.20	125	100	75	45			
1.25	95	75	50	25			
1.30	70	50	30				
1.35	55	35	15				
1.40	40	25					
1.45	25	10					
1.50	15						

$$K'_{OL} = 1 + \frac{S_T - S_{max}}{S_T} \leqslant 1.15 \tag{5-3}$$

上述两种过负荷规定可以叠加使用，但总的过负荷系数对于室外的变压器不超过 1.3，对于室内的变压器不超过 1.2。即变压器总的过负荷能力可用下式表示：

$$S_{T(OL)} = (K_{OL} + K'_{OL} - 1)S_T \leqslant (1.2 \sim 1.3)S_T \tag{5-4}$$

式中，系数 1.2 适用于室内的变压器，系数 1.3 适用于室外的变压器。干式变压器一般不考虑正常过负荷。

2. 事故过负荷

当电力系统或工厂变配电所发生事故时，为保证对重要车间和设备的连续供电，故允许变压器短时间过负荷，即事故过负荷。此时变压器效率的高低、绝缘损坏率的增加等已退居次要地位，主要考虑是不造成重大经济损失，确保人身和设备安全。因此在确定过负荷系数和允许时间时要对绝缘的寿命做些牺牲，但也不能使变压器有显著的损坏。

事故过负荷的规定，只允许在事故情况下使用。对于自然和风冷的油浸式变压器，允许的事故过负荷系数和允许持续时间可参考表 5-2。若有制造厂家的规定的资料时，应按制造厂规定执行。

表 5-2 变压器允许的事故过负荷的系数和允许持续时间

事故允许过负荷系数	1.3	1.45	1.60	1.75	2.00	2.40	3.00
允许持续时间/min	120	80	30	15	705	3.5	1.5

3. 变压器过负荷运行时的注意事项

变压器正常过负荷运行前，应投入全部工作冷却器，必要时投入备用冷却器；事故过负荷时，工作冷却器和备用冷却器应全部投入。变压器出现过负荷时，运行人员应立即汇报当值调度员，设法转移负荷。变压器过负荷期间应每 0.5h 抄表一次，并加强监视。变压器过负荷运行后，应将过负荷的大小和持续时间等作详细记录。对事故严重过负荷，还应在变压器技术档案内详细记载。

（四）变压器电源电压允许变化范围

变压器的外加一次电压可以比额定电压高，但不得超过相应分接头电压值的105%，无论分接头在何位置，如果所加一次电压不超过相应额定电压的5%，则变压器二次侧可带额定负荷。

有载调压变压器在各分接位置的容量，应遵守制造厂的规定，并在相应的变电站现场运行规程中列出。

无励磁调压变压器在额定电压 ±5% 范围内改变分接头位置，其额定容量不变。当电源电压低于变压器所用分接头的额定电压时，将使变压器的输出电压降低，影响电压的质量，对变压器本身没有什么危害。但是，当电源电压高于变压器所用分接头的额定电压太多时，对变压器的运行将产生不良影响。因为变压器电源电压升高时，变压器的主磁通增加，可能使铁心饱和，使变压器铁损增加，使变压器的温度升高，对变压器的运行不利。因此规定变压器的外加一次电压不得超过相应分接头电压值的105%。就变压器本身来讲，解决电源电压高的唯一办法是利用变压器的分接头进行调压。

（五）电力变压器的并列运行

三相电力变压器并列运行时必须符合以下条件：

1）所有并列变压器的电压比必须相同，即额定一次电压和额定二次电压必须对应相等，容许差值不得超过 ±5%。

2）并列变压器的联结组标号必须相同，也就是一次电压和二次电压的相序和相位应分别对应相同。

3）并列变压器的阻抗电压须相等或接近相等，容许差值不得超过 ±10%。

4）并列变压器的容量应尽量相同或相近，其最大容量和最小容量之比不宜超过3∶1。

（六）电力变压器的选择

1. 变电所主变压器台数的确定

1）应满足用电负荷对供电可靠性的要求。

2）对季节性负荷或昼夜负荷变动较大而宜采用经济运行方式的变电所，也可考虑采用两台变压器。

3）除上述情况外，一般变电所宜采用一台变压器，但是负荷集中而容量相当大的变电所，虽为三级负荷，也可以采用两台或以上变压器。

4）在确定变电所主变压器台数时，还应适当考虑负荷的发展，留有一定的余量。

2. 变电所主变压器容量的确定

（1）装有一台主变压器的变电所　主变压器容量 S_T（设计中通常概略地用 $S_{N.T}$来代替）应满足全部用电设备总计算负荷 S_{30}的需要，即

$$S_T \approx S_{N.T} \geqslant S_{30}$$

（2）装有两台主变压器的变电所　每台变压器的容量 S_T 应同时满足以下两个条件并选择其中的大者。

1）一台变压器单独运行时，要满足60% ~70% 总计算负荷 S_{30}的需要，即

$$S_T \approx S_{N.T} \geqslant (0.6 \sim 0.7) S_{30}$$

2）任一台变压器单独运行时，应满足全部一、二级负荷 $S_{30(\mathrm{I}+\mathrm{II})}$ 的需要，即

$$S_{\mathrm{T}} \approx S_{\mathrm{N.T}} \geqslant S_{30(\mathrm{I}+\mathrm{II})}$$

（3）装有两台主变压器且为明备用的变电所　所谓明备用是指两台主变压器一台运行、另一台备用的运行方式。此时，每台主变压器容量 S_{T} 的选择方法与仅装一台主变压器的变电所的方法相同。

3. 车间变电所主变压器的单台容量上限

车间变电所主变压器的单台容量一般不宜大于 1250kVA。原因一方面是低压开关电器断流能力和短路稳定度要求的限制，另一方面是考虑到变压器可以更接近车间负荷中心，以减少低压配电线路的电能损耗、电压损耗和有色金属消耗量。目前，我国已能生产一些断流能力更大和短路稳定度更好的新型低压开关电器，如 DW16、ME 等型号的低压断路器。因此如果车间负荷容量较大、负荷集中且运行合理，也可以选用单台容量为 1250（或 1600）~ 2000kVA 的配电变压器，以减少主变压器台数及高压开关电器和电缆的使用数量。

对装设在二层以上的电力变压器，应考虑运输吊装和对通道、楼板载荷的影响。采用干式、环氧树脂变压器时，其容量不宜大于 800kVA。

对于小区变电所，一般采用干式、环氧树脂变压器，如采用油浸式变压器，单台容量不宜大于 800kVA。主要原因是油浸式变压器容量大于 800kVA 时，按规定应装设瓦斯保护，而该变压器电源侧的断路器往往不在变压器附近，因此瓦斯保护很难实施，而且如果变压器容量增大，供电半径也相应增大，将会造成供电末端的电压偏低，造成电能质量下降。

还应指出，在考虑变压器容量时，应适当考虑今后 5 ~ 10 年电力负荷的增长，留有一定的余地，同时还要考虑变压器一定的正常过负荷能力。变电所主变压器台数和容量的最后确定，应结合变电所主接线方案的选择，对几个较合理方案作技术经济比较，择优而定。

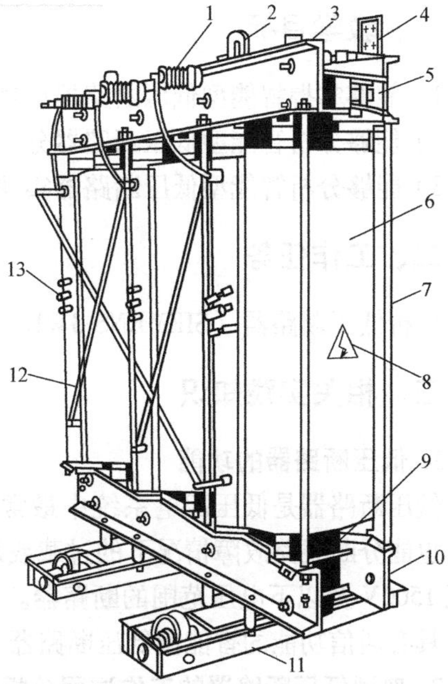

图 5-9　三相树脂浇注绝缘干式电力变压器的结构

1—高压出线套管　2—吊环　3—上夹件　4—低压出线接线端子　5—铭牌　6—树脂浇注绝缘绕组（内为低压，外为高压）　7—上下夹件拉杆　8—警示标牌（“高压危险！”）　9—铁心　10—下夹件　11—底座（小车）　12—高压绕组相间连接杆　13—高压分接头及连接片

五、拓展性知识

三相树脂浇注绝缘干式电力变压器的结构如图 5-9 所示。

六、作业

5-2-1　电力变压器有哪些分类？

5-2-2　油浸式电力变压器的调压方式有哪两种？试简要分析其工作情况。

5-2-3　何谓电力变压器的联结组标号？常见的联结组标号有哪几种？并分析各自的特点。

5-2-4　何谓电力变压器的阻抗电压？如何计算？

5-2-5　试分析允许温度与允许温升的关系？

5-2-6　电力变压器的实际容量如何计算？户内变压器的容量又如何计算？

5-2-7　电力变压器并列运行的条件有哪些？

5-2-8　变电所主变压器容量如何确定？

模块三　认识智能型低压断路器

一、教学目标

1）能够掌握智能型低压断路器型号及有关参数含义。

2）能够分析智能型低压断路器分、合闸工作过程。

3）能够分析智能型低压断路器实现保护的方法。

二、工作任务

分析低压断路器（SIEMENS 3WL）的工作过程及参数含义。

三、相关实践知识

1. 低压断路器的功能

低压断路器是低压配电系统中最常用的电器之一。它能接通、分断线路正常的线路电流，也能分断线路故障情况下的过载或短路电流。低压断路器是用于交流电压1200V、直流电压1500V及以下电压范围的断路器。

具有通信功能的智能型低压断路器（SIEMENS 3WL）外形如图5-10所示。

2. 典型低压断路器的工作过程分析

低压断路器是一个比较复杂的电器，下面先通过一个示意图（图5-11）来了解其主要结构组成和工作原理。

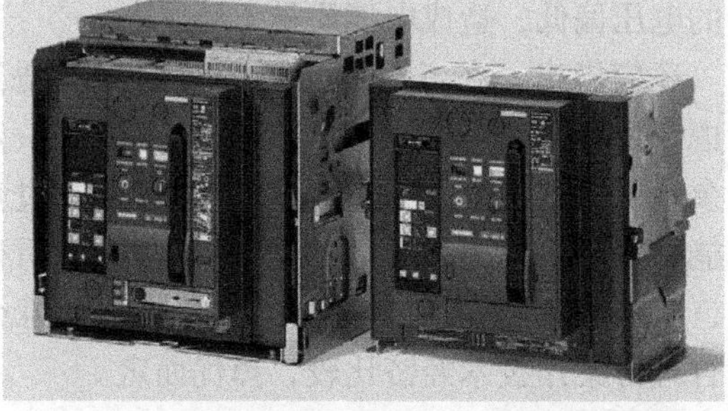

图5-10　智能型低压断路器（SIEMENS 3WL）外形图

当线路出现故障时，其过电流脱扣器动作，使开关跳闸。当出现过负荷故障时，串联在一次线路上的加热电阻8加热，使断路器中的热脱扣器（双金属片）7弯曲，也使开关跳闸。当线路电压严重下降或电压消失时，其失电压脱扣器5动作，同样也使开关跳闸。如果按下脱扣按钮9或10，则使分励脱扣器4通电或者使失电压脱扣器5失电，使开关远距离跳闸。

3. SIEMENS 3WL 系列低压断路器的结构

SIEMENS 3WL 系列低压断路器结构如图5-12所示。

4. SIEMENS 3WL 系列低压断路器的端子

SIEMENS 3WL 系列低压断路器端子图如图 5-13 所示。

5. 低压断路器的分合闸、保护过程分析

（1）合闸过程

1）机械合闸：按下机械合闸按钮 7（见图 5-12），则断路器合闸。

2）电气合闸：本地电气合闸：接通电源，按下 S10，断路器合闸线圈得电，断路器合闸；接通断路器端子 X6（7～8）（见图 5-13），断路器的合闸线圈得电，断路器合闸。

（2）分闸过程

1）机械分闸：按下按钮 22“机械分闸”，则断路器分闸。

2）电气分闸：接通断路器端子 X6

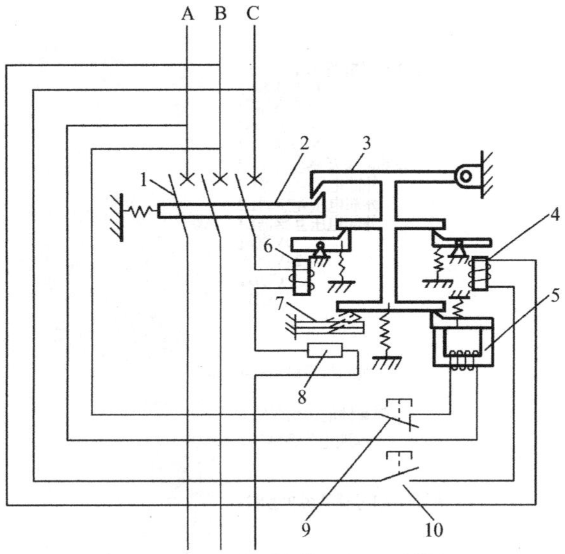

图 5-11　低压断路器的原理与接线图

1—主接头　2—跳钩　3—锁扣　4—分励脱扣器　5—失电压脱扣器　6—过电流脱扣器　7—热脱扣器(双金属片)　8—加热电阻　9—脱扣按钮(常闭)　10—脱扣按钮(常开)

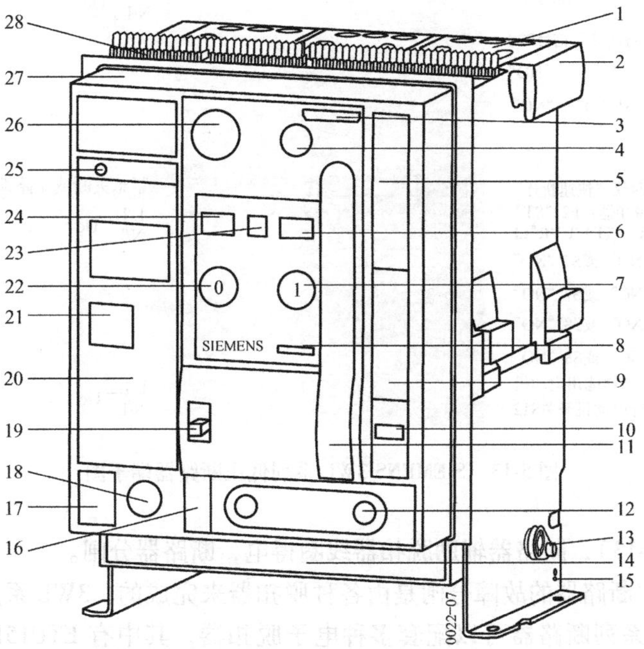

图 5-12　断路器结构图

1—灭弧罩　2—搬运用手柄　3—标识标签　4—电机开关　5—断路器型号标签　6—储能指示器　7—机械合闸按钮　8—电流额定值　9—手柄操作示意图　10—分合闸动作计数器　11—(手动)弹簧储能杆　12—手柄　13—抽出式单元的轴　14—选项标签　15—接地端子　16—位置指示器　17—接地故障表　18—手柄安全锁　19—手柄机械脱扣器　20—过电流脱扣器　21—额定插件　22—机械分闸按钮或紧急分闸蘑菇头按钮　23—“合闸准备就绪”指示器　24—断路器合闸/分闸指示器　25—脱扣指示器(复位按钮)　26—闭锁设备“安全断开”　27—前面板　28—辅助触头连接器

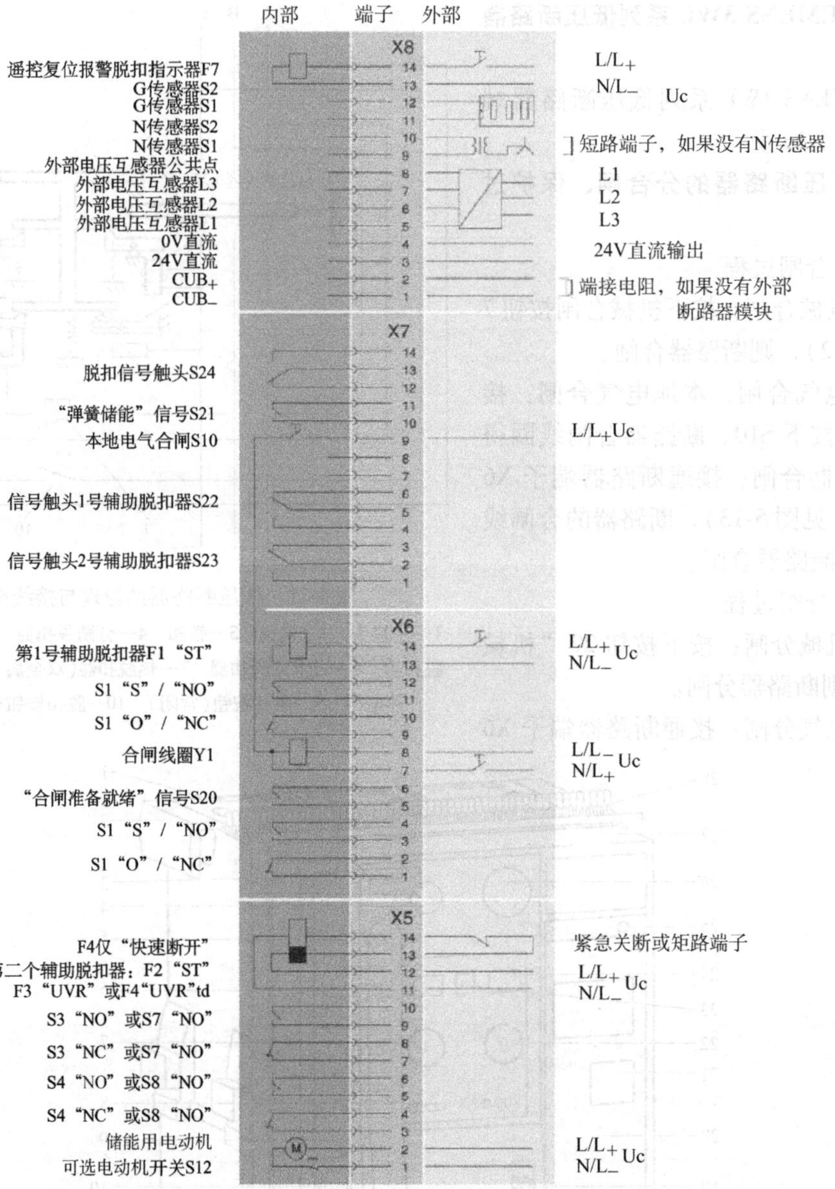

图 5-13　SIEMENS 3WL 系列低压断路器端子图

（13～14）（见图 5-13），断路器辅助脱扣器线圈得电，断路器分闸。

3）故障分闸：断路器的故障分闸是由各种脱扣器来完成的，3WL 系列断路器的脱扣器是电子脱扣器，该系列断路器可以配套多种电子脱扣器，其中有 ETU15B 脱扣器如图 5-14 所示，该脱扣器的特性曲线如图 5-15 所示。

从图 5-14 和图 5-15 中可以看出，该电子脱扣器具有两段式保护功能，即短路瞬时保护和过载长延时保护。短路瞬时保护的调整范围是 $2I_n \sim 8I_n$，动作时间是 0.02s。电流整定值 I_R 确定了断路器在不发生脱扣的情况下可以承受的最大连续电流。从图 5-15 中可以看出，I_R 的可调整范围是 $0.5I_n \sim 1.0I_n$。

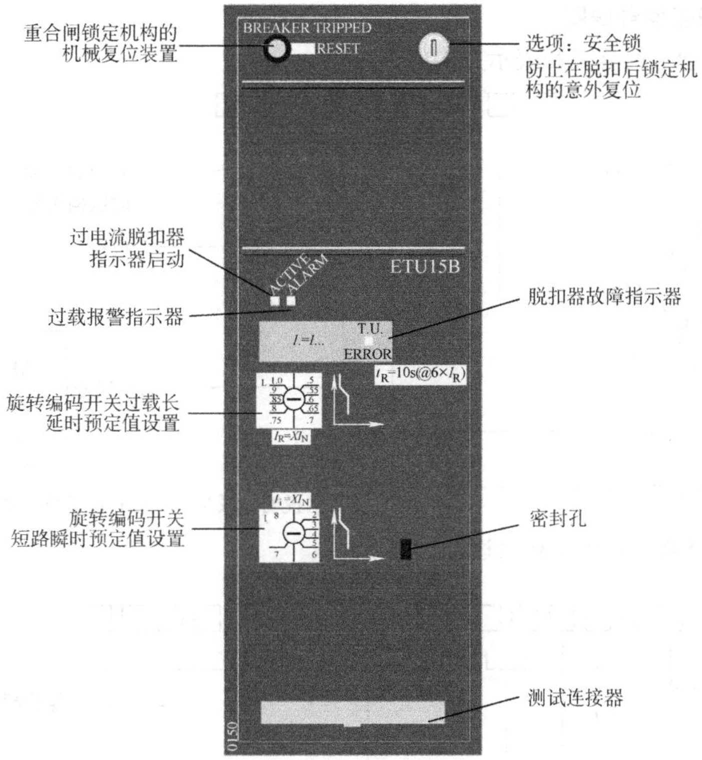

图 5-14　断路器 ETU15B 型电子脱扣器

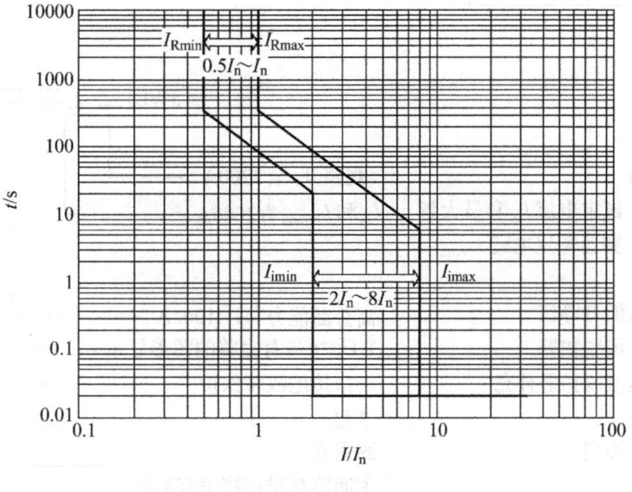

图 5-15　电子脱扣器特性曲线

时间整定值 t_R 确定了在不产生脱扣的情况下过载可以维持的最长持续时间。从图 5-15 中可以看出，当负载电流达到 $6I_R$ 时，电子脱扣器的动作时间是 10s，当负载电流是其他值时，按照反时限的规律，I_R^2t = 常数来计算。例如：当负载电流为 $8I_R$ 时，按照 $(6I_R)^2\times10=(8I_R)^2t$，则 $t=5.625$s。

6. 低压断路器型号说明

国产断路器型号的含义和表示方式如下：

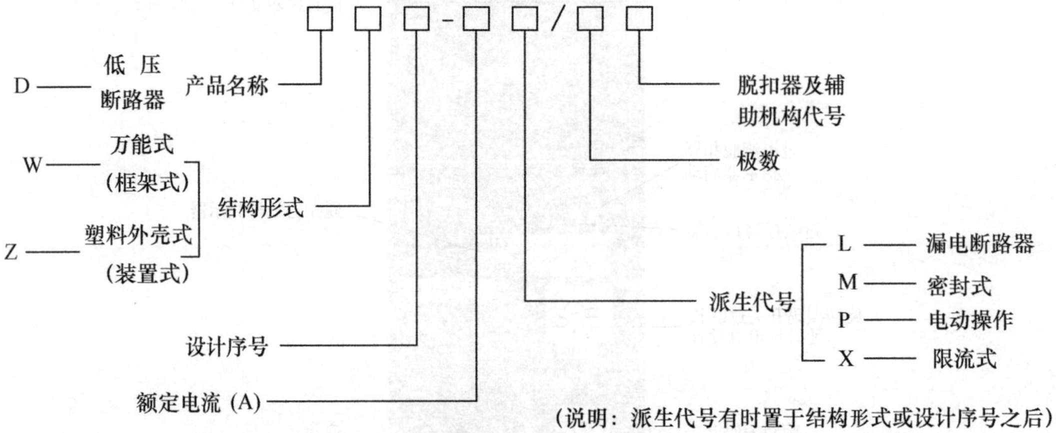

（说明：派生代号有时置于结构形式或设计序号之后）

WL 系列断路器型号含义和表达方式如下：

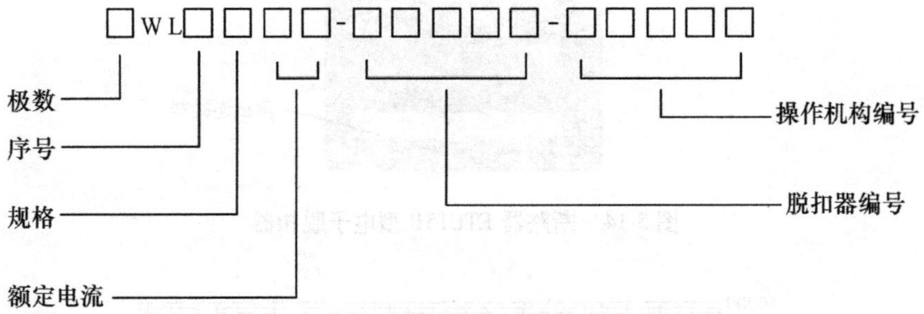

举例如下：

3WL1 2 2 0 - 4 N G 3 1 - 1 F A 2

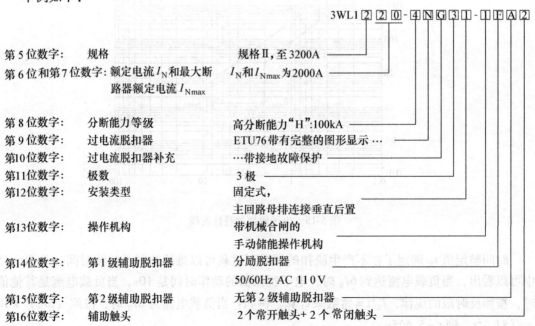

第5位数字：	规格	规格Ⅱ，至3200A
第6位和第7位数字：	额定电流 I_N 和最大断路器额定电流 I_{Nmax}	I_N 和 I_{Nmax} 为2000A
第8位数字：	分断能力等级	高分断能力“H”：100kA
第9位数字：	过电流脱扣器	ETU76带有完整的图形显示…
第10位数字：	过电流脱扣器补充	…带接地故障保护
第11位数字：	极数	3极
第12位数字：	安装类型	固定式，主回路母排连接垂直后置
第13位数字：	操作机构	带机械合闸的手动储能操作机构
第14位数字：	第1级辅助脱扣器	分励脱扣器 50/60Hz AC 110V
第15位数字：	第2级辅助脱扣器	无第2级辅助脱扣器
第16位数字：	辅助触头	2个常开触头+2个常闭触头

7. 低压断路器的主要参数

（1）额定电压 低压断路器的额定电压分为额定工作电压、额定绝缘电压和额定脉冲电压。

1）额定工作电压（U_N）：指断路器正常工作的最大电压值，对多相线路来说，是指相间电压。对于同一个断路器来说，可以有几个额定电压，但其对应的通断能力和使用类别不一样。

2）额定绝缘电压（U_i）：断路器电气间隙和爬电距离的设计必须考虑此电压，一般和断路器的额定工作电压一致。在任何情况下，最大的额定工作电压值不应超过额定绝缘电压值。若没有明确规定断路器的额定绝缘电压，则规定的工作电压的最高值就被认为是其额定绝缘电压值。

3）额定脉冲电压（U_{imp}）：指断路器能承受的短时峰值电压，额定绝缘电压和额定脉冲电压决定断路器的绝缘水平。在规定的条件下，是断路器能够耐受而不击穿的具有规定形状和极性的冲击电压峰值。该值与电气间隙有关。断路器的额定脉冲电压应等于或大于该断路器所处的电路中可能产生的瞬态过电压规定值。

（2）额定电流

1）框架等级额定电流（I_{NM}）：指断路器框架能够长期通过的最大电流。当一个断路器配不同的脱扣器时，脱扣器的最大电流不能大于断路器的框架等级额定电流。

2）额定电流（I_N）：指断路器能长期通过的最大电流。

（3）额定短路分断能力（I_{cn}） 指在规定的电压、频率、功率因数等条件下，断路器能够分断的预期短路电流的值。

（4）额定短路耐受电流（I_{cw}） 指断路器处于闭合状态下，耐受一定持续时间短路电流的能力。它包括承受短路冲击电流峰值的电动力以及一定时间的短路电流热效应的能力。

四、相关理论知识

智能断路器是指采用了智能脱扣器的断路器。智能脱扣器是智能断路器的最主要的部件，其原理框图如图5-16所示。系统主要由DSP（Digital Signal Processing，数字信号处理）及其外围电路、A-D信号采集与处理电路、液晶显示电路、电源、脱扣电路等部分构成。DSP的外围电路主要包括晶振、滤波回路、片外RAM和一些门电路。脱扣器的主要任务是采集电网的电流和电压信号，经过信号采集电路处理后，使信号变换成DSP（或其他微处理器）的标准输入电压0～3.3V，DSP通过对采集信号的分析比较，做出正确的判断，发出动作指令，从而实现线路的过载、短路、接地等故障的保护，并通过Profibus总线发送和接收监控计算机的相关数据，实现远程监控管理。

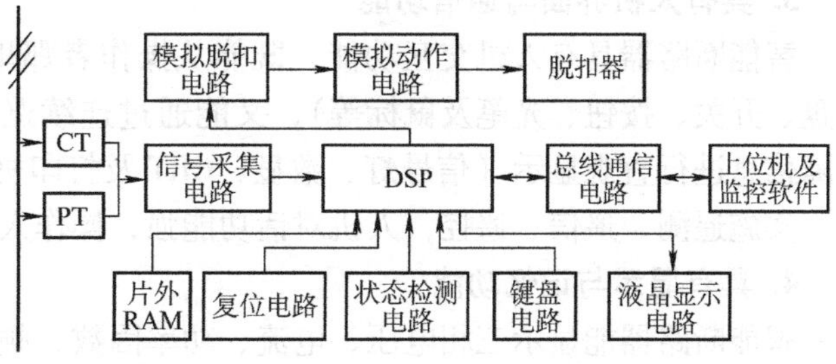

图5-16 智能脱扣器原理框图

下面介绍智能断路器的主要特点。

1. 保护功能多样化

传统的低压断路器普遍采用双金属片热继电器作为过载保护，用电磁快速脱扣器作为短路保护来构成长延时、瞬时两段保护特性，实现保护功能一体化较难。智能断路器除了可同时具备长延时、短延时、瞬时的三段保护外，还具有断相、反相、欠电压、过电压、不平衡保护以及逆功率保护、接地保护（第四段保护）、屏内火灾检测、预警等功能，而且可做到一种保护功能多种动作特性，如：

（1）过载长延时保护

1）长延时电流整定值可调、动作时间整定值可调、反时限保护特性曲线可以移动。

2）“发热”记忆（“过载”记忆）在电路连续过载的情况下，能缩短其长延时反时限的动作时间直至瞬时动作，从而保护线路不致因热积累而造成过载损伤等。

（2）短路短延时保护

1）定时限短延时脱扣动作电流整定值可调、动作时间整定值可调。

2）短延时脱扣保护断路器与后级熔断器或电动机负载协调配合。

（3）短路瞬时保护

1）短路瞬时脱扣，脱扣电流整定值可调。

2）具有短路瞬时功能拒动特性。

（4）接地保护

1）具有接地故障瞬时动作特性。

2）具有接地故障定时限动作特性。

3）具有接地故障反时限动作特性。

2. 选择性强

智能断路器由于采用微处理器，惯性小，速度快，其保护的选择性、灵活性及重复误差都很好，加之它的各种保护功能和特性可以全范围调节，因此：

1）可任意选择动作特性。

2）可任意选择保护功能。

3）便于实现级联保护协调，实施区域选择性联锁，实现良好的级间协调配合。

3. 具有人机界面与通信功能

智能断路器具有人机交互功能，既能从操作者那里得到各种控制命令和控制参数（由键盘、开关、按钮、光笔及鼠标等），又能通过连续巡回检测对各种保护特性、运行参数、故障信息进行直观显示（信号灯、数显、CRT及打印机等），还可与计算机联网实现双向通信，实施遥测、遥信、遥控，人机对话功能强，操作人员易于掌握，避免误动作。

4. 具有显示与记忆功能

智能断路器能显示三相电压、电流、功率因数、频率、电能、有功功率、动作时间、分断次数以及预示寿命等，能将故障数据保存，并指示故障类型、故障电压及故障电流等，起到辅助分析、诊断故障作用，还可通过光耦合器传输，进行远距离显示。

5. 具有故障自诊断、预警与试验功能

可对构成智能断路器的电子元器件的工作状态进行自诊断，当出现故障时可发出报警信号并使断路器分断。具有预警功能，使操作人员可以及时处理电网的异常情况。微处理器能进行“脱扣”与“非脱扣”两种方式试验，利用模拟信号进行长延时、短延时、瞬时整定值的试验，还可进行在线试验。

五、拓展性知识

低压断路器按其灭弧介质来分，有空气断路器和真空断路器；按其用途分，有配电用断路器、电动机保护用断路器、照明用断路器和漏电保护用断路器等；按保护性能分，有选择型断路器、非选择型断路器和智能断路器；按结构形式分，有万能式断路器和塑料外壳式断路器。

非选择型断路器，一般只是瞬时动作，只作短路保护；选择型断路器有两段式保护和三段式保护。目前国产的智能断路器主要有 DW45 系列断路器。

六、作业

5-3-1　分析断路器分、合闸的过程。

5-3-2　综述智能断路器的特点。

模块四　进线柜（含母联柜）供电系统分析

一、教学目标

1）能够分析进线柜（含母联柜）的工作原理。

2）能够分析一次回路、二次回路（电流回路、电压回路、断路器控制回路）的工作原理，会使用低压断路器及电流互感器。

二、工作任务

分析图 5-17 所示的进线柜 1、图 5-18 所示的进线柜 2 和图 5-19 所示的母联柜的工作原理。

三、相关实践知识

（一）进线柜认识

进线柜的主要作用是接受和分配电能。在要求供电可靠性较高的企业，通常设有两路以上的电源进线，所以经常需要两个对称的进线柜。同时，为了便于控制，在两个进线柜之间要有母联柜进行连接。两个进线柜和母联柜之间的关系如图 5-1 所示。

（二）多功能谐波分析表认识

1. 功能

多功能谐波分析表（PA2000-3 系列）可以显示三相电压、三相电流、零序电流、总有功功率、总无功功率、各相的有功功率及无功功率、总功率因数、各相的功率因数、频率、总有功电能、总无功电能、各相的有功电能和无功电能等。

PA2000-3 系列多功能谐波分析表面板图如图 5-20 所示。

PA2000-3 系列多功能谐波分析表的面板操作分为单键模式和组合键模式两种，需要操作 R、H、P、E 四个键，如图 5-20 所示。

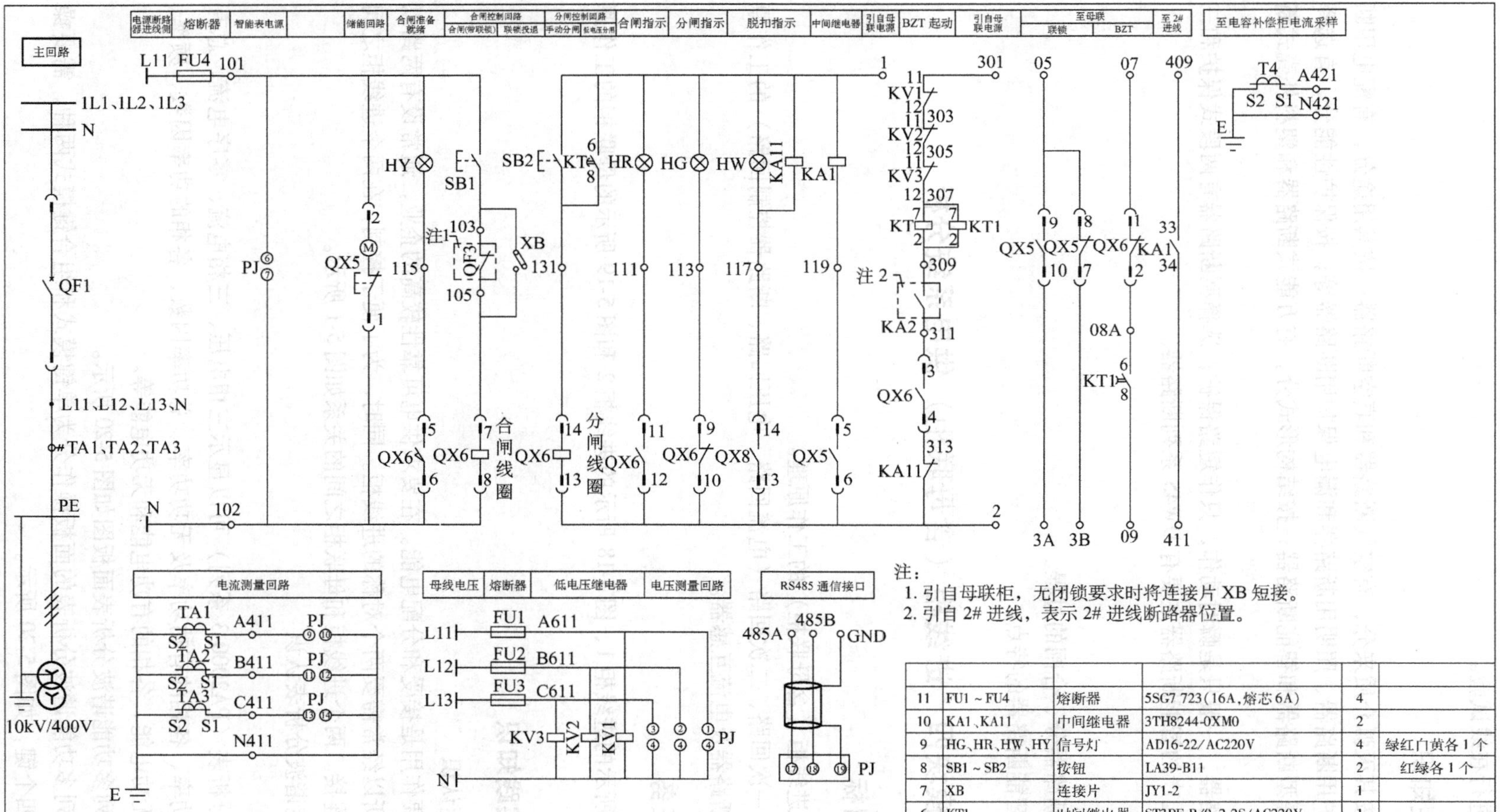

注：
1. 引自母联柜，无闭锁要求时将连接片 XB 短接。
2. 引自 2# 进线，表示 2# 进线断路器位置。

序号	标号	名称	型号规格	数量	备注
11	FU1 ~ FU4	熔断器	5SG7 723(16A,熔芯 6A)	4	
10	KA1、KA11	中间继电器	3TH8244-0XM0	2	
9	HG、HR、HW、HY	信号灯	AD16-22/AC220V	4	绿红白黄各 1 个
8	SB1 ~ SB2	按钮	LA39-B11	2	红绿各 1 个
7	XB	连接片	JY1-2	1	
6	KT1	时间继电器	ST3PF-B/0.2-2S/AC220V	1	
5	KT	时间继电器	ST3PA-B/0.1-10S/AC220V	1	
4	KV1 ~ KV3	电压继电器	3UG3535-1AM50	3	
3	PJ	多功能电表	PA2000-3	1	带通信接口
2	TA1 ~ TA3	电流互感器	BH-0.66	3	
1	QF1	断路器	IZM(QX5、QX6、QX7、QX8)	1	

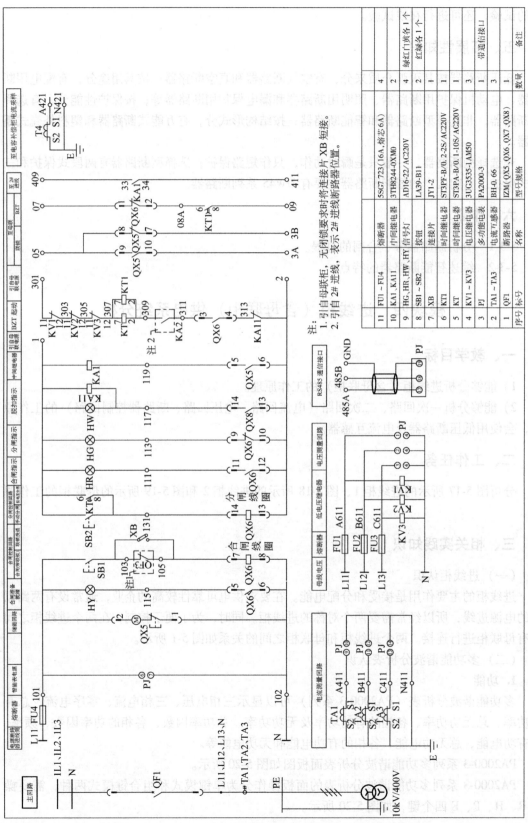

图 5-17　进线柜 1 原理图

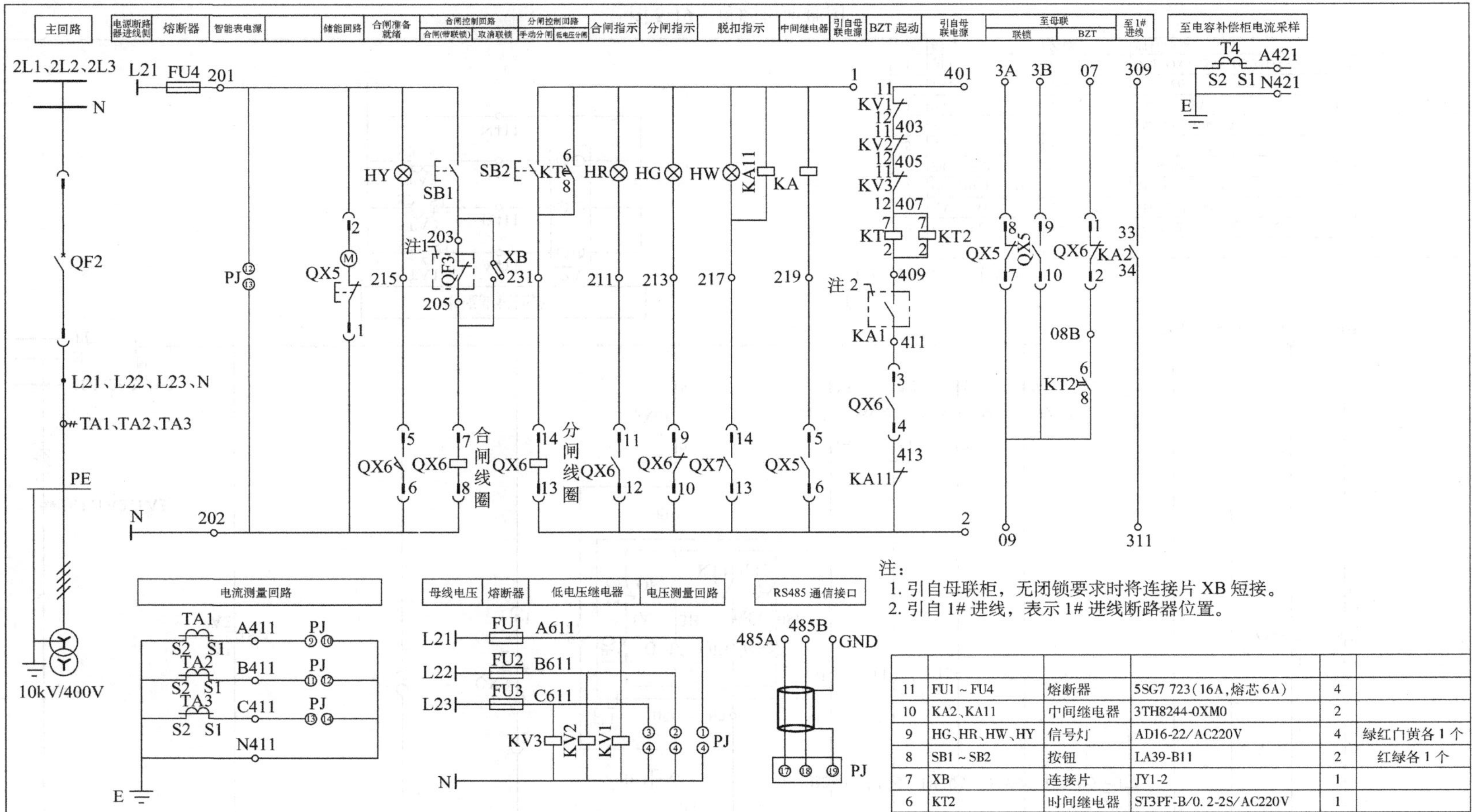

注:
1. 引自母联柜，无闭锁要求时将连接片 XB 短接。
2. 引自 1# 进线，表示 1# 进线断路器位置。

序号	标号	名称	型号规格	数量	备注
11	FU1 ~ FU4	熔断器	5SG7 723(16A,熔芯 6A)	4	
10	KA2、KA11	中间继电器	3TH8244-0XM0	2	
9	HG、HR、HW、HY	信号灯	AD16-22/AC220V	4	绿红白黄各 1 个
8	SB1 ~ SB2	按钮	LA39-B11	2	红绿各 1 个
7	XB	连接片	JY1-2	1	
6	KT2	时间继电器	ST3PF-B/0. 2-2S/AC220V	1	
5	KT	时间继电器	ST3PA-B/0. 1-10S/AC220V	1	
4	KV1 ~ KV3	电压继电器	3UG3535-1AM50	3	
3	PJ	多功能电表	PA2000-3	1	带通信接口
2	TA1 ~ TA3	电流互感器	BH-0. 66	3	
1	QF1	断路器	3WL1(QX5、QX6、QX7、QX8)	1	

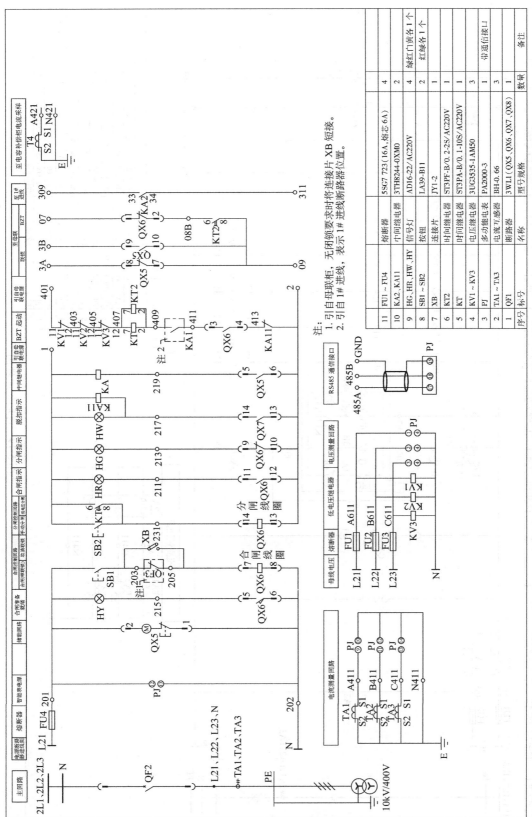

图 5-18 进线柜 2 原理图

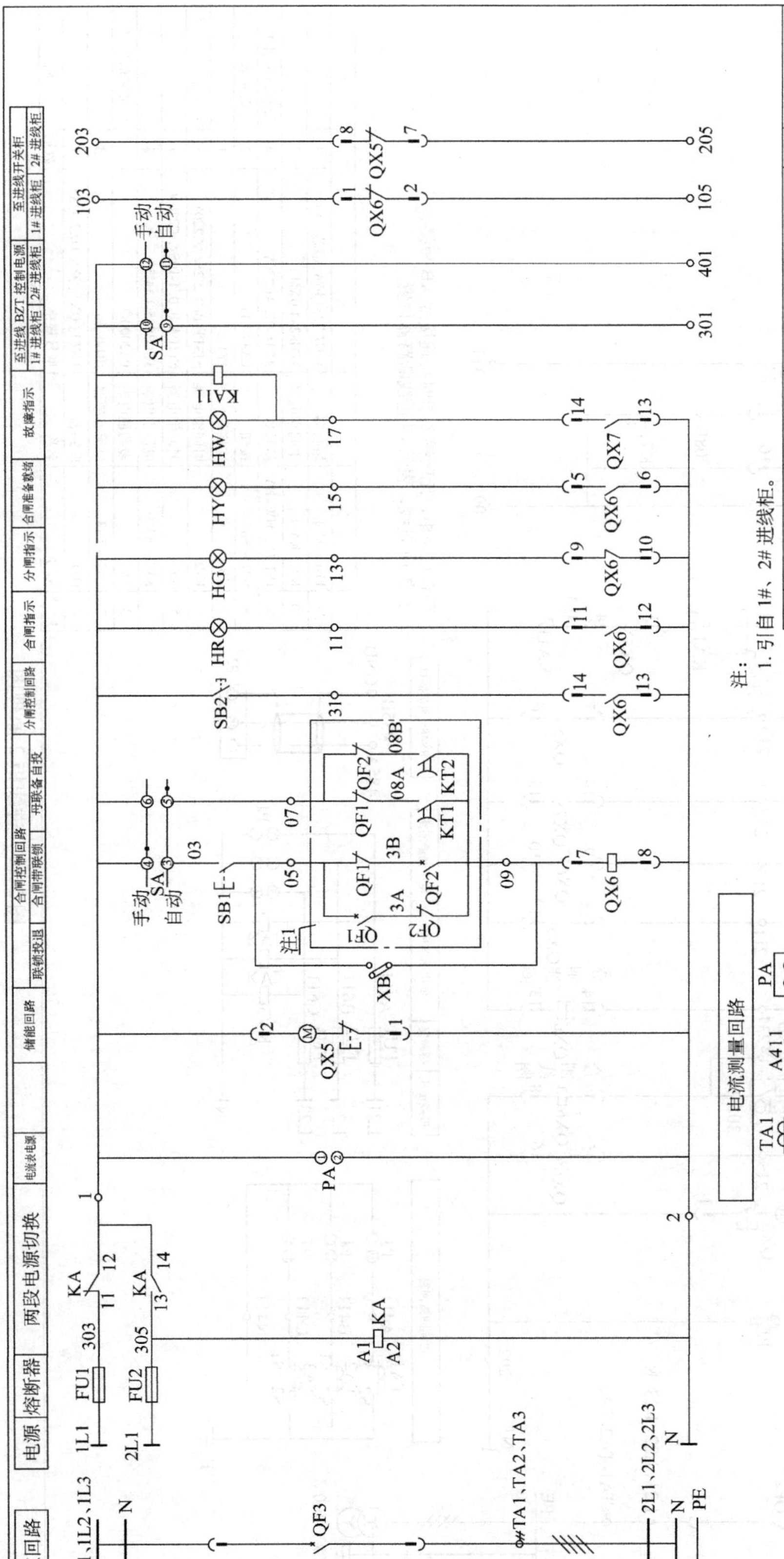

注：
1. 引自1#、2#进线柜。

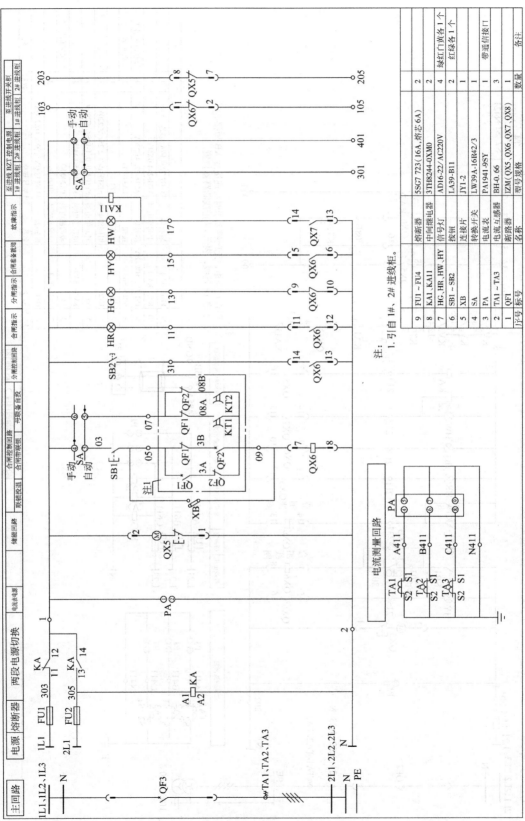

序号	标号	名称	型号规格	数量	备注
9	FU1～FU4	熔断器	5SG7 723(16A,熔芯6A)	2	
8	KA1、KA11	中间继电器	3TH8244-0XM0	2	
7	HG、HR、HW、HY	信号灯	AD16-22/AC220V	4	绿红白黄各1个
6	SB1～SB2	按钮	LA39-B11	2	红绿各1个
5	XB	连接片	JY1-2	1	
4	SA	转换开关	LW39A-16R42/3	1	
3	PA	电流表	PA1941-9SY	1	带通信接口
2	TA1～TA3	电流互感器	BH-0.66	3	
1	QF1	断路器	IZM(QX5、QX6、QX7、QX8)	1	

图 5-19 母联柜原理图

1）单键模式仅对四个按键中的某一个进行操作，用于完成装置所有监测数据的显示。

单 R 键——测量数据显示，显示电压、电流、功率因数、功率及频率等测量数据。

单 H 键——谐波数据显示，显示谐波畸变率和各次谐波占有率信息。

单 P 键——工作参数显示，显示系统工作参数及系统时间等。

单 E 键——累计量、时间显示，累计量显示区显示有功电能、无功电能、第一路脉冲计数、第二路脉冲计数及时间（时、分、秒）等。

2）组合键模式是指由 E 键与其他三键之一组合操作。

E 键与 R 键的组合，用于本地操作输出和其他专用功能。

E 键与 H 键的组合，用于修改本地参数。

E 键与 P 键的组合，用于查询设备内存中的 SOE 记录。

组合模式的进入与退出：在单键显示模式下，只需同时按下组合功能键然后松开，即可进入相应的组合键功能，再次应用该组合键即可退出，并恢复成进入该组合键功能前的单键显示画面。具体的使用方法请参考使用说明书。

2. 端子

PA2000-3 系列多功能谐波分析表的背面共有四组接线端子，如图 5-21 所示。

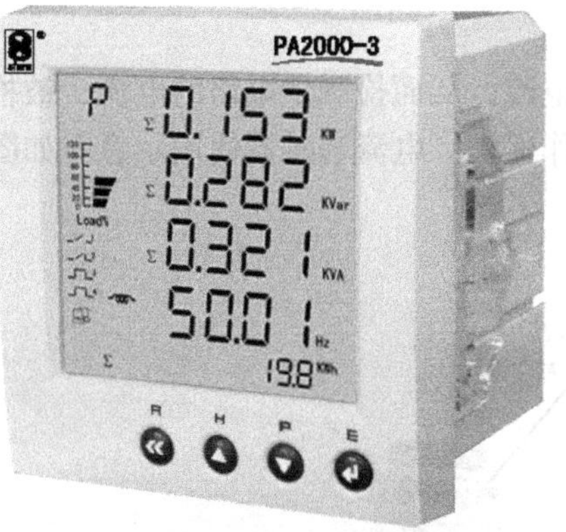

图 5-20 PA2000-3 系列多功能谐波分析表面板图

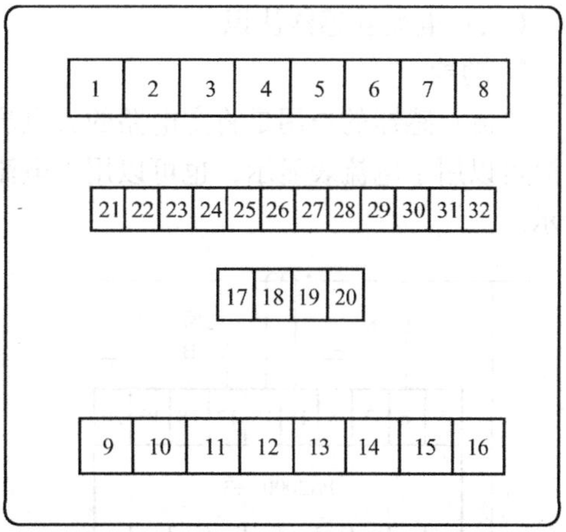

图 5-21 PA2000-3 的四组接线端子图

端子定义见表 5-3。

表 5-3 端子定义

电压输入	U1	1	电流输入	I11	9
	U2	2		I12	10
	U3	3		I21	11
	Un	4		I22	12
电源	NC	5		I31	13
	L/+(+24)	6		I32	14
	N/-(GND)	7		I41	15
	PE	8		I42	16

（续）

通信	RS +	17	开关量输入	NC	25
	RS –	18		NC	26
	NC	19		NC	27
	SHLD	20		DI1	28
继电器输出	RL11	21		DI2	29
	RL12	22		DI3	30
	RL21	23		DI4	31
	RL22	24		COM1	32

在三相四线制中，Un 接入的是电压公共端；在三相三线制中，Un 接入的是 B 相电压。DI 为数字量输入 Digital Input 的简写，RL 为继电器输出 Relay Output 的简写。

3. 接线

PA2000-3 系列多功能谐波分析表显示的原始信号来源于线路的电压、电流信号，其接线图如图 5-22 所示。

（三）电流互感器认识

1. 功能

电流互感器的作用是将主电路的大电流变为小电流，从而检测主电路的电流，被检测的电流可以用于电流表显示，也可以用于电流继电器作保护。电流互感器使用示意图如图 5-23 所示。

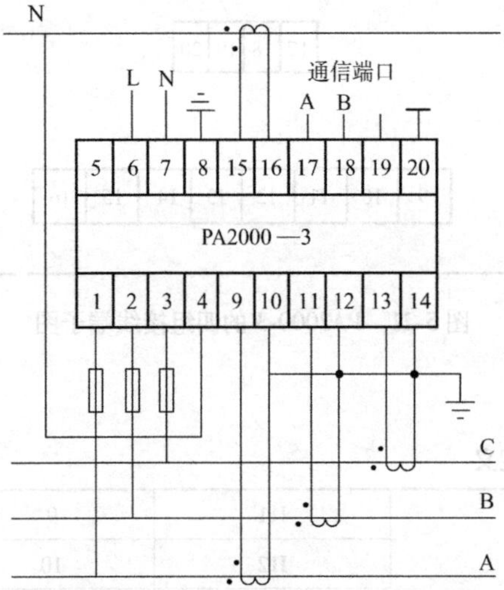

图 5-22　多功能谐波分析表接线图

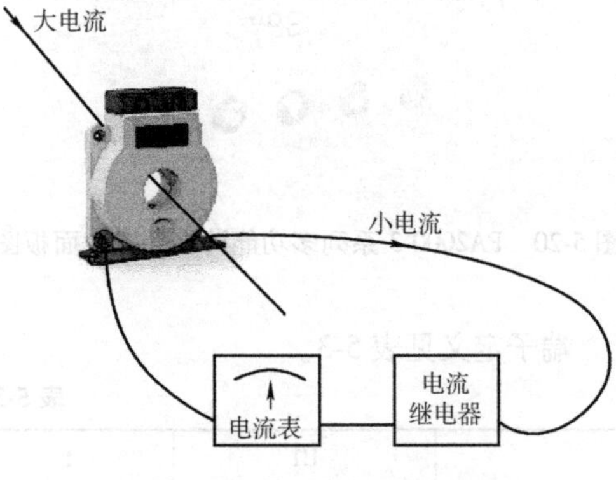

图 5-23　电流互感器使用示意图

2. 工作原理

电流互感器本质上就是一种一次绕组比二次绕组少的变压器，如图 5-24 所示。有的电流互感器还没有一次绕组，而是利用穿过其铁心的一次线路导线作为一次绕组（相当于一次绕组匝数为 1），如图 5-23 所示。

电流互感器的一次电流 I_1 和二次电流 I_2 有如下关系：

$$I_1 \approx \frac{N_2}{N_1} I_2 \approx K_i I_2$$

式中，N_1、N_2 为电流互感器的一、二次绕组匝数；K_i 为电流比。

3. 型号含义及符号

型号含义：

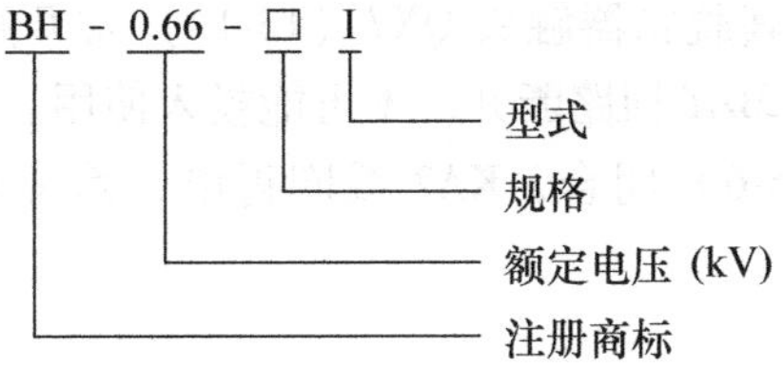

符号：文字符号为 TA，图形符号如图 5-25 所示。

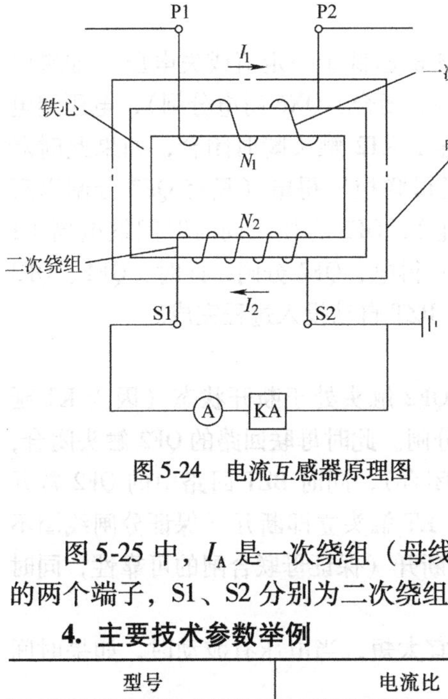

图 5-24　电流互感器原理图

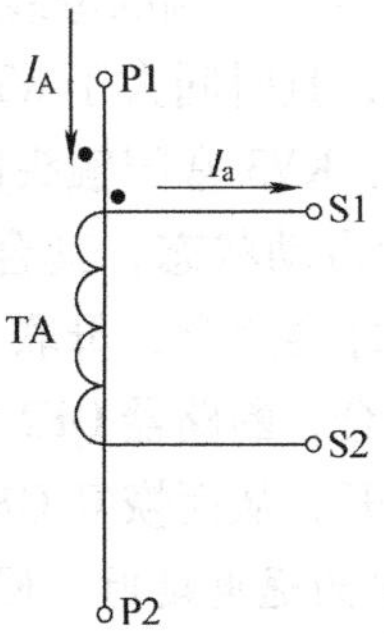

图 5-25　电流互感器符号

图 5-25 中，I_A 是一次绕组（母线）电流，I_a 为二次绕组电流，P1、P2 分别为一次绕组的两个端子，S1、S2 分别为二次绕组的两个端子。**注意：I_A 与 I_a 的方向是相反的。**

4. 主要技术参数举例

型号	电流比	准确度等级	额定电压
BH-0. 66	100/5、150/5…	0. 5、3…	660V

电流互感器的主要技术参数有额定电压 U_N、准确度等级、电流比 K_i 等。其中，二次绕组额定电流 I_{2N}一般为 5A，所以在选择电流互感器时，要根据主电路电流的大小，适当选择电流互感器的电流比；电流互感器的准确度等级反映其准确度，值越小，准确度越高。

（四）进线柜工作原理分析

1. 一次电路工作原理分析

对于成套电气柜，不同的柜体结构，其一次电路基本相同，主要由刀开关、断路器及电流互感器等组成。断路器用来控制线路的通断，电流互感器用来检测一次电流。

2. 二次电路工作原理分析（见图 5-18）

下面进行分、合闸电路原理分析（以 QF2 断路器为例）。

（1）合闸电路原理分析　通电后，电动机 M 得电开始储能，储能结束后，QX5（1-2）断开，M 断电。按下 SB1，断路器 QF2 合闸线圈 QX6（7-8）得电，断路器合闸，同时合闸指示灯 HR 亮。

（2）分闸电路原理分析　分闸电路可以分为手动分闸、BZT 自动投入及故障分闸。

1）手动分闸：按下 SB2，断路器分闸线圈 QX6（13-14）得电，断路器分闸。

2）BZT（备用电源自动投入装置）自动投入：

当 QF2 检测到故障时，其脱扣器触头 QX7（13-14）常开触头闭合，中间继电器 KA11 得电，KA11 常闭触头断开，BZT 回路断开，不可能投入使用。

当 QF2 闭合时，QX5（5-6）闭合，KA2 线圈得电，其常开触头串联于断路器 QF1 的 BZT 回路（见图 5-18）。

BZT 自动投入过程：

QF2 合闸，且没有故障，KA11 常闭触头闭合，QX6（3-4）闭合。

QF1 合闸，QX5（5-6）闭合，KA1 闭合。

当断路器 QF2 下端的母线 401 上的 L21、L22、L23 电压低于一定值或失电压（如果电压低于设定值，且时间大于 KT 的设定值，则 KT 延时触头闭合，QX6 得电分闸），电压继电器 KV1、KV2、KV3 常闭触头闭合，KT、KT2 线圈得电，KT2 触头瞬时闭合，如果此时断路器 QF3 处于自动状态，其合闸线圈 QX6（7-8）（见母联柜）得电（只有 QF2 分闸以后 QF2 辅助触头才会闭合，母联开关合闸线圈才可以得电），QF3 合闸，同时时间继电器 KT 的触头延时闭合，断路器 QF2 的分闸线圈 QX6（13-14）得电，QF2 分闸，此时，QF1、QF3 闭合，QF2 断开，从而恢复 QF2 下端母线上的电压值，BZT 自动投入过程完成。

注意：KT 为通电延时，KT2 为断电延时。

BZT 回路接通后，KT、KT2 得电，母联回路中的 QF2 触头处于断开状态（因为 KT 延时闭合，此时 QF2 没有分闸），KT 延时时间到则 QF2 分闸。此时母联回路的 QF2 触头闭合，母联合闸（因为 KT2 得电时断电延时断开的触头已经闭合），同时 BZT 回路中的 QF2 常开触头断开，QX6 断开，BZT 回路断开，KT、KT2 断电，KT 触头立即断开（保证分闸线圈不长时间带电），同时 KT2 延时断开触头延时一段时间后断开（保证母联合闸的可靠性，同时保证母联合闸线圈不长时间带电）。

KT 的设定时间与母线允许的欠电压时间有关，不宜太短，当电压有波动时，如果时间设定较短容易导致母联误投。

KT2 的设定时间只要保证母联的合闸线圈可以可靠合闸即可。

3）故障分闸：当电路发生过载、短路等故障时，断路器的电子脱扣器动作，断路器通过内部机械和电气部分实现分闸。

断路器的第一辅助脱扣器为分励脱扣器，主要用于开关的电气分闸，根据实际需要可以不用选择，在图 5-18 中含有第一辅助脱扣器，为分闸线圈 QX6（13-14）。第二辅助脱扣器可在分励、欠电压、欠电压延时三种脱扣器中任选一种，图 5-18 中则没有选择二级脱扣器，主要原因为开关自带的欠电压脱扣器动作的电压为 0.35～0.7 倍的额定控制电压，具体动作电压无法确定。在有些情况下它不能够满足现场的需求，故采用专用的电压继电器（电压值可以设定且电压范围较广）。

四、相关理论知识

1. 电流互感器的接线方式

为了满足不同的控制要求，在三相电路中，电流互感器有四种不同的接线方式。

（1）一相式结线　如图 5-26a 所示，仅用一个电流互感器接在一相线路中，用在三相负荷平衡的低压动力线路中，供测量电流和接过负荷保护用。

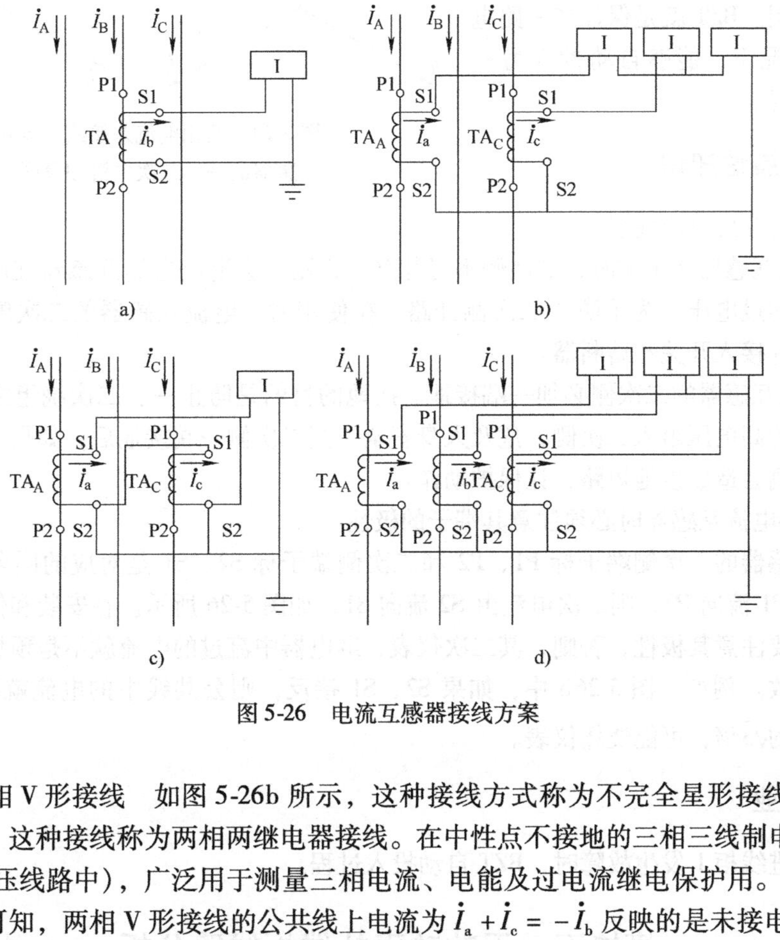

图 5-26　电流互感器接线方案

（2）两相 V 形接线　如图 5-26b 所示，这种接线方式称为不完全星形接线。在继电器保护装置中，这种接线称为两相两继电器接线。在中性点不接地的三相三线制电路中（如 6 ~10kV 的高压线路中），广泛用于测量三相电流、电能及过电流继电保护用。由图 5-27 所示的相量图可知，两相 V 形接线的公共线上电流为 $\dot{I}_a+\dot{I}_c=-\dot{I}_b$ 反映的是未接电流互感器那一相的相电流。

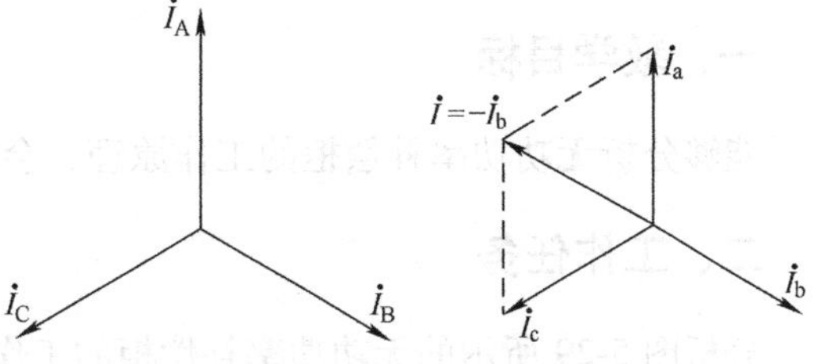

图 5-27　两相 V 形接线电流互感器的一、二次电流相量图

（3）两相电流差接线　如图 5-26c 所示，从图 5-28 中的相量图可知，二次侧公共线上的电流为 $\dot{I}_a-\dot{I}_c$，其量值是相电流的 $\sqrt{3}$倍。这种接线适合于中性点不接地的三相三线制电路中（如 6 ~ 10kV 的高压线路中），用作过电流继电器保护用，也称两相一继电器接线。

（4）三相星形接线　如图 5-26d 所示，

这种接线的三个电流互感器正好反映三相电流，所以广泛用于负荷不平衡的三相四线制系统中，也用于负荷可能不平衡的三相三线制系统中，作三相电流、电能测量和过电流保护用。

2. BZT

BZT是备用电源自动投入装置的简写。对于一些比较重要的负载，一般不允许停电，为了保证电能供应的连续性，经常采用两路电源供电，其中一路电源备用。BZT就是保证在一路电源故障的情况下，能够自动投入另一路电源的装置。

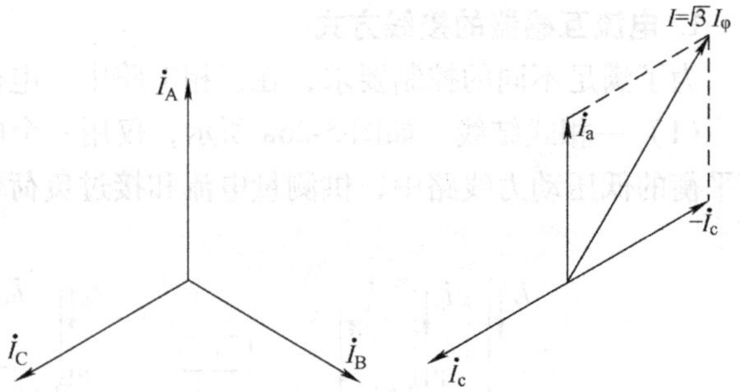

图5-28　两相电流差接线电流互感器的一、二次电流相量图

五、拓展性知识

使用电流互感器应注意：

1）电流互感器在工作时，二次侧不得开路。否则，会造成电流互感器准确性降低，甚至产生很高的过电压。为了防止二次侧开路，在使用时，电流互感器的二次侧接线必须牢靠，且不允许接入开关和熔断器。

2）电流互感器的二次侧必须一端接地。接地的目的是防止一、二次绕组之间绝缘击穿时，一次侧的高电压窜入二次侧，危及人身安全。当二次侧一端接地后，如果一次侧的高电压窜入二次侧会造成接地短路，让保护动作。

3）连接电流互感器时必须注意其端子的极性。

电流互感器的一次侧端子标P1、P2和二次侧端子标S2、S1是对应的同名端，即如果一次电流从P1流向P2，则二次电流由S2流向S1，如图5-26所示。在安装和使用电流互感器时，一定要注意其极性，否则，其二次仪表、继电器中流过的电流就不是预想的电流，甚至会引起事故。例如，图5-26b中，如果S2、S1接反，则公共线中的电流就不是相电流，而是相电流的$\sqrt{3}$倍，可能烧坏仪表。

六、作业

分析当进线柜1发生故障时，BZT自动投入过程。

模块五　无功功率补偿柜线路分析

一、教学目标

能够分析无功功率补偿柜的工作原理，会选用无功功率补偿器。

二、工作任务

分析图5-29所示的无功功率补偿柜的工作过程。

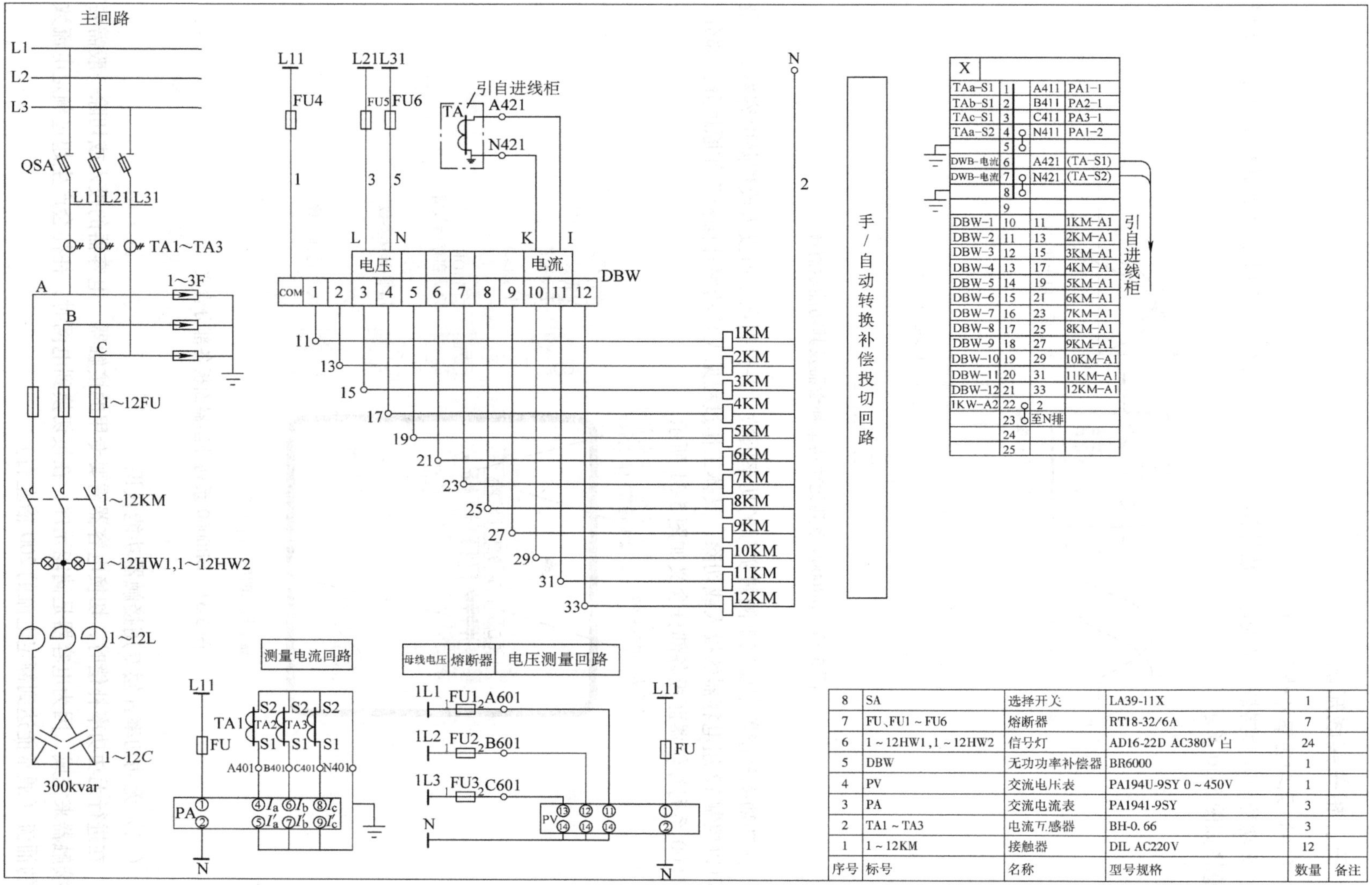

序号	标号	名称	型号规格	数量	备注
8	SA	选择开关	LA39-11X	1	
7	FU、FU1 ~ FU6	熔断器	RT18-32/6A	7	
6	1 ~ 12HW1,1 ~ 12HW2	信号灯	AD16-22D AC380V 白	24	
5	DBW	无功功率补偿器	BR6000	1	
4	PV	交流电压表	PA194U-9SY 0 ~ 450V	1	
3	PA	交流电流表	PA1941-9SY	3	
2	TA1 ~ TA3	电流互感器	BH-0. 66	3	
1	1 ~ 12KM	接触器	DIL AC220V	12	

图 5-29 无功功率补偿柜原理图

三、相关实践知识

（一）无功功率补偿器认识

无功功率补偿器是一种功率因数补偿控制装置。BR6000 系列无功功率补偿器及其功能示意图如图 5-30 所示。

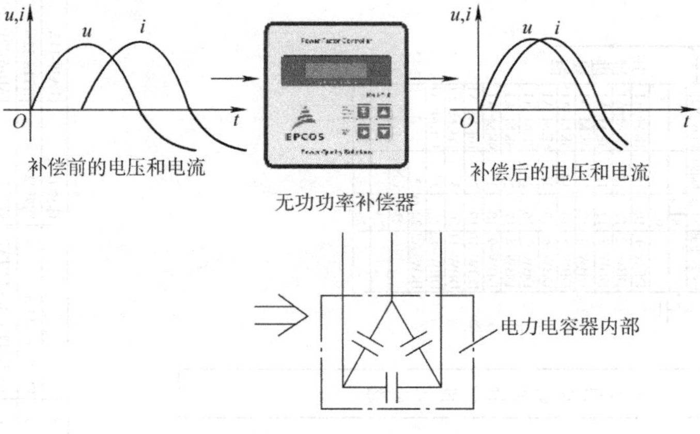

图 5-30　BR6000 系列无功功率补偿器及其功能示意图

无功功率补偿器主要用来测量实际的功率因数，并根据期望值投入或切除电容器。它最多可以控制 12 组电容器的投入或切除，具体工作过程见无功功率补偿柜工作原理分析部分。BR6000 系列补偿器面板各部分含义如图 5-31 所示。

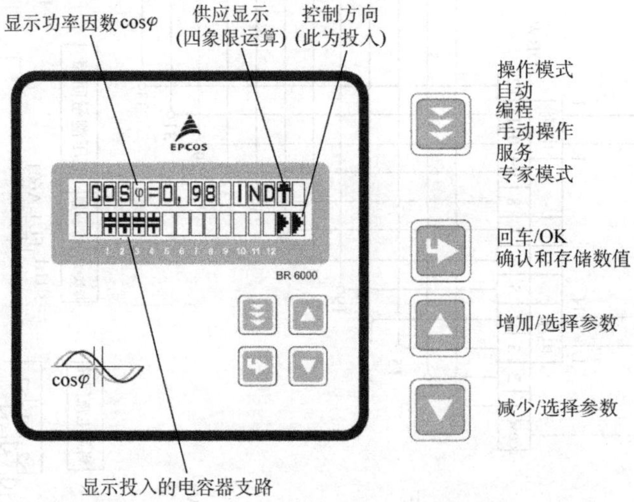

图 5-31　BR6000 系列补偿器面板各部分含义

（二）无功功率补偿专用接触器功能认识

在进行无功功率补偿时，切换电容器需要专用的接触器。电容器的投入或切除一般需要用接触器来完成，因为电容器是储能元件，在被切换到电网时，往往会产生超过额定电流数倍的涌流（通常能达到额定电流的 200 倍左右）。

爱普科斯公司（EPCEO）生产的B44066-S3210系列电容接触器如图5-32所示，国产的电容接触器主要有CJ16-19系列。

电容接触器的内部结构如图5-32所示。其工作原理如下：合闸时，高触头先合上，数毫秒后低触头才合上，通过其内部电阻的作用限制其合闸涌流；分闸时低触头先分闸，数毫秒后高触头才分闸，通过其内部电阻的作用限制其分断过电压。

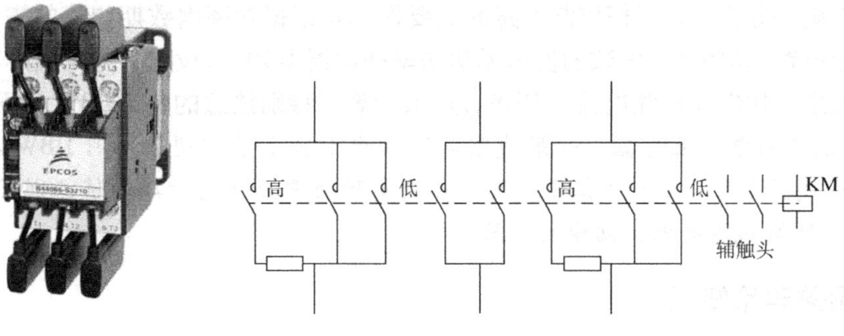

图5-32　电容接触器外形及内部结构示意图

电容接触器通过采用超前触头设计，在接触器主触头闭合之前，超前触头先闭合，具有变阻器功能的超前触头通过永磁铁连接到接触器线圈上，浪涌电流由于电阻线圈而受到抑制和衰减。主触头闭合一定时间后，超前触头断开。

电容接触器的主要参数是切换电容能力的大小，具体请参照产品订货手册。

（三）电力电容器认识

爱普科斯公司（EPCEO）生产的MKK系列电容器如图5-33所示。电力电容器和电子电容器相比，容量要大得多，其内部接线有△联结和Y联结，但大多数是△联结。

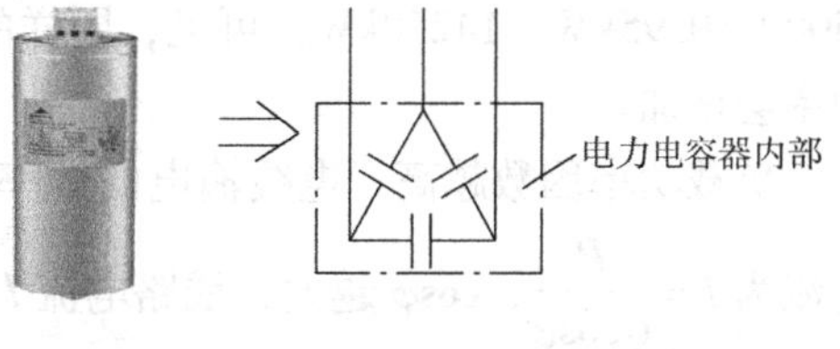

图5-33　电力电容器外形及内部连接图

电容器的主要参数举例见表5-4。

表5-4　电容器的型号、参数对应表

型号	额定容量/kvar	额定电压/V	额定电流/A	额定电容/μF
MKK400-D-15-01	15.0	400	22	3～100

三相电容器补偿容量的计算方法：

三个电容器接成△形，补偿容量为　$Q_{C(\triangle)}=3\omega CU_L^2$

三个电容器接成Y形，补偿容量为　$Q_{C(Y)}=3\omega CU_\phi^2$

其中，U_L、U_ϕ分别为线电压和相电压。由于接成Y形时线电压等于$\sqrt{3}$倍相电压，所以，当同样三个电容器接成△形时，其补偿容量是接成Y形时的3倍。

如表5-4中的MKK400-D-15-01电容器的补偿容量为

$$Q_{C(\triangle)}=3\omega CU_L^2=3\times2\pi f\times100\times10^{-6}\times400^2\text{var}\approx15\text{kvar}$$

（四）无功功率补偿柜工作原理分析

无功功率补偿柜原理图参见图5-29。

1）主电路分析：三相电流互感器检测主电路电流，供电流测量电路的电流表PA显示。避雷器F的作用是吸收KM操作过电压。电容切换接触器用来控制电容器的投入和切除。电抗器用来滤波。电力电容器用来补偿功率因数。

2）控制电路分析：补偿柜控制电路的主要作用是根据功率因数期望值的需要，控制电容的投入或切除。期望功率因数的值由无功功率补偿器DBW来设定，电路实际功率因数由DBW根据电压（DBW_{LN}）和电流（DBW_{KI}）来计算。**特别注意的是**：DBW的K、I端电流是来自于进线柜的电流互感器。如果线路实际功率因数小于期望值，则DBW控制接触器1KM～12KM线圈得电，投入电容器补偿；如果实际功率因数大于期望值，则DBW控制接触器1KM～12KM线圈断电，切除电容器。

四、相关理论知识

1. 进行无功功率补偿的意义

在电力系统中，任何设备的额定容量都是以它的额定视在功率来衡量的。例如，一台交流发电机的额定电压是10kV，额定电流是1500A，则它的额定容量$S=15000$kVA。但是，它能否输出那么多能量呢？这还要看负载的功率因数而定。当功率因数$\cos\varphi=0.6$时，它的实际输出为15000×0.6kW=9000kW，如果负载的功率因数$\cos\varphi=0.95$，则它的实际输出为15000×0.95kW=14250kW，可见，同样的发电机，当负载功率因数提高时，它提供的有功功率会增加。

负载功率因数越高，电线输电的效率也越高。在负载电压U和功率P都一定时，线路电流为$I=\dfrac{P}{U\cos\varphi}$，$\cos\varphi$越大，线路电流$I$就越小，输电线上的功率损耗（$I^2R$）就越小，输电效率就越高。

总之，功率因数的提高，既可以使发电设备的容量得到充分利用，又可以使电能得到大量节约。所以，我国原电力工业部在1996年颁布施行的《供电营业规则》中规定：农业用户功率因数必须为0.80以上，100kVA以上的高压供电用户功率因数必须为0.9以上，其他电力用户功率因数必须为0.85以上。凡功率因数达不到要求的，供电企业可拒绝供电。国家还规定了按照功率因数调整电费的办法，以激励用户进行无功补偿，提高功率因数。

2. 无功功率补偿柜补偿电容量的计算

无功功率补偿容量可按下式计算：

$$Q_c=P\ (\tan\varphi_1-\tan\varphi_2)$$

式中，Q_c为无功功率补偿容量；φ_1为补偿前的功率因数角；φ_2为补偿后的功率因数角；P为负载的有功功率。

【例5-1】 某变压器的低压侧负载有功功率为300kW，功率因数$\cos\varphi_1=0.63$，如果用电容器进行补偿，使其功率因数达到$\cos\varphi_2=0.92$，试求需用电容器的总容量。如果每个三相电容器的容量为25kvar，则需要多少组电容器？

解

$$Q_c=P(\tan\varphi_1-\tan\varphi_2)=300\times[\tan(\arccos0.63)-\tan(\arccos0.92)]=242\text{kvar}$$

即需要电容器的总容量是 242kvar。

由于每个三相电容器的容量为25kvar，所以需要 10 组电容器。因此可以选择 BR6000 系列无功功率补偿器，它可以控制 12 组电容器的投切。

五、作业

5-5-1　分析无功功率补偿器投入和切换的过程。

5-5-2　某变压器的低压侧负载有功功率为 500kW，功率因数 $\cos\varphi_1=0.65$，如果用电容器进行补偿，使其功率因数达到 $\cos\varphi_2=0.90$，则需要电容器的总容量为多大？如果每个三相电容器的容量为 15kvar，则需要多少组电容器？

模块六　出线柜工作原理分析

一、教学目标

能够分析出线柜的工作过程。

二、工作任务

分析出线柜的工作原理。

三、相关实践知识

出线柜工作原理图如图 5-34 所示。

出线柜的主要任务是控制低压断路器的分、合闸，其电气线路比较简单。

1）合闸电路原理分析。通电后，电动机 M 得电开始储能，储能结束后，QX5（1-2）断开，M 断电。按下 SB1，断路器 QF3 合闸线圈 QX6（7-8）得电，断路器合闸，同时合闸指示灯 HR 亮。

2）分闸电路原理分析。出线柜分闸电路可以分为手动分闸及故障分闸。

①手动分闸：按下 SB2，断路器分闸线圈 QX6（13-14）得电，断路器分闸。

②故障分闸：当电路发生过载、短路等故障时，断路器的电子脱扣器动作，断路器分闸。

四、相关理论知识

（一）出线柜断路器选择

1. 低压断路器的类型选择

根据线路及电气设备的额定电流及对保护的要求来选择低压断路器的类型。若额定电流较小（600A 以下），短路电流不太大，则可选用塑壳式断路器；若短路电流相当大，则应选用限流式断路器；若额定电流很大或需要选择型断路器时，则应选择万能式断路器；若有剩余电流保护要求时，应选用剩余电流保护断路器等；控制和保护硅整流装置及晶闸管的断路器，应选用直流快速断路器。

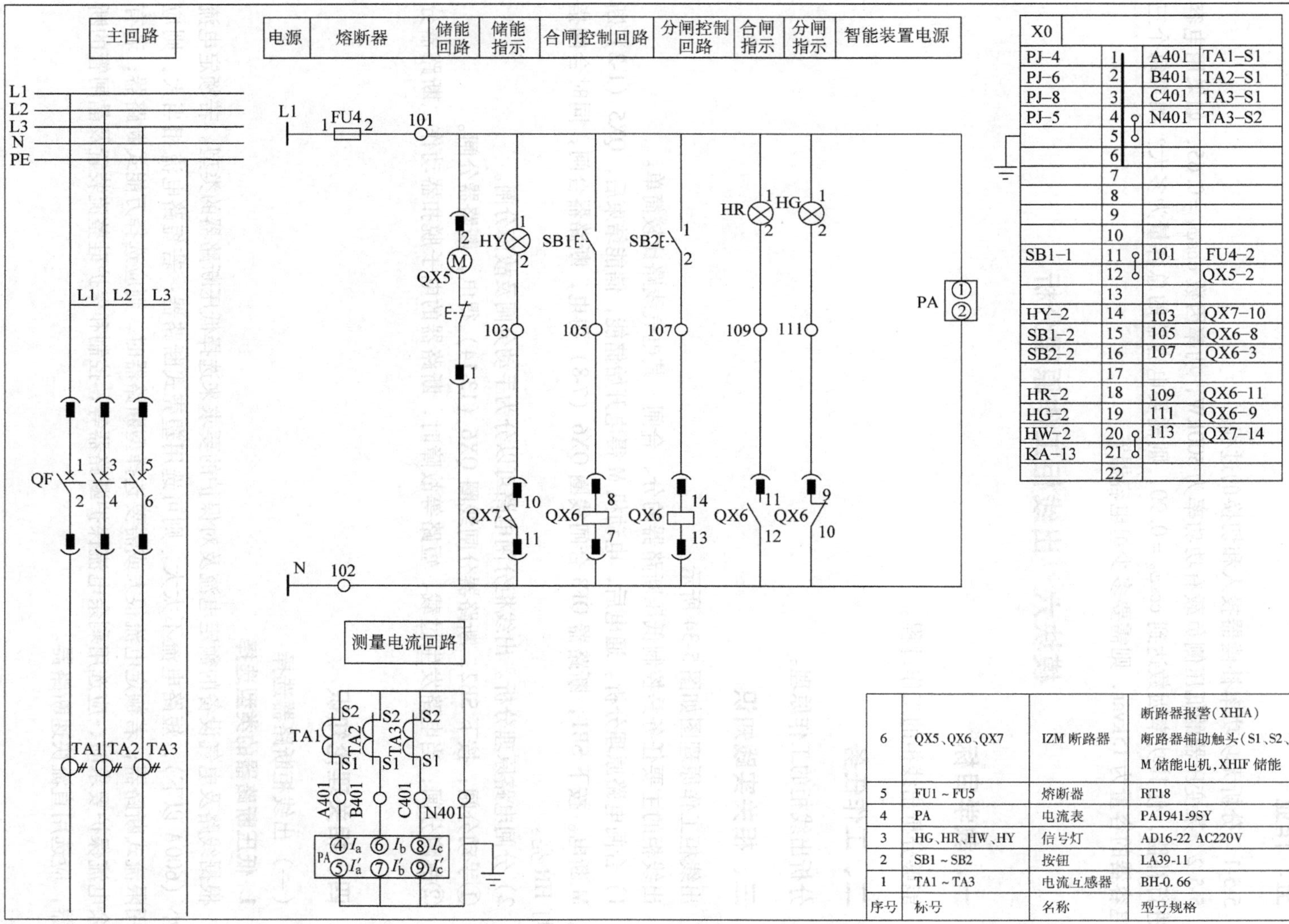

序号	标号	名称	型号规格	数量	备注
6	QX5、QX6、QX7	IZM 断路器	断路器报警（XHIA） 断路器辅助触头（S1、S2、S3、S4） M 储能电机，XHIF 储能	1	
5	FU1 ~ FU5	熔断器	RT18	5	
4	PA	电流表	PA1941-9SY	1	
3	HG、HR、HW、HY	信号灯	AD16-22 AC220V	4	
2	SB1 ~ SB2	按钮	LA39-11	2	
1	TA1 ~ TA3	电流互感器	BH-0.66	3	

图 5-34　出线柜工作原理图

2. 低压断路器电气参数一般选用原则

1）低压断路器的额定工作电压应不小于线路额定电压。

2）低压断路器过电流脱扣器和热脱扣器的额定电流应不小于线路的计算电流。

3）低压断路器的额定电流应不小于它所安装的过电流脱扣器与热脱扣器的额定电流。

4）低压断路器的额定短路通断能力应大于或等于线路中可能出现的最大短路电流，一般按有效值计算。

5）线路末端单相对地短路电流等于或大于1.25倍低压断路器瞬时（或短延时）脱扣器整定电流。

6）低压断路器欠电压脱扣器额定电压应等于线路额定电压。

7）低压断路器分励脱扣器额定电压应等于控制电源电压。

8）电动操作机构的工作电压应等于控制电源电压。

3. 低压断路器电气参数选择注意事项

选用配电用低压断路器时，除应考虑一般的选用原则外，还应注意以下几点：

1）长延时动作电流整定值应不大于导线容许载流量。对于采用电线电缆的情况，可取电线电缆容许载流量的80%。

2）3倍长延时动作电流整定值的可返回时间不小于线路中起动电流最大的电动机起动时间。

3）短延时动作电流整定值应不小于$1.1(I_{30}+1.35KI_{ND})$。式中，I_{30}为线路的计算电流；K为电动机的起动电流倍数；I_{ND}为电动机的额定电流。

4）瞬时动作电流整定值应不小于$1.1(I_{30}+K_IKI_{NDM})$。式中，K_I为电动机起动电流的冲击系数，一般取1.7~2；I_{NDM}为最大一台电动机的额定电流。

4. 低压断路器与上下级电器保护特性的配合要求

配电线路中上、下级电器应配合好，上、下级低压断路器的过电流保护特性不能相交，应满足配电系统选择性保护的要求。一般来说，前一级断路器宜采用带短延时的过电流脱扣器，而且其动作电流大于后一级瞬时过电流脱扣器动作电流一级以上，至少前一级的动作电流应大于或等于后一级动作电流的1.2倍。对于非重要负荷，允许无选择性切断。

低压断路器与熔断器之间的选择性配合，可按其保护特性曲线来检验，前一级低压断路器可考虑-30%~-20%的负偏差，后一级低压熔断器可考虑+30%~50%的正偏差。在后一级熔断器出口发生三相短路时，前一级动作时间大于后一级动作时间，则说明能实现选择性动作。

（二）低压断路器的使用

1. 安装前的检查

1）外观检查。检查断路器在运输过程中有无损坏，紧固件是否松动，可动部分是否灵活等，如有缺陷，应进行相应的处理或更换。

2）技术指标检查。检查断路器工作电压、电流、脱扣器电流整定值等参数是否符合要求。断路器的脱扣器整定值等各项参数出厂前已整定好，原则上不准再动。

3）绝缘电阻检查。安装前先用500V兆欧表检查断路器相与相、相与地之间的绝缘电阻，在周围空气温度为20℃±5℃和相对湿度为50%~70%时应不小于10MΩ，否则断路器应烘干。

4）清除灰尘和污垢，擦净极面上的防锈油脂。

2. 安装时应注意的事项

1）断路器底板应垂直于水平位置，固定后，断路器应安装平整，不应有附加机械应力。

2）电源进线应接在断路器的上母线上，而接往负载的出线则应接在下母线上。

3）为防止发生飞弧，安装时应考虑到断路器的飞弧距离，并注意到在灭弧室上方接近飞弧距离处不跨接母线。如果是塑壳式产品，进线端的裸母线宜包上200mm长的绝缘物，有时还要求在进线端的各相间加装隔弧板。

4）凡设有接地螺钉的产品，均应可靠接地。

3. 低压断路器的维护

断路器在使用期内，应定期进行全面的维护与检修，主要内容如下：

1）每隔一定时间（一般为半年），清除落于断路器上的灰尘，以保证断路器良好的绝缘。

2）操作机构在使用一段时间（可考虑一至两年一次）后，在传动机构部分应加润滑油（小容量塑壳式断路器不需要）。

3）断路器在因短路分断后或较长时期使用之后，应清除灭弧室内壁和栅片上的金属颗粒和黑烟灰。有的陶瓷灭弧室容易破损，如发现灭弧室破损，绝不要再使用，以免造成不应有的事故。长期未使用的灭弧室（如作为配件的灭弧室），在需要使用前应先烘一次，以保证良好的绝缘。

4）断路器的触头在长期使用后，触头表面会有毛刺、金属颗粒等，应当予以清理，以保证良好的接触。对于可更换的触头，如发现磨损到少于原来厚度的三分之一时要考虑更换。

5）定期检查各脱扣器的电流整定值和延时，特别是电子式脱扣器，应定期用试验按钮检查其动作情况。

6）在定期检查全部检修工作完毕后，应作几次传动试验，检查动作是否正常，特别是对于联锁系统，要确保动作准确无误。

五、拓展性知识

与成套开关设备相关的行业标准和国家标准主要有：JB/T 9661—1999《低压抽出式成套开关设备》；GB 3906—2006《3.6kV～40.5kV 交流金属封闭开关设备和控制设备》；GB 7251.1—2013《低压成套开关设备和控制设备　第1部分：总则》等。

六、作业

分析图5-34所示的出线柜的工作原理。

项目六

高压配电系统分析

【项目概述】 本项目包括三个模块：高压配电所主接线分析；高压开关柜结构分析；高压断路器控制线路分析。项目的设计思路是：通过模块一的教学，重点是让学生对高压配电所有个全面的、整体的认识，并掌握主接线的分析方法；而模块二是针对高压配电所内最重要的配电设备——高压开关柜进行分析，重点是让学生掌握高压开关柜的结构特点，为学生将来进行高压开关柜操作奠定实践基础；模块三针对高压开关柜内最重要的电器——高压断路器的控制进行分析，包括分合闸控制、故障保护等，让学生掌握高压断路器控制系统的分析方法，培养学生从事高压配电系统设计维护的基本能力。

一、教学目标

1）会分析高压供配电系统主接线图。
2）会分析常用高压电气元件的结构与原理。
3）会分析高压继电保护原理。
4）掌握高压配电系统维护方法。

二、工作任务

某 35kV 高压配电所主接线如图 6-1 所示，请分析：
1）主接线工作原理。
2）主接线中高压开关柜的结构。
3）高压开关柜中断路器的分、合闸过程。

模块一　高压配电所主接线分析

一、教学目标

1）会分析系统主接线图工作原理。
2）会分析总降压变电所内桥式接线和外桥式接线的特点。
3）会选择高压配电所进出线方案。

二、工作任务

某企业高压配电所主接线图如图 6-1 所示，请分析其工作原理。

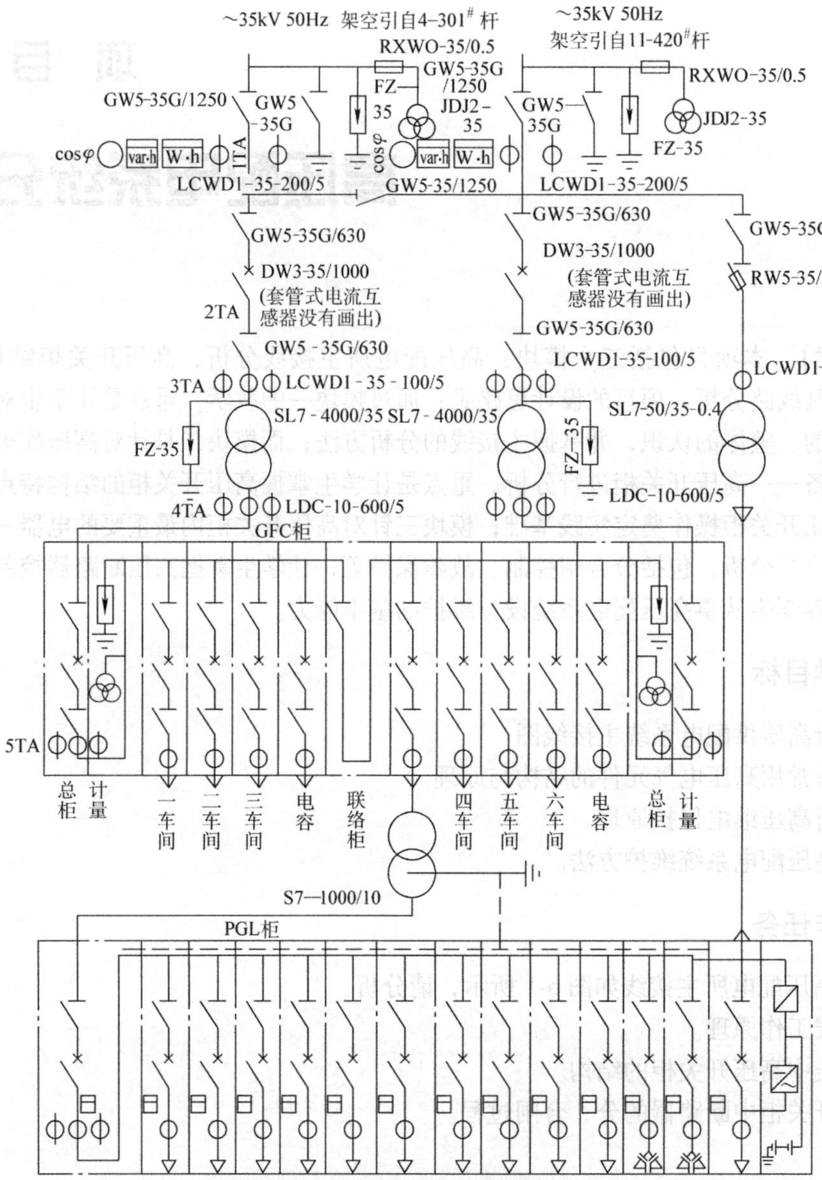

图 6-1　某 35kV 高压配电所主接线图

三、相关实践知识

（一）阅读主接线图和二次接线图

1. 看供配电系统电气图的基本步骤

1）看图样的说明，包括目录、技术说明、设备材料明细表和设计及施工说明书。由此对工程项目设计有一个大致的了解，这有助于抓住识图的重点内容。然后看有关的电气图。看图的步骤一般是从标题栏、技术说明到图形、元件明细表，从整体到局部，从电源到负载，从主电路到副电路（二次回路等）。

2）看电气原理图。在看电气原理图的时候，先要分清主电路和副电路，交流电路和直流电路，再按照先主电路、后副电路的顺序读图。

看主电路时，一般是从上到下，即由电源经开关设备及导线到负载的顺序看；看副电路时，则是由电源开始，依次看各个电路，分析各副电路对主电路的控制、保护、测量及指示功能。

3）看安装接线电路图。看安装接线电路图时总的原则是：先看主电路，再看副电路。在看主电路时是从电源引入端开始，经过开关设备、线路到用电设备；在看副电路的时候，也是从电源出发，按照元件连接顺序依次对回路进行分析。

安装接线电路图是由接线原理图绘制出来的，因此，看安装接线电路图的时候，要结合接线原理对照起来阅读。此外，对回路标号、端子板上内外电路连接的分析，对识图也是有一定的帮助的。

4）看展开接线图。看展开接线图时应该结合电气原理图进行阅读，一般先看展开回路名称，然后从上到下，从左到右。要特别注意的是：在展开接线图中，同一种电气元件的各部件是按照功能分别画在不同回路中的（同一电气元件的各个部件均标注统一项目代号，器件项目代号通常是由文字符号和数字编号组成），因此读图的时候要注意这种元件各个部件动作之间的关系。

同样要指出的是，一些展开接线图中的回路在分析其功能时往往不一定是按照从左到右、从上到下的顺序动作的，可能是交叉的。

5）看平面、剖面布置图。在看电气图时，要先了解土建、管道等相关图样，然后看电气设备的位置，由投影关系详细分析各设备位置的具体尺寸，并搞清楚各电气设备之间的相互连接关系，线路引出、引入走向等。

2. 变配电所电气主接线图的识图步骤

电气主接线图是变配电所的主要图样，要看懂它一般可按以下步骤进行。

1）了解变配电所的基本情况：变配电所在系统中的地位和作用，变配电所的类型。

2）了解变压器的主要技术参数：额定容量、额定电流、额定电压、额定频率及联结组标号。

3）明确各个电压等级的主接线基本形式：先看高压侧（电源侧）的基本形式，有无母线，是单母线还是双母线，母线是否分段；再看低压侧的接线。

4）检查开关设备的配置情况：从控制、保护、隔离的作用出发，检查各路进线和出线上是否配置了开关设备，配置是否合理，配置能否保证系统的运行和检修。

5）检查互感器的配置情况：从保护和测量的要求出发，检查是否在应该装互感器的地方都安装了互感器，电流互感器的个数和安装的相别是否合理，电流互感器的铁心数（即二次绕组数）是否满足需要。

6）检查避雷器的配置情况：有些主接线图并不绘出避雷器的配置，则不必检查；当电气主接线图绘有避雷器时，则应检查是否配置齐全。

7）综合评价：按主接线的基本要求，从安全性、可靠性、经济性和方便性四个方面，对该电气主接线图进行分析，指出优缺点，得出综合评价。

3. 二次回路图的阅读方法

二次回路图在绘制时遵循着一定的规律，看图时首先应清楚电路图的工作原理、功能以及图样上所标符号代表的设备名称，然后再看图样。

（1）看图的基本要领

1）先交流，后直流。

2）交流看电源，直流找线圈。

3）查找继电器的线圈和相应触头，分析其逻辑关系。

4）先上后下，先左后右，结合端子排图和屏后安装图看图。

（2）阅读展开图基本要领

1）直流母线或交流电压母线用粗线条表示，以区别于其他回路的联络线。

2）继电器和每一个小的逻辑回路的作用都在展开图的右侧注明。

3）展开图中各元件用国家统一的标准图形符号和文字符号表示，继电器和各种电气元件的文字符号与相应原理图中的符号应一致。

4）继电器的触头和电气元件之间的连接线段都有数字编号（回路编号），便于了解该回路的用途和性质，以及根据标号能进行正确连接，以便安装、施工、运行和检修。

5）同一个继电器的文字符号与其触头的文字符号相同。

6）各种小母线和辅助小母线都有标号，便于了解该回路的性质。

7）对于展开图中个别继电器，或该继电器的触头在另一张图中表示，或在其他安装单位中有表示时，都在图上说明去向，并用点划线将其框起来，对任何引进触头或回路也要说明来处。

8）直流回路正极按奇数顺序标号，负极按偶数顺序编号。回路经过元件时其标号也随之改变。

9）常用的回路都有固定编号，如断路器的跳闸回路是33，合闸回路是3等。

10）交流回路的标号除用三位数外，前面还加注文字符号，交流电流回路使用的数字范围是400～599，电压回路为600～799，其中个位数字表示不同的回路，十位数字表示互感器的组数。回路使用的标号组要与互感器文字符号前的“数字序号”相对应。

（二）变配电所电气主接线图分析

某变配电所的主接线图如图6-1所示，包括35/10kV的中心变电所和10/0.4kV的变电室两个部分，中心变电所的作用是把35kV的电压降到10kV，并把10kV电压送到厂区各个车间的10kV变电室中去，供车间动力、照明及自动装置用电；10/0.4kV变电室的作用是把10kV电源降到0.4kV，并把0.4kV送至厂区办公、食堂、文化娱乐及宿舍等公共用电场所。

从这张电气主接线图中可以看出，该系统有三级电压，这三级电压是用变压器连接的，它们的主要作用就是把电能分配出去，再输送给各个电力用户。变配电所内还装设了保护、控制、测量、信号及功能齐全的自动装置，由此显示出变配电装置的复杂性。

系统为两路35kV供电，来自不同的电站，进户处设置接地隔离开关、避雷器、电压互感器。其中设置接地隔离开关的目的是线路停电时，该接地隔离开关闭合接地，站内可以进行检修，减去了挂临时接地线的工作。

与接地隔离开关关联的另一组隔离开关是把电源送到高压母线上的开关，并设置电流互感器，与电压互感器构成测量电能的取样元件。

高压母线分两段，并用隔离开关作为联络开关，当一路电源故障或停电时，可将联络开关合上，两主变压器可由另一路电源供电。联络开关两侧的母线必须经过核相，保证它们的相序相同。

每段母线设置一台主变压器，变压器由 DW3 油断路器控制，并在断路器两侧设置隔离开关 GW5，以保证断路器检修时安全。

变压器两侧设置电流互感器 3TA 和 4TA，以便构成差动保护的测量回路，同时在主变压器进口侧设置一组避雷器，以实现主变压器过电压保护。在进户处设置的避雷器是保护电源进线和母线过电压的。油断路器的套管式电流互感器 2TA 作保护测量用。

变压器出口侧引入高压室内的 GFC 型开关计量柜，柜内设有电流互感器、电压互感器供测量保护用，还设有避雷器保护 10kV 母线过电压。10kV 母线由联络柜联络。

馈电柜由 10kV 母线接出，GFC 馈电开关柜设置有隔离开关和断路器，其中一台柜直接控制 10kV 公共变压器。GFC 型柜为封闭式手车柜。

馈电柜将 10kV 电源送至各个车间及大型用户，10kV 公共变压器的出口引入低压室内的低压总柜上，总柜内设有刀开关和低压断路器，并设有电流互感器和电能表作为测量元件。

由 35kV 母线经 GW5 隔离开关、RW5 跌落式熔断器引至一台站用变压器 SL7-50/35-0.4，专供站内用电，并经过电缆引至低压中心变电室的站用柜内。这是一台直接将 35kV 变为 400V 的变压器，与主变压器的电压等级相同。

低压变电室内设有 4 台 UPS，供停电时动力和照明用，以备检修时有足够的电力。

四、拓展性知识

（一）桥式接线

桥式接线有内桥式接线和外桥式接线两种，如图 6-2 和图 6-3 所示。

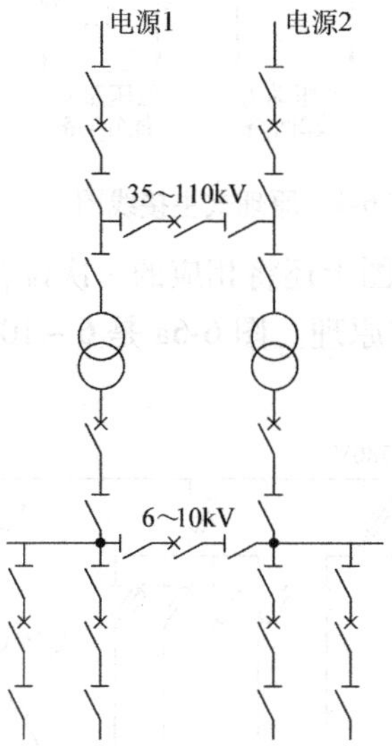

图 6-2　内桥式接线

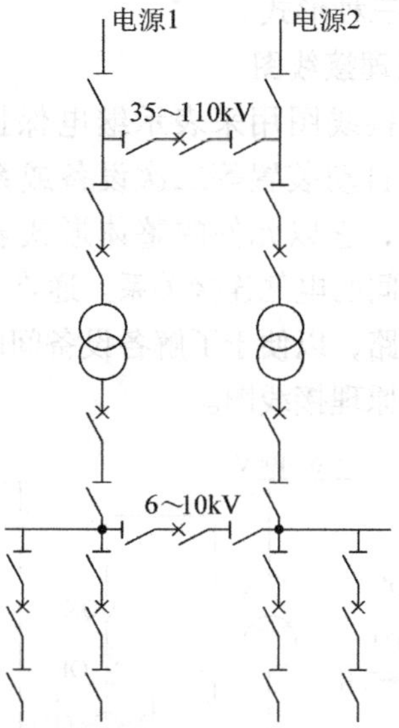

图 6-3　外桥式接线

内桥式接线适用于 35kV 及以上的电源线路较长和变压器不需要经常操作的系统中，可供一、二级负荷使用。

外桥式接线适用于 35kV 及以上的电源线路较短且变压器需要经常操作的系统中，也可供一、二级负荷使用。

（二）配电装置式主接线图

按照电能输送和分配的顺序，用规定的符号和文字来表示设备的相互连接关系的主接线图，可以称为原理式主接线图。这种图主要在设计过程中，进行分析、计算和选择电气设备时使用；在运行中的变电所值班室中，作为模拟演示供配电系统运行状况用。在工程设计的施工设计阶段和安装施工阶段，通常需要把主接线图转换成另外一种形式，即按高压或低压配电装置之间的相互连接和排列位置而画出的主接线图，我们称之为配电装置式主接线图，利用该图便于成套配电装置的订货采购和安装施工。

以图 6-4 所示的原理式主接线图为例，经过转换，可以得出图 6-5 所示的配电装置式主接线图。

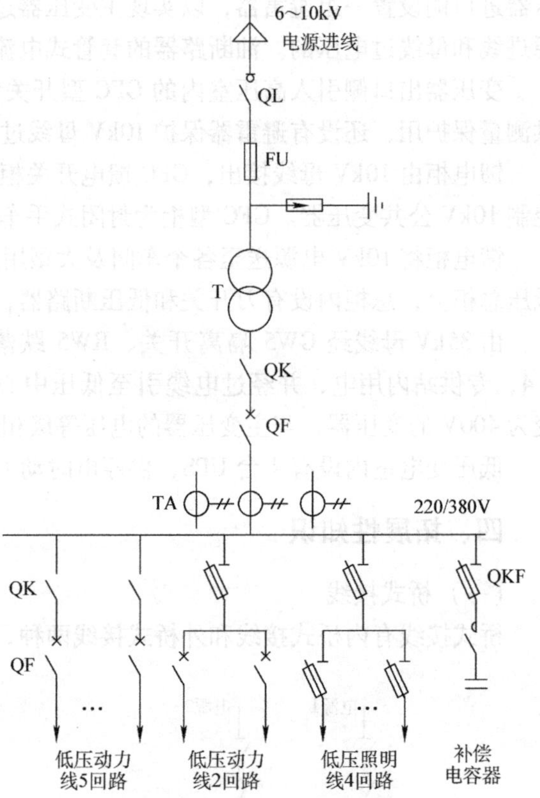

图 6-4　原理式主接线图

（三）二次接线图

反映二次接线间关系的图称为二次接线图或二次回路图。二次接线图按用途可分为原理接线图、展开接线图和安装接线图三种形式。

1. 原理接线图

原理接线图用来表示继电保护、监视测量和自动装置等二次设备或系统的工作原理，它以元件的整体形式表示各二次设备间的电气连接关系。通常在二次回路的原理接线图上还将相应的一次设备画出，构成整个回路，以便于了解各设备间的相互工作关系和工作原理。图 6-6a 是 6 ~ 10kV 线路的测量回路原理接线图。

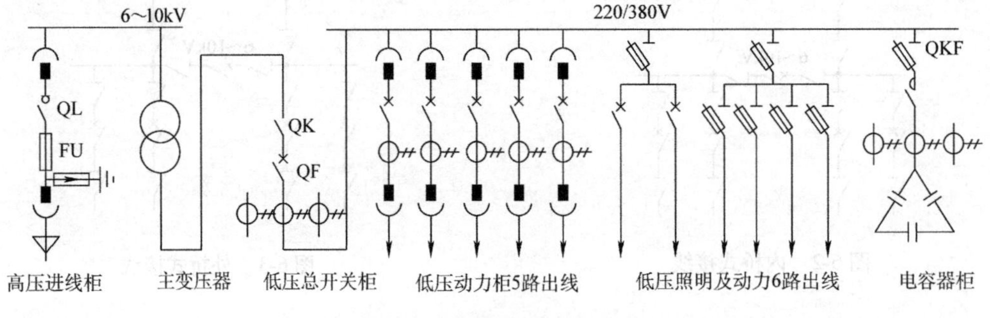

图 6-5　配电装置式主接线图

从图 6-6a 中可以看出，原理接线图概括地反映了过电流保护装置、测量仪表的接线原理及相互关系，但没有注明设备内部接线和具体的外部接线，对于复杂的回路难以分析和找出问题，因而仅有原理接线图还不能对二次回路进行检查维修和安装配线。

2. 展开接线图

展开接线图中按二次接线使用的电源分别画出各自的交流电流回路、交流电压回路、操作电源回路中各元件的线圈和触头，所以，属于同一个设备或元件的电流线圈、电压线圈、控制触头应分别画在不同的回路里。为了避免混淆，对同一设备的不同线圈和触头应用相同的文字标号，但各支路需要标上不同的数字回路标号，如图 6-6b 所示。

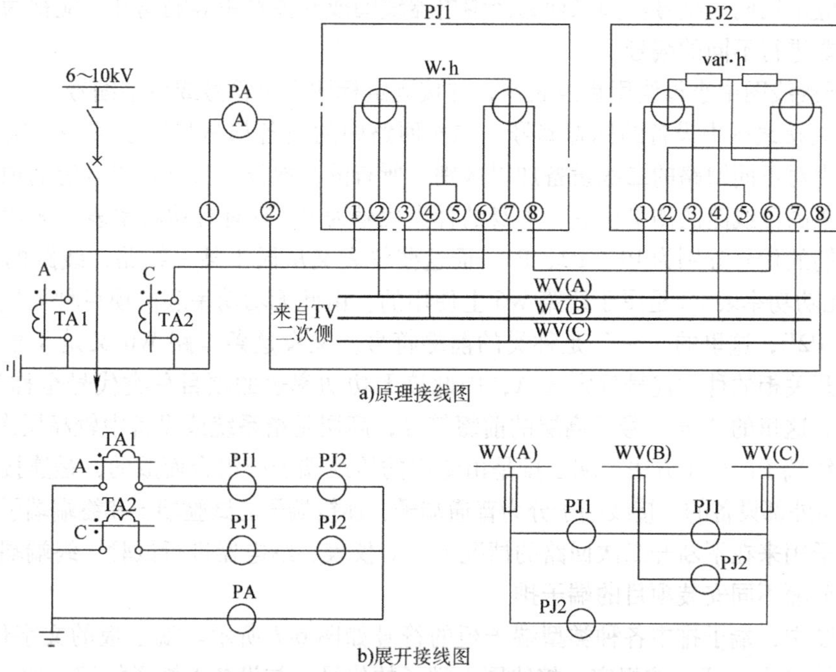

图 6-6 6～10kV 线路的测量回路原理接线图和展开接线图

TA1、TA2—电流互感器 TV—电压互感器 PA—电流表

PJ1—三相有功电能表 PJ2—三相无功电能表 WV—电压小母线

二次接线展开图中所有开关电器和继电器触头都是按开关断开时的位置和继电器线圈中无电流时的状态绘制的。由图 6-6b 可见，展开图接线清晰，回路次序明显，易于阅读，便于了解整套装置的动作顺序和工作原理，对于复杂线路的工作原理的分析更为方便。

3. 安装接线图

安装接线图是进行现场施工不可缺少的图样，是制作和向厂家加工订货的依据。它反映的是二次回路中各电气元件的安装位置、内部接线及元件间的线路关系。

二次安装接线图包括屏面元件布置图、屏背面接线图和端子板接线图等几个部分。屏面元件布置图按照一定的比例尺寸将屏面上各个元件和仪表的排列位置及其相互间距离尺寸表示在图样上。其外形尺寸应参照国家标准屏柜尺寸，以便和其他控制屏并列时美观整齐。

4. 二次接线图中的标志方法

为便于安装施工和投入运行后的检修维护，在展开接线图中应对回路进行编号，在安装接线图中对设备进行标志。

（1）展开接线图中的回路编号　对展开接线图进行编号可以方便维修人员进行检查以及正确地连接，根据展开接线图中回路的不同，如电流、电压、交流、直流等，回路的编号也进行相应地分类。具体进行编号的原则如下：

1）回路的编号由3个或3个以内的数字构成。对交流回路要加注A、B、C、N区分相别，对不同用途的回路都规定了编号的数字范围，各回路的编号要在相应数字范围内。

2）二次回路的编号应根据等电位原则进行。即在电气回路中，连接在一起的导线属于同一电位，应采用同一编号。如果回路经继电器线圈或开关触头等隔离开，应视为两端不再是等电位，要进行不同的编号。

3）展开接线图中小母线用粗线表示，并按规定标注文字符号或数字编号。

（2）安装接线图中设备的标志编号　二次回路中的设备都是从属于某些一次设备或一次线路的，为对不同回路的二次设备加以区别，所有的二次设备必须标以规定的项目种类代号。例如，某高压线路的测量仪表，本身的种类代号为P，现有有功功率表、无功功率表和电流表，它们的代号分别为P1、P2、P3。而这些仪表又从属于某一线路，线路的种类代号为W6，设无功功率表P2是属于线路W6上使用的，由此无功功率表的项目种类代号全称应为“-W6-P2”，这里的“-”是种类的前缀符号。又设这条线路W6又是8号开关柜内的线路，而开关柜的种类代号规定为A，因此该无功功率表的项目种类代号全称为“=A8-W6-P2”。这里的“=”号是高层的前缀符号，高层是指系统或设备中较高层次的项目。

（3）接线端子的标志方法　端子排是由专门的接线端子板组合而成的，是连接配电柜之间或配电柜与外部设备的。接线端子分为普通端子、连接端子、试验端子和终端端子等形式。

试验端子用来在不断开二次回路的情况下，对仪表、继电器进行试验。终端端子板则是用来固定或分隔不同安装项目的端子排。

在接线图中，端子排中各种类型端子板的符号如图6-7所示。端子板的文字代号为X，端子的前缀符号为“:”。按规定，接线图上端子的代号应与设备上端子标记一致。

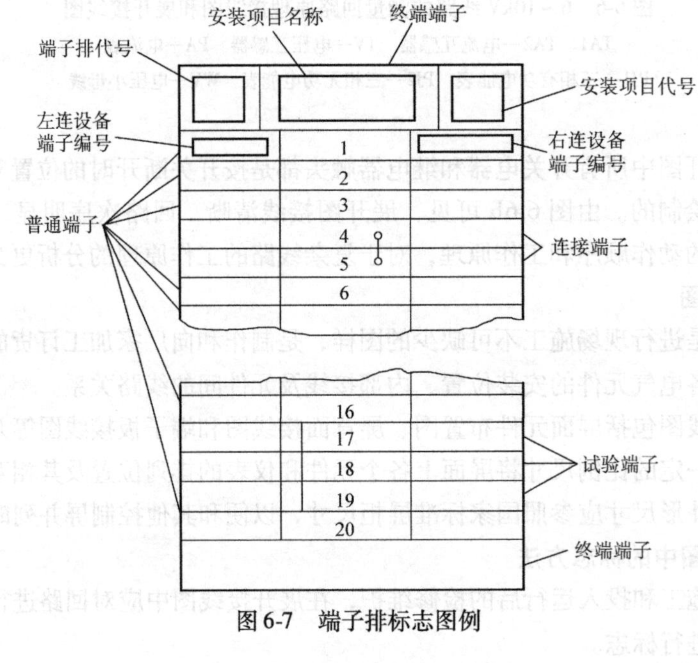

图6-7　端子排标志图例

（4）连接导线的表示方法 安装接线图既要表示各设备的安装位置，又要表示各设备间的连接，如果直接绘出这些连接线，将使图样上的线条难以辨认，因而一般在安装接线图上表示导线的连接关系时，只在各设备的端子处标明导线的去向。标志的方法是在两个设备连接的端子出线处互相标以对方的端子号，这种标注方法称为“相对标号法”。如 P1、P2 两台设备，现 P1 设备的 3 号端子要与 P2 设备的 1 号端子相连，标志方法如图 6-8 所示。

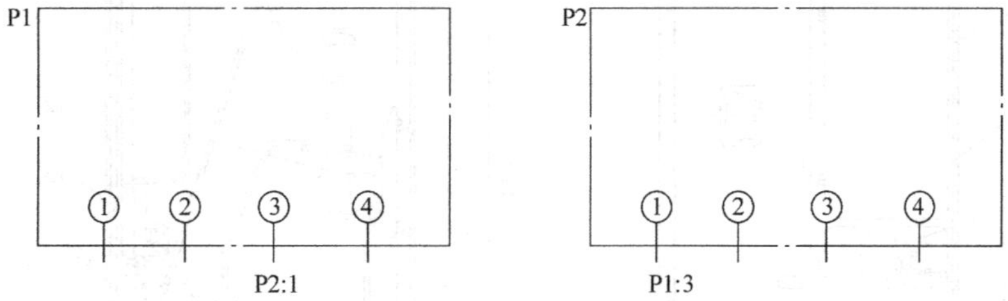

图 6-8 连接导线的表示方法

五、作业

6-1-1 对变配电所的主接线方案有哪些基本要求？

6-1-2 什么是二次回路？它包括哪些部分？

6-1-3 接线端子分为哪几种形式？各起什么作用？

6-1-4 变电所的内桥式接线和外桥式接线各有何特点？各适用于什么情况？

模块二 高压开关柜结构分析

一、教学目标

1）会分析高压开关柜的结构。

2）会分析高压开关柜内主要元器件的功能。

二、工作任务

1）某固定式高压开关柜结构如图 6-9 所示，请分析其组成部分及作用。

2）某手车式高压开关柜结构如图 6-10 所示，请分析其组成部分及作用。

三、相关实践知识

（一）高压开关柜内元器件认识

GG-1A（F）固定式高压开关柜适用于 3～10kV 三相 50Hz 交流单母线系统中作为接受和分配电能之用，下面介绍其主要组成元件。

1. 高压隔离开关

高压隔离开关属于高压开关的一种。由于它没有专门的灭弧结构，所以不能用来切断负载电流和短路电流，但可造成电网或主接线电路中的明显断开点。使用时，它应与断路器配合，只有在断路器断开后才能进行操作。

（1）隔离开关的用途与要求

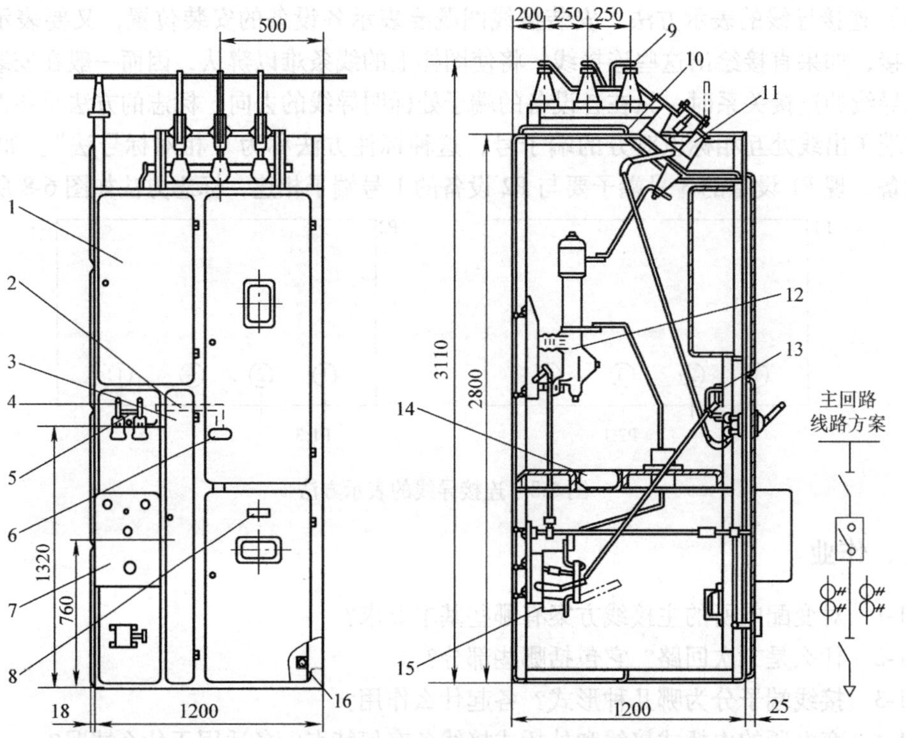

图6-9　GG-1A（F）固定式开关柜结构图

1— 继电器室　2—隔离开关操动机构与右侧上、下门机械联锁　3—端子室　4—隔离开关操动机构　5—隔离开关操动机构机械联锁　6—紧急解锁标牌　7—断路器操动机构　8—高电压带电显示装置　9—主母线　10—母线隔板　11—母线侧隔离开关　12—断路器　13—柜内照明　14—中隔板　15—线路侧隔离开关　16—接地螺栓

1）电力系统中隔离开关的主要用途是：

①将电气设备与带电的电网隔离，以保证被隔离的电气设备有明显的断开点，从而可安全地进行检修。

②改变运行方式。在双母线的电路中，可利用隔离开关将设备或线路从一组母线切换到另一组母线上去。

③接通和断开小电流电路。如可利用隔离开关进行下列操作，接通和断开：电压互感器和避雷器电路；电压为10kV、长度为5km以内的空载输电线路；电压为35kV、容量为1000kVA及以下或电压为110kV、容量为3200kVA及以下的空载变压器；电压为35kV、长度为10km以内的空载送电线路等。

2）按照隔离开关担负的任务，它应满足于以下要求：

①隔离开关应具有明显的断开点，易于鉴别电器是否与电网断开。

②隔离开关断开点之间应有可靠绝缘，即要求隔离开关断开点之间应有足够的距离，以保证在恶劣的气候条件下也能可靠工作，并在过电压及相间闪络的情况下，不致因断开点击穿而危及人身安全。

③它在运行中，会受到短路电流的热效应和电动力的作用，故它应具有足够的热稳定性和动稳定性，尤其不能因电动力的作用而自动断开，否则将引起严重事故。

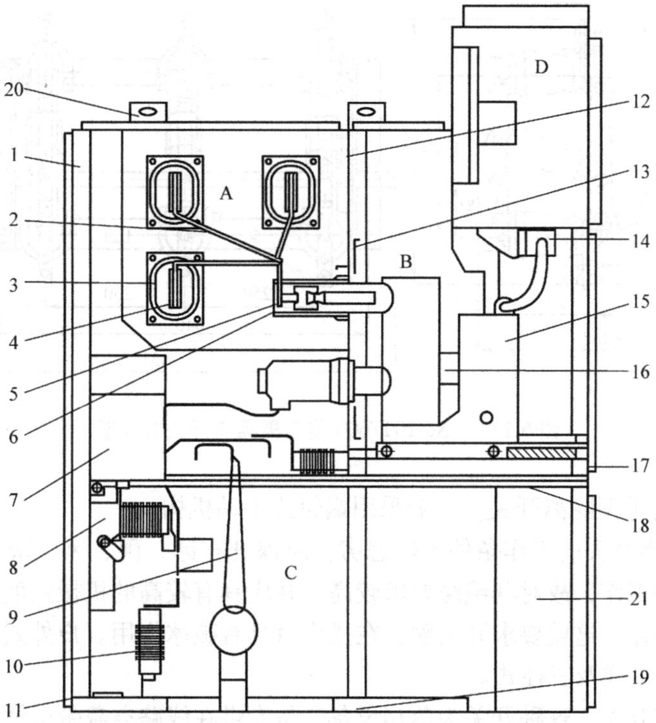

图6-10　KYN28A-12型户内金属铠装手车式高压开关柜结构图

1—外壳　2—分支小母线　3—母线套管　4—主母线　5—静触头装置　6—静触头盒　7—电流互感器　8—接地开关　9—电缆　10—避雷器　11—接地主母线　12—装卸式隔板　13—隔板(活门)　14—二次插头　15—断路器手车　16—加热装置　17—可抽出式水平隔板　18—接地开关操动机构　19—底板　20—泄压装置　21—控制小母线

④隔离开关的结构应尽可能简单，动作要可靠。

⑤带有接地闸刀的隔离开关必须有联锁机构，以保证先断开隔离开关后再合上接地闸刀，先断开接地闸刀后再合上隔离开关的操作顺序。

(2) 隔离开关的类型　隔离开关可按下列不同方式进行分类：

1) 按绝缘支柱的数目可分为单柱式、双柱式和三柱式3种。

2) 按闸刀的运行方式可分为水平旋转式、垂直旋转式、摆动式和插入式4种。

3) 按装设地点可分为户内式和户外式两种。

4) 按有无接地闸刀可分为有接地闸刀和无接地闸刀两种。

5) 按隔离开关的极数可分为单极和三极隔离开关两种。

6) 按隔离开关配用的操动机构可分为手动、电动和气动操作等类型。

(3) 隔离开关的结构

1) 户内式隔离开关有单极或三极的，且都是闸刀式的，其可动触头（闸刀）装设时必须与支持绝缘的轴垂直，并且大多是线接触。下面对常用户内式GN6型隔离开关作简要介绍：GN6-10T/600型三极隔离开关的外形如图6-11所示。它的动触头每相有两条铜制的闸刀，用弹簧紧夹在静触头两边，并形成线接触，以增加接触压力，提高电动稳定性。

户内式隔离开关一般采用手动操动机构；轻型隔离开关采用杠杆式手动机构；额定电流

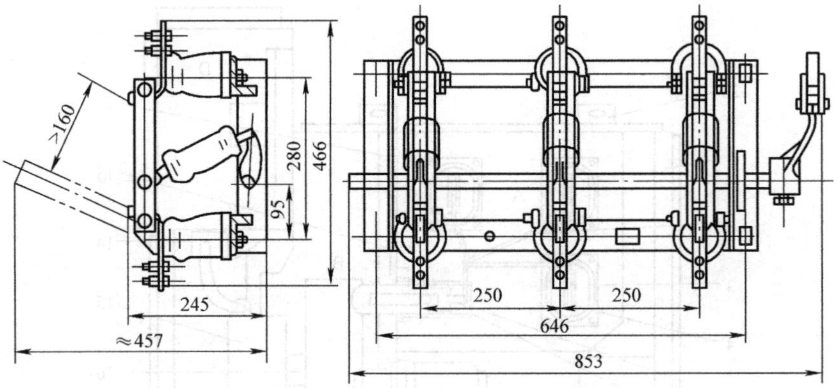

图 6-11　GN6-10T/600 型三极隔离开关的外形

在 3000A 及以上的重型隔离开关，一般采用蜗轮式手动机构。

2）户外式隔离开关的工作条件比较恶劣，应保证在冰、雨、风、灰尘、严寒和酷热等条件下均能可靠地工作，故对其绝缘要求较高，并应具有较高的机械强度。此外，它还有可能在触头结冰时操作，这就要求开关触头在操作时具有破冰作用。户外式隔离开关可分为单柱式、双柱式、V 形式及三柱式。

①单柱式隔离开关。这种开关为单相设备，是专供在线路空载带电情况下，分、合变压器中性点接地线路用的。它由支持绝缘子、对地绝缘子、静触头、闸刀及底板构成。正常情况下隔离开关处于合闸位置；需分闸时，操动机构带动主轴，使闸刀转 90°到分闸位置。其优点是结构紧凑、占地面积小。

②双柱式户外隔离开关。这种隔离开关每相只有两组绝缘子，操作时两组绝缘子水平移动，使闸刀合上或打开。它的闸刀是左右移动的，结构简单，体积小。其缺点是当隔离开关分闸时，由于闸刀移动而使带电导体相间距离缩小。

③V 形式隔离开关。V 形式隔离开关的基本结构与双柱式相同。常见的有 GW5-110D 型隔离开关，其结构如图 6-12 所示，它与 GW4-110 型相比较，其底座尺寸更小，可节约钢材，使配电装置中的水泥支架和基础尺寸也相应缩小。

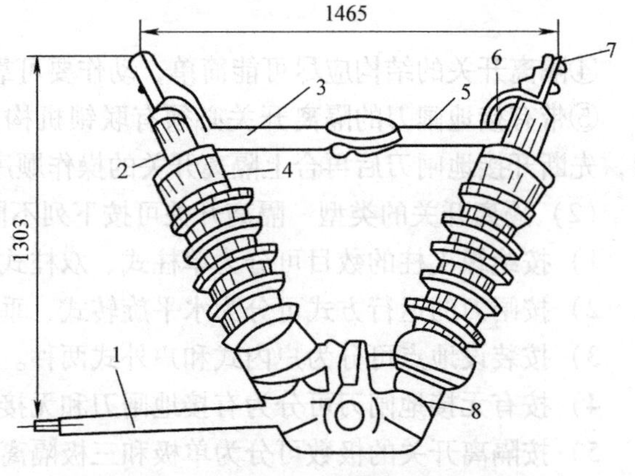

图 6-12　GW5-110D 型隔离开关结构

1—接地闸刀　2—支承座　3、5—闸刀　4—棒式绝缘子
6—挠式导体　7—接线端子　8—底座

（4）隔离开关的技术参数　各型号隔离开关的技术参数分别见附录表 24 和附录表 25。

2. 高压负荷开关

（1）高压负荷开关的类型和特点　高压负荷开关在分闸状态时有明显的断口，可起隔离开关作用，同时可切断和闭合额定电流以及规定的过载电流，与熔断器配合使用时，可保护线路。负荷开关在柜架上配有跳扣、凸轮和快速合闸弹簧，组成了快速合闸机构。

高压负荷开关分为户内型及户外型。户内负荷开关有 FN2、FN3、FN4 及 FN5 型等，其中 FN4 为真空式负荷开关，FN5 为轻小型负荷开关，这两系列均已有性能较好的新产品。目前市场上多采用 FN2-10R 及 FN3-10R 型户内压气式负荷开关，其灭弧原理是：分闸时，主轴带动活塞压缩空气，使压缩空气从喷嘴中高速喷出，以吹熄电弧，因此灭弧性能较好。FN5-10D 型负荷开关在闸刀的中部装有灭弧管，灭弧管内有整套灭弧装置，性能更优。

FN3 型和 FN5 型负荷开关有三种形式：①无熔断器的负荷开关；②上熔断器的负荷开关（-10R/S）；③下熔断器的负荷开关（-10R）。

户外负荷开关有 FW5 型产气式负荷开关，适用于户外柱上安装，其灭弧系统采用固体产气元件。它在电弧高温下时会产生大量气体，沿喷嘴高速喷出，形成强烈的纵吹作用，使电弧很快熄灭。

（2）负荷开关外形与结构　FN3-10R 型高压负荷开关结构如图 6-13 所示。

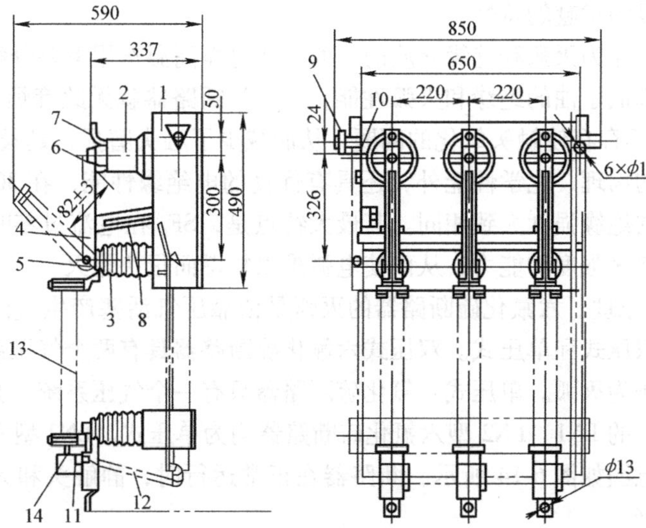

图 6-13　FN3-10R 型高压负荷开关结构图

1—框架　2—上绝缘子　3—下绝缘子　4—闸刀　5—下触座　6—主动触头　7—主静触头　8—绝缘拉杆　9—拐臂　10—接地螺钉　11—熔断器　12—拉杆　13—熔断管　14—插座

（3）负荷开关的技术数据　户内各种负荷开关的主要技术性能与所配熔断器数据，可分别参见附录表 26 ~ 附录表 30。

3. 高压断路器

高压断路器是高压开关设备中一种最复杂、最重要的电器，在规定的使用条件下，可分合正常条件下的负荷电流，当有短路故障发生时，在继电保护装置的作用下，可切断短路故障电流。在高压供配电系统中，切断短路电流时，要产生强烈的电弧，因此高压断路器必须具有可靠的灭弧装置。高压断路器是能够实现控制与保护双重作用的电器。

高压断路器按其使用的场所不同，可分为户内式和户外式；按其灭弧介质不同，可分为油断路器、真空断路器、六氟化硫断路器和固体产气断路器等。

（1）六氟化硫断路器

1）概述。六氟化硫断路器是利用 SF_6 气体作灭弧和绝缘介质的一种断路器。它在 20 世纪60年代初开始应用于35kV以上电网，到20世纪70年代中期开始应用于中压（3.6～35kV）电网。此前油断路器在电力系统中一直占有绝对优势，目前已被六氟化硫断路器等无油化开关代替。

SF_6是一种无色、无味、无毒且不易燃的惰性气体。SF_6是液化气体，当其密度不变时，绝缘强度保持恒定，而与温度无关，故密度决定了设备的绝缘水平。通常对气体压力加以规定，因为压力是一个较易测量的量值。经试验证明，SF_6气体的绝缘强度比同压力的空气高2.9～3倍，因此较低压力的SF_6气体便可满足绝缘强度的要求。在150℃以下时，SF_6的化学性能极为稳定，但它在电弧高温作用下要分解，分解出的氟（F_2）有较强的腐蚀性和毒性，且能与触头的金属蒸气化合为一种具有绝缘性能的白色粉末状的氟化物，因此这种断路器的触头一般设计成具有自动净化的功能，能使上述的分解和化合作用所产生的活性杂质大部分在电弧熄灭后极短时间（几微秒）内自动还原。SF_6不含碳元素（C），这对于灭弧和绝缘介质来说，是极为优越的特性。

油断路器是用油作为灭弧和绝缘介质的，而油在电弧高温作用下要分解出碳，使油中的含碳量增加，从而降低了油的绝缘和灭弧性能，而SF_6断路器就无此麻烦。SF_6又不含氧元素（O），因此它也不存在使触头氧化的问题，从而减少了触头磨损，延长了使用寿命。SF_6除了具有上述优良的物理、化学性能外，还具有优良的电绝缘性能，在300kPa下，其绝缘强度与一般绝缘油的绝缘强度大致相同。其最大特点是，SF_6在电流过零时，电弧暂时熄灭后，具有迅速恢复绝缘强度的能力，从而使电弧难以复燃而很快熄灭。

2）结构及灭弧原理。六氟化硫断路器的灭弧是依靠压气活塞产生气流完成的，按其结构方式有两种，即双压式和单压式。双压式六氟化硫断路器具有两个气压系统，压力低的作为绝缘，压力高的作为灭弧。单压式六氟化硫断路器只有一个气压系统，其结构简单，应用较多，我国现在生产的LN1、LN2型六氟化硫断路器均为单压式。LN2型六氟化硫断路器的外形结构及工作示意图如图6-14所示。断路器在正常运行时，静触头和灭弧室中的压气活

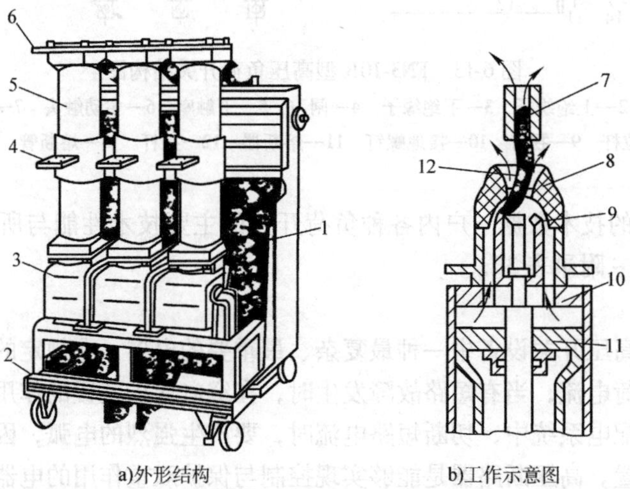

a)外形结构　　b)工作示意图

图6-14　LN2型六氟化硫断路器的外形结构及工作示意图

1—断路弹簧　2—小车　3—操动机构箱　4—下接线端　5—绝缘筒（内为气缸及触头、灭弧系统）
6—上接线端　7—静触头　8—绝缘喷嘴　9—动触头　10—气缸（连同动触头由操动机构传动）
11—压气活塞（固定）　12—电弧

塞是相对固定的。当断路器跳闸时，装有动触头和绝缘喷嘴的气缸由断路器操动机构通过连杆带动，离开静触头，造成气缸与活塞相对运动，压缩 SF_6 并通过喷嘴灭弧，从而使电弧迅速熄灭。

（2）真空断路器

1）灭弧原理。真空断路器是利用真空（气压为 $10^{-2}\sim10^{-6}$Pa）灭弧的一种断路器。真空断路器的触头装在真空灭弧室内，在无机械外力作用时，其触头始终保持闭合状态，当导电杆在外力作用下向外运动时，触头分开。由于真空灭弧室内不存在空气游离问题，所以真空断路器的触头断开时很难产生电弧。但是在实际感性负载电路中，灭弧速度过快，瞬间分断电流 i 将使 $\mathrm{d}i/\mathrm{d}t$ 极大，从而使电路出现极高的过电压（$u_L = L\mathrm{d}i/\mathrm{d}t$），这对电力系统是十分有害的。因此，真空不宜是绝对的真空，实际上能在触头断开时因高电场发射和热电发射产生一点电弧，该电弧称为真空电弧，它能在电流第一次过零时熄灭。这样，燃弧时间既短（至多半个周期），又不致产生很高的过电压。

真空灭弧室的开断能力和电气寿命主要由触头来决定。根据触头工作原理不同可分为磁吹触头和非磁吹触头两种。我国应用较多的是纵向磁场触头，结构如图 6-15 所示。在触头背面设置一个特殊形状的线圈，串联在触头与导电杆之间，导电杆中的电流分成四路流过线圈的径向导体，进入线圈的圆周部分，然后流入触头，动静触头的结构完全一样，与实际电流流过触头时的方向完全一致。由于流过线圈的电流在电弧区产生适当的磁场，这个磁场的磁吹作用可使电弧均匀分布在触头表面，维持较低的电弧电压，从而大大提高了触头的分断能力和电气寿命。当动静触头在操动结构的作用下带电分闸时，触头间隙间产生的电弧将在真空中燃烧，电弧在电流过零时熄灭。

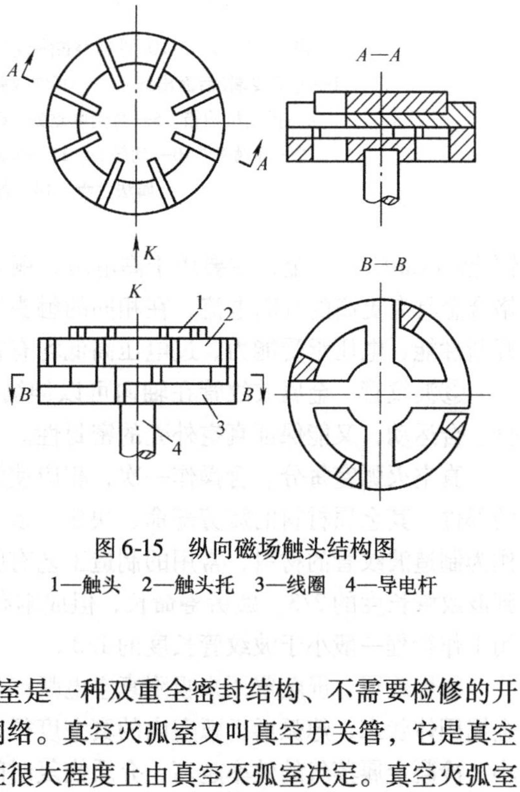

图 6-15 纵向磁场触头结构图

1—触头 2—触头托 3—线圈 4—导电杆

2）外形结构及真空灭弧室结构。真空灭弧室是一种双重全密封结构、不需要检修的开关设备。目前，真空灭弧室广泛应用于供配电网络。真空灭弧室又叫真空开关管，它是真空断路器的核心，真空断路器的技术指标、性能在很大程度上由真空灭弧室决定。真空灭弧室主要由外壳、动静触头、波纹管、屏蔽罩等组成。ZN3-10 型真空断路器的外形结构及真空灭弧室的结构如图 6-16 所示。

①外壳。外壳是为真空灭弧室营造一定真空度的机械承力空间，按制造材质的不同，分为玻璃、陶瓷和金属壳（将金属屏蔽罩外露于空气中，而在两端绝缘）。以前使用玻璃外壳较多，目前则多数采用陶瓷外壳，陶瓷外壳焙烘温度高，可实现一次排封接工艺，易于实现机械化、自动化高效生产，而且比玻璃外壳有更高的机械强度和真空度。

②静触头和动触头。静触头和动触头为真空灭弧室内的一对圆盘状触头，其几何形状利于灭弧和在真空环境下工作，表面不易生成氧化膜，能抗熔焊。触头材料大致分成两大类：

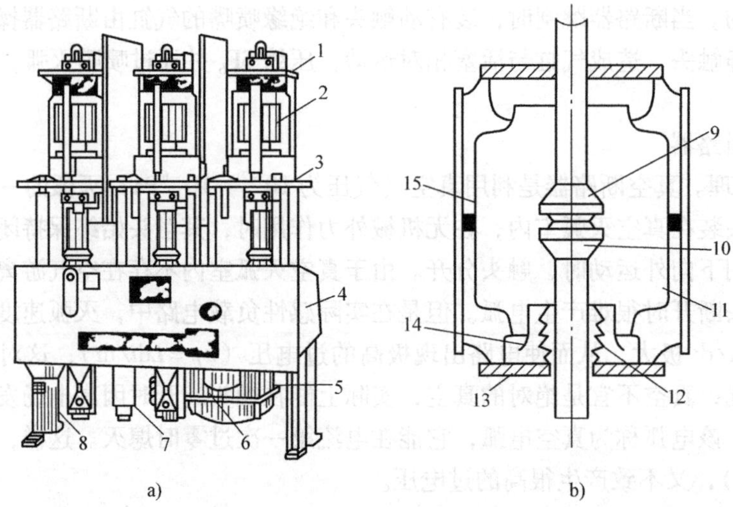

图 6-16　ZN3-10 型真空断路器的外形结构及真空灭弧室的结构图

1—上接线端(后面出线)　2—真空灭弧室(内有触头)　3—下接线端(后面出线)
4—操动机构箱　5—合闸电磁铁　6—分闸电磁铁　7—分闸弹簧　8—底座
9—静触头　10—动触头　11—屏蔽罩　12—波纹管　13—与外壳封接的
金属法兰盘　14—波纹管屏蔽罩　15—外壳

铜-铬（Cu-Cr）合金，主要用于高电压；铜-硒-碲（Cu-Se-Te）合金，用于低压大电流。铜-铬合金具有更高的开断电流，在相同的触头下比铜-硒-碲合金高 10%。触头的材料和性能与开断性能、电压承受能力、过电压高低均有密切关系。

③波纹管。金属波纹管在轴向可以伸缩，这种结构既能实现在灭弧室外带动动触头作分、合运动，又能保证真空外壳的密封性。

真空灭弧室每分、合操作一次，相应使波纹管产生一次机械变形，因而它是最容易损坏的部件，其金属材料的疲劳寿命，决定了真空灭弧室的机械寿命。一般采用 FeCrNi 不锈钢作为制造波纹管的材料，常用的制造工艺有膜片焊接和液压成形两种。前者能使工作行程达到波纹管长度的 2/3，疲劳寿命长，但成本高；后者制造成本低，疲劳寿命相对要短些，使用工作行程一般小于波纹管长度的 1/3。

④屏蔽罩。屏蔽罩用来吸附真空电弧产生的金属蒸气分子，使其在罩壳上冷却并恢复到金属固体状态，熄弧后灭弧室内的真空度得以恢复。屏蔽罩体积越大，开断过程中的温升越小，冷凝金属蒸气的效率越高，介质恢复时间越短。

（二）高压配电装置结构原理分析

1. GG-1A（F）固定式开关柜

GG-1A（F）固定式开关柜为户内装置，靠墙安装。高压开关柜高为 2800mm，柜宽为 1200mm，柜深为 1200mm。主母线距地面 3240mm。

（1）环境条件　安装高度小于等于 1000m；周围介质温度不高于 40℃，不低于 −20℃；室内相对湿度不超过 85%；没有导电尘埃与足以腐蚀金属和破坏绝缘的气体的场所；没有有爆炸危险的场所；没有剧烈振动和颠簸且垂直倾斜度不超过 5°的场所。

（2）型号意义　型号 GG-1A（F）-□中，第一个 G 表示高压开关柜；第二个 G 表示固定式；1A为设计序号；（F）表示防误型；□为主回路线路方案编号。

（3）技术数据 GG-1A（F）固定式开关柜技术数据见表6-1。

表6-1 GG-1A（F）固定式开关柜技术数据

项 目	技 术 数 据
额定电压/kV	6、10
最高工作电压/kV	11.5（10kV时）
额定电流/A	400、600、1000、1250、2000、3000
额定开断电流（最大）/kA	31.5
动稳定电流（峰值）/kA	80
2s热稳定电流（最大）/kA	31.5
操作循环	分－0.5s－合分－180s－合分；（2000A及以上）分－180s－合分－180s－合分
操作方式	电磁、弹簧储能操动机构
母线系统	单母线
质量/kg	约850（其中25～28方案约1100）
外形尺寸/mm	宽1218 深1225 高3110； 宽1558 深1425 高3110（2000A及以上）

注：柜内所装电气元件技术数据不能满足本表时，按元件本身技术条件规定。

（4）结构概述 该开关柜被母线隔板和中隔板分为互相隔离的三个部分，上部为主母线和母线侧隔离开关，中部为少油断路器，下部为线路侧隔离开关。正面左上方为继电器室，下方为端子室。端子室中装有柜内检修用照明灯，其开关在端子室的门上。左侧操作板上安装有断路器、隔离开关的操动机构及其机械联锁，如图6-9所示。

（5）GG-1A（F）固定式开关柜的五种防误操作功能

1）防止带负荷分、合隔离开关。断路器与隔离开关操动机构之间装有机械联锁，此机械联锁的作用是：

①断路器处于合闸状态，隔离开关不能进行分、合闸操作，断路器处于分闸状态，隔离开关才能进行分、合闸操作。

②隔离开关处于分、合闸位置，断路器均应能进行分、合闸操作试验。

③保证隔离开关的操作程序性：停电时拉开断路器后，首先操作线路侧隔离开关，然后才能操作母线侧隔离开关；送电时，先操作母线侧隔离开关，然后才能操作线路侧隔离开关。

2）防止误入带电间隔。右侧上、下门与隔离开关的操动机构之间装有机械联锁，此机械联锁的作用是：

①母线侧隔离开关处于合闸状态时，右侧上、下门不能开启。

②右侧上、下门未关闭好，母线侧隔离开关合不上。

③利用右侧上门上的紧急解锁装置，便可自由开启右侧上、下门。

3）防止误分、合断路器。断路器控制开关操作手柄采用红、绿翻牌，操作者得到指令后，在一次线路模拟板上对指令线路进行操作演示，然后从该线路上取下指令牌，与柜上的断路器控制开关操作手柄上的指令牌对换后，才能操作控制开关分、合断路器。

4）防止带电挂接地线。柜右侧下门内下方装有接地螺栓（图6-9中16），作为停电检修时挂接地线用。

由于右侧上、下门装有机械联锁，只有当母线侧隔离开关分闸后，才能开启右侧下门挂接地线，故可防止带电挂接地线。

5）防止带接地线合闸。如果接地线不拆除，右侧上、下门不能完全关闭，此时母线侧隔离开关无法合闸，故可防止带接地线合闸。

（6）1000A及以下开关柜使用说明

1）合闸程序。

①关闭右侧上、下门，拔出隔离开关操动机构上的限位件，顺序合上母线侧及线路侧隔离开关（断路器必须处于分闸状态）。

注意：在隔离开关与少油断路器间有保证其程序动作的机械联锁。少油断路器在合闸位置时，机械联锁的圆盘将隔离开关操动机构的销钉挡在机构内，故仅在断路器分闸时，由其轴连动之杠杆将机械联锁圆盘拉离销钉位置，此时可将销钉从机构内拔出而操作隔离开关。

②断路器合闸时，应将模拟板上的指令牌与控制开关手柄上的指令牌对换后，再操作控制开关合闸（不允许用手力操动机构合闸）。

2）分闸程序。

①将模拟板上的指令牌与控制开关手柄上的指令牌对换后，再操作控制开关断开断路器。

②断路器分闸后，机械联锁的圆盘退回，隔离开关操动机构的销钉方可拔出，按顺序拉开线路侧及母线侧隔离开关。

3）主母线或进线电缆带电时，可不停电检修断路器。首先，使断路器分闸，将线路侧及母线侧隔离开关全部断开，断路器便与带电线路完全隔离，然后开启右侧上门进入断路器室检修断路器（右侧面下门上的高压带电显示装置的指示灯亮时，不准开启此门）。

4）主回路不停电，检修辅助回路。开关柜的继电器室、端子室在结构上已和主回路完全隔离，因此可以在主回路不停电的情况下，检修辅助回路。

5）紧急解锁。当主回路处于运行状态由于联锁失效影响操作时，需紧急解锁，只要将右上门的紧急解锁装置标牌及其背后的螺钉（隔离开关操动机构与右侧上、下门之间的机械联锁的螺钉）拆除，即可解锁，右侧上、下门便能自由开启。事故排除后应立即恢复原状。

2. KYN28A-12（GZS1）型户内金属铠装手车式高压开关柜

（1）概述　手车式高压开关柜，又称移开式高压开关柜，其特点是：高压断路器等主要电气设备是装设在可以拉出和推入开关柜的小车上的，且同类型小车可以互换。它具有技术指标高、寿命长，系列性强、运行可靠及安装维修简单等优点，适用于重要负荷及频繁操作的场所。近年来，手车式开关柜发展很快，品种、型号也很多，其结构大致相同。KYN28A-12（GZS1）型户内金属铠装手车式高压开关柜适用于3～10kV单母线及单母线分段系统的成套配电装置，主要用于发电厂、中小型发电机送电、工矿企事业配电以及电力系统的二次变电所的变电、送电及大型高压电动机起动等，实行控制、保护及监测。该开关柜符合IEC298、GB 3906—2006标准要求，除可配用与之配套的国产VS1、VSm、ZN65A型真空断路器外，还可配用ABB公司的VD4型、GE公司的VB2型、西门子公司的3AH5型真空断路器。

(2)型号含义 KYN28A-12型号中：K表示金属铠装手车式开关设备；Y表示手车式；N表示户内式；28A为设计序号；12为额定电压(kV)。

(3)使用环境条件

1)周围空气温度：上限+40℃，下限-10℃，允许-30℃时运输。

2)海拔高度：不超过1000m。

3)空气相对湿度：日平均值不大于95%，月平均值不大于90%。

4)饱和蒸汽压：日平均值不大于2.2×10^{-3}MPa，月平均值不大于1.8×10^{-3}MPa，在高湿度期内温度急降时可能结露。

5)地震强度：不超过8级。

6)场所：没有火灾、爆炸危险、严重污秽、化学腐蚀及剧烈振动的场所。

(4)主要技术参数 KYN28A-12型户内金属铠装手车式高压开关柜技术数据见表6-2。

表6-2 KYN28A-12型户内金属铠装手车式高压开关柜技术参数

项目		单位	技术参数
额定电压		kV	3、6、10
最高工作电压		kV	3.6、7.2、12
额定绝缘水平	工频耐受电压	kV	42
	雷电冲击耐受电压	kV	75
额定频率		Hz	50
主母线额定电流		A	630、1250、1600、2000、2500、3150、4000
分支母线额定电流		A	630、1250、1600、2000、2500、3150、4000
额定短路开断电流		kA	16~50
额定短路关闭电流		kA	63~100
3s热稳定电流(有效值)		A	16、20、25、31.5、40、50
额定动稳定电流(峰值)		A	40、50、63、80、100、125
防护等级		外壳为IP4X，隔室间、断路器室门打开时为IP2X	

(5)结构

1)开关柜由柜体和中置可抽出的手车两大部分组成。柜体分四个单独的隔室，外壳防护等级为IP4X，隔室间和断路器室门打开时防护等级为IP2X。具有架空进出线、电缆进出线及其功能方案，经排列、组合后能成为各种方案形式的配电装置。开关柜可以从正面进行安装、调试和维护，因此，它可以背靠背成双排列和靠墙安装。

2)开关柜外壳选用敷铝锌薄钢板，经CNC机床加工，并经多重折边工艺，具有精度高、抗腐蚀、抗氧化、质量轻及机械强度高等优点。柜体采用组装式结构，用拉铆螺母和高强度的螺栓连接而成，其结构如图6-10所示。

3)隔室。开关柜主要电气元件都有其独立的隔室，即断路器手车室、母线室、电缆室和继电仪表室。除继电仪表室外，其他三室都分别有其泄压通道。由于采用了中置式形式，电缆室位置大大增加，因此设备可接多路电缆。

4)手车与柜体绝缘配合，机械联锁安全、可靠、灵活。根据用途不同，手车分为断路器手车、电压互感器手车、计量手车及隔离手车。各类手车按模数、积木化变化，同规格手车可自由互换。手车在柜体内有断开位置、试验位置和工作位置，每一位置均有到位装置，以保证联锁可靠，注意必须按联锁防误程序操作。各种手车均采用蜗轮、蜗杆摇动推进、退出，操作轻便、灵活，便于值班人员操作。手车需要移开柜体时，用一台专用转运车，就可以方便取出，进行各种检查、维护。

断路器手车上装有真空断路器及辅助设备，当手车用运载车推入柜体断路器室时，便能可靠锁定在断开位置/试验位置，而且柜体位置显示灯便显示其所在位置。只有安全锁定后，才能摇动推进机构，将手车推向工作位置。手车到达工作位置后，推进手柄即摇不动，其对应位置显示灯便显示其所在位置。手车的机械联锁能可靠保证手车只有在工作位置或试验位置时，断路器才能进行合闸；而且断路器只有在分闸状态时，手车才能移开。

5)防止误操作的“五防”联锁装置。

①断路器手车在试验位置或工作位置时，断路器才能进行分合操作。在断路器合闸后，手车无法移动，可防止误推拉断路器。

②仪表接地开关处于分闸状态时，断路器手车才能从试验位置、断开位置移至工作位置；只有断路器手车处于试验位置、断开位置时，接地开关才能进行合闸操作(接地开关可带电压显示装置)，这就实现了防止带电误合接地开关及防止接地开关处于合闸时误合断路器。

③仪表室门上装有提示性的按钮或KK型转换开关，以防止误合、误分断路器。

④接地开关处于分闸位置时，下门及后门都无法打开，防止人员误入带电间隔。

⑤断路器手车确实在试验位置或工作位置而没有控制电压时，仅能手动分闸，不能合闸。

⑥断路器手车确实在工作位置时，二次插头被锁定不能拔开。

⑦各柜体可接电气联锁，还可在接地开关操动机构上加装电磁铁锁定装置，以提高可靠性。

6) 带电显示装置。该装置由高压传感器和可携带式显示器两单元组成，而且还可以与电磁锁配合，实现强制闭锁开关手柄、柜门，防止带电拉、合接地开关，防止误入带电间隔，从而提高了防误性能。

7)防止凝露和腐蚀。为了防止在高湿度和温度变化较大的气候环境中产生凝露带来的危害，在断路器室内和电缆室内分别装设了加热器，以防止在上述环境中使用时发生凝露和腐蚀。

(6)联锁的使用　联锁功能是以机械联锁为主，电气联锁为辅。机械联锁采用封闭式联锁结构，较少采用阻挡式联锁结构，而且大部分联锁功能是在正常操作过程中实现的，误操作可能性很小，但在操作过程中如发现阻力突然增大，应首先检查是否有误操作的可能，切不可强行操作，以免损坏设备，甚至导致误操作事故的发生。

柜与柜之间的联锁，采用了机械联锁与电气联锁相结合的形式(如隔离柜与断路器柜之间的联锁)，在使用此类联锁时，应首先弄清系统操作的联锁要求和操作程序，然后再进行操作。

紧急联锁的使用必须谨慎，不可轻易使用，且要采取可靠的、符合电气操作规程的安全防护措施，一经处理完毕，应立即恢复联锁状态。

四、相关理论知识

1. 高压断路器型号的含义

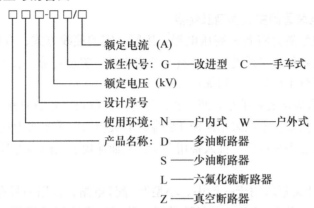

□□□-□□/□

- 额定电流（A）
- 派生代号：G——改进型　C——手车式
- 额定电压（kV）
- 设计序号
- 使用环境：N——户内式　W——户外式
- 产品名称：D——多油断路器
  S——少油断路器
  L——六氟化硫断路器
  Z——真空断路器

2. 高压断路器的额定参数

高压断路器的技术数据对正确选用和合理使用高压断路器非常重要，其主要技术数据有额定电压、额定电流、额定开断电流、额定遮断容量、动稳定电流、热稳定电流、合闸时间及分闸时间等。

①额定电压(kV)：指允许断路器正常工作的线电压的额定值。目前我国供配电系统中断路器额定电压等级为10kV、35kV、60kV、110kV、220kV及500kV等。

②额定电流(A)：指断路器允许长期通过的最大电流。它在此电流下运行时，其各部分的温升不应超过国家标准规定的允许值。一般额定电流的等级为400A、600A(630A)、1000A、1250A、1500A、2000A及3000A。

断路器的额定电流与其触头结构、材料、导线部件截面有关，同时也关系到断路器的发热程度。

③额定开断电流(kA)：指断路器在额定电压下，能够可靠切断的最大电流。灭弧能力是影响额定开断电流的重要因素之一。

④额定遮断容量(MVA)：表明了断路器的分断能力，又称额定断流(开断)容量。通常用额定开断电流与额定电压的乘积来表示，即

$$S_{ed}=\sqrt{3}U_{ex}I_{eK} \tag{6-1}$$

式中，S_{ed}为额定遮断容量(MVA)；U_{ex}为额定线电压(kV)；I_{eK}为额定开断电流(kA)。

额定遮断容量的大小，取决于断路器灭弧装置的结构和尺寸。

⑤动稳定电流(kA)：指当断路器在闭合状态时，所允许通过的最大短路电流。高压断路器通常作动稳定和热稳定试验，而不作分断试验。动稳定电流表明了断路器承受电动力的能力。动稳定电流的大小由导电部分的机械强度所决定。

⑥热稳定电流(kA)：当断路器有电流通过时，就会产生热量，其热量与电流的平方成正比。在作动稳定试验时，如因设计结构原因使触头调节压力不合理，将导致触头熔焊。这

是一个很重要的性能，因此规定了断路器在某一时间内所允许通过的最大电流，此电流即为热稳定电流。国家标准规定的时间为2s。

⑦合闸时间(s)：一般为0.2s。

⑧分闸时间(s)：一般小于等于0.06s。

五、拓展性知识

1. 常用高压配电装置的主要类型及特点

1)高压成套配电装置是将各种高压电器，按照一定的接线方式，有机地组合而成的成套装置，它可以满足各种主接线的要求，具有节省占地、安全可靠、接线规范、安装简单、维修方便并适用于批量生产等一系列优点。

2) 高压开关柜有固定式和手车式两大类，分为户内型和户外型两种，10kV 及以下的成套配电装置大多为户内型。不论采用何种断路器，开关柜均以手车式为宜，当断路器发生故障时，可把故障断路器手车拉出，推入备用手车，从而缩短了故障停电时间，提高了供电的可靠性。

3) 固定式高压开关柜适用于一般中、小型变(配)电站，常用型号有 GG-1A(F)、GG-10(F)、GG-11(F)等。从1986年4月起不带闭锁装置的高压开关柜停止生产。GG-1A(F)取代原 GG-1A，从而实现了高压安全操作的程序化，并提高了安全可靠性。

4) 手车式(移开式)高压开关柜，俗称小车柜。其特点是，因高压断路器等主要电器安装在手车上，运行中一旦断路器出现故障，可将有故障的小车拉出后，推入备用小车即可继续供电。这对事故的迅速处理及小车设备的检修等，都比固定式更为有利。手车式高压开关柜的型号有 GFC-3A 及 GFC-3AZ 等。在 GFC-3A 型柜内采用 SN10-10Ⅱ型少油断路器，在 GFC-3AZ 型柜内采用 ZN-10/1000-16 型真空断路器。

2. HXGN□-12 箱型固定式交流金属封闭环网开关设备

(1)概述　所谓“环网”是指环形配电网，即供电干线形成一个闭合的环形，供电电源向这个环形干线供电，从干线上再一路一路地通过高压开关向外配电。这样的好处是，每一个配电支路既可以从它的左侧干线取电源，又可以从它右侧干线取电源。当左侧干线出了故障，它就从右侧干线继续得到供电，而当右侧干线出了故障，它就从左侧干线继续得到供电，这样一来，尽管总电源是单路供电的，但从每一个配电支路来说却得到类似于双路供电的实惠，从而提高了供电的可靠性。

所谓“环网柜”就是每个配电支路设一台开关柜(出线开关柜)，这台开关柜的母线同时就是环形干线的一部分。就是说，环形干线是由每台出线柜的母线连接起来共同组成的。每台出线柜就叫“环网柜”。实际上单独拿出一台环网柜是看不出“环网”的含义的。

HXGN□-12 箱型固定式交流金属封闭环网开关设备(简称“环网柜”)，是为城市电网改造和建设需要而设计的新型开关设备，在供电系统中亦作为开断负荷电流以及关合短路电流之用，适用于交流12kV、50Hz的配电系统中，广泛地用于城市电网建设和改造工程、工矿企业、高层建筑和公共设施等，作为环网供电单元和终端设备。通断电能的弹簧操动机构既可手动操作，也可电动操作，接地开关和隔离开关配用手动操动机构。

(2)型号含义

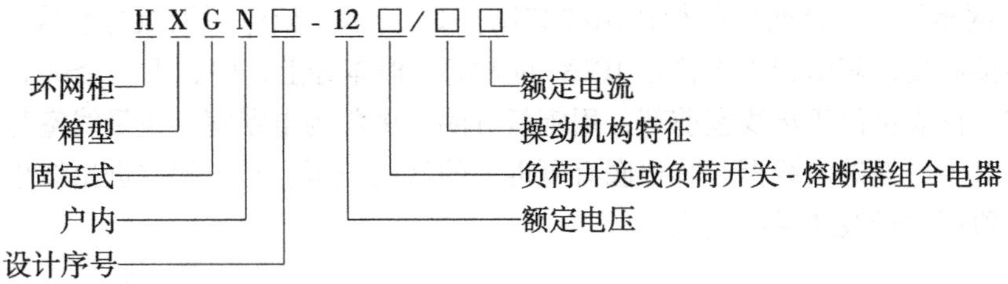

(3)使用环境条件

1)周围空气温度：-15～+40℃。

2)海拔高度：1000m 及以下。

3)湿度条件：日平均值不大于95%，水蒸气压力日平均值不超过2.2kPa。
月平均值不大于90%，水蒸气压力月平均值不超过1.8kPa。

4)地震强度：不超过8级。

5)场所：没有腐蚀性或可燃性气体等明显污染的场所。

(4)环网柜主要技术参数　环网柜主要技术参数见表6-3。

表6-3　环网柜主要技术参数

序号	名称/单位		技术参数
1	额定电压/kV		12
2	主母线额定电流/A		630
3	频率/Hz		50
4	熔断器开断电流/kA		31.5、40、50
5	主回路、接地回路额定短路关合电流/kA		50
6	主回路、接地回路额定短路耐受电流/(kA/s)		20/4，20/2
7	主回路、接地回路额定峰值耐受电流/kA		50
8	开断空载变压器容量/kVA		1250
9	额定开断有功负载电流/(A/次)		20/100
10	额定转移电流/A		800(1500、1600)
11	1min工频耐受电压(有效值)/kV 相间、对地/隔离断口		42/48
12	雷电冲击耐受电压(峰值)/kV 相间、对地/隔离断口		75/85
13	额定电缆充电电流/A		10
14	机械寿命(次)	负荷开关	5000
		接地开关	2000
15	额定转移电流/A		≥1380
16	防护等级		IP2X
17	开关设备外形尺寸(宽×深×高)/mm		400(600、800)×900×1800(2000)

以上参数为此类柜型的最低基本参数，可根据选用的负荷开关或断路器的不同，开关柜的功能和参数做出相应的调整。

（5）环网柜结构　环网柜的柜体结构如图 6-17 所示。柜体用钢板弯制成零（部）件，再以螺栓连接而成，其防护等级符合 IP2X 的规定。柜体分上、中、下三个部分，柜体上部为主母线室，仪表室位于母线室前部，用钢板分隔。中部为电缆室，主母线室与电缆室之间设有隔板，对于电缆进出线柜，其柜底有可拆装的活动盖板，对于架空进出线柜，根据用户要求，其柜顶可加母线通道或遮栏架。

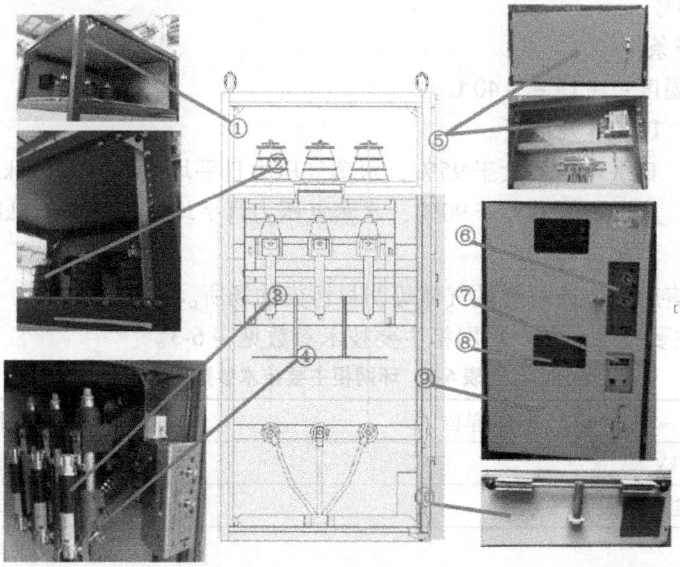

图 6-17　环网柜的柜体结构

1—框架　2—主母线室　3—负荷开关-熔断器组合电器　4—接地开关　5—仪表室
6—操作机构　7—带电显示及柜内照明按钮　8—观察窗　9—前中门　10—前下封板

（6）停、送电操作及原理　环网供电一般由三个基本单元组成（见图 6-18），进出线柜作为环网单元，当任一线路出现故障时，能及时隔离，并由另一单元保证用户变压器支路连续供电。用户回路环网柜对变压器起着保护和隔离作用，便于维护检修。环网柜可任意延展，并可根据用户要求由基本单元构成多种组合方案。

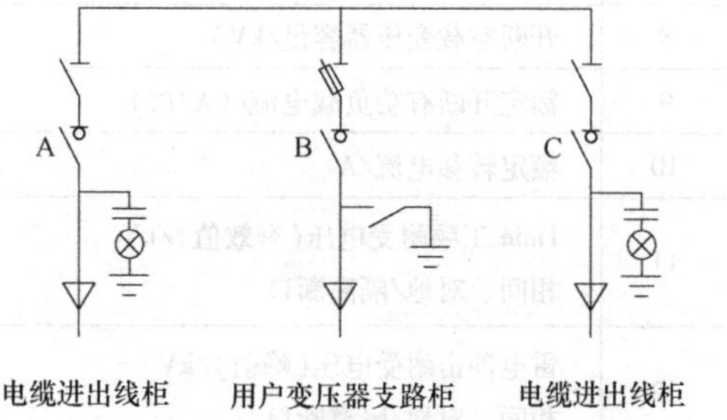

图 6-18　环网供电原理图

环网柜停、送电操作程序：

1）送电操作程序如下：

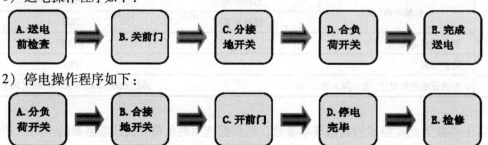

A. 送电前检查 → B. 关前门 → C. 分接地开关 → D. 合负荷开关 → E. 完成送电

2）停电操作程序如下：

A. 分负荷开关 → B. 合接地开关 → C. 开前门 → D. 停电完毕 → E. 检修

六、作业

6-2-1　何谓固定式开关柜的五防操作功能？

6-2-2　高压隔离开关与负荷开关有哪些相同点和不同点？

6-2-3　常见的高压断路器有哪些类型？

6-2-4　断路器在运行中发热时应如何处理？

6-2-5　断路器合闸失灵时应如何处理？

6-2-6　简述 SF_6 气体的性质。

6-2-7　手车式开关柜比固定式有什么优点？

6-2-8　分析图 6-19 所示的 GC□-10（F）型手车式高压开关柜的结构特点，小车的推动机构具有哪些作用？

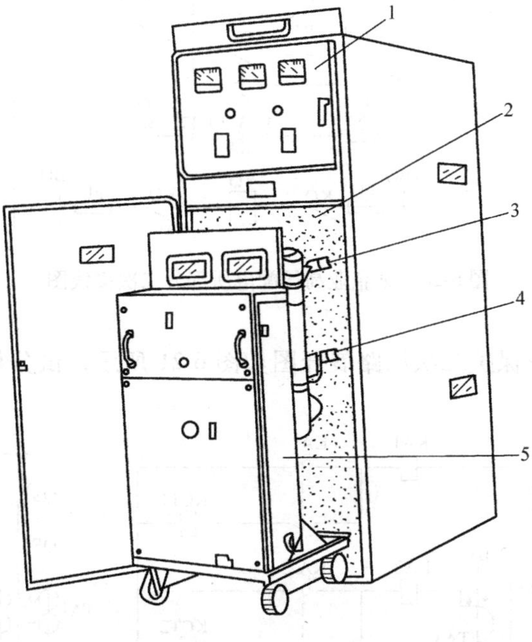

图 6-19　GC□-10（F）型手车式高压开关柜的外形结构图（断路器手车尚未推入）

1—仪表屏　2—手车室　3—上触头（兼起隔离开关作用）
4—下触头（兼起隔离开关作用）　5—SN10-10 断路器手车

模块三　高压断路器控制线路分析

一、教学目标

1）会分析断路器分合闸线路工作原理。

2）会分析定时限和反时限继电保护线路工作原理。

3）会使用继电保护系统中的常用继电器。

二、工作任务

1）某企业高压配电所部分二次接线图如图6-20所示，请分析断路器分合闸电路和信号电路原理。

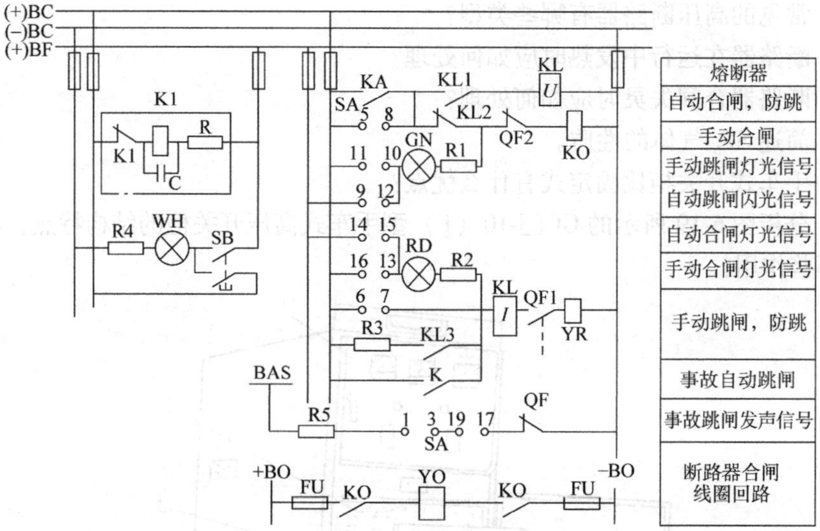

图6-20　某企业高压配电所部分二次接线图

2）某反时限过电流保护二次回路展开图如图6-21所示，试分析其动作原理和保护范围。

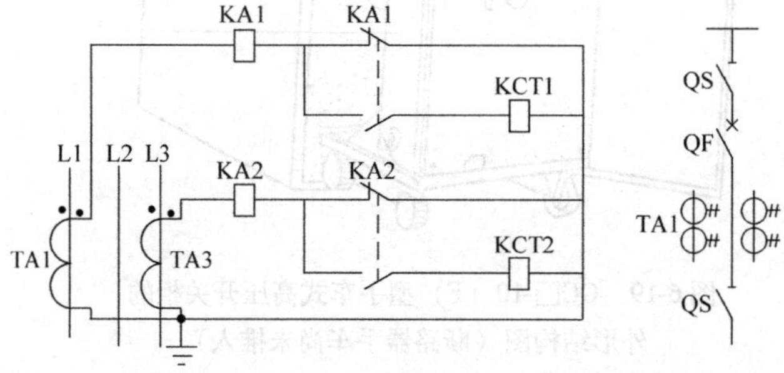

图6-21　某反时限过电流保护二次回路展开图

TA1、TA3—电流互感器　KA1、KA2—电流继电器　KCT1、KCT2—过电流脱扣器

3）某定时限过电流保护二次回路展开图如图6-22所示，试分析其动作原理和保护范围。

三、相关实践知识

（一）断路器控制回路分析

断路器是高压开关柜中的主要器件，其控制线路是高压开关柜控制系统中的主要部分，下面以某断路器控制线路（见图6-20）为例，分析其工作原理。

该断路器操作手柄位置与触头闭合情况关系见表6-4。

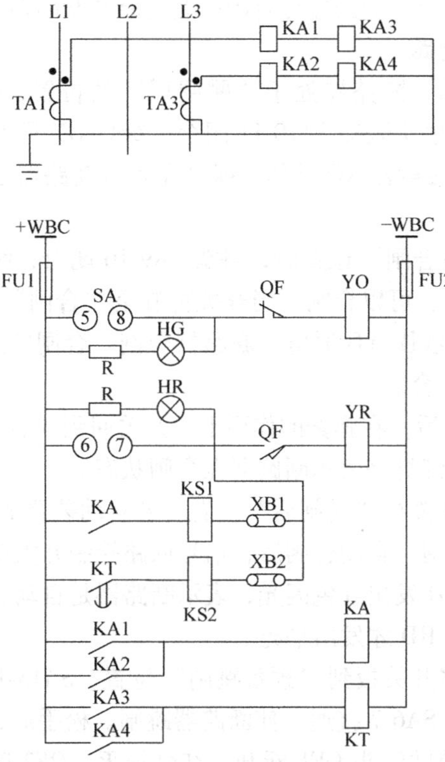

图 6-22　定时限过电流保护二次回路展开图

TA1、TA3—电流互感器　KA1、KA2—速断电流继电器　KA3、KA4—过电流继电器　WBC—控制小母线　FU1、FU2—控制回路熔断器　SA—分合闸操作开关　R—信号灯串联电阻　HG—绿色信号灯　HR—红色信号灯　YO—断路器合闸线圈　YR—断路器跳闸线圈　QF—断路器辅助触头　KS1、KS2—信号继电器　KA—中间继电器　KT—时间继电器　XB1、XB2—掉闸压板

表 6-4　断路器操作手柄位置与触头闭合情况

在"跳闸后"位置的手柄(正面)的样式和触头盒(背面)接线图		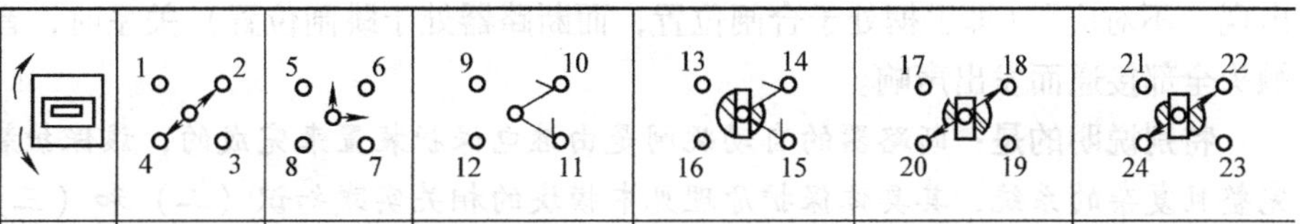															
手柄和触头盒形式		F8	1a		4		6a			40			20			20		
触头号		—	1-3	2-4	5-8	6-7	9-10	9-12	10-11	13-14	14-15	13-16	17-19	17-18	18-20	21-23	21-22	22-24
位置	跳闸后		—	×	—	—	—	—	×	—	×	—	—	—	×	—	—	×
	预备合闸		×	—	—	—	×	—	—	×	—	—	—	×	—	—	×	—
	合闸		—	—	×	—	—	×	—	—	—	×	×	—	—	×	—	—
	合闸后		×	—	—	—	×	—	—	—	—	×	×	—	—	×	—	—
	预备跳闸		—	×	—	—	—	—	×	×	—	—	—	×	—	—	×	—
	跳闸		—	—	—	×	—	—	×	—	×	—	—	—	×	—	—	×

断路器控制电路分两部分：断路器分合闸控制电路及断路器信号控制电路。

1. 断路器分合闸控制电路

（1）手动合闸　合闸前，断路器处于“跳闸后”的位置，断路器的辅助触头 QF2 闭合。由表 6-4 中的控制开关触头表知 SA10-11 闭合，绿灯 GN 回路接通发亮。但由于限流电阻 R1 限流，不足以使合闸接触器 KO 动作，绿灯亮表示断路器处于跳闸位置，而且控制电源和合闸回路完好。

当控制开关扳到“预备合闸”位置时，触头 SA9-10 闭合，绿灯 GN 改接在 BF 母线上，发出绿闪光，说明情况正常，可以合闸。当开关再旋至“合闸”位置时，触头 SA5-8 接通，合闸接触器 KO 动作使合闸线圈 YO 通电，断路器合闸。合闸完成后，辅助触头 QF2 断开，切断合闸电源，同时 QF1 闭合。

当操作人员将手柄放开后，在弹簧的作用下，开关回到“合闸后”位置，触头 SA13-16 闭合，红灯 RD 电路接通。红灯亮表示断路器在合闸状态。

（2）自动合闸　控制开关在“跳闸后”位置，若自动装置的中间继电器触头 KA 闭合，将使合闸接触器 KO 动作合闸。自动合闸后，信号回路控制开关中 SA14-15、红灯 RD、辅助触头 QF1 与闪光线接通，RD 发出红色闪光，表示断路器是自动合闸的，只有当运行人员将手柄扳到“合闸后”位置，RD 才发出平光。

（3）手动跳闸　首先将开关扳到“预备跳闸”位置，SA13-14 接通，RD 发出闪光。再将手柄扳到“跳闸”位置，SA6-7 接通，使断路器跳闸。松手后，开关又自动弹回到“跳闸后”位置。跳闸完成后，辅助触头 QF1 断开，红灯熄灭，QF2 闭合，通过触头 SA10-11 使绿灯发出平光。

（4）自动跳闸　如果由于故障，继电保护装置动作，使触头 K 闭合，引起断路器合闸。由于“合闸后”位置 SA9-10 已接通，于是绿灯闪光。

在事故情况下，除用闪光信号显示外，控制电路还备有音响信号。在图 6-20 中，开关触头 SA1-3 和 SA19-17 与触头 QF 串联，接在事故音响母线 BAS 上，当断路器因事故跳闸而出现“不对应”（即手柄处于合闸位置，而断路器处于跳闸位置）关系时，音响信号回路的触头全部接通而发出声响。

特别说明的是： 断路器的自动跳闸是由继电保护装置来完成的，该保护装置是一套比较完整且复杂的系统，其具体保护原理见本模块的相关实践知识（二）和（三）。

（5）闪光电源装置　闪光电源装置由 DX-3 型闪光继电器 K1、附加电阻 R 和电容器 C 等组成。当断路器事故跳闸后，断路器处于跳闸状态，而控制开关仍留在“合闸后”位置，这种情况称为“不对应”关系。在此情况下，触头 SA9-10 与断路器辅助触头 QF2 仍接通，电容器 C 开始充电，电压升高，当电压升高到闪光继电器 K1 的动作值时，继电器动作，从而断开通电回路，上述循环不断重复，继电器 K1 的触头也不断地开闭，闪光母线（+）BF 上便出现断续正电压，使绿灯闪光。

预备合闸、预备跳闸和自动投入时，也同样会起动闪光继电器，使相应的指示灯发出闪光。

SB 为试验按钮，按下时白信号灯 WH 亮，表示本装置电源正常。

（6）防跳装置　断路器的所谓“跳跃”，是指运行人员在故障时手动合闸断路器，断路器又被继电保护动作跳闸，又由于控制开关位于“合闸”位置，则会引起断路器重新合闸。

为了防止这一现象，断路器控制回路设有防止跳跃的电气联锁装置。

图 6-20 中，KL 为防跳联锁继电器，它具有电流和电压两个线圈，电流线圈接在跳闸线圈 YR 之前，电压线圈则经过其本身的常开触头 KL1 与合闸接触器线圈 KO 并联。当继电器保护装置动作，即触头 K 闭合使断路器跳闸线圈 YR 接通时，同时也接通了 KL 的电流线圈并使之起动，于是防跳联锁继电器的常闭触头 KL2 断开，将 KO 回路断开，避免了断路器再次合闸，同时常开触头 KL1 闭合，通过 SA5-8 或自动装置触头 KA 使 KL 的电压线圈接通并自锁，从而防止了断路器的“跳跃”。触头 KL3 与继电器触头 K 并联，用来保护后者，使其不致断开超过其触头容量的跳闸线圈电流。

2. 断路器信号电路分析

在变电所运行的各种电气设备，随时都可能发生不正常的工作状态。在变电所装设的中央信号装置，主要用来示警和显示电气设备的工作状态，以便运行人员及时了解，采取措施。

中央信号装置按形式不同，分为灯光信号和音响信号。灯光信号表明不正常工作状态的性质地点，而音响信号在于引起运行人员的注意。灯光信号通过装设在各控制屏上的信号灯和光字牌，表示各种电气设备的情况。音响信号则通过蜂鸣器和警铃的声响来实现，设置在控制室内。由全所共用的音响信号，称为中央音响信号装置。

中央信号装置按用途不同，分为事故信号、预告信号和位置信号。

事故信号表示供电系统在运行中发生了某种故障而使继电保护动作。如高压断路器因线路发生短路而自动跳闸后给出的信号，即为事故信号。

预告信号表示供电系统运行中发生了某种异常情况，但并不要求系统中断运行，只要求给出指示信号，通知值班人员及时处理即可。如变压器保护装置发出的变压器过负荷信号，即为预告信号。

位置信号用以指示电气设备的工作状态，如断路器的合闸指示灯、跳闸指示灯，均为位置信号。

3. 断路器控制电路要能达到的基本要求

1）由于断路器操动机构的合闸与跳闸都是按短时通过电流进行设计的，因此控制电路在操作过程中只允许短时通电，操作停止后即自动断电。

2）能够准确指示断路器的分、合闸位置。

3）断路器不仅能用控制开关及控制电路进行跳闸及合闸操作，而且能由继电保护及自动装置实现跳闸及合闸操作。

4）能够对控制电源及控制电路进行实时监视。

5）断路器操动机构的控制电路要有机械“防跳”装置或电气“防跳”措施。

（二）定时限过电流保护电气控制电路分析

高压线路发生故障时，断路器要自动跳闸，那么如何来检测线路故障呢？这就需要继电保护控制电路。继电保护控制电路通过检测高压电路的电流，将信号反馈给断路器，从而使断路器按照设定的要求动作。继电保护控制电路包括反时限过电流保护控制电路和定时限过电流保护控制电路。

定时限过电流保护二次回路展开图如图 6-22 所示。

1. 继电保护装置元器件认识

（1）电磁式电流继电器和电压继电器　电磁式电流继电器和电压继电器在继电器保护装置中均为起动元件，属测量继电器。常用的DL-10系列电磁式电流继电器的基本结构如图6-23所示。

当继电器线圈中通过的电流达到动作值时，固定在转轴上的Z形钢舌片被电磁铁吸引而偏转，致使继电器触头切换，即常开（动合）触头闭合、常闭（动分）触头断开，这就是继电器“动作”。当线圈断电时，Z形钢舌片被释放，继电器“返回”。

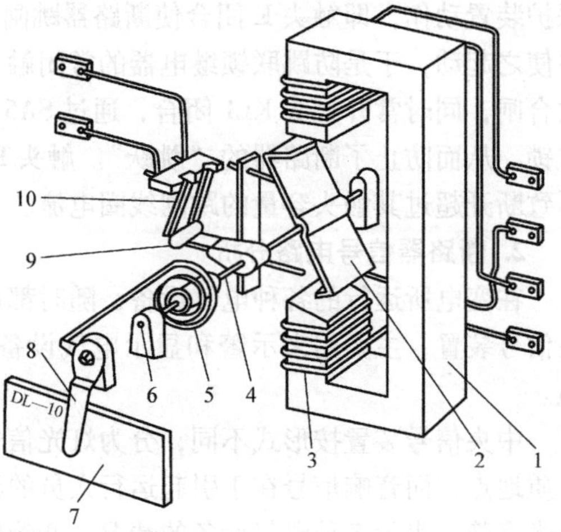

图6-23　DL-10系列电磁式电流继电器的基本结构

1—电磁铁　2—钢舌片　3—线圈　4—转轴　5—反作用弹簧　6—轴承　7—铭牌　8—起动电流调节转杆　9—动触头　10—静触头

过电流继电器线圈中使继电器动作的最小电流，称为继电器的动作电流，用I_{op}表示。

过电流继电器线圈中使继电器由动作状态返回到起始位置的最大电流，称为继电器的返回电流，用I_{re}表示。

继电器的返回电流与动作电流的比值，称为继电器的返回系数，用K_{re}表示。对于过电流继电器，$K_{re}<1$，一般为0.8。K_{re}越接近于1，说明继电器越灵敏。如果过电流继电器的K_{re}过低时，还可能使保护装置发生误动作。

电磁式电流继电器的动作电流有两种调节方法：

①平滑调节。拨动调节转杆来改变弹簧反作用力矩，可平滑调节动作电流值。

②级进调节。利用两个线圈的串联或并联，当线圈由串联改为并联时，动作电流将增大一倍；反之，当线圈由并联改为串联时，动作电流将减少一半。

电磁式电流继电器的动作很快，可认为是瞬时动作的，因此它是一种瞬时继电器。DL-10系列电磁式电流继电器的内部接线及其图形符号如图6-24所示。

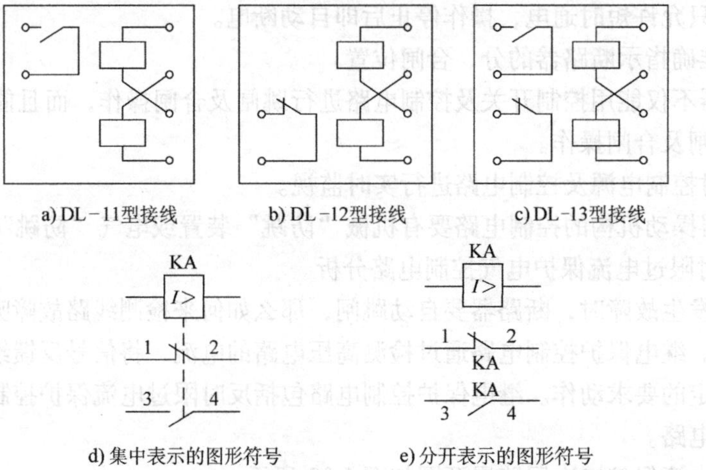

a) DL－11型接线　b) DL－12型接线　c) DL－13型接线

d) 集中表示的图形符号　e) 分开表示的图形符号

图6-24　DL-10系列电磁式电流继电器的内部接线及其图形符号

供配电系统中常用的电磁式电压继电器的结构和原理与上述电磁式电流继电器基本相同，只是电压继电器的线圈为电压线圈，多作为欠电压继电器。

欠电压继电器的动作电压 U_{op} 为其线圈上使继电器动作的最高电压，其返回电压 U_{re} 为线圈上使继电器由动作状态返回起始位置的最低电压。欠电压继电器的返回系数 $K_{re}=U_{re}/U_{op}>1$，一般为 1.25。K_{re} 越接近于 1，说明继电器越灵敏。

（2）电磁式时间继电器 在继电保护装置中，电磁式时间继电器用来获得所需要的延时（时限），它属于机电式有或无继电器。常用的 DS-110、DS-120 系列电磁式时间继电器的基本结构如图 6-25 所示，DS-110 系列用于直流，DS-120 系列用于交流。

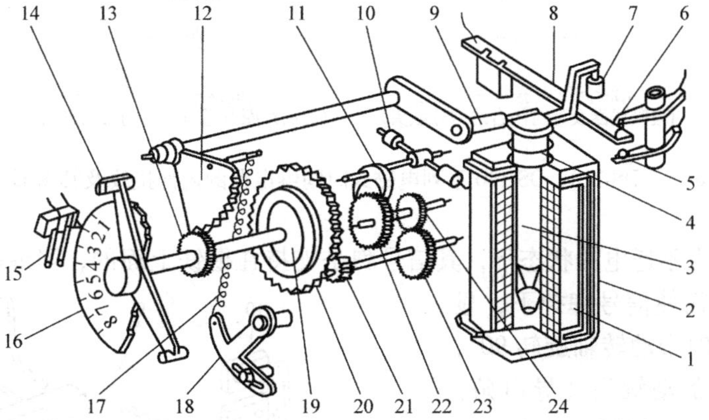

图 6-25 DS-110、DS-120 系列电磁式时间继电器的基本结构

1—线圈 2—电磁铁 3—可动铁心 4—返回弹簧 5、6—瞬时静触头 7—绝缘件 8—瞬时动触头 9—压杆 10—平衡锤 11—摆动卡板 12—扇形齿轮 13—传动齿轮 14—主动触头 15—主静触头 16—标度尺 17—拉引弹簧 18—弹簧拉力调节器 19—摩擦离合器 20—主齿轮 21—小齿轮 22—掣轮 23、24—钟表机构传动齿轮

当继电器线圈接上工作电压后，铁心吸合，使被卡住的一套钟表机构释放，同时切换瞬时触头，在拉引弹簧作用下，经过整定的时间，使主触头闭合。

继电器的时限可借改变主静触头与主动触头的相对位置来调整，调整的时间范围在标度尺上表明。当继电器线圈断电时，继电器在返回弹簧作用下返回。

为了缩小继电器的尺寸和节约材料，时间继电器的线圈通常不按长时间接上额定电压来设计，因此，凡需要长时间接上电压的时间继电器，应在它动作后，利用其常闭的瞬时触头的断开，使其线圈串入限流电阻，以限制线圈的电流，防止线圈烧毁，同时也能维持继电器的动作状态。DS-110、DS-120 系列电磁式时间继电器的内部接线及其图形符号如图 6-26 所示。

（3）电磁式信号继电器 在继电保护装置中，电磁式信号继电器用来发出指示信号，以提醒运行值班人员注意，它也属于机电式有或无继电器。

常用的 DX-11 型电磁式信号继电器有电流型和电压型两种。电流型信号继电器的线圈为电流线圈，串联在二次回路中，阻抗小，不影响其他二次回路元件的动作；电压型信号继电器的线圈为电压线圈，阻抗大，只能并联在二次回路中。DX-11 型电磁式信号继电器的基本结构如图 6-27 所示。

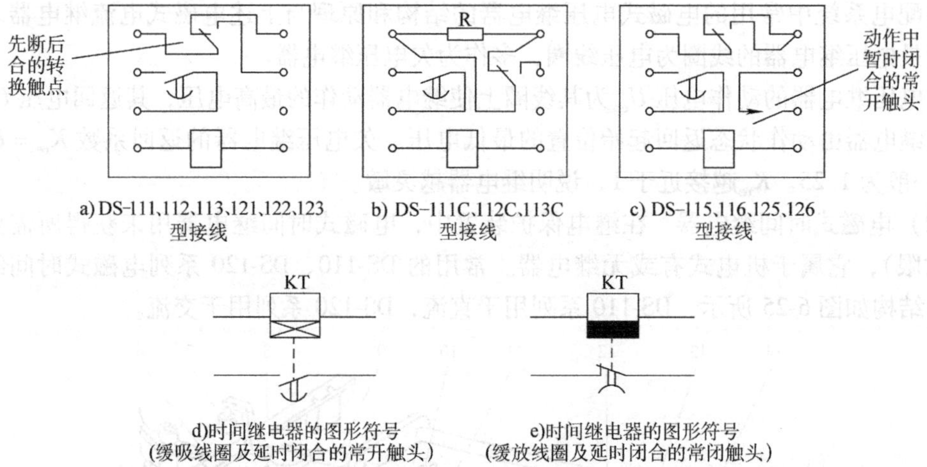

图 6-26　DS-110、DS-120 系列电磁式时间继电器的内部接线及其图形符号

信号继电器在不通电的状态下，其信号牌是支持在衔铁上面的，当继电器线圈通电时，衔铁被吸向铁心而使信号牌掉下，显示动作信号，同时带动转轴旋转 90°，使固定在转轴上的动触头（导电条）与静触头（导电片）接通，从而接通信号回路，发出音响或灯光信号。要使信号停止，可旋动外壳上的复位旋钮，断开信号回路，同时使信号牌复位。

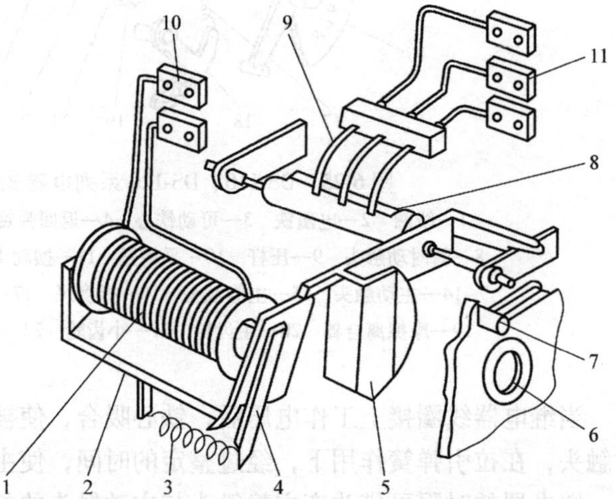

图 6-27　DX-11 型电磁式信号继电器的基本结构

1—线圈　2—电磁铁　3—弹簧　4—衔铁　5—信号牌　6—玻璃窗孔　7—复位旋钮　8—动触头　9—静触头　10、11—接线端子

DX-11 型电磁式信号继电器的内部接线及其图形符号如图 6-28 所示。其中继电器线圈采用 GB/T 4728.7—2008 中机电式有或无继电器类的“机械保持继电器”的线圈符号，而其触头则在一般触头符号上面加一个 GB/T 4728.7—2008 规定的“非自动复位”的限定符号。

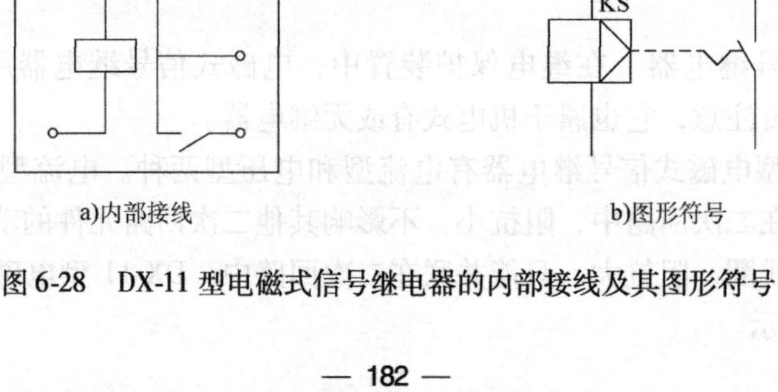

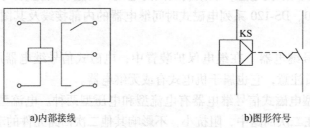

图 6-28　DX-11 型电磁式信号继电器的内部接线及其图形符号

（4）电磁式中间继电器　在继电保护装置中，电磁式中间继电器用作辅助继电器，以弥补主继电器触头数量不足或触头容量不够。中间继电器也属于机电式有或无继电器。

常用的 DZ-10 系列电磁式中间继电器的基本结构如图 6-29 所示。当其线圈通电时，衔铁被快速吸向电磁铁，使其触头切换。当其线圈断电时，衔铁释放，恢复起始状态。

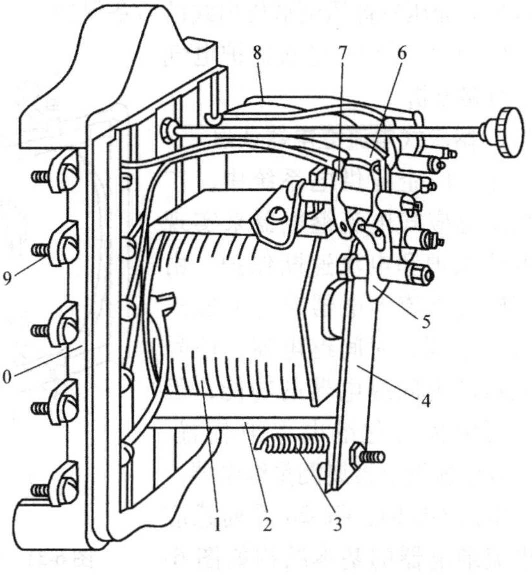

图 6-29　DZ-10 系列电磁式中间继电器的基本结构
1—线圈　2—电磁铁　3—弹簧　4—衔铁　5—动触头
6、7—静触头　8—连线　9—接线端子　10—底座

这种快吸、快放的电磁式中间继电器的内部接线及其图形符号如图 6-30 所示。其线圈采用 GB/T 4728.7—2008 中机电式有或无继电器类的“快速（快吸和快放）继电器”的线圈符号。

2. 定时限过电流保护动作原理

定时限过电流保护的动作时限与故障电流之间的关系表现为定时限特性，即继电保护动作时限与系统短路电流的数值大小无关，只要系统故障电流转换成保护装置中的电流达到或超过保护的整定电流值，继电保护就以固有的整定时限动作，使断路器掉闸，切除故障。

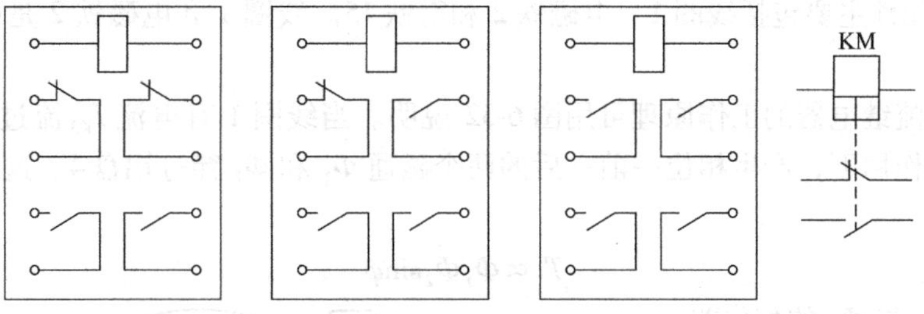

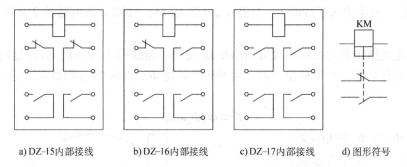

a) DZ–15内部接线　b) DZ–16内部接线　c) DZ–17内部接线　d) 图形符号

图 6-30　DZ 系列电磁式中间继电器的内部接线及其图形符号

当主电路出现过电流时，电流继电器 KA3 或 KA4 线圈获电，继电器的常开触头闭合，使时间继电器 KT 开始计时，计时结束，KT 的常开触头（延时）闭合，并接通信号继电器 KS2 及跳闸线圈 YR，从而实现断路器掉闸。

速断保护是由电流继电器 KA1 或 KA2 控制的中间继电器 KA 动作的（动作无延时），当 KA1 或 KA2 常开触头闭合时，KA 线圈获电，KA 常开触头闭合，并接通信号继电器 KS1 及跳闸线圈 YR，从而实现断路器掉闸。

3. 定时限过电流保护整定原则和保护范围

（1）整定原则　整定电流应躲开变压器的最大负荷电流（包括电动机的起动电流）。对定时限过电流保护，除应确定电流继电器的动作电流外，还应确定动作时限，并保证上、下级时限级差为0.5s，以实现保护动作的选择性。

（2）保护范围　作为变压器电流速断后备保护，能保护变压器的全部或线路的全长；还可作为变压器低压侧低压出线的后备保护。

（三）反时限过电流保护电气控制线路分析

1. 感应式电流继电器认识

在工厂企业供电系统中，广泛采用感应式电流继电器来实现过电流保护和电流速断保护。由于感应式电流继电器兼有电磁式电流继电器、时间继电器、信号继电器和中间继电器的功能，因此，可大大简化继电保护装置，感应式电流继电器属测量继电器。

常用GL-10、GL-20系列感应式电流继电器的基本结构如图6-31所示。它由感应元件和电磁元件两大部分组成。感应元件主要包括线圈1、带短路环3的电磁铁2及装在可偏转的框架6上的转动铝盘4。电磁元件主要包括线圈1、电磁铁2和衔铁15。线圈1和电磁铁2是两组元件共用的。

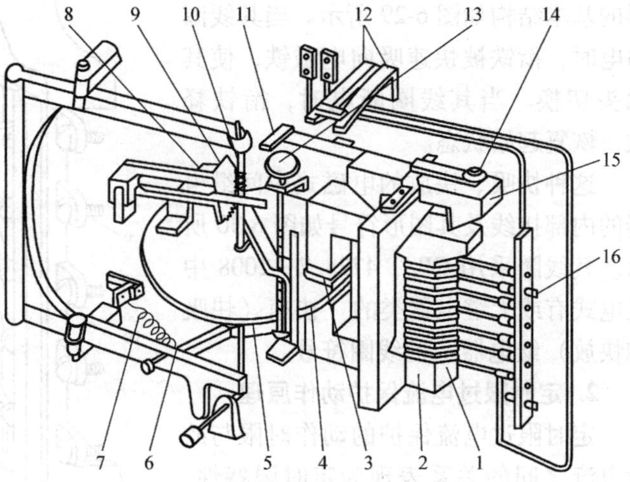

图6-31　GL-10、GL-20感应式电流继电器的基本结构
1—线圈　2—电磁铁　3—短路环　4—转动铝盘　5—钢片　6—可偏转的框架　7—调节弹簧　8—制动永久磁铁　9—扇形齿轮　10—蜗杆　11—扁杆　12—继电器触头　13—时限调节螺杆　14—速断电流调节螺钉　15—衔铁　16—动作电流调节插销

感应式电流继电器的工作原理可用图6-32说明。当线圈1有电流I_{KA}流过时，电磁铁2在短路环3的作用下，产生相位一前一后的两个磁通Φ_1和Φ_2穿过铝盘4。这时作用于铝盘上的转矩为

$$T_1 \propto \Phi_1 \Phi_2 \sin\varphi \tag{6-2}$$

式中，φ为Φ_1与Φ_2的相位差。

式（6-2）通常称为感应式机构的基本转矩方程。由于$\Phi_1 \propto I_{KA}$，$\Phi_2 \propto I_{KA}$，而φ为常数，因此

$$T_1 \propto I_{KA}^2 \tag{6-3}$$

铝盘在转矩T_1作用下转动后，铝盘切割永久磁铁8的磁通而在铝盘产生涡流，这涡流又与永久磁铁的磁通作用，产生一个与T_1反向的制动力矩T_2。它与铝盘转速n成正比，即

$$T_2 \propto n \tag{6-4}$$

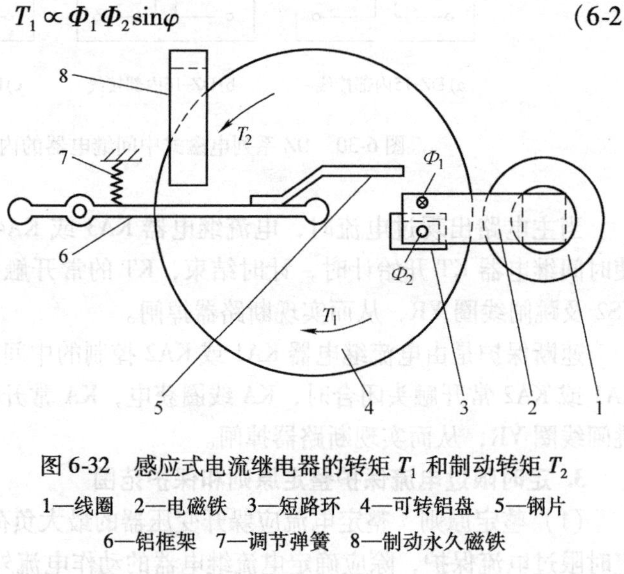

图6-32　感应式电流继电器的转矩T_1和制动转矩T_2
1—线圈　2—电磁铁　3—短路环　4—可转铝盘　5—钢片　6—铝框架　7—调节弹簧　8—制动永久磁铁

当铝盘转速 n 增大到某一定值时，$T_1=T_2$，这时铝盘匀速转动。

继电器的铝盘在上述 T_1 和 T_2 的同时作用下，铝盘受力有使铝框架 6 绕顺时针方向偏转的趋势，同时还受到调节弹簧 7 的阻力，如图 6-32 所示。

当继电器线圈电流增大到继电器的动作电流 I_{op}时，铝盘受到的推力也增大到足以克服弹簧阻力的程度，从而使铝盘带动框架前偏，使蜗杆 10 与扇形齿轮 9 啮合，这就称为继电器动作。由于铝盘继续转动，使扇形齿轮沿着蜗杆上升，最后使触头 12 切换，同时使信号牌掉下，从观察孔内可看到其白色（或红色）的信号牌指示，表示继电器已动作。

继电器线圈中的电流越大，铝盘转得越快，扇形齿轮沿蜗杆上升的速度也越快，因此动作时间也越短，这就是感应式电流继电器的“反时限”特性。

GL-11、GL-15、GL-21 及 GL-25 型感应式电流继电器的内部接线及图形符号如图 6-33 所示。

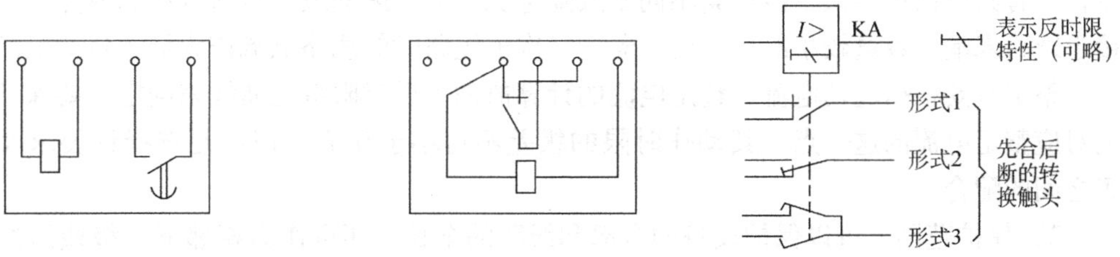

a）GL-11、GL-21 型内部接线　　b）GL-15、GL-25 型内部接线　　c）图形符号

图 6-33　GL-11、GL-15、GL-21 及 GL-25 型感应式电流继电器的内部接线及其图形符号

GL-11、GL-15、GL-21 及 GL-25 型感应式电流继电器的主要技术数据见表 6-5。

表 6-5　GL-11、GL-15、GL-21 及 GL-25 型感应式电流继电器的主要技术数据

型号	额定电流/A	整定值		速断电流倍数	返回系数
		动作电流/A	10 倍动作电流的动作时间/s		
GL-11/10 GL-21/10	10	4、5、6、7、8、9、10	0.5、1、2、3、4	2～8	0.85
GL-11/5 GL-21/5	5	2、2.5、3、3.5、4、4.5、5			
GL-15/10 GL-25/10	10	4、5、6、7、8、9、10	0.5、1、2、3、4		0.8
GL-15/5 GL-25/5	5	2、2.5、3、3.5、4、4.5、5			

2. 反时限过电流保护原理分析

反时限过电流保护的二次回路展开图如图 6-21 所示。图中，KA1、KA2 为 GL-15（25）或 GL16（26）型反时限过电流继电器，KCT1、KCT2 为过电流脱扣器，安装在断路器操动机构内部。

(1) 反时限过电流保护动作原理 反时限过电流保护的动作时限与故障电流之间的关系表现为反时限特性，即继电保护动作时限是不固定的，是根据系统短路电流数值的大小而沿曲线作相反的变化，故障电流越大，动作时限越短。

当主电路出现过电流时，过电流继电器 KA1 或 KA2 按反时限动作，使其常开触头先闭合，常闭触头后断开，从而使过电流脱扣器线圈获电，电磁铁吸合，促使断路器掉闸，切断故障电路，起到过电流保护作用。

反时限过电流保护装置比定时限装置简单，只用感应式 GL 型电流继电器就行了，其中电磁式瞬动部分作为速断保护用，感应式部分则作为过电流保护用，而且一般采用交流操作电源。

(2) 反时限过电流保护的整定原则和保护范围

1) 整定原则。整定电流要躲开线路上可能出现的最大负荷电流。如电动机的起动电流，尽管其数值相当大，但毕竟不同于故障电流，为了区别最大负荷电流和故障电流，常用接于线路末端、容量较小的一台变压器的二次侧短路时的线路电流作为最大负荷电流。

整定时要根据起动电流、整定电流的计算值做出反时限特性曲线来确定，要保证在曲线上对应整定电流的这一点，其动作时限的级差不得小于 0.7s，以满足选择性要求及上、下级之间的配合。

2) 保护范围。可以保护设备的全部和线路的全长；还可作为相邻下一级线路的穿越性短路故障的后备保护。

(3) 速断保护的整定原则和保护范围

1) 整定原则。保护的动作电流大于被保护线路末端发生三相金属性短路的短路电流。对变压器而言，则其整定电流大于被保护的变压器二次侧出现三相金属性短路的短路电流。

2) 保护范围。不能保护线路的全长，只能保护线路全长的 70% ~80%，对线路末端附近的 20% ~30% 不能保护；不能保护变压器的全部，而只能保护从变压器的高压侧引线及电缆到变压器一部分绕组（主要是高压绕组）的相间短路故障。总之，速断保护有死区，往往要用过电流保护作为速断保护的后备。

(四) 定时限与反时限保护比较

1. 定时限保护

继电保护的动作时间固定不变，与短路电流大小无关，称为定时限过电流继电保护。定时限过电流继电保护的时限是由时间继电器获得的，时间继电器的定时时间在一定的范围内连续可调，使用时可根据给定时间进行调整。

2. 反时限保护

继电保护的动作时间与短路电流的大小成反比，称为反时限过电流继电保护。即短路电流越大，保护动作的时间越短；短路电流越小，保护动作的时间越长。

3. 定时限过电流保护与反时限过电流保护的区别

1) 定时限过电流保护的动作时限是确定的，它与故障电流的大小无关，反时限过电流保护的动作时限与故障电流的大小成反比。

2) 定时限过电流保护的配合级差采用 $\Delta t = 0.5s$，反时限过电流保护的配合级差采用 $\Delta t = 0.7s$。

3) 定时限过电流保护是采用电磁式继电器，它由时间继电器、中间继电器和信号继电器组合而成。并且过电流保护与速断保护分别由各自的继电器来完成，而反时限过电流保护采用的是感应式继电器，它是由继电器的多功能来显示指示信号并使断路器掉闸。

四、相关理论知识

1. 继电保护的概念

继电保护是指研究电力系统故障和危及安全运行的异常工况，以探讨其对策的反事故自动化措施。因在其发展过程中曾主要用有触头的继电器来保护电力系统及其元件（发电机、变压器、输电线路及母线等）使之免遭损害，所以称为继电保护。

2. 继电保护装置在电力系统中的作用

（1）故障时作用于跳闸　当被保护设备发生故障时，继电保护装置能自动、迅速、有选择性地将故障部分从电力系统中切除，从而保证非故障部分持续正常地运行。

（2）异常状态时发生报警信号　当被保护设备发生不正常运行状态时，继电保护装置及时、准确地发出警告信号，提醒值班人员及时处理，消除异常状态，以免发展为故障。

3. 对继电保护的基本要求

（1）选择性　电力系统发生故障时，继电保护动作，但只切除系统中的故障部分，而其他非故障部分仍然继续供电。

继电保护的选择性，是靠选择合适的继电保护类型和正确计算整定值，使各级继电保护相互配合而实现的。当确定了继电保护类型后，在整定值的配合上，是通过给定的不同的动作时限，使上一级断路器继电保护动作时限比本级断路器继电保护动作时限大一个时限级差 Δt，一般为 0.5 ~ 0.7s。

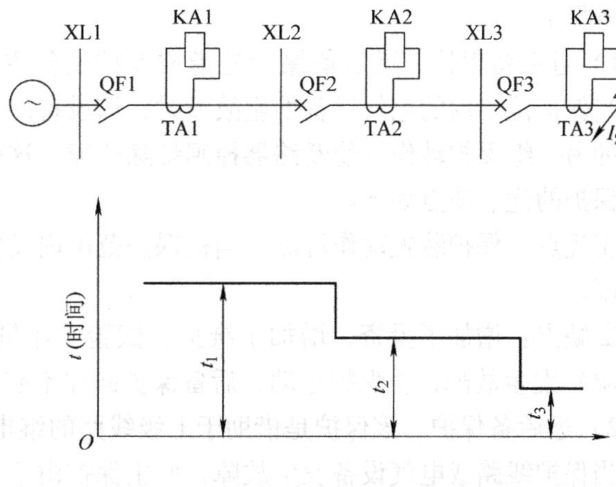

图 6-34　选择性示意图

图 6-34 中，当 D 点发生短路时，断路器 QF3 的继电保护应迅速动作，切除故障点。而断路器 QF1、QF2 的继电保护应不动作，其整定原则是 $t_1 > t_2 > t_3$，这样才能保证实现选择性动作，否则将造成越级跳闸。

（2）速动性　为了减少电力系统发生故障时对系统所造成的损失，要求继电保护装置迅速动作并切除故障。因此，继电保护的整定时间不宜过长，对某些主设备和重要线路采用快速动作的继电保护，以零秒时限使断路器掉闸，一般速断保护的总体掉闸时间不超过 0.2s。

（3）灵敏性　对继电保护装置应校验其整定值是否有足够的灵敏性。就是说，对于保护范围内的故障，不论故障点的位置和故障性质如何，都应灵敏地反应。为保证继电保护的灵敏性，在计算整定值时，应进行灵敏性的校验。如果保护装置对其保护范围内极轻微的故障都能及时地反应并动作，则说明灵敏度高。灵敏度以灵敏系数来衡量，用 K_{se} 表示，即

$$K_{se}=\frac{保护范围末端的最小短路电流流经继电保护的电流}{保护装置折算到一次侧的动作电流}$$

(4) 可靠性　指在继电保护范围内发生故障时，继电保护应可靠动作，不应拒动作；而在正常运行状态时，继电保护不应误动作。保护装置的可靠程度与保护装置的元件质量、接线方案以及安装、整定和运行维护等多种因素有关。

以上四项要求，对于具体的保护装置来说不一定都是同等重要的，而往往有所侧重。例如对配电变压器，由于它是供配电系统中最关键的设备，因此对它的保护装置的灵敏系数要求比较高；而对一般电力线路的保护装置，灵敏系数可略低一些，但对其选择性要求比较高。又例如，在无法兼顾选择性和速动性情况下，为了快速切除故障以保护某些关键设备，或者为了尽快恢复系统的正常运行，有时甚至牺牲选择性来保证速动性。

4. 主保护、后备保护及辅助保护

(1) 主保护　主保护是被保护设备和线路的主要继电保护装置。对被保护设备的故障，能以无时限（即除去保护装置本身所固有的时间，一般为0.03～0.12s）或带一定的时限切除故障。例如速断保护就是主保护，变压器的瓦斯保护也是主保护。

(2) 后备保护　后备保护是主保护的后备。对于变、配电所的进线、重要电气设备及重要线路，除要有主保护外，还要装设后备保护和辅助保护。后备保护又分为近后备保护和远后备保护。

1) 近后备保护。近后备保护是指被保护设备主保护之外的另一组独立的继电保护装置。当保护范围内的电气设备发生故障时，该设备的主保护由于某种原因拒绝动作时，由该设备的另一组保护动作，使断路器掉闸切除故障，这种保护称为被保护设备的后备保护。近后备保护的优、缺点如下。

①优点：保护装置动作可靠，当被保护范围内发生故障时，可以迅速切除故障，缩小事故范围。

②缺点：增加了投资，增加了维护、试验工作量，如果由于保护装置共用部分（如直流电源）发生故障，主保护拒动，后备保护同样不起作用，从而造成越级掉闸。

2) 远后备保护。该保护是借助于上级线路的继电保护，作为本级线路或设备的后备保护。当保护线路或电气设备发生故障，而主保护由于某种原因拒绝动作时，只得越级使相邻的上一级线路的继电保护动作，使其断路器掉闸，借以切除本线路的故障点。这种情况，上级线路的保护就称为本级线路的远后备保护。远后备保护的优、缺点如下。

①优点：实施简单，投资省，无需进行维修与试验；该保护在保护装置本身及操作电源发生故障时，均可起到后备保护作用。

②缺点：增加了故障切除时间，事故范围扩大，增加了停电范围，使事故损失增加；当相邻线路的长度相差悬殊时，短线路的继电保护很难实现长线路的后备保护。

(3) 辅助保护　该保护是一种起辅助作用的继电保护装置。例如，为了解决方向保护的死区问题，专门装设电流速断保护。

五、拓展性知识

由电磁式或感应式继电器构成的继电保护都是反映模拟量的保护，保护的功能完全由硬件电路来实现。这种常规的模拟式继电保护存在着动作速度慢、定值整定和修改不便、没有自诊断功能、难以实现新的保护原理或算法以及体积大、元件多、维护工作量大等缺点，因此很难满足电力系统发展所提出的更高的保护要求。近年来，由于电子技术、控制技术以及计算机通信技术特别是微型计算机技术的迅猛发展，继电保护领域出现了巨大的变化，这主要归因于反映数字量的微机保护的应用。微机保护充分利用和发挥了微型控制器的存储记忆、逻辑判断和数值运算等信息处理功能，克服了模拟式继电保护的不足，获得了更好的保护特性和更高的技术指标。因此，微机保护在电力系统保护中得到了广泛应用。

（1）微机保护系统的基本结构　传统的保护装置采用的是布线逻辑，保护的每一种功能都由相应的器件通过连线来实现，微机保护的基本构成与一般的微机应用技术相似，可以看成由硬件与软件两部分构成。微机保护的硬件由数据采集系统、CPU 主系统、开关量输入/输出系统及外围设备组成，其硬件构成框图如图 6-35 所示。

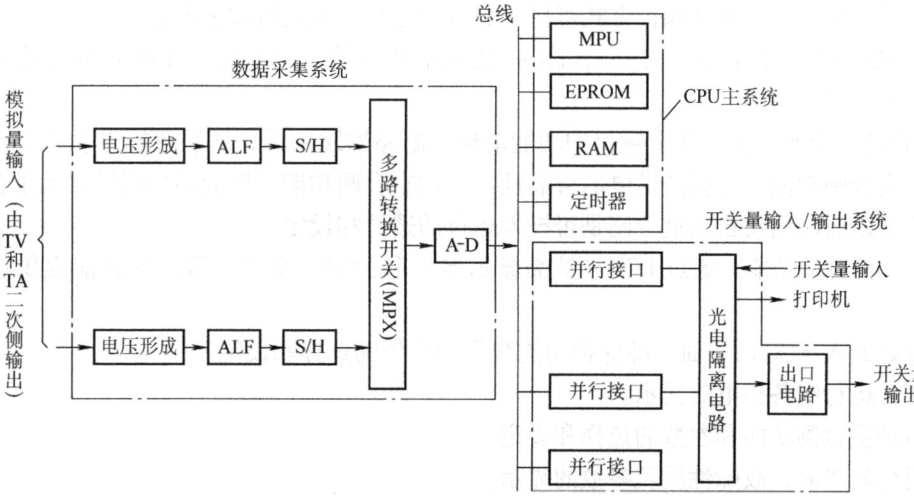

图 6-35　微机保护硬件构成框图

1）数据采集系统。数据采集系统又称模拟量输入系统。从图 6-35 可以看出，它由电压形成、模拟滤波器（ALF）、采样保持器（S/H）、多路转换开关（MPX）和模-数转换器（A-D）几个环节组成。其作用是将电压互感器（TV）和电流互感器（TA）二次侧输出的电压、电流模拟量转化成为计算机能接受与识别的并且大小与输入量成比例、相位不失真的数字量，然后送入 CPU 主系统进行数据处理及运算。

2）CPU 主系统。微机保护的 CPU 主系统是由微处理器（MPU）、可擦编程只读存储器（EPROM）、随机存储器（RAM）、定时器及接口板等设备组成的。微处理器用于控制与运算，因此一般都采用 16 位以上的高速芯片。EPROM 用于存放各种程序及必要的数据，如操作系统、保护算法、数字滤波及自检程序等。RAM 用于存放经过数据采集系统处理的电力系统信息以及各种中间计算结果和需要输出的数据。由于信息量很大，而且 RAM 的容量是有限的，因此 RAM 中所存放的电力系统信息只是故障前的若干周波的信息，而正常情况下的信息则采用流水作业的方式存储。接口板是主系统不可缺少的组成部分，它是主系统与外部交流的通道。定时器是计算机本身工作、采样以及与电力系统联系的时间标准，也是必需的，而且要求时间精度很高。

3）开关量输入/输出系统。开关量输入/输出系统的作用是完成各种保护的外部触头输入、出口跳闸及信号等报警功能。变电所的开关量有断路器、隔离开关的状态，继电器和按键触头的通断等。断路器和隔离开关的状态一般通过辅助触头给出信号，继电器和按键则由本身的触头直接给出信号。为了防止干扰的入侵，通常经过光电隔离电路将开关量输入、输出回路与微机保护的主系统进行严格隔离，使两者不存在电的直接联系，这也是保证微机保护可靠性的重要措施之一。隔离常用的方法有光电隔离、继电器隔离以及继电器和光耦合器双重隔离。

（2）微机保护的功能　微机保护具有如下功能：

1）保护功能。微机保护装置的保护功能有定时限过电流保护、反时限过电流保护、定时限电流速断保护和瞬时电流速断保护。反时限过电流保护还有标准反时限、强反时限和极强反时限等几类。以上各种保护方式可供用户自由选择，并进行数字设定。

2）测量功能。正常运行时，微机保护装置不断测量三相电流，并在 LCD（液晶显示器）上显示。

3）自动重合闸功能。在上述保护功能动作、断路器跳闸后，该装置能自动重合闸，即具有自动重合闸功能，以提高供电的可靠性。自动重合闸功能可以为用户提供自动重合闸的重合次数、延时时间及自动重合闸是否投入运行的选择和设定。

4）人-机对话功能。通过 LCD（液晶显示器）和简捷的键盘，微机保护能提供如下功能：

①良好的人-机对话界面，即保护功能和保护定值的选择和设定。

②正常运行时各相电流显示。

③自动重合闸功能和参数的选择和设定。

④发生故障时，故障性质及参数的显示。

⑤自检通过或自检报警。

5）自检功能。为了保证装置可靠工作，微机保护装置具有自检功能，能对装置的有关硬件和软件进行开机自检和运行中的动态自检。

6）事件记录功能。微机保护能将发生事件的所有数据，如日期、时间、电流有效值及保护动作类型等都保存在存储器中，事件包括事故跳闸事件、自动重合闸事件及保护定值设定事件等，可保存多达 30 个事件，并不断更新。

7）报警功能。报警功能包括自检报警及故障报警等。

8）断路器控制功能。断路器控制功能包括控制各种保护动作和自动重合闸的开关量输出，控制断路器的跳闸和合闸。

9）通信功能。微机保护装置能与中央控制室的监控微机进行通信，接受命令和发送有关数据。

10）实时时钟功能。实时时钟功能能自动生成年、月、日和时、分、秒，最小分辨率为毫秒，有对时功能。

（3）微机保护的特点　微机保护具有如下特点：

1）精度高。传统的电磁型保护是经过电—磁—力—机械运动的多次转换而形成的，由于转换环节多，加之机械构件的精度维护、调试经验和误差影响大，因而其准确度低；并且晶体管保护的元器件参数分散性大，动作特性易改变，从而降低了准确度。而微机保护由于其综合判断环节采用微型计算机的软件来完成，精度高并且动作功耗低，因而保护装置的灵敏度高。

2）灵活性大，可以缩短新型保护的研制时间。由于微机保护装置是由软件和硬件互相结合来实现保护功能的，因而在很大程度上，不同原理的微机保护其硬件可以是一样的，换以不同的程序即可改变继电器的功能。

3）可靠性高。在计算机程序的指挥下，微机保护装置可以在线实时对硬件电路的各个环节进行自检，多微机系统还可实现互检。将软件和硬件相结合，可有效地防止干扰造成微机保护不正确动作。实践证明，微机保护装置的正确动作率已经超过了传统保护的正确动作率。另外，微机保护装置体积小，占地面积少，价格低，同一设备可采用完全双重化的微机保护，从而使其可靠性得到保证。

4）调试、维护方便。传统的整流型或晶体管型机电保护装置的调试工作量大，尤其是一些复杂保护，其调试项目多，周期长，且难以保证调试质量。微机保护则不同，它的保护功能及特性都是由软件来实现的，只要微机保护的硬件电路完好，保护的特性即可得到保证。调试人员只需做几项简单的操作即可证明装置的完好性。此外，微机保护的整定值都以数字量存放于程序存储器 EPROM 或 EEPROM 中，永久不变，因此不需要定期对定值再进行调试。

5）易获取附加功能。在系统发生故障后，微机保护装置除了完成保护任务外，还可以提供多种信息。例如在微机保护装置中，可以很方便地附加自动重合闸、故障录波及故障测距等自动装置的功能。

6）易于实现综合自动化。继电保护实现微机化后，微机保护结构的灵活性和保护算法的模块化都使微机保护作为监控管理对象之一能够很容易地实现，从而便于实现整个变电站的综合自动化。

（4）线路和变压器的微机保护

1）35kV 及 35kV 以下线路的微机保护。在 35kV 及 35kV 以下的小接地电流系统中，线路上应装设反映相间故障和单相接地故障的保护。与常规保护相同，相间短路的电流保护包括过电流保护及电流速断保护，这两种保护均可选择带方向的保护或不带方向的保护。微机保护在硬件装置相同时，若配以不同的软件，就可实现不同的功能，实现起来较为方便，因此，微机保护的配置一般比常规保护的配置更全面。

为了提高过电流保护的灵敏度并提高整套保护动作的可靠性，可使线路的电流保护经过欠电压元件。欠电压元件在三个线电压中的任一个低于电压定值的情况下动作，开放被闭锁的保护元件。微机保护采用软件很容易实现该功能。

一般地，线路的微机保护装置还带有以下功能：

TV 断线检测；低频减负荷功能；小接地电流选线；过负荷保护；输电线路自动重合闸（ARD）。

2）变压器的微机保护。根据保护的配置原则，应对不同容量及电压等级的变压器配置不同的保护。主保护和后备保护软件、硬件一般单独设置。在中低压变压器上，一般主保护配置有二次谐波闭锁原理的比率制动差动保护、差动电流速断保护、本体瓦斯保护、有载调压重瓦斯保护和压力释放保护等；一般后备保护配置有过电流保护、中性点直接接地系统的零序保护等，另外还有过负载保护。

对于常规变压器的差动保护，双绕组变压器采用 Yd11 接线时，高低两侧的电流相位差为 30°，从而在变压器差动回路中产生较大的不平衡电流。为此要求两侧电流互感器二次侧采用相位补偿接线，即变压器星形侧的电流互感器接成三角形，而变压器三角形侧的电流互感器接成星形。由于微机保护软件计算具有灵活性，因此允许变压器各侧的电流互感器二次侧都采用星形接线方式，也可以按常规保护方式接线。当两侧都采用星形接线方式时，可在进行差动计算时由软件对变压器星形侧电流进行相位补偿及电流数值补偿。

六、作业

6-3-1　继电保护有哪些任务？对继电保护有哪些基本要求？

6-3-2　过电流保护的灵敏系数是如何定义的？欠电压保护的灵敏系数又是如何定义的？

6-3-3　电磁式电流继电器、时间继电器、信号继电器和中间继电器在继电保护装置中各起什么作用？各自的图形符号如何表示？感应式电流继电器又有哪些功能？其图形符号和文字符号又如何表示？

6-3-4　什么叫过电流继电器的动作电流、返回电流和返回系数？如果过电流继电器的返回系数过低，会出现什么问题？

6-3-5　供电系统的微机保护有什么特点？

项目七

开关柜电气线路图的绘制

【项目概述】 本项目包括四个模块:二次线路图的绘制、接线图的生成、一次线路图的绘制及电气设计软件 elecworks 介绍。项目设计思路:本项目以项目五(上海某企业生产的一整套低压配电系统图分析)为基础,介绍利用专用的电气柜绘图软件绘制一整套低压配电系统原理图、接线图、接线表的方法。不仅巩固了项目五的知识,同时也与项目五形成对应关系,培养学生绘图、识图和排除故障的能力。最后,本项目介绍最新电气设计软件 elecworks。

一、教学目标

通过绘制典型低压配电房供电系统成套开关设备的原理图和接线图,使学生掌握利用 SuperWORKS 软件绘制电气线路图的方法。

1）能够绘制开关柜的工作原理图。

2）能够根据要求布置电气元器件,生成接线图、接线表及端子表。

二、工作任务

利用 SuperWORKS 软件绘制进线柜（图 5-17）的工作原理图、接线图。

模块一　二次线路图的绘制

一、教学目标

能够利用 SuperWORKS 软件绘制原理图。

二、工作任务

采用点式画法绘制图 5-17（项目五）所示的原理图。

三、相关实践知识

二次原理图设计是生成接线图过程中最重要的环节,是 SuperWORKS 生成端子表、明细表、接线表及自动生成施工接线图的前提和基础。成功运用 SuperWORKS 的关键之一,就是熟练掌握 SuperWORKS 的二次原理图画法。

SuperWORKS 操作方便,使用灵活,很容易掌握。

SuperWORKS 提供的主要画法有链式画法、回路线框调用画法、点式画法及典型图库调用。我们将使用点式画法来绘制图 7-1 的电动机起保停电气控制原理图,以及使用属性编辑、线号编辑、批标注对原理图进行编辑修改，用户可以从这幅原理图的绘制中对点式画法及编辑功能加以领会及掌握。

1. 原理图设计

(1) 图纸属性定义　其主要功能是定义图纸安装位置，方便实现同一项目下多个设备的接线设计。下面就以图 7-1 所示的原理图为例进行图纸属性定义。

1) 菜单调用次序：[二次设计] → [图纸属性定义]。

2) 具体操作步骤：调用菜单，系统弹出图 7-2 所示的“图纸属性定义”对话框。在该对话框中输入当前图纸的安装位置。

注意： 图纸安装位置为所定义图纸中大多数元件的安装位置。

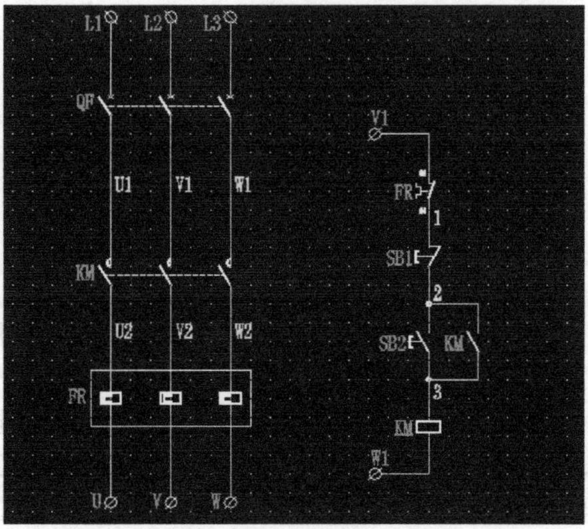

图 7-1　电动机起保停电气控制原理图

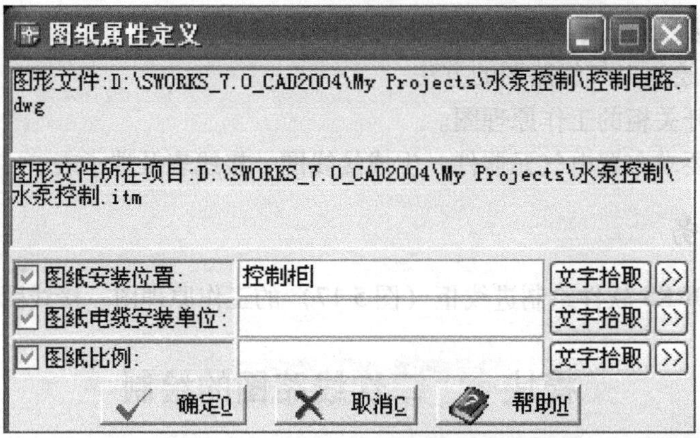

图 7-2　“图纸属性定义”对话框

(2) 点式画法　相对于链式画法要求一次完成相对完整的回路，点式画法的实质就是先摆元件后连线。点式画法利用“二次符号调用”，在图中先摆放二次元件，再利用“链式画法”或“自动连线和框选连线”把二次元件连线即可。

下面以绘制电动机起保停原理图中的控制回路（见图 7-3）为例，详细讲述点式画法的具体操作步骤。

1) 二次符号调用。主要功能：在图中放入需要的符号。在调用元件时可一次调用多个，这对于有多个相同元件的原理图来说，可

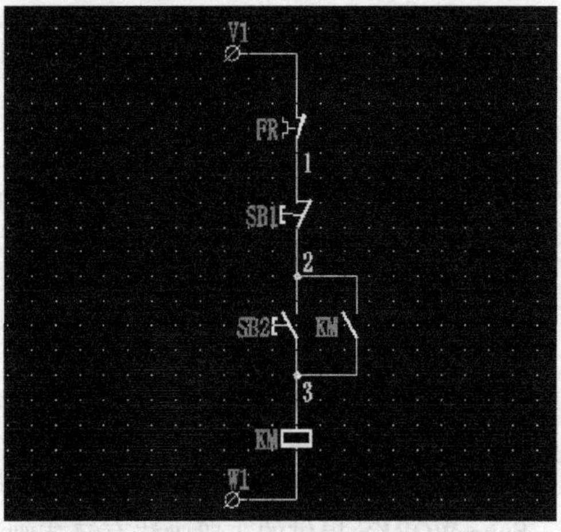

图 7-3　控制电路原理图

以大大提高绘制效率。

①菜单调用次序：[二次设计] → [二次符号调用]。

②具体操作步骤：调用菜单或单击工具条上的按钮，系统弹出图 7-4 所示的“二次符号调用”对话框。

该对话框中，系统已将所有的二次元件分类列出，用户也可根据实际需要将符号分类，以方便绘图时快速调用。

选择分类，双击鼠标左键或单击“调用”选项卡，可浏览该类别下的所有符号，如选择“多端”类别，则会弹出图 7-5 所示的二次符号显示对话框。

该对话框中列出了二次元件中所有的多端元件。通过左右滑块，可向前或者向后翻页，选择元件。设定调用数后，选择要调用的符号，然后根据命令行提示指定符号位置，将随光标移动的符号放置到绘图区的合适位置。若需要设置元件的旋转方向，可通过最下方的单选按钮来定义符号旋转角度，同时选项卡中预览的符号也会旋转成相应的角度。根据用户需要的绘图比例，通过调整放大倍数可调整元件大小。

本例（图 7-3）控制回路需要接线端子两个，先设定调用数为 2，然后选择接线端子进行调用。二次符号选择对话框如图 7-6 所。

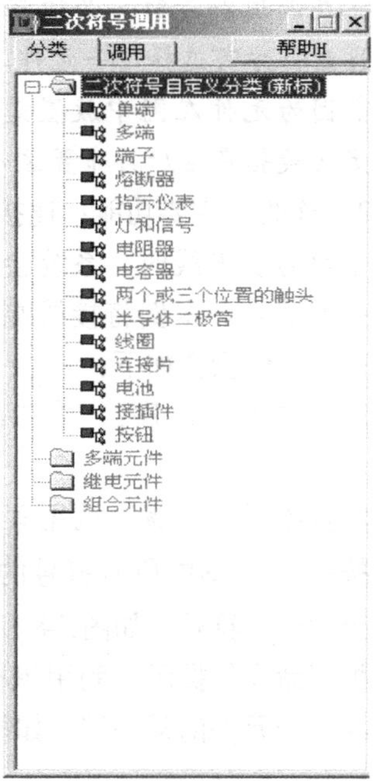

图 7-4　“二次符号调用”对话框

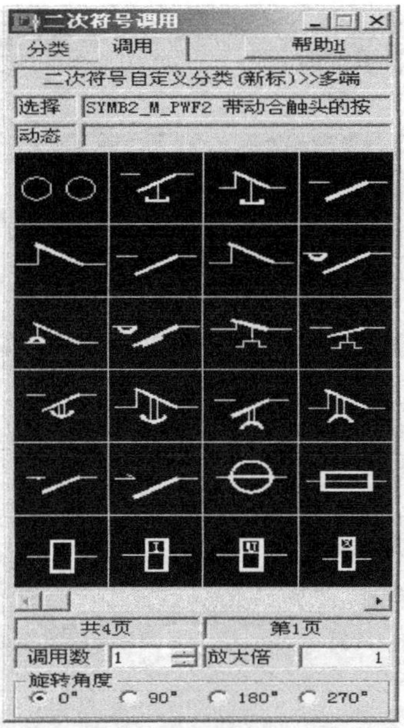

图 7-5　二次符号显示对话框

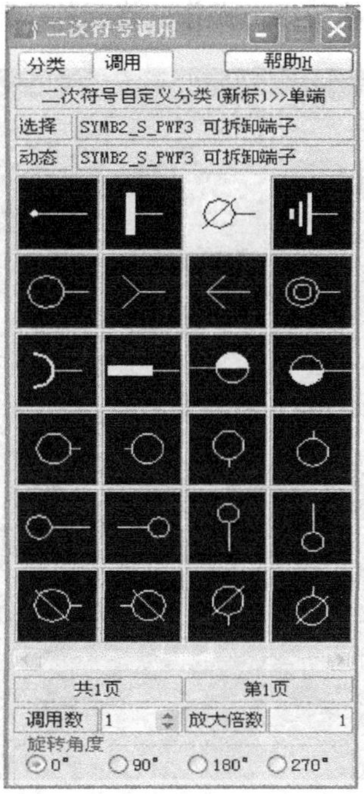

图 7-6　二次符号选择对话框

根据命令行提示将两个接线端子放入图中。

重复以上调用操作，调用其他元件符号放入图中，如图7-7所示。

注意：

①在调用符号时，必须将已选符号布置在绘图区后，方可选择下一元件。

②因为元件在图中放置是有角度的，因此应先定义旋转角度后再布置该元件。

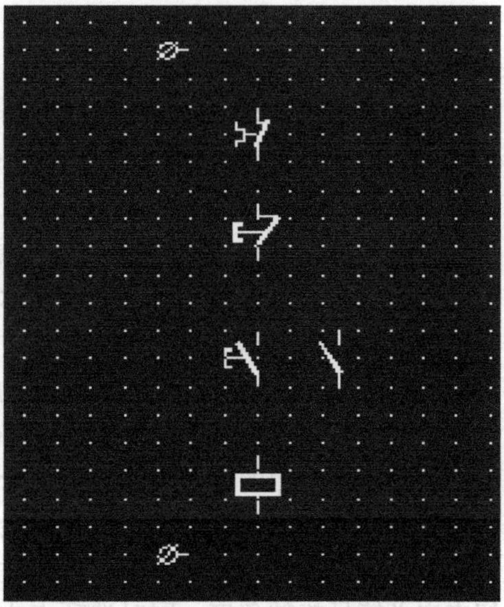

图7-7　二次符号调用

2）连线。主要功能：连接符号。可一笔串接多个符号。连线时，系统会自动在多根连接线处打上节点。本例将接线端子和热继电器串接起来，具体操作如下：

①菜单调用次序：［二次设计］→［连线］。

②具体操作步骤：调用菜单或单击工具条上的按钮，图中所有符号的连线端会自动亮显一个“●”符号，如图7-8所示。

根据命令行提示，利用鼠标选取连线起点，指定在某个元件的某一端，如接线端子的加亮端，如此点不在元件或连线上，则将以悬空线开始。

按提示，再选取终点，在此选择热继电器的上角，连线结束。当终点落在元件端点及线上时，自动结束。否则系统继续提示“终点”，鼠标右键结束。

连续执行以上操作，将元件进行连接，如图7-9所示。

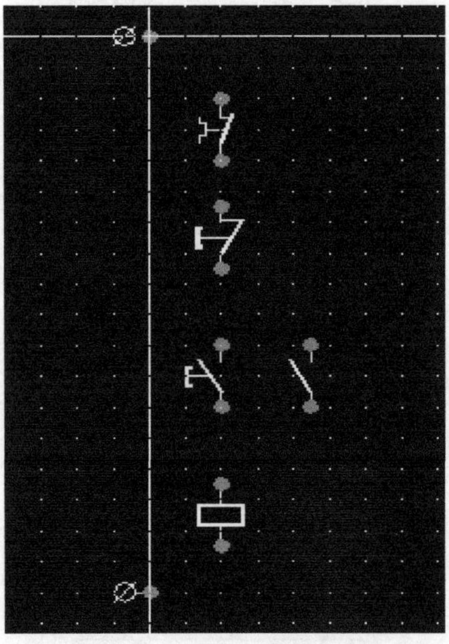

图7-8　二次符号显示

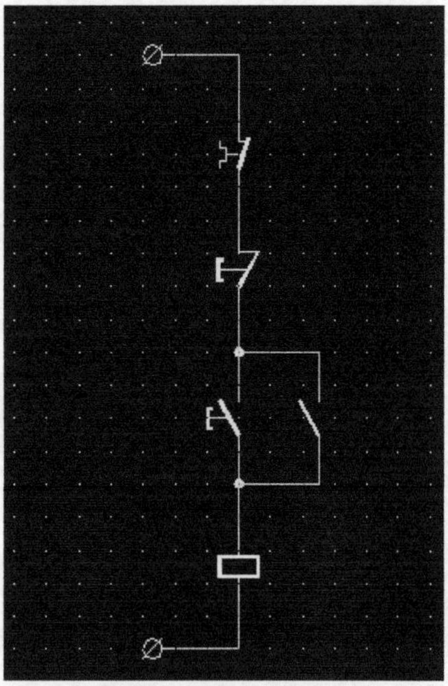

图7-9　二次符号连线

注意：符号一端只能连一根线。若符号一端已连线，当再次选中该端连线时，命令行会提示“元件该端点已经连线!”。

（3）从元件端点批引线　主要功能：从多个元件（或单个元件）的多个端点处一次引出多条直线。图 7-10 的回路可用此方法进行快速绘制，操作步骤如下。

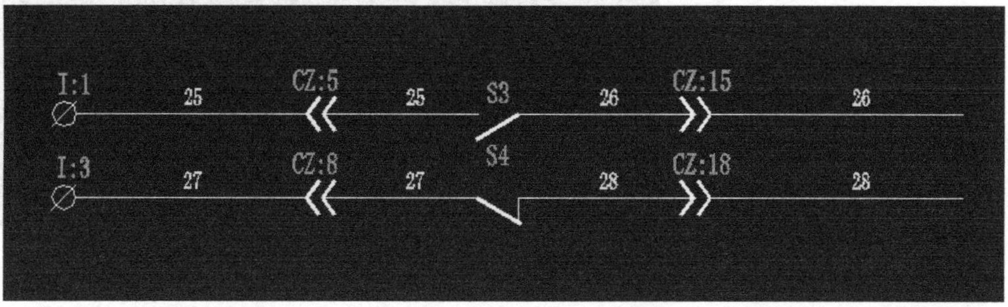

图 7-10　从元件端点批引线

1）二次符号调用。先通过二次符号调用，把所有需要的元件全部调出来，依次放置，如图 7-11 所示。

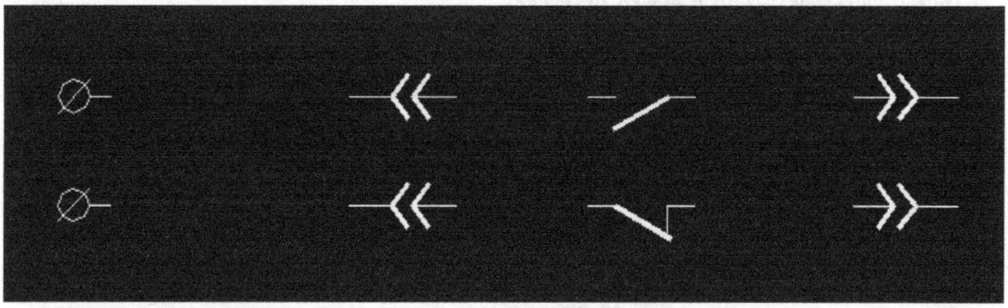

图 7-11　二次符号调用

2）从元件端点批引线

①菜单调用次序：[二次设计] → [从元件端点批引线]。

②具体操作步骤：调用菜单并根据命令行提示，框选要进行批引线的元件起始端点，本例框选左边的两个端子作为起始端点，选定后，再根据命令行提示指定要进行批引线的起点和终点，起点和终点的方向决定批引线的方向，终点即为连线终止点，如图 7-12 所示。

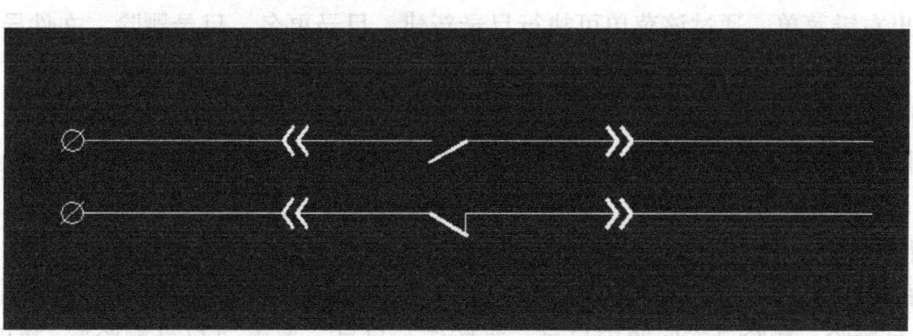

图 7-12　二次符号批引线

（4）典型图库调用　主要功能：系统提供大量的典型回路图库，如电流回路、电压回路及控制回路等，用户可通过调用典型图库，完成快速拼图。在实际应用中，用户也可方便地对该图库进行扩充。

以下我们通过实际操作将馈线柜原理图中的照明回路（如图7-13所示）加入典型图库，并调用此回路快速绘制原理图，具体操作步骤如下。

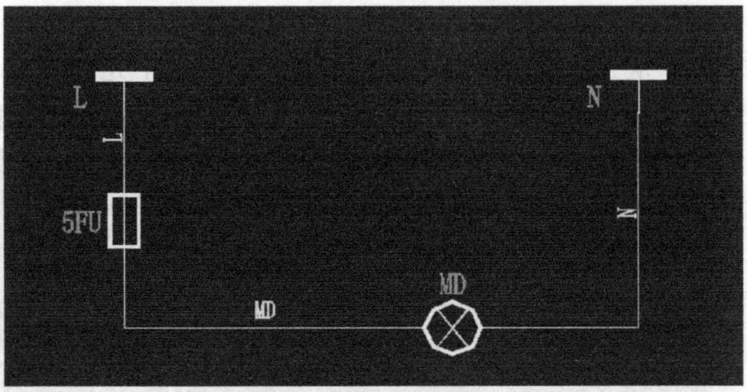

图7-13　照明回路

1）菜单调用次序：［二次设计］→［典型图库调用］。

2）具体操作步骤：调用菜单或单击工具条上的按钮，系统弹出图7-14所示的典型图库调用对话框。

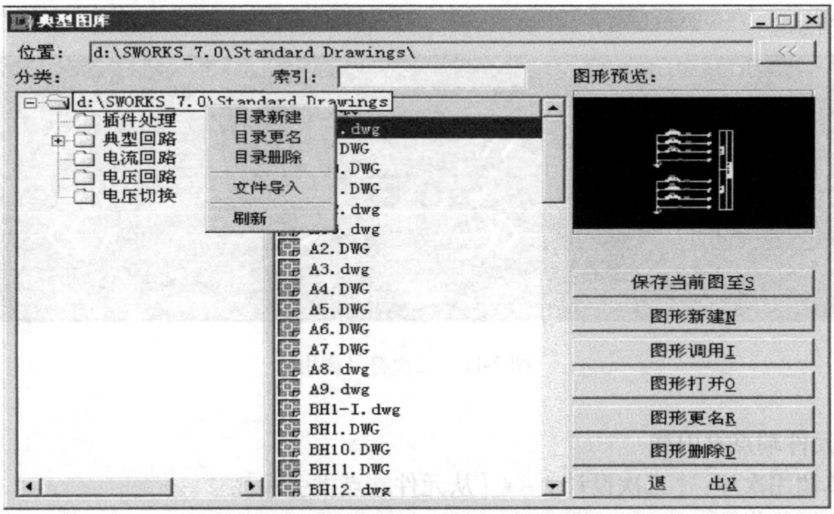

图7-14　典型图库调用对话框

①回路库目录操作。在回路库分类文本框内，首先选择一目录，如选择主目录单击鼠标右键，弹出右键菜单，通过该菜单可执行目录新建、目录更名、目录删除、文件导入和刷新等操作。

a. 目录新建：选择分类下的任一目录，单击“目录新建”，系统弹出图7-15所示的“目录新建”对话框，在“名称”文本框中输入新建目录名称，如“照明回路”；通过位置栏可查看目录路径。单击“确定”后，新建目录名称自动入库。

b. 目录更名：对已有回路库目录进行更名。选择分类下的任一目录，单击“目录更名”，系统弹出对话框，在“名称”文本框中输入更名后的目录名，单击“确定”即可。

c. 目录删除：删除已有回路库目录。选择任一目录，单击“目录删除”，弹出对话框，单击“是”，将删除该目录及其目录下所有图形文件，否则取消此操作。

d. 文件导入：给当前回路库目录中导入图样文件。选择任一目录，单击“文件导入”，弹出对话框，选择要导入的图样文件，可配合“Shift”键或“Ctrl”键实现一次多选。

②图形操作。选择某一目录，可通过索引来搜索该目录下的具体图形文件。

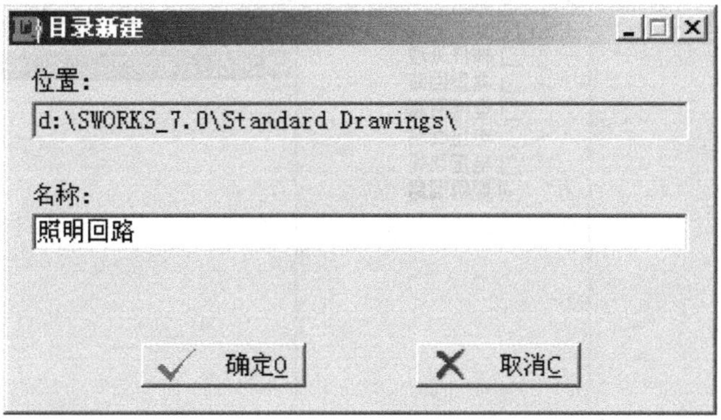

图 7-15 “目录新建”对话框

a. 保存当前图：把当前图样保存到选中的目录下。选择回路库目录，单击“保存当前图至”按钮，系统弹出对话框，“确定”后可把当前图保存至该目录下。

b. 图形新建：给选中的回路库目录新建对应的图形文件。选择回路库目录，单击“图形新建”后，弹出“图形新建”对话框，输入图形名，如图 7-16 所示。

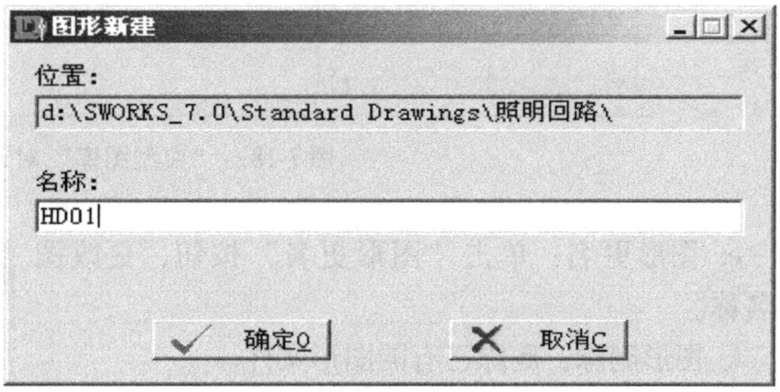

图 7-16 “图形新建”对话框

单击“确定”后，系统弹出图 7-17 所示的“图形入库”对话框。

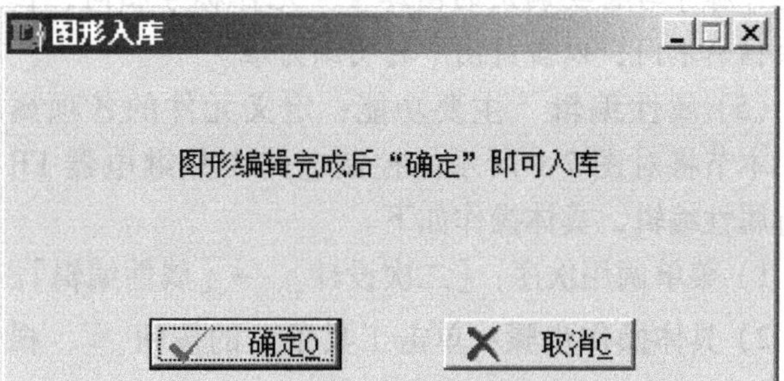

图 7-17 “图形入库”对话框

用户也可暂且不理会此对话框，而是先对要建立的回路库图形文件（图 7-13）进行编辑，编辑完成之后，单击（图 7-17）“确定”按钮，命令行提示“请选择基点”，选择图形基点（即图库调用时的插入点）后，根据命令行提示框选回路库图形，照明回路自动入库，如图 7-18 所示。

注意：

- 基点通常为图形的插入点。
- 建库时不能存在一个与图形同名的块。

c. 图形调用：调用回路库目录下的图形文件，完成快速拼图。

选择要调用的图形名如“HD01”，单击“图形调用”，将随光标移动的图形放置在绘图区内的合适位置，即可实现快速绘图。

d. 图形打开：打开回路库目录下的图形文件，进行编辑修改操作。

用户根据需要使用 AutoCAD 基本绘图、编辑命令修改图形，再用“SAVE”将其存盘即可完成图形的修改。

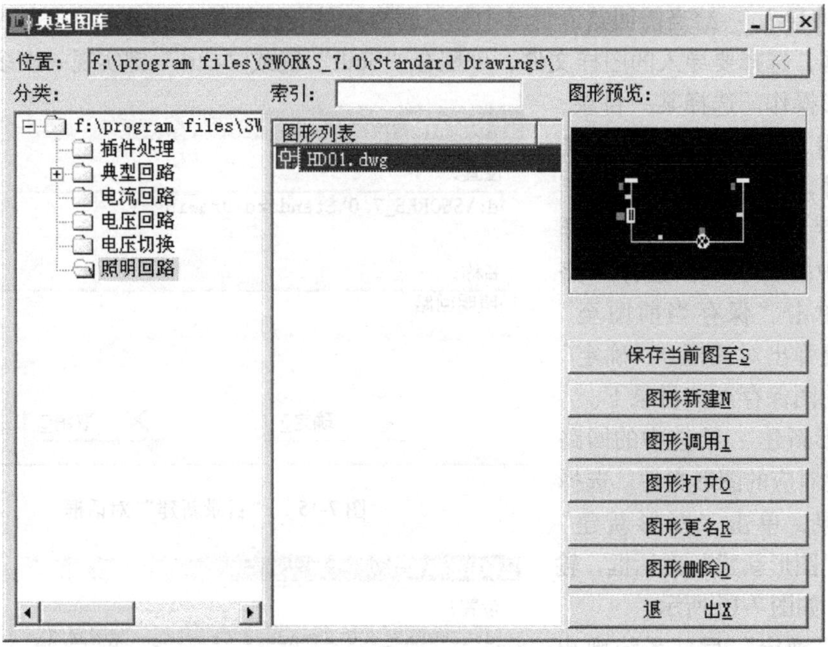

图 7-18 “典型图库”对话框

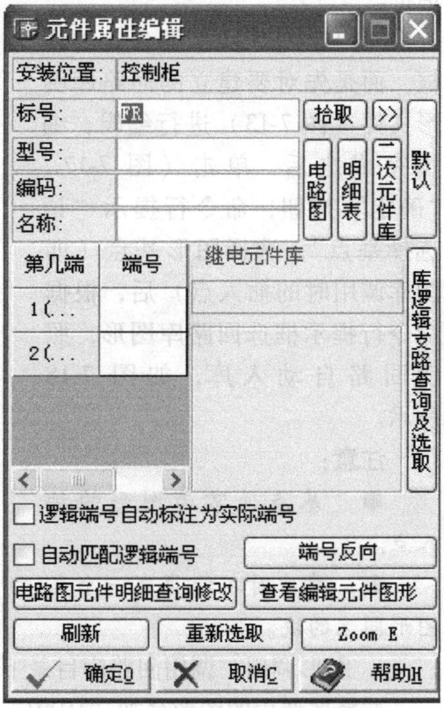

图 7-19 “元件属性编辑”对话框

e. 图形更名：单击“图形更名”按钮，更改图形名称。

f. 图形删除：删除已有的图形文件。

注意：在图库中，若元件具有明细信息，则在调用到原理图中时，其明细信息会保留；若当前图中有一元件标号与将要调用的图库中一元件标号相同，但明细信息不同，以当前图中的明细为准。

(5) 属性编辑　主要功能：定义元件的各项属性。本节将对图 7-1 所示的控制电路中热继电器 FR 进行属性编辑，具体操作如下。

1) 菜单调用次序：［二次设计］→［属性编辑］。

2) 具体操作步骤：单击工具条上的按钮，根据提示选择编辑对象或者可直接双击要编辑的元件，此处直接双击热继电器 FR，系统弹出图 7-19 所示的“元件属性编辑”对话框。

①标号可手动输入，也可通过“拾取”按钮在当前图中进行文字拾取，或单击 >> 在所选图样范围内已定义的标号中选取，本例中标号已经通过标号批标注进行标注。

②型号、编码及名称可通过手动输入、模糊查询，也可通过“电路图”“明细表”“二次元件库”“默认”按钮来定义，并可预览元件的接线图形。

在此选用二次元件库：打开二次元件数据库，通过索引快速选择所需元件型号，在名称处选择热继电器进行索引，选择型号“JR16B”，如图 7-20 所示。

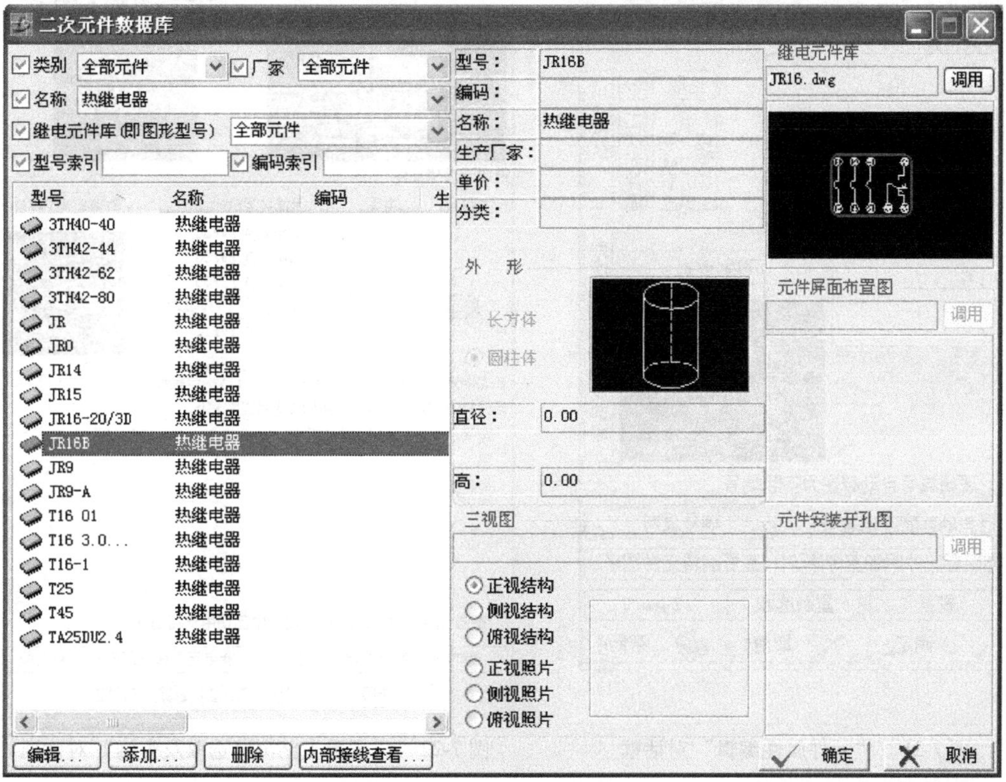

图 7-20 二次元件数据库对话框

图中列出了 JR16B 的所有信息及元件接线图，用户单击“确定”即将此属性信息进行填充。

属性编辑后结果如图 7-21 所示。

对于已选定型号的元件，可通过“逻辑支路浏览选取及查询”对话框进行支路信息查看，如图 7-22 所示。

在图 7-22 中，可查看所选元件接线图库的逻辑支路以及该元件在原理图中的支路使用情况。其中端号处图标为的支路，即为当前在原理图中要编辑修改的支路。

若接线图库中的支路逻辑关系与原理图中的支路逻辑关系不匹配，可通过按钮“继电元件库支路端号选取”或“继电元件库支路端号反向选取”来强制修改原理图中图标为的支路逻辑关系，并且强制其端号。

（6）组合元件 主要功能：用基本的符号元素组合成一个多端元件、黑盒子元件以及 PLC 控制单元，并对多个符号定义相同的属性。以下我们将以图 7-23 为例，将其中的断路器符号组合成标号为 QF 的三级断路器元件，具体操作如下。

1）菜单调用次序：［二次设计］→［组合元件］。

2）具体操作步骤：在原理图中调用几个符号，然后调用菜单或单击工具条上的按钮，系统弹出图 7-24 所示的“组合元件”对话框。

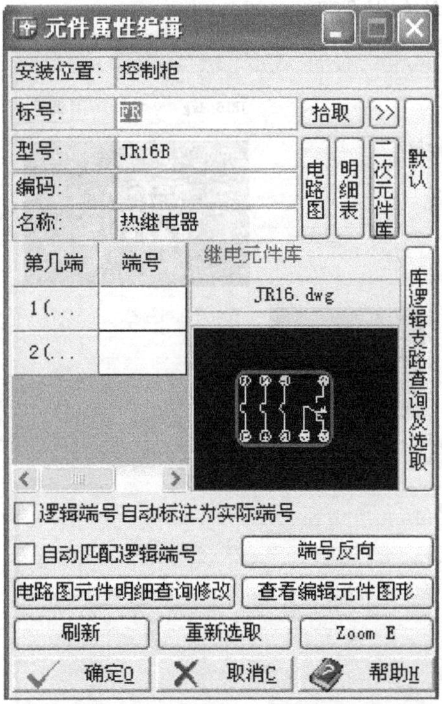

图 7-21　“元件属性编辑”对话框

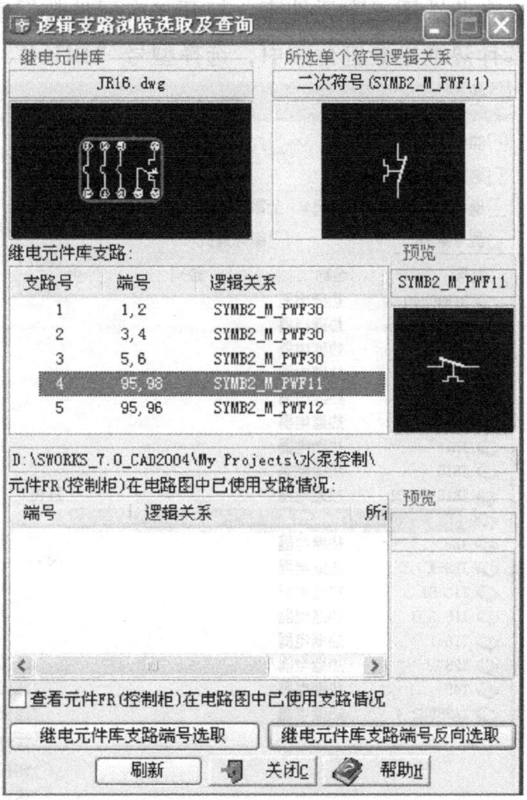

图 7-22　“逻辑支路浏览选取及查询”对话框

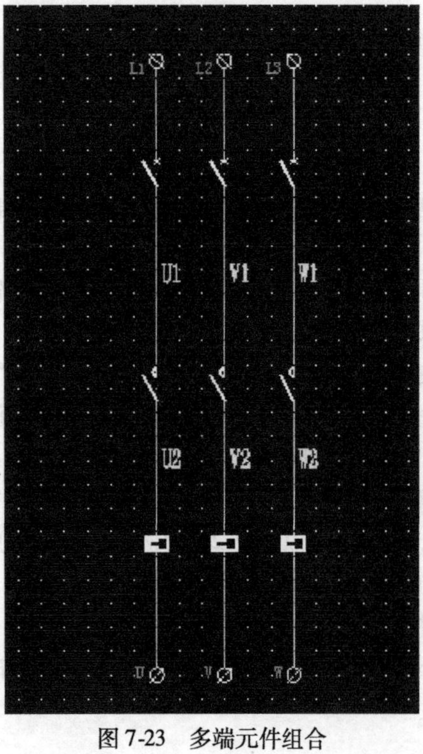

图 7-23　多端元件组合

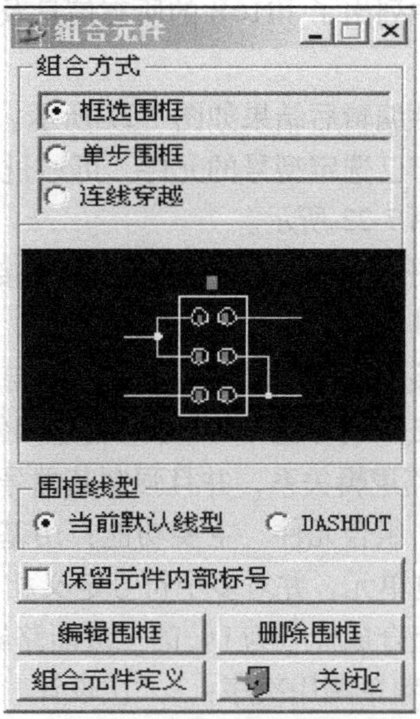

图 7-24　“组合元件”对话框

选择任一组合方式、围框线型及是否保留元件内部标号，单击“组合元件定义”按钮，根据命令行提示，围框选择待定义的元件 QF，弹出“元件属性编辑”对话框，如图 7-25 所示。

输入多端元件 QF 的属性信息，单击“确定”后，多端元件 QF 组合完成，如图 7-26 所示。

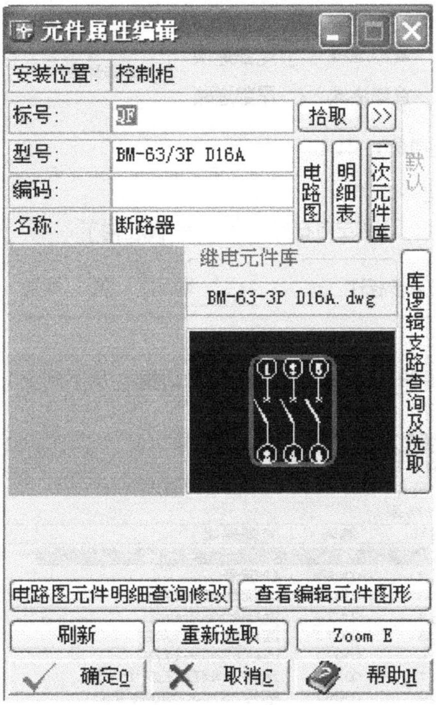

图 7-25　“元件属性编辑”对话框

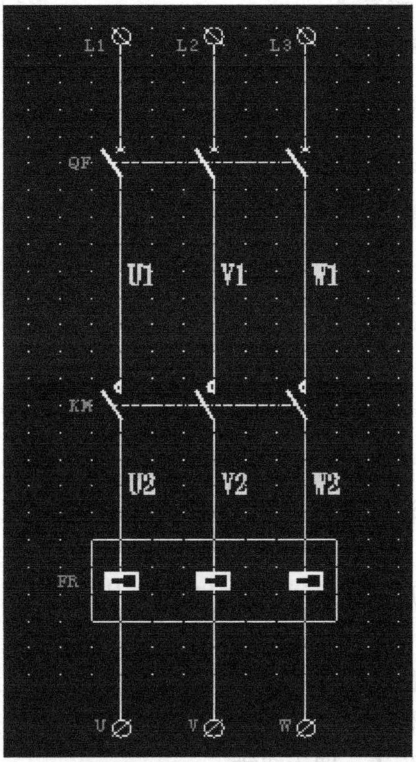

图 7-26　多端元件 QF

单击“编辑围框”，可对组合元件的属性信息进行重新编辑。

单击“删除围框”，即删除掉组合元件所定义的围框及属性信息。

(7) 线号编辑　主要功能：编辑修改所选线条的线号。

1）菜单调用次序：[二次设计] → [线号编辑]。

2）具体操作步骤：调用菜单或单击工具条上的按钮，根据提示选择未标注线号的连线，也可直接双击线条系统，弹出图 7-27 所示的“线号标注”对话框。

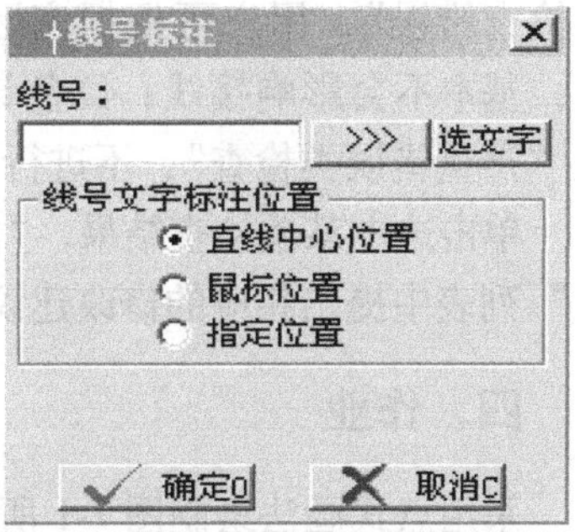

图 7-27　“线号标注”对话框

(8) 线号批标注　主要功能：对框选区域的连线批标注。我们以图 7-1 为例，对其进行线号批标注，具体操作如下。

1）菜单调用次序：[二次设计] → [批标注] → [线号批标注]。

2）具体操作步骤：调用菜单或单击工具条上的按钮，命令行提示“指定框选区域〈Enter 可点选连线〉”，

选择需编辑线号的连线，弹出图 7-28 所示的“线号批标注”对话框。

输入起始线号 1，选择递增方式、递增量及递增方向，如图 7-29 所示。

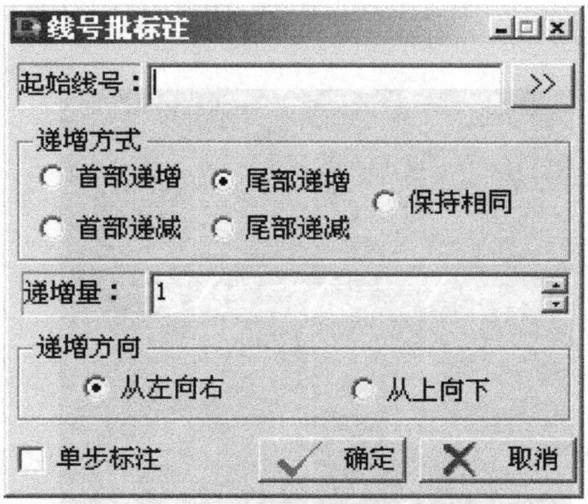

图 7-28　“线号批标注”对话框（从左到右）

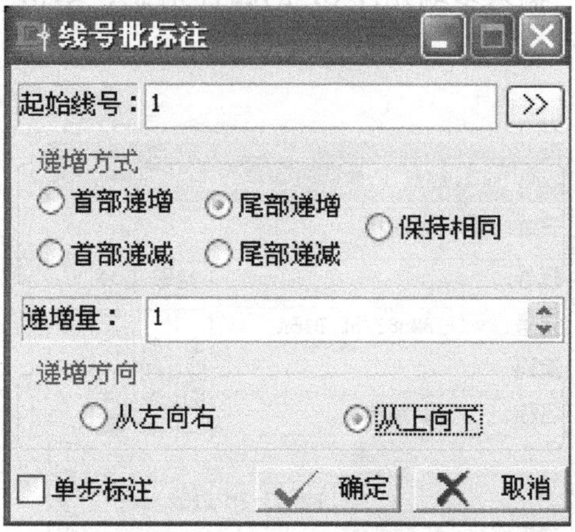

图 7-29　“线号批标注”对话框（从下到上）

单击“确定”后，对控制电路一次完成线号批标注。

对于不规则的线号选择单步标注，系统依次加亮所选连线，快速对其进行线号标注。

2. 查图及联动修改

电路图检查的主要功能：在过滤器中设置检错条件，对电路原理图进行检查，并快速锁定错误位置，便于纠错。

1）菜单调用次序：［二次设计］→［电路图检查］。

2）具体操作步骤：调用单击菜单或单击工具条上的按钮，系统弹出图 7-30 所示的“二次电路图检查”对话框。

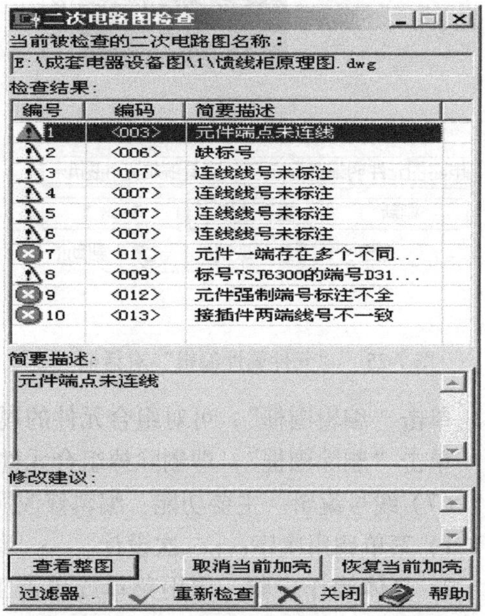

图 7-30　“二次电路图检查”对话框

图中，黄色警告标志表示的是“一般警告类检查错误”，用户可根据实际需要选择性修改，基本不会影响接线；红色错误标志表示的是“严重错误类检查”，不进行修改纠正一般会影响接线的正确性。

单击选中某条检查结果，“简要描述”列表中将出现对该条错误的描述，并在“修改建议”列表中提出相应的修改建议。双击某条检查结果，可放大亮显该符号或连线。

四、作业

采用点式画法绘制图 7-1 所示的原理图。

模块二 接线图的生成

一、教学目标

能根据原理图自动生成接线图。

二、工作任务

按照图 7-1 所示的原理图，生成接线图。

三、相关实践知识

由原理图智能生成施工接线图是 SuperWORKS 软件的核心功能。从原理图生成接线图一般须经过以下步骤：

1）绘制二次原理图 。这是最基本也是最重要的一步。

2）电路检查。保证原理图的准确性。

3）生成网络表。这一步通过“网络表”由系统自动进行，无需用户进行任何干预。

注意：*若对原理图进行了编辑或修改，则必须重新生成网络表。*

4）生成明细表。

5）元件分板。通过“元件分板及布置”进行，对元件进行分板，以便系统能自动生成端子表。

6）生成端子表。根据网络表及元件分板情况自动生成端子表。

7）元件布置。通过“元件分板及布置”进行，对元件进行快速布置。

8）接线图生成。通过“接线生成”自动生成施工接线图，可以按 S、反 S、序号及自定义路径接线。

绘制原理图、电路检查在模块一中已经通过大量的实例详细讲述，在本模块我们依旧沿用上一模块中的例子，对绘制完成的电动机起保停控制原理图（图 7-1）进行网络表生成、明细表生成、元件分板及布置、端子表生成，最后接线生成，详细讲述二次接线（即由原理图生成施工接线图）的具体操作步骤。

（一）网络表生成

主要功能：网络表生成是在原理图绘制完成后，自动读取原理图接线信息，以供系统在生成端子表及接线图时调用，是根据原理图自动生成端子表、接线图的必需步骤。

1. 菜单调用次序

[二次设计] → [二次接线] → [网络表生成]。

2. 具体操作步骤

打开绘制好的原理图，调用菜单或单击工具条上的按钮 ，按命令行提示选择生成网络表的图纸范围，默认为当前图，在命令行键入“I”为当前项目，“P”为当前设备。

再根据命令行提示，选择生成方式，默认为增量生成。在命令行提示“正在生成网络表请稍等...”的提示下不作任何人工干预，直到系统自动生成完毕。

（二）明细表生成

明细表是二次原理图所必需的，也是施工接线图进行元件面板布置的依据，其操作具有以下特点：

1）采用对话框操作，将明细表的生成和编辑修改融为一体，直观方便且可联动修改原理图。

2）根据图纸的选择范围，系统自动检索出选定范围（当前图、项目、设备）原理图中的元件标号，自动读取已定义属性的元件的明细信息。

3）对于未定义明细的元件，规格型号相同的可一次进行明细定义。

4）可导入 Excel 格式的明细信息以及 CAD 绘制的明细表图形信息，不需绘制原理图就可根据明细表直接进行元件分板布置及手动接线生成。

1. 菜单调用次序

［二次设计］→［二次接线］→［明细表生成］。

2. 具体操作步骤

调用菜单或单击工具条上的按钮，系统弹出图 7-31 所示的“明细表”对话框。

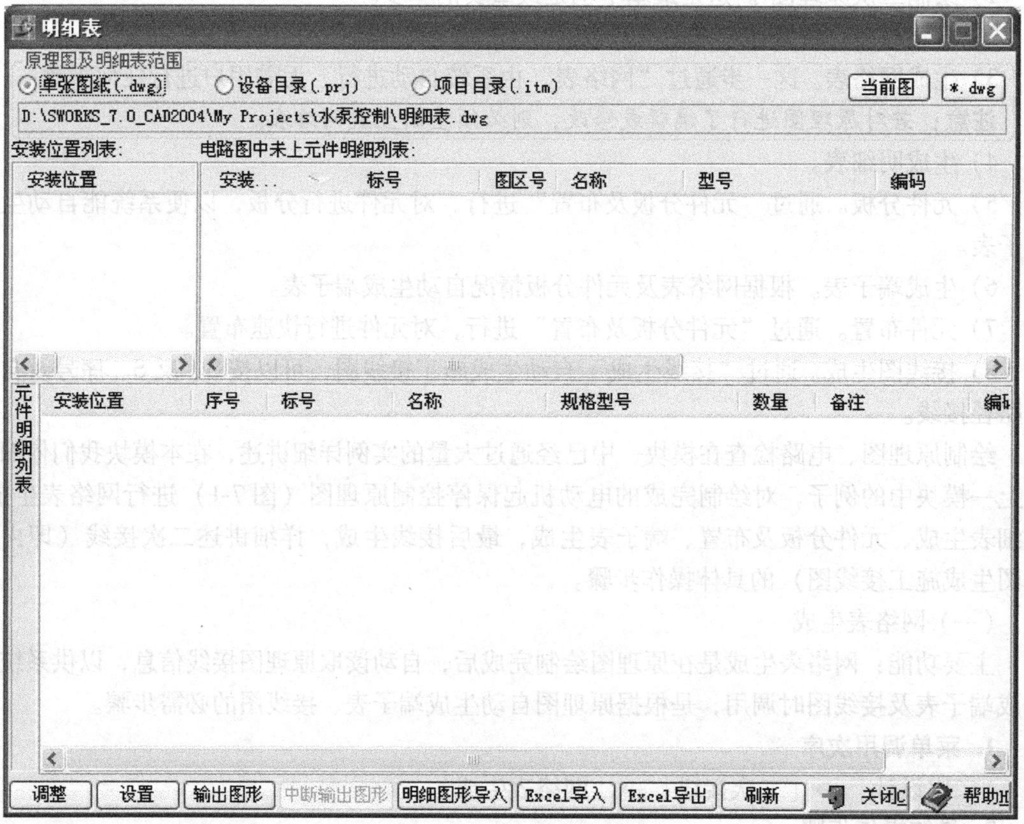

图 7-31 “明细表”对话框

“原理图及明细表范围”：用户可选择出明细表的图纸范围，单张图纸、设备目录或者项目目录。系统默认为单张图纸。单击 当前图 即指定当前图为生成明细表的图纸，单击 *.dwg 则可在本机上选择其他需要生成明细表的图纸。

选择“项目目录”，弹出图 7-32 所示的明细表项目目录选择对话框，系统列出项目下原理图中所有的安装位置。通过图纸选择，可选择项目下要进行明细表生成的原理图，也可通过 *.itm ，去选择其他项目。选择“设备目录”时与此相似。

在“安装位置列表”中，系统列出当前图范围中所有的安装位置。

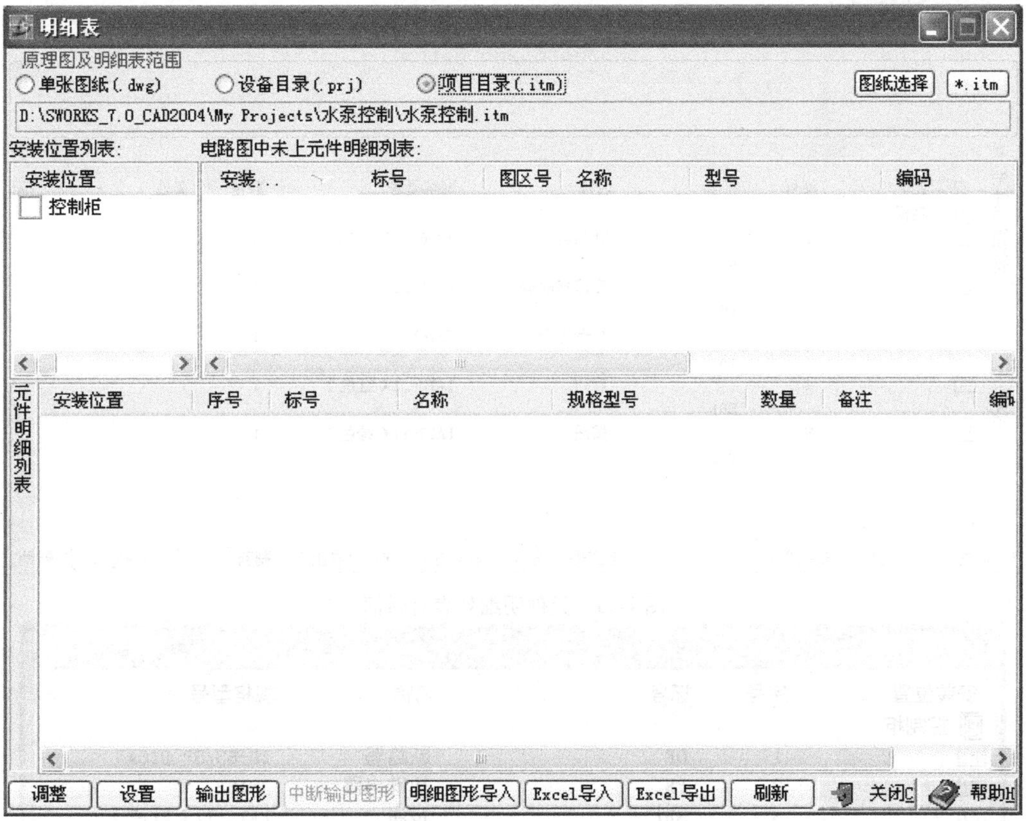

图 7-32　明细表项目目录选择对话框

以下以单张图纸为例进行明细表生成。

1）明细添加。在图 7-32 中，选中“控制柜”前的复选框，系统将原理图中该安装位置下已定义明细与未定义明细的元件分别列出来，如图 7-33 所示。

2）调整：可对元件明细列表中的元件进行拖动排序。单击“调整”按钮，系统弹出图 7-34 所示的“明细调整”对话框。

在该对话框中，可进行如下操作：

①通过拖动可对元件排列次序进行调整。

②合并输出标号修改：可对当前界面中的元件标号输出内容进行合并修改。

3）设置：用户可根据需要设置明细表输出的图形格式。单击“设置”按钮，系统弹出图 7-35 所示的“输出明细图形设置”对话框。

4）输出图形：输出明细表图形文件。元件明细编辑完成后，单击“输出图形”按钮，在“请指定明细表分段开始位置”的提示下，选择明细表的起始点（一般选在标题栏的右上角），选择起始点后，再根据命令行提示选择结束点，生成明细表，如图 7-36 所示。

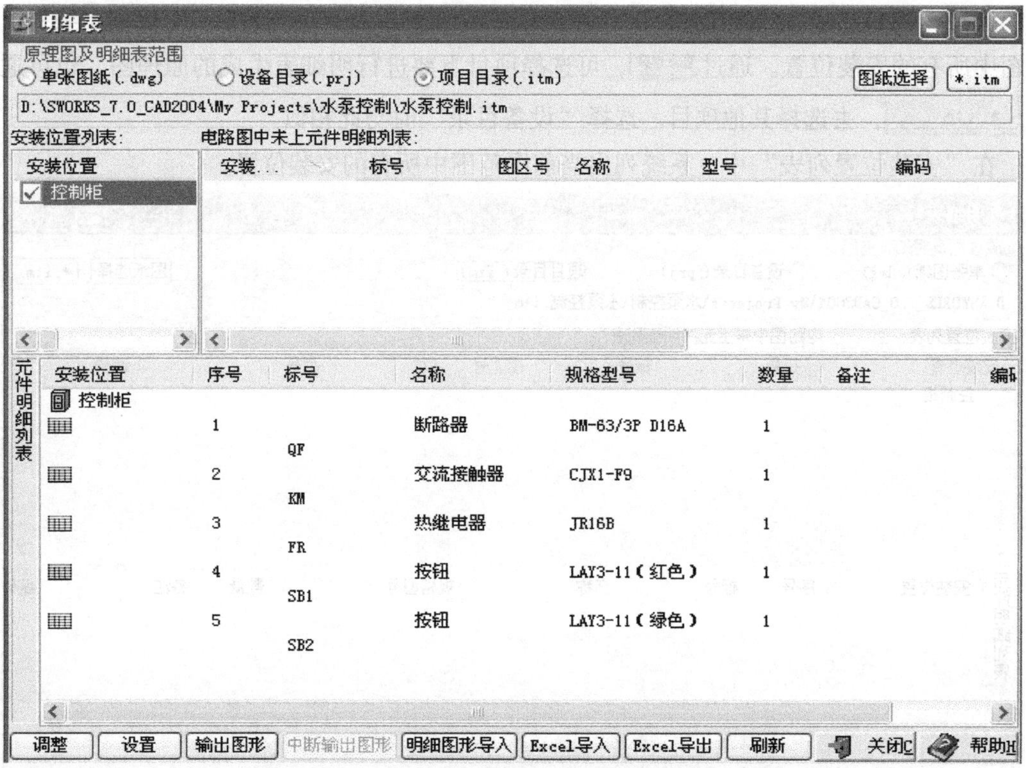

图 7-33　元件明细列表对话框

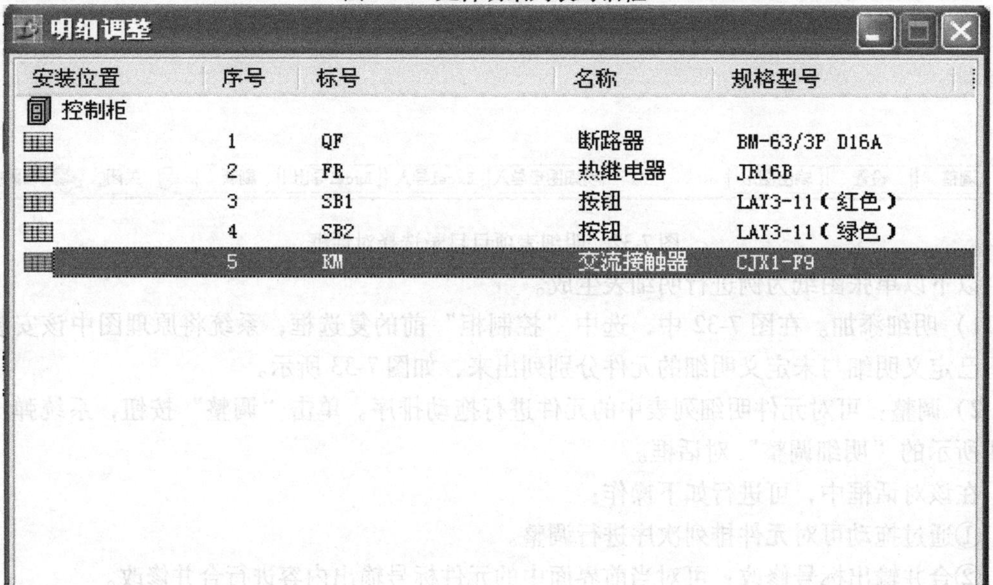

图 7-34　“明细调整”对话框

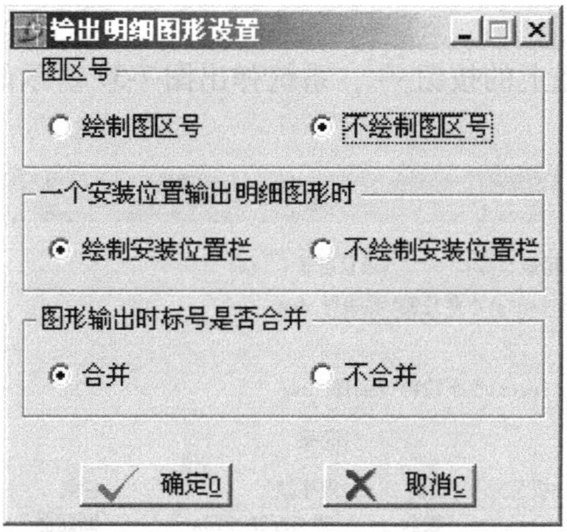

图 7-35　“输出明细图形设置”对话框

序号	标　号	名　称	型 号 规 格	数量	备 注
1	QF	断路器	BM-63/3P D16A	1	
2	KM	交流接触器	CJX1-F9	1	
3	FR	热继电器	JR16B	1	
4	SB1	按钮	LAY3-11（红色）	1	
5	SB2	按钮	LAY3-11（绿色）	1	

图 7-36　生成的明细表

明细表可分段、分页输出。如果明细表一次没有出完，可以选择“继续输出”或“中断输出图形”。如果原理图中有旧的明细表，系统会提示是否删掉原有的明细表，用户根据需要进行可选择。

5）明细图形导入：单击“明细图形导入”按钮，可识别 CAD 绘制的明细图形信息。

6）Excel 导入：单击“Excel 导入”按钮，可将相应格式的 Excel 明细表导入到明细表生成对话框中，输出为 dwg 格式。

7）Excel 导出：单击“Excel 导出”按钮，可将 dwg 格式明细表导出为 Excel 格式，方便用户打印及其他应用。

8）刷新：单击“刷新”按钮，可清理图中的冗余信息。

（三）元件分板

主要功能：根据原理图中的明细表信息，对所有参与接线的元件进行分板设置。

对于每一个需要布置的元件，需要确定其在接线图中的位置、序号、板号以及是板前接线还是板后接线等信息，即元件分板。SuperWORKS 将上述功能以及与之相关的编辑功能集成于同一操作界面中一次完成。

对元件分板的目的：

1）可根据分板信息，按不同板元件自动上端子原则，自动生成端子表。

2）可根据分板信息，按同板元件优先接线原则，设置元件接线路径。

1. 菜单调用次序

［二次设计］→［二次接线］→［元件分板及布置］。

2. 具体操作步骤

调用菜单或单击工具条上的按钮，系统弹出图 7-37 所示的“明细元件分板及布置”对话框。

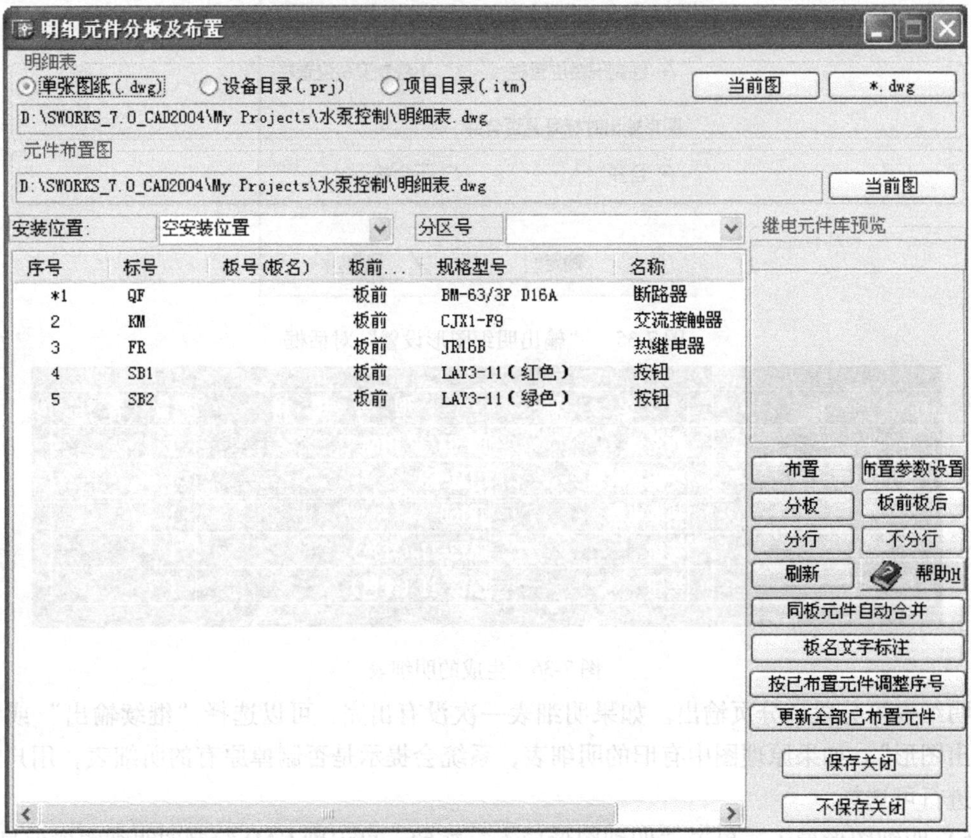

图 7-37 “明细元件分板及布置”对话框

在对话框“明细表”一栏中，选择需要进行元件分板的带有明细表图形的原理图。单击 当前图 按钮即指定当前图纸为需要进行元件分板的图纸，单击 *.dwg 则可根据需要在本机上选择要进行元件分板的相应图纸。

在“元件布置图”一栏中，用户可以根据需要重新打开一图纸作为元件布置的图纸，或者单击 当前图 按钮，选择当前图纸作为元件布置图。

对于当前项目/设备，通过 图纸选择 ，可选择项目/设备下要进行元件分板的已经生成明细表的原理图，也可通过 *.itm 选择其他项目/设备。

1）分板：选择需要进行分板的元件（支持 Shift 多选）后单击“分板”按钮，也可通过右键菜单的“分板”命令，系统弹出图 7-38 所示的“元件分板”对话框。

用户可从下拉表单中选择板号、板名，也可直接手动输入。

板名可扩充，用户可单击“板名扩充”按钮把经常用到的板名手动添加到库中以供下次调用。

填充完分板信息以后，“元件分板”对话框变为图 7-39 所示的“仪表门”元件分板。

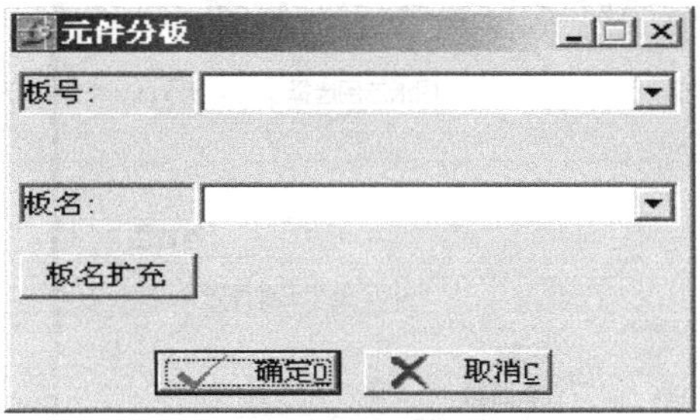

图 7-38　“元件分板”对话框

图 7-39　“仪表门”元件分板

单击“确定”后，即对一号板仪表门元件分板完成，分板情况如图 7-40 所示。

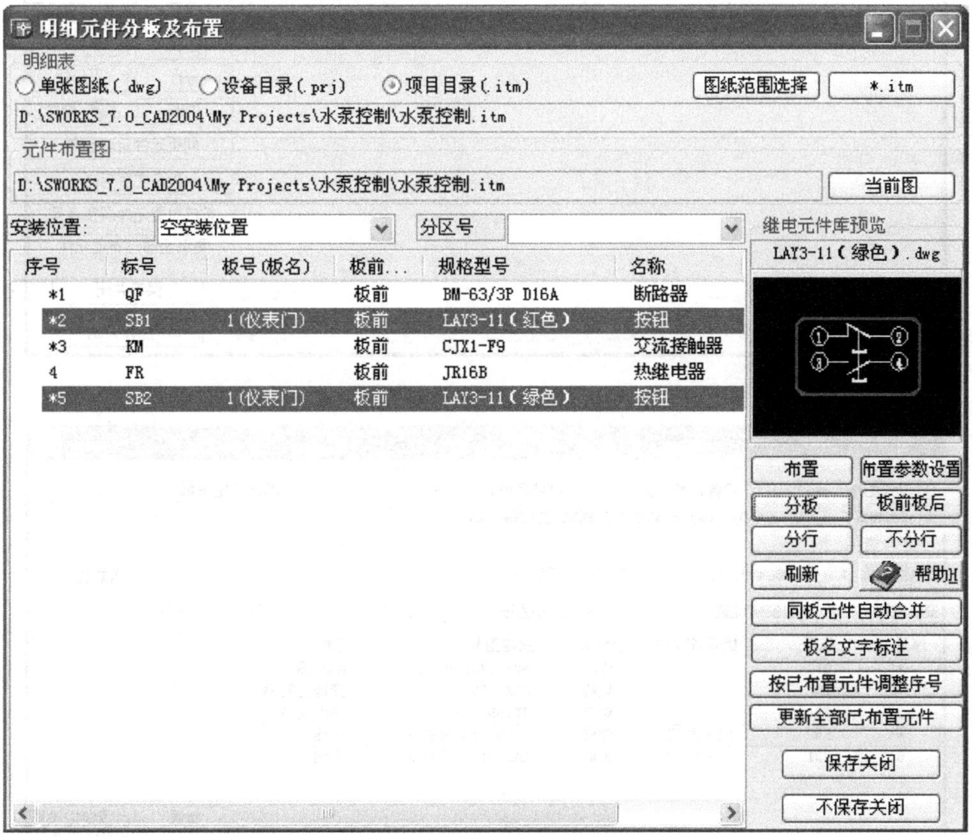

图 7-40　仪表门分板对话框

2）同板元件自动合并：分板完成后，如果同一个板的元件比较分散，单击“同板元件自动合并”按钮，或者通过右键菜单命令，可将同一个板的分散的元件进行集中放置，如图 7-41 所示。

3）调序：在“明细元件分板及布置”对话框中，还可通过拖动对元件进行手动调序。如我们对图 7-40 中“仪表门”元件进行拖动排序后，如图 7-42 所示。

同理，对馈线柜安装位置的其他元件进行分板、排序，完成后如图 7-43 所示。

单击“保存关闭”退出。

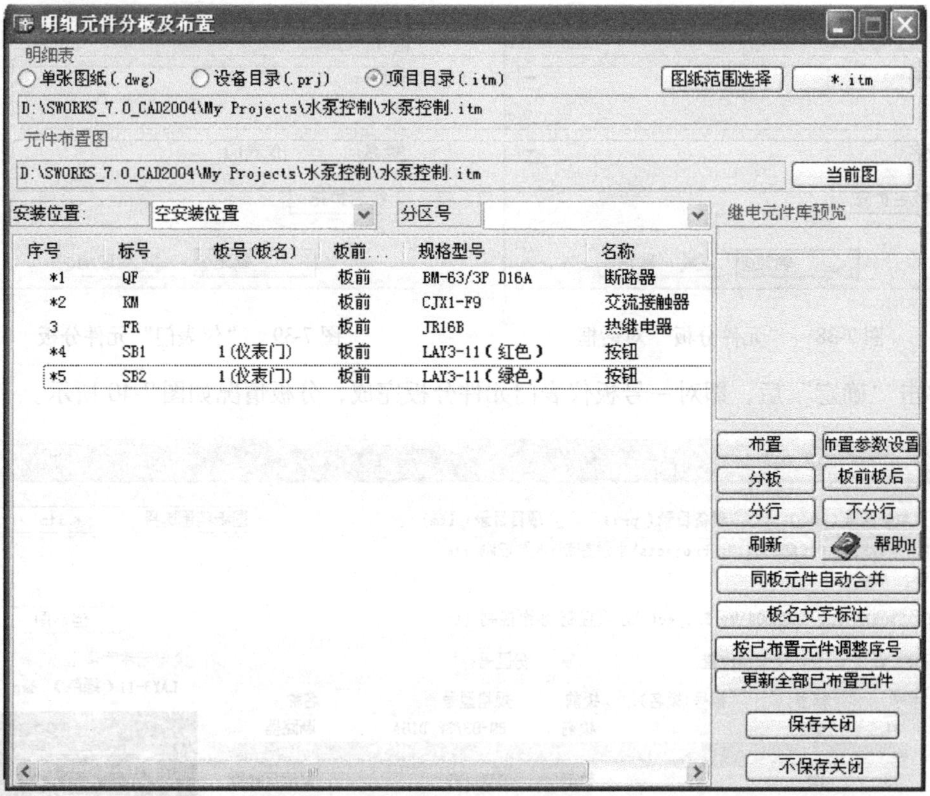

图 7-41　分散元件集中放置对话框

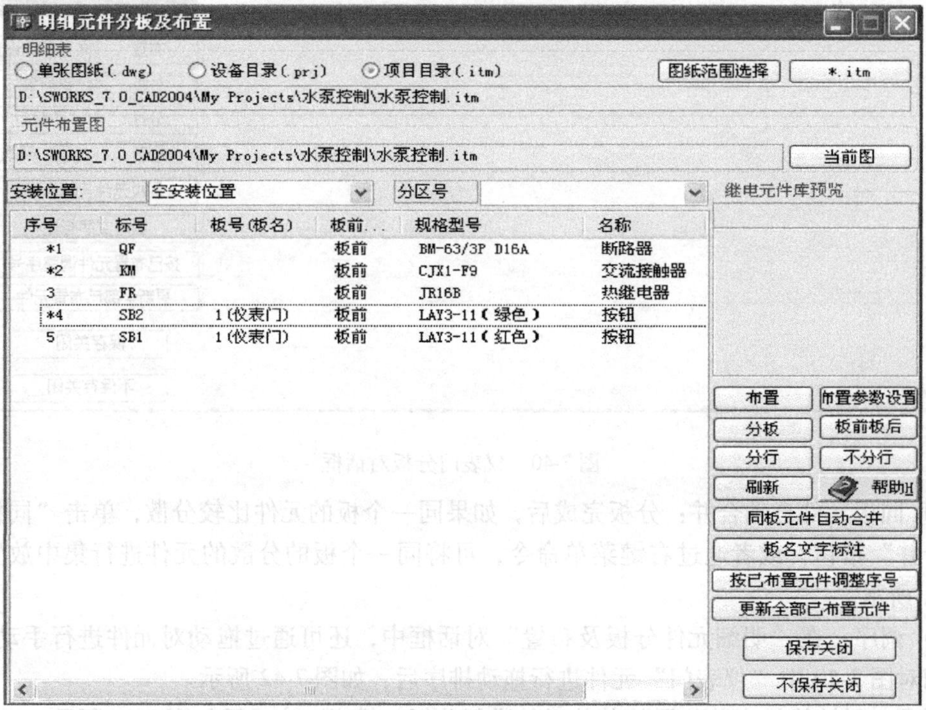

图 7-42　分板调序对话框

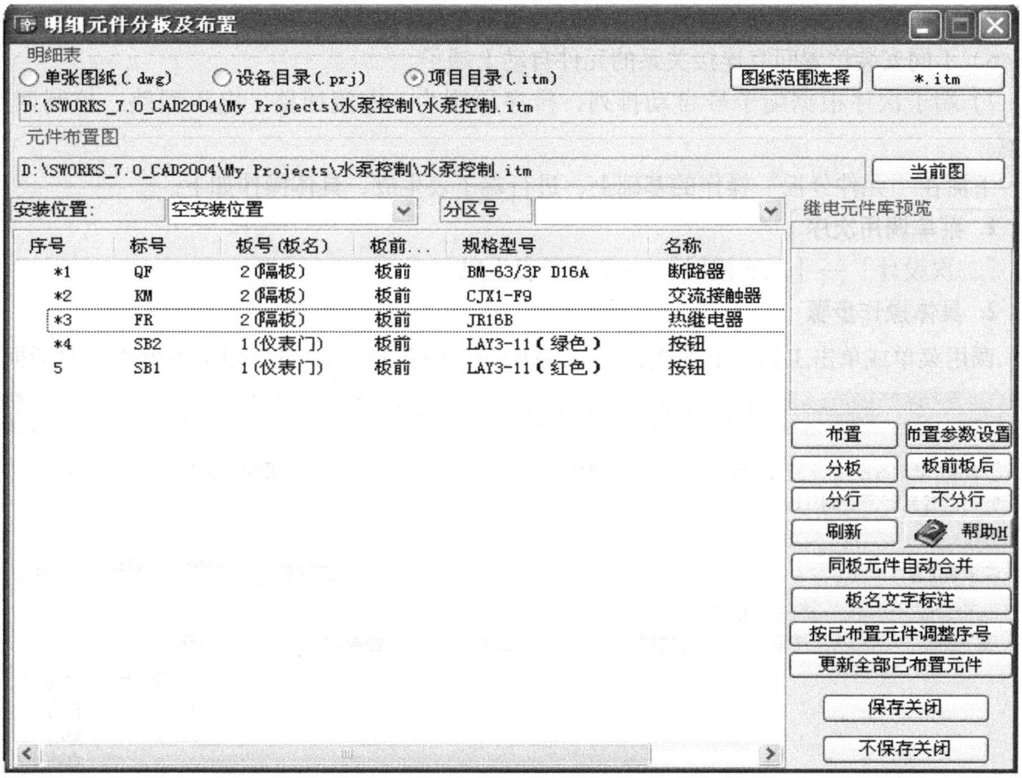

图 7-43　元件分板结果对话框

（四）端子表生成

端子表的生成是施工设计中的一项非常重要的内容，SuperWORKS 端子表生成具有如下特点：

1）根据网络表信息、元件分板信息自动检索出选定范围（当前图、设备或项目）内原理图中某一设备（安装位置）的所有上端子信息，自动生成端子表。

2）编辑采用了对话框操作，使用户操作变得直观、方便。

3）能够在对话框中直接进行编辑修改，并可直接拖动调整顺序。

4）任意指定左右上端子元件，又结合端子的特点，无论原理图中画或不画端子符号，系统都能根据端子号或线号，自动搜索出其两端相连的所有元件的标号，并以列表框的方式让用户选择上端子元件。

5）根据联络端子信息自动绘制联络端子的标志。

自动生成端子表分两种情况：

1）根据原理图中已绘制的继保端子表信息，自动生成端子表。

2）通过新建端子表名，按照元件自动上端子的原则，可选择性地实现元件自动上端子。

元件自动上端子的原则：

1）与图中已绘制的端子符号有连接关系的元件自动上端子。

2）母线、接地自动上端子。

3）特殊类型为自定义上端子元件，自动上端子。

4）不同板间有连接关系的元件自动上端子（按接线路径）。

5）同一线号上端子的元件超过两个时，自动生成联络端子。

6）不同安装位置间有连接关系的元件自动上端子。

7）端子次序根据端子号自动排列，排序原则为：电流回路、电压回路、控制回路、其他。

下面在“元件分板”操作的基础上，进行端子表生成，具体操作如下。

1. 菜单调用次序

［二次设计］→［二次接线］→［端子表生成］。

2. 具体操作步骤

调用菜单或单击工具条上的按钮，系统弹出图7-44所示的“端子表生成”对话框。

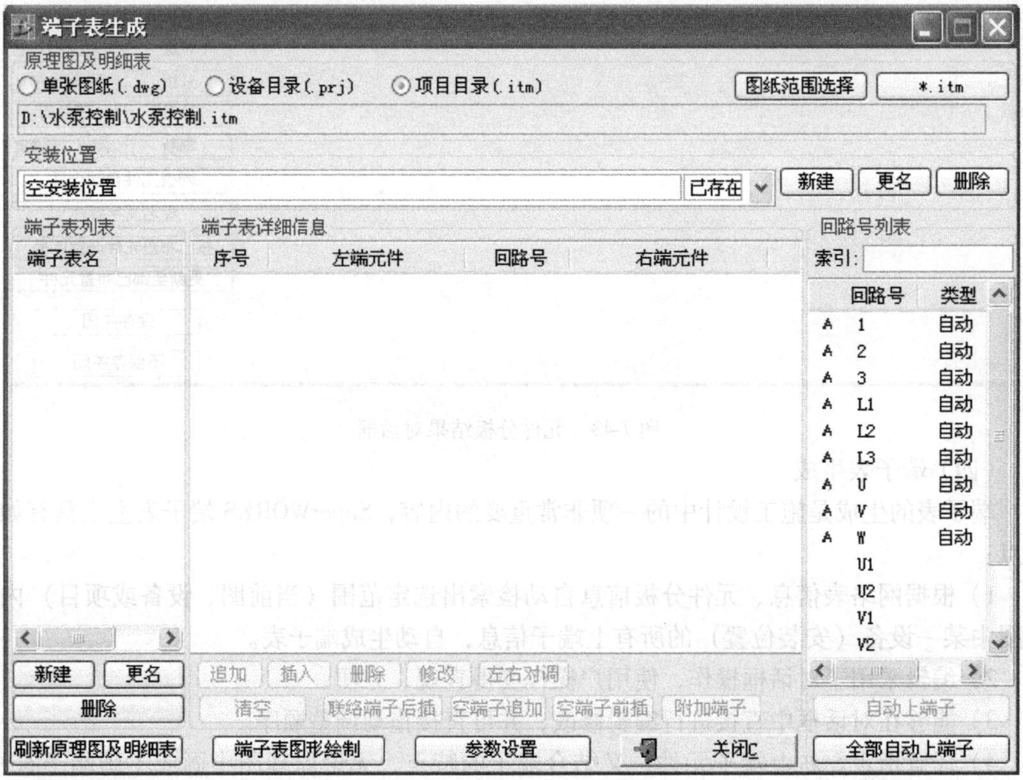

图7-44 “端子表生成”对话框

1）生成范围选择：

①从单张图纸生成端子表，默认为当前图，也可选择其他原理图。

②从设备（或项目）目录生成端子表，默认为当前打开的设备（或项目）下的所有图纸，也可选择其他设备（或项目）生成。

本例选用项目目录。

2）新建端子表名，进行端子表生成。

端子表生成具体操作如下：

在“端子表列表”下单击“新建”按钮，弹出图7-45所示的“端子排新建”对话框，新建端子表名。

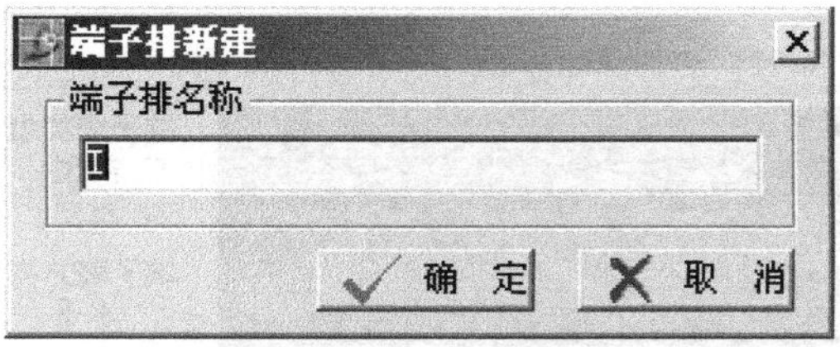

图 7-45　“端子排新建”对话框

输入新的端子表名“I”后，单击“确定”，“端子表生成”对话框如图 7-46 所示。

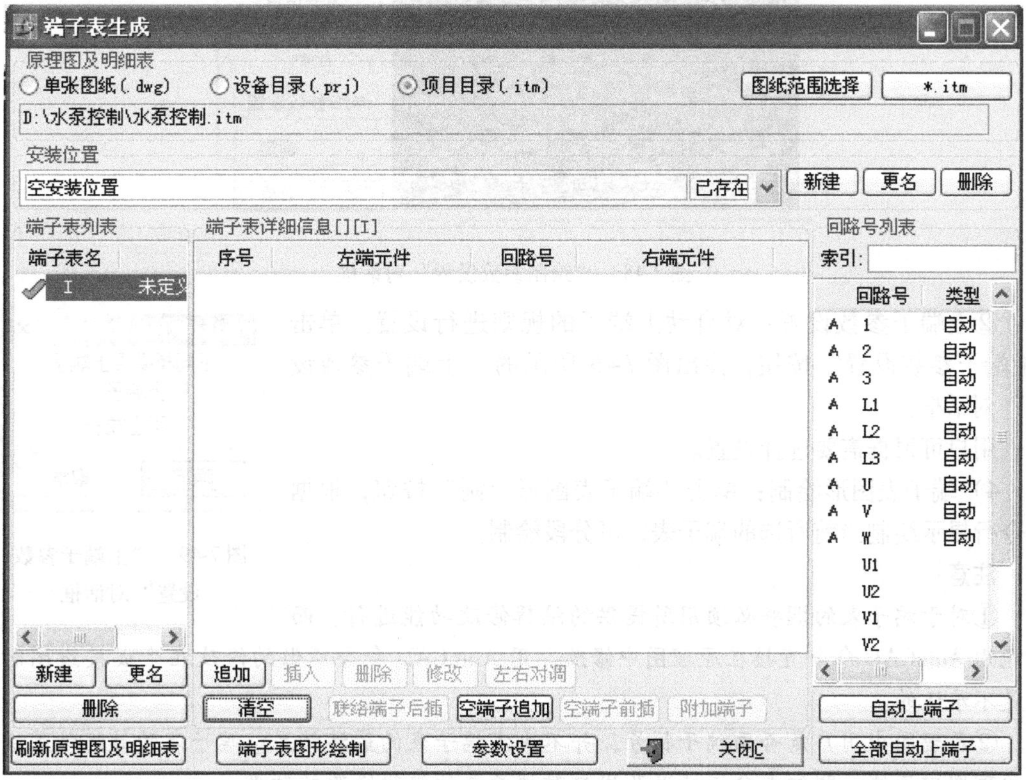

图 7-46　“端子表生成”对话框

单击“全部自动上端子”按钮，便可自动生成该端子表。

3）参数设置：设置端子表绘制参数、附加端子参数及上端子参数。

单击“参数设置”按钮，系统弹出图 7-47 所示的“参数设置”对话框。

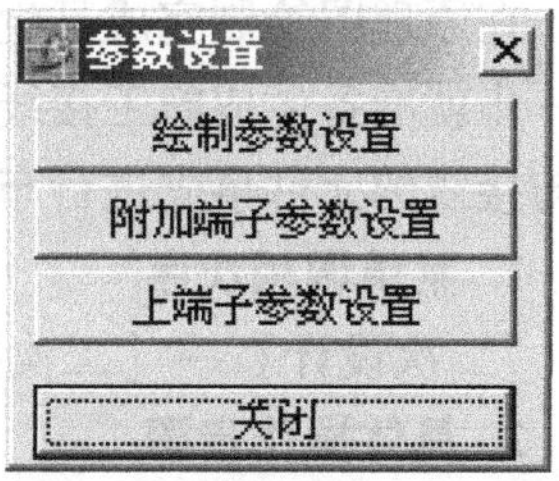

图 7-47　“参数设置”对话框

①绘制参数设置：设置端子表的绘制类型、方向、元件对齐方式、空端子设置以及详细参数设置。单击“绘制参数设置”按钮，弹出图 7-48 所示的“绘制参数设置”对话框。用户可根据需要进行参数设置，也可单击“详细参数设置”命令按钮，进行详细参数设置。

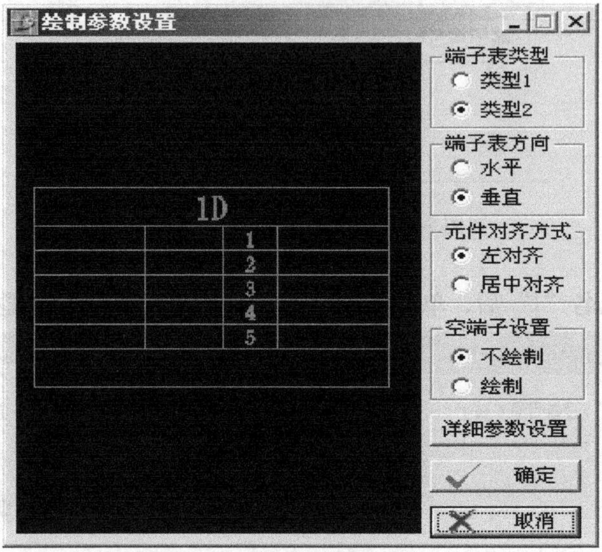

图 7-48 “绘制参数设置”对话框

②上端子参数设置：对自动上端子的规则进行设置。单击“上端子参数设置”按钮，弹出图 7-49 所示的“上端子参数设置”对话框。

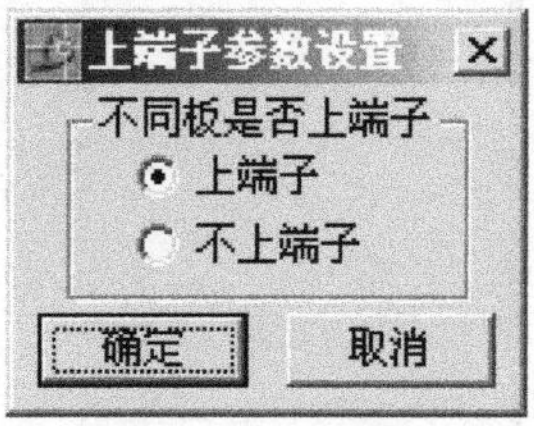

图 7-49 “上端子参数设置”对话框

用户可根据需要选择设置。

4）端子表图形绘制：单击“端子表图形绘制”按钮，根据命令行提示绘制当前所选的端子表，可分段绘制。

注意：

①对于端子表的调整必须用所提供的编辑修改功能进行，而不能用 AutoCAD 命令直接在原理图中修改，用 AutoCAD 命令所做的修改在生成接线图时系统是不承认的。

②原理图中用户是否画端子符号，并不决定端子表的最终结果。端子表的最终结果决定于原理图中连线、明细表分板情况及用户对端子表的编辑修改的结果。

（五）元件布置

在原理图绘制完成且生成了网络表、明细表及端子表后，一张完整的原理图便产生了。下一步就准备生成施工接线图。在生成施工接线图之前，必须根据原理图中的明细表把所有参与接线的元件事先进行布置。

1. 菜单调用次序

[二次设计] → [二次接线] → [元件分板及布置]。

2. 具体操作步骤

首先新建并打开一幅图纸作为接线图，然后调用菜单或单击工具条上的按钮，系统弹出图 7-50 所示的元件布置对话框。

用户在明细表项目目录范围下，选择控制柜原理图作为元件布置的原理图，该原理图的元件信息及分板信息也详细地在该对话框中列出来，如图 7-51 所示。

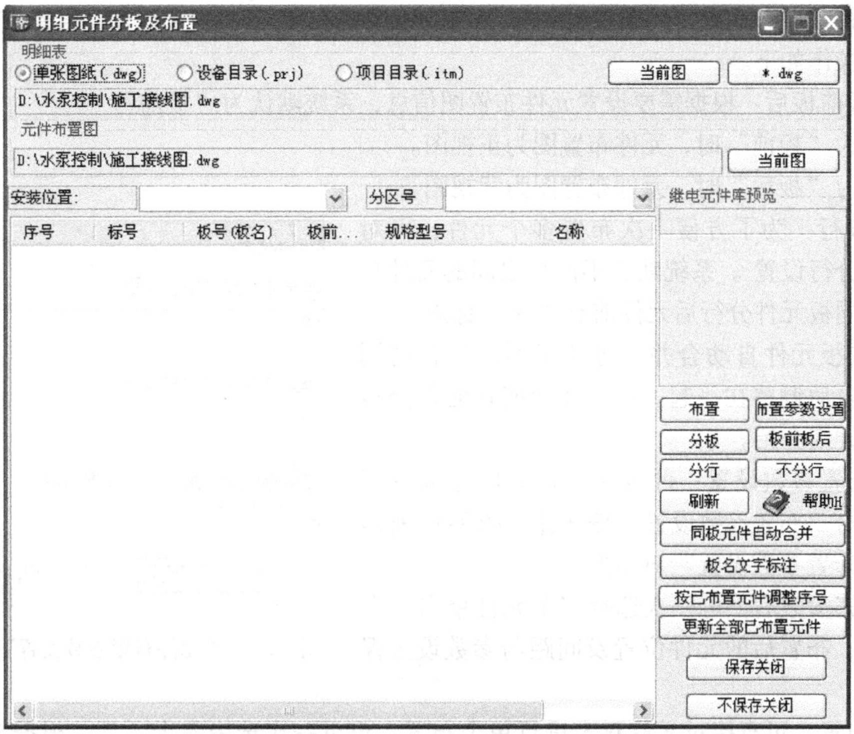

图 7-50　元件布置对话框

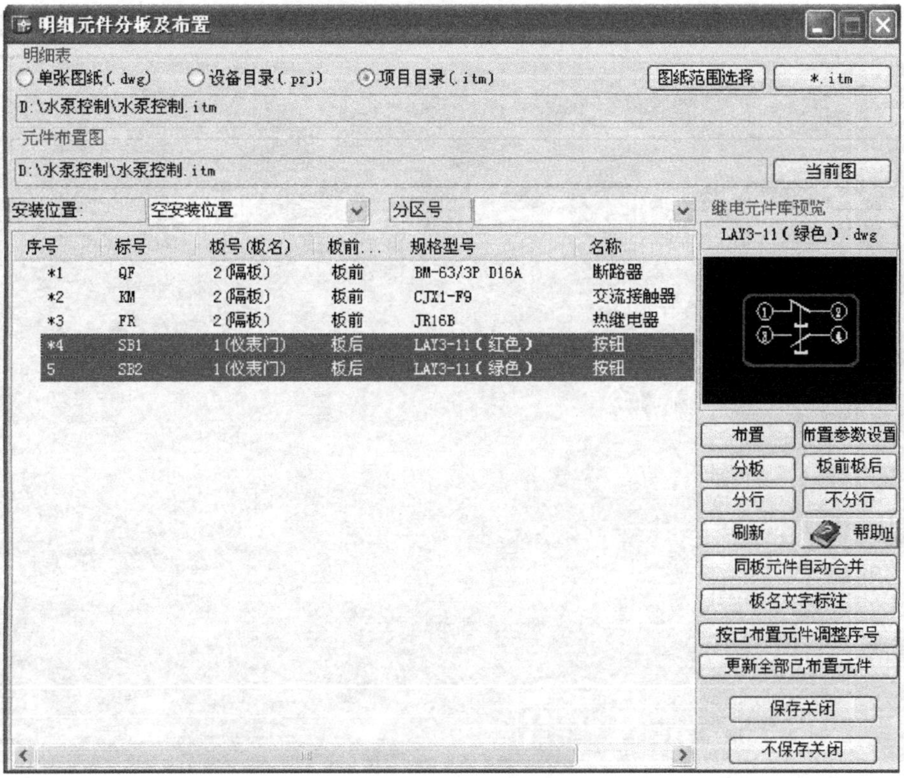

图 7-51　元件信息、分板信息对话框

在进行元件布置前，可通过对话框中的按钮或者右键菜单命令对布置信息进行各种编辑，具体操作如下。

1）板前板后：根据需要设置元件布置图信息，系统默认为“板前”。

设置为“板前”时，元件布置图为正视图。

设置为“板后”时，元件布置图为背视图。

2）分行：为了方便一次布置多个元件，可对元件进行分行设置 。系统默认不同板之间的元件自动分行，同板元件分行后元件前有“ * ”标志。

3）同板元件自动合并：将处于不同位置的同板元件，自动调整在一起。其具体功能在元件分板中已进行详细介绍。

4）布置参数设置：可对元件之间的布局进行设置，单击“布置参数设置”按钮弹出图 7-52 所示的“元件布置参数设置”对话框。

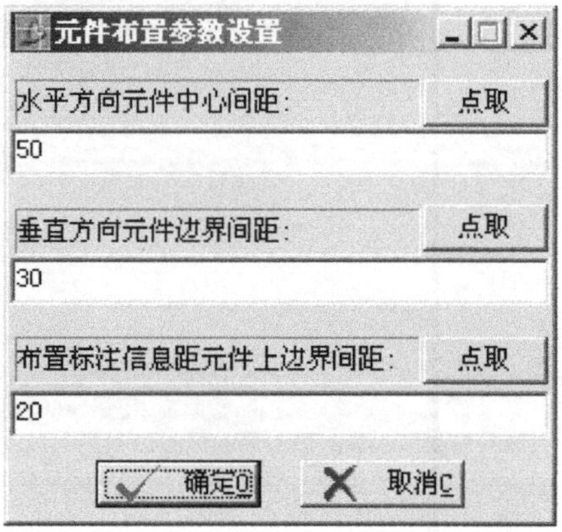

图 7-52　“元件布置参数设置”对话框

设置完参数后，可一次选择多个元件单击“布置”按钮，布置后的元件位置及间距与参数设置保持一致。

5）布置：可直接对元件双击进行单个布置；也可一次选中多个元件，根据布置参数、元件分行情况，一次完成多个元件的布置。元件布置完成后，控制柜接线图如图 7-53 所示。

元件布置后，在元件分板及布置对话框中，系统会自动在已布置的元件序号前打上绿勾

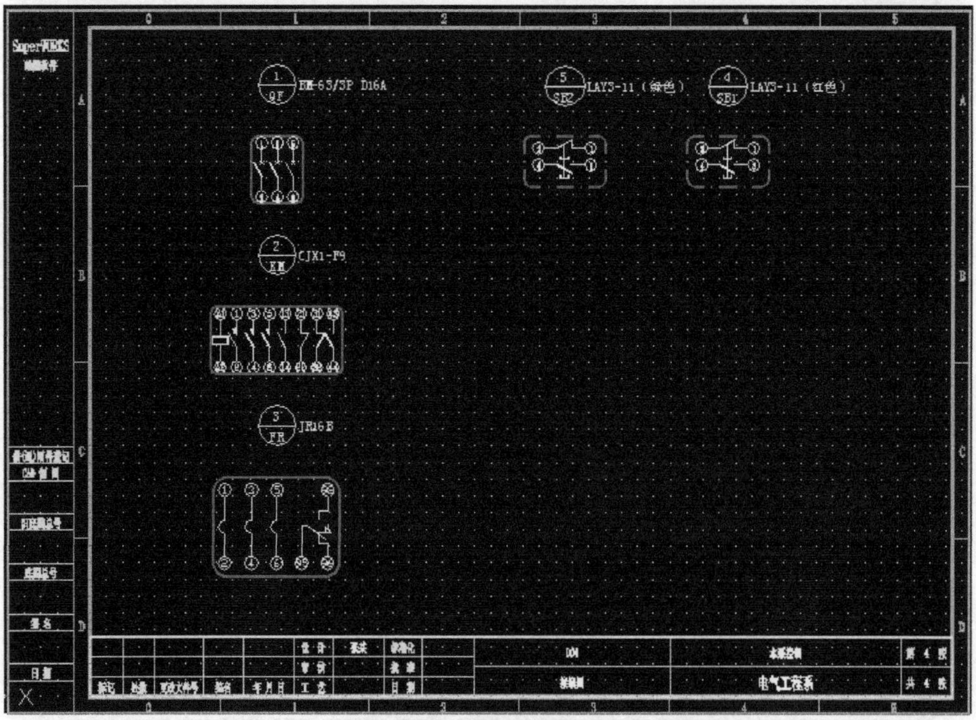

图 7-53　元件布置图

，表示该元件已正确布置，如图 7-54 所示。

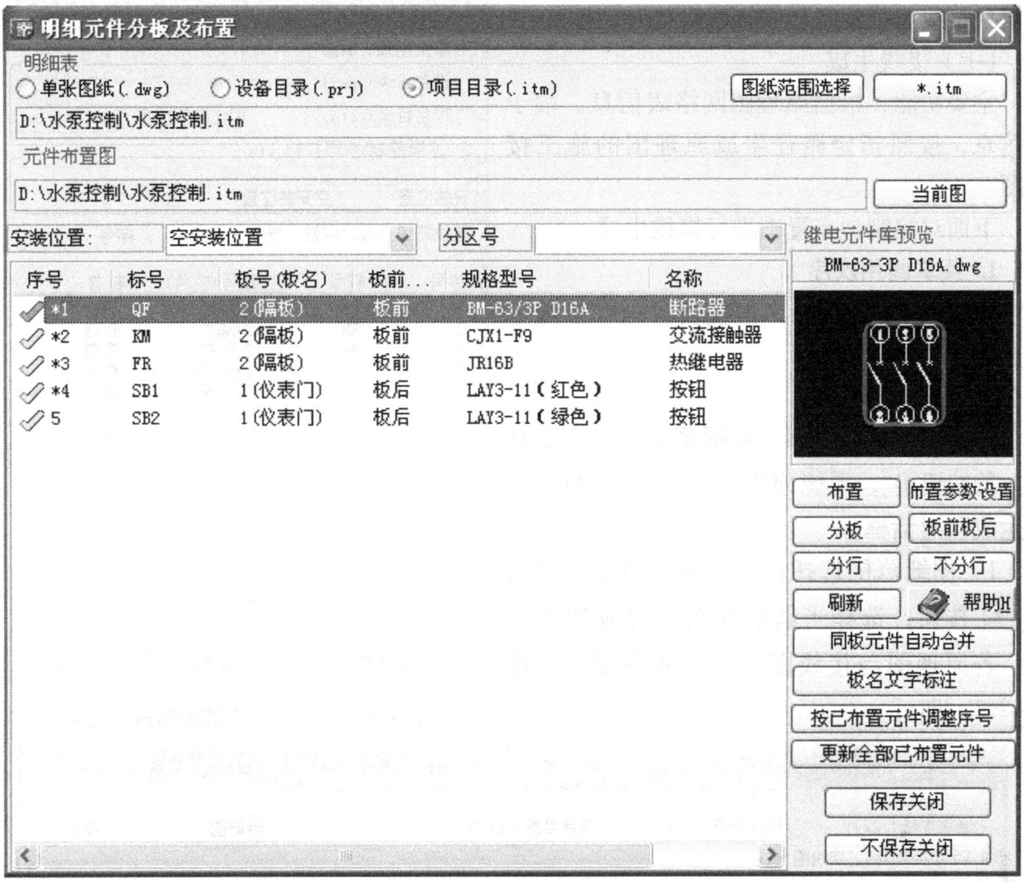

图 7-54　元件布置正确信息图

若元件已经布置，要再次进行重新布置时，则系统会自动删除已布置图形，重新指定布置位置。

6）板名文字标注：元件布置完后，可根据板名对布置图中的元件进行板名标注。具体操作：选择要进行板名标注的一个元件，单击“板名文字标注”按钮，根据命令行提示进行标注。

（六）接线路径调整

主要功能：指定接线图中元件的接线路径。

我们继续以控制柜原理图为例，对接线图中的元件接线路径进行调整。具体操作如下。

1. 菜单调用次序

［二次设计］→［二次接线］→［接线路径调整］。

2. 具体操作步骤

调用菜单或单击工具条上的按钮，选择控制柜原理图，系统弹出图 7-55 所示的“元件接线路径调整”对话框。

系统提供了四种接线路径：反 S、正 S、序号（即按元件序号顺序接线）、自定义。根据元件分行情况，系统默认同板元件以反 S 路径就近接线。

选定一接线路径后，单击“确定”，系统会记录接线路径信息，供接线生成时使用。

（七）接线生成

主要功能：根据原理图网络表信息、端子表信息，按照指定路径生成原理图的施工接线图。

下面对控制柜布置图进行接线生成。

1. 菜单调用次序

［二次设计］→［二次接线］→［接线生成］。

2. 具体操作步骤

打开馈线柜接线图，调用菜单或单击工具条上的按钮，系统弹出图 7-56 所示的“接线生成”对话框。

1）图纸范围选择：对于单张图纸，单击 *.dwg 按钮，选择当前接线图所对应的原理图；若原理图与接线图在同一张图纸上，选 当前图 即可。

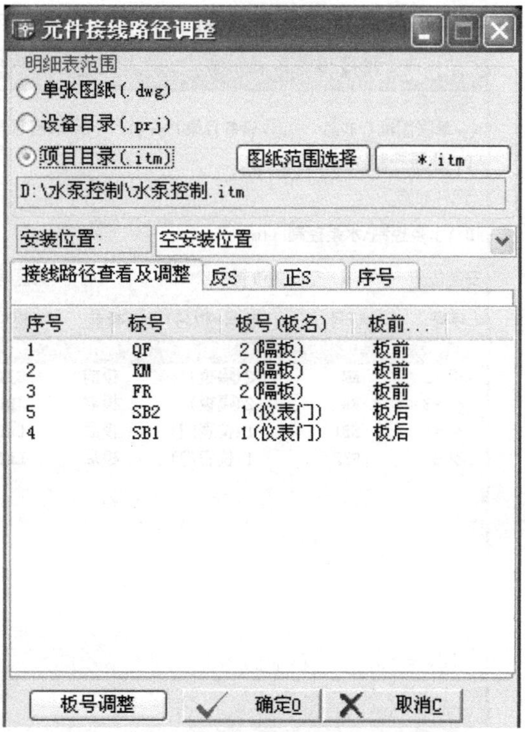

图 7-55 “元件接线路径调整”对话框

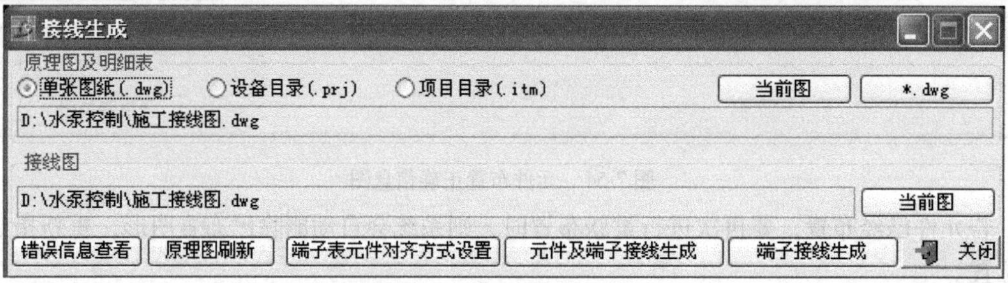

图 7-56 “接线生成”对话框

对于当前项目/设备，通过 图纸范围选择，可选择项目下要进行接线的原理图，也可通过 *.itm，去选择其他项目/设备。

我们这里选择项目目录，并选择控制柜原理图进行接线生成。图 7-56 就变成了图 7-57。

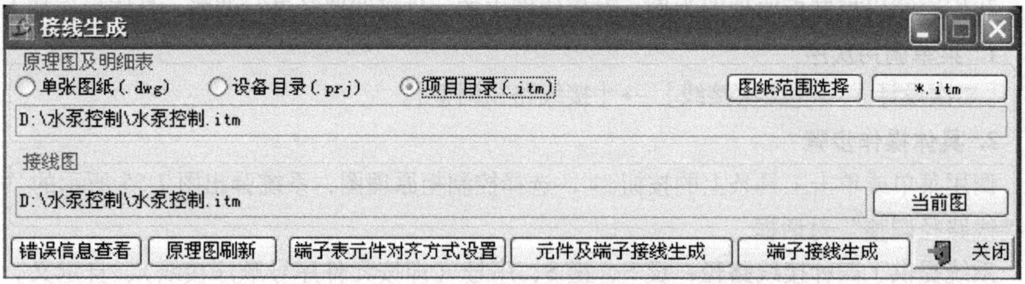

图 7-57 “项目目录”下的接线图生成对话框

2）端子表元件对齐方式设置：可对接线图中端子表中的文字对齐方式进行设置。单击“端子表元件对齐方式设置”按钮，弹出图 7-58 所示的“端子表元件对齐方式设置”对话框，用户可根据需要自行设置。

3）元件及端子接线生成：一次完成接线图中的元件接线与端子接线。单击“元件及端子接线生成”按钮，生成元件接线图，同时弹出图 7-59 所示的“选择端子表”对话框。

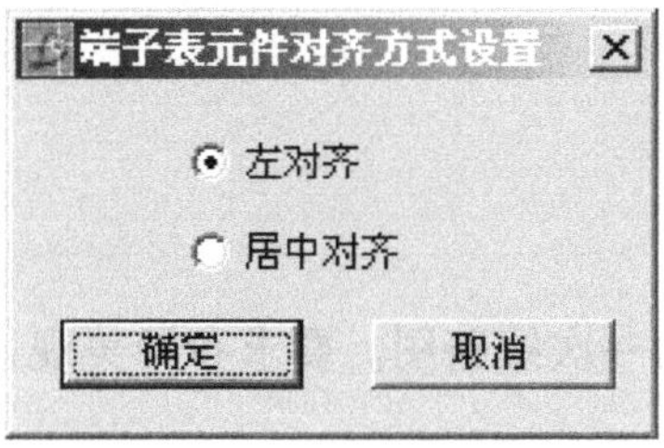

图 7-58　“端子表元件对齐方式设置”对话框

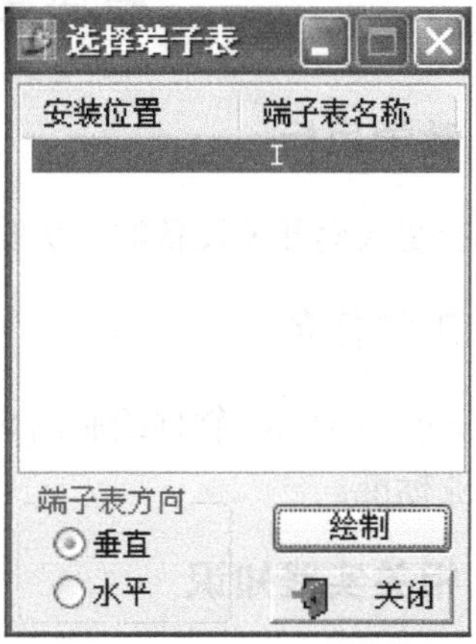

图 7-59　“选择端子表”对话框

选择端子表进行绘制，完成控制柜接线图的生成。生成后的接线图如图 7-60 所示。

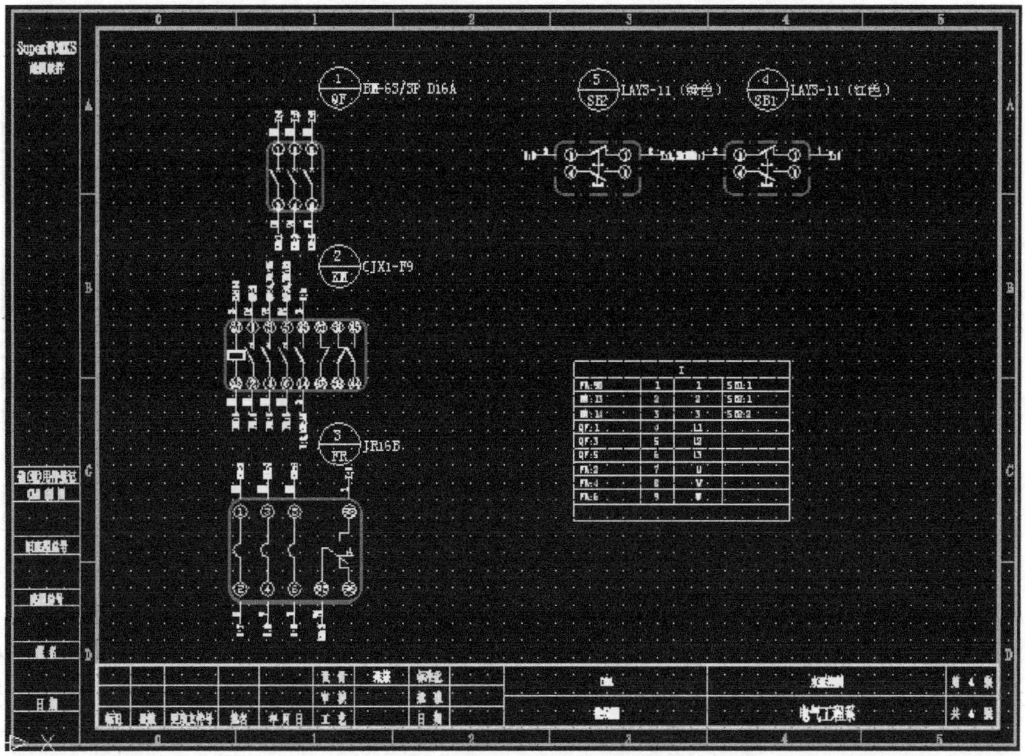

图 7-60　生成后的接线图

4）端子接线生成：单击“端子接线生成”按钮，可单独生成接线图中的端子表。

5）单击“错误信息查看”按钮，可对刚生成的接线错误信息进行查看。

四、作业

按照图 5-17 的原理图，生成接线图。

模块三　一次线路图的绘制

一、教学目标

能够绘制成套开关设备的一次线路图。

二、工作任务

利用 SuperWORKS 软件绘制图 5-17 所示原理图的一次线路图。要求布局美观，符合相关电气行业标准。

三、相关实践知识

本模块主要介绍一次系统图的生成、一次原理图的设计以及一次方案与一次符号的建库功能。

（一）一次系统图的生成

1. 系统图图幅设置

主要功能：提供了多种一次系统图图幅供选择。

（1）菜单调用次序　［一次设计］→［系统图幅设置］。

（2）具体操作步骤　调用菜单，系统弹出图 7-61 所示的“一次系统图图幅设置”对话框。

根据设计需要的图幅，通过下拉菜单选择相应的图幅。确定后，系统自动绘制出一次系统图图幅。

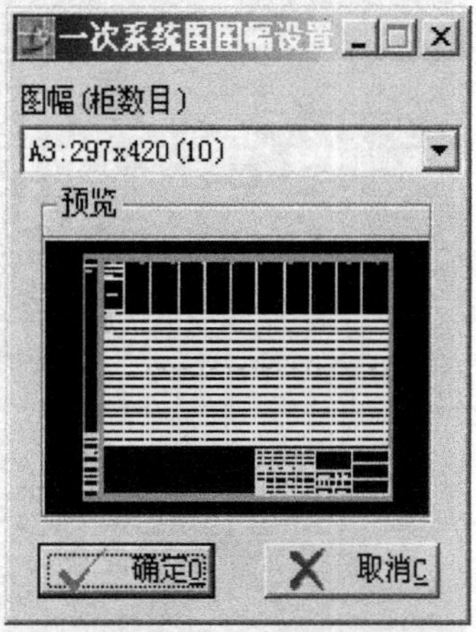

图 7-61　“一次系统图图幅设置”对话框

2. 一次方案调用

主要功能：系统提供了大量的方案图库，方便用户调用，并可扩充。

（1）菜单调用次序　［一次设计］→［一次方案调用］。

（2）具体操作步骤　调用菜单，系统弹出“一次方案调用”对话框，如图 7-62 所示。

1）选择某一类型后，单击“调用”或双击类型名打开“调用”选项卡，如图 7-63 所示。

2）选择要插入的方案，如果需要的方案不在当前页，可拖动下方的滚动条翻页搜寻。若需要改变方案的旋转方向，可通过窗口下方的单选按钮来定义符号的旋转角度，同时选项卡中预览的方案也旋转成相应的角度。

3）单击需要的方案，将随光标移动的方案放置到绘图区的合适位置。

重复以上操作，将所需方案在绘图区内按照要求布置完毕。

注意：

①方案调用出来后是一个块，编辑时只能对整个方案进行编辑。

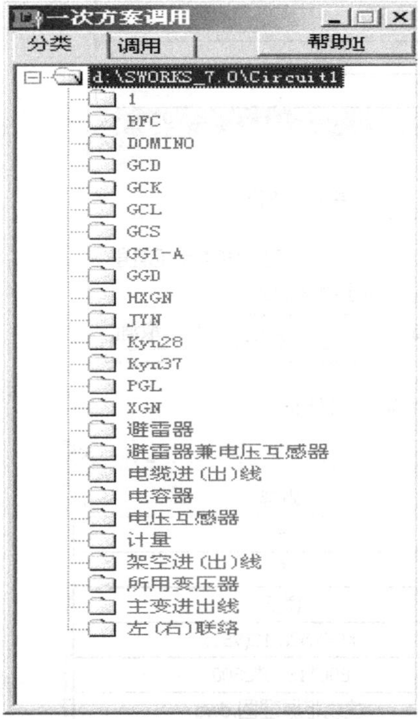

图 7-62　“一次方案调用”对话框

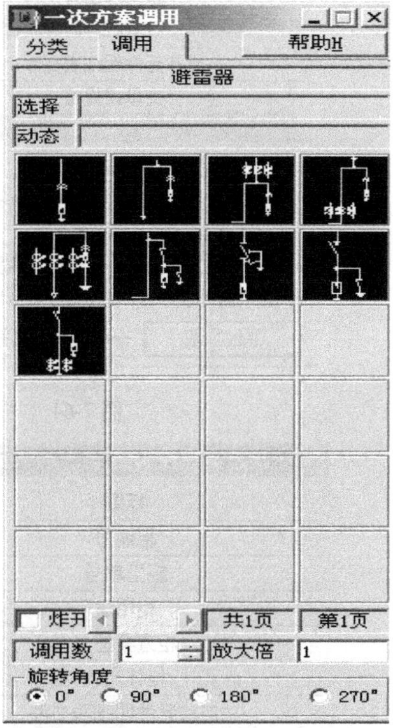

图 7-63　“调用”选项卡

②也可在调用时选择复选框“炸开”，这样对调出方案中的单个元件可进行属性编辑。

3. 一次方案属性编辑

主要功能：定义一次方案的各项属性。

（1）菜单调用次序　［一次设计］→［一次方案属性编辑］。

（2）具体操作步骤　调用菜单，根据命令行提示选择一次方案，系统弹出图 7-64 所示的“一次方案属性编辑”对话框。

1）手动输入方案的各项属性。也可直接在列表各行标题头处直接双击，在弹出的对话框中选择当前图中已有的各项信息。

2）选择二次明细表文件，单击“项目设备中文件选择”按钮，可从当前的项目设备中选择二次明细表图纸文件，也可单击“一般文件选择”按钮，直接选择明细表图纸文件。

3）单击“属性提取”按钮，可提取当前图中已定义过的方案属性信息。

4）单击“一次方案图形替换”按钮，可对当前编辑的一次方案图形进行替换。

5）根据需要选择复选框，可对方案属性进行快速的定义。

属性编辑完成后对话框如图 7-65 所示。

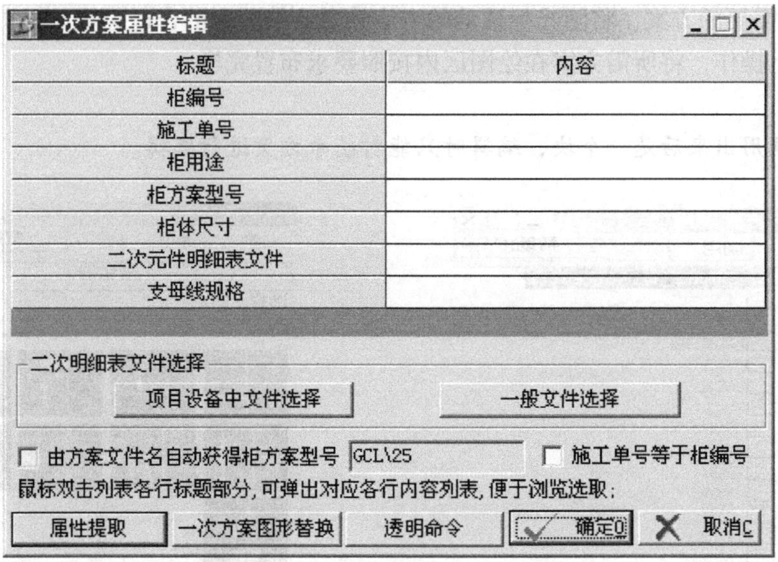

图 7-64 “一次方案属性编辑”对话框

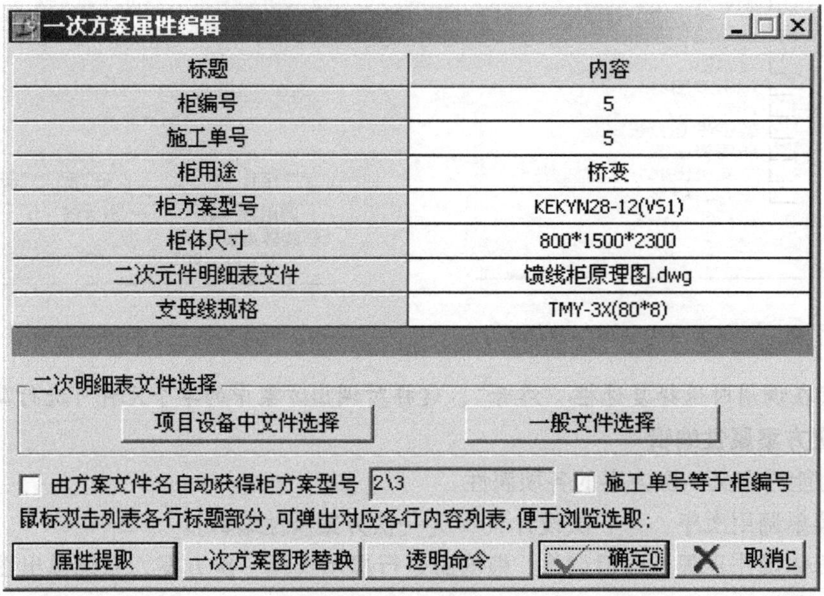

图 7-65 手动输入属性对话框

4. 一次方案块明细编辑

主要功能：定义一次方案块中的明细。

(1) 菜单调用次序　[一次设计] → [一次方案块明细编辑]。

(2) 具体操作步骤　直接在图中对一次方案块进行双击，或调用菜单选择一次方案块，系统弹出图 7-66 所示的“一次方案块明细编辑”对话框。

1) 可直接手动输入明细信息，或者直接双击序号弹出“一次元件库”对话框，如图 7-67 所示，从一次元件库中选择库中已有的明细信息。

图 7-66　“一次方案块明细编辑”对话框

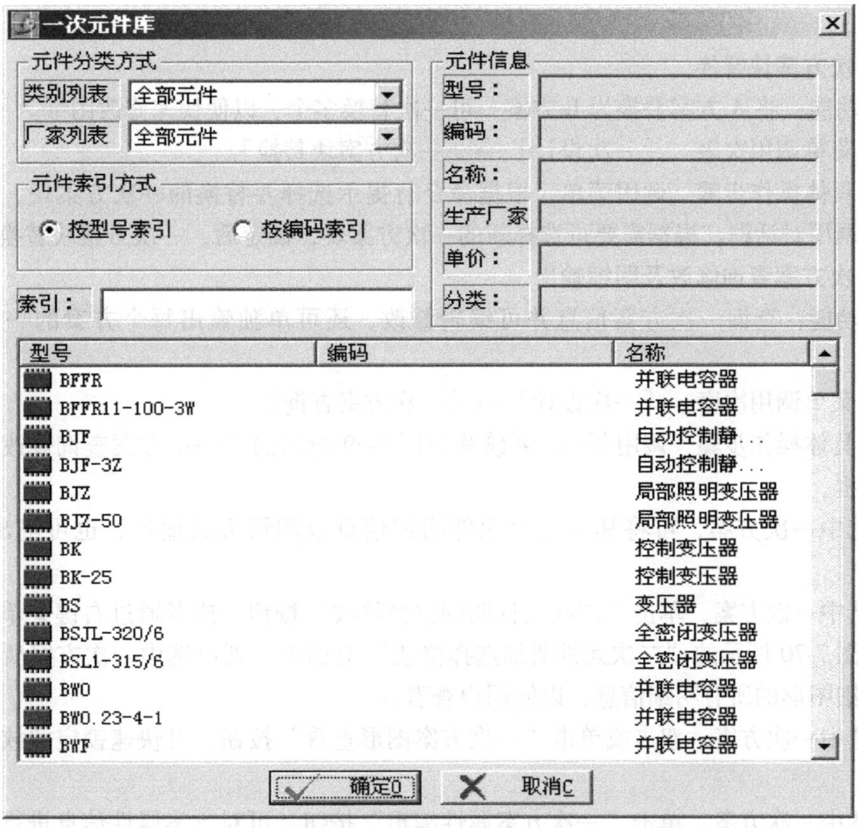

图 7-67　“一次元件库”对话框

2）可通过单击“明细提取”按钮来提取图中其他方案的明细信息。

3）可通过单击“明细应用”按钮将当前方案的明细信息应用到其他方案中。

4）在每行的序号处，可通过右键菜单选择“行清空”，来删除整行的信息。

明细编辑完成后，“一次方案块明细编辑”对话框如图 7-68 所示。

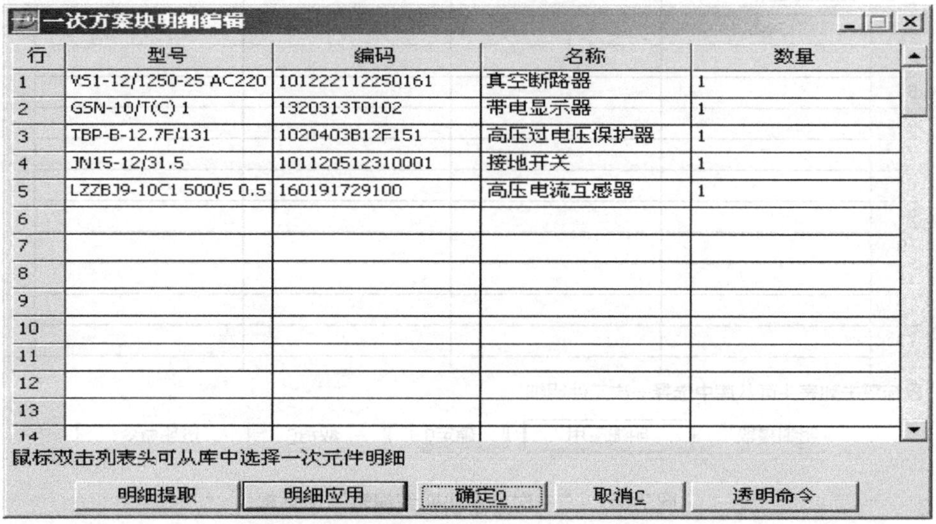
一次方案块明细编辑
行 型号 编码 名称 数量
1 VS1-12/1250-25 AC220 101222112250161 真空断路器 1
2 GSN-10/T(C) 1 1320313T0102 带电显示器 1
3 TBP-B-12.7F/131 1020403B12F151 高压过电压保护器 1
4 JN15-12/31.5 101120512310001 接地开关 1
5 LZZBJ9-10C1 500/5 0.5 160191729100 高压电流互感器 1
6
7
8
9
10
11
12
13
14
鼠标双击列表头可从库中选择一次元件明细
明细提取
明细应用
确定O
取消C
透明命令

图 7-68　编辑完成后的“一次方案块明细编辑”对话框

5. 一次方案块替换

主要功能：将 A 方案替换为 B 方案，可一次替换多个，以便快速修改图纸。

（1）菜单调用次序　［一次设计］→［一次方案块替换］。

（2）具体操作步骤　调用菜单，根据命令行提示选择要替换的一次方案块，系统弹出一次方案调用对话框。根据需要可选择新的一次方案块，确定后，一次方案块替换成功。

6. 一次方案查询修改及明细输出

主要功能：查询一次方案信息并可编辑修改，还可单独输出每个方案的一次元件明细表。

（1）菜单调用次序　［一次设计］→［一次方案查询］。

（2）具体操作步骤　调用菜单，系统弹出图 7-69 所示的“一次方案查询修改及明细输出”对话框。

1）选中一次方案，可将其一二次元件明细信息以图形方式输出，也可输出为 Excel 格式。

2）选中一次方案，单击“二次元件明细选择修改”按钮，或者通过右键菜单选择该命令，弹出图 7-70 所示的“二次元件明细选择修改”对话框，列出选中一次方案所对应的二次元件明细图形的所有明细信息，以便用户查看。

3）选中一次方案，双击或单击“一次方案图形查看”按钮，可快速锁定并放大一次方案图形。

4）选中一次方案，单击“一次方案属性编辑”按钮，可对方案属性信息进行修改，并联动修改图中的方案信息。

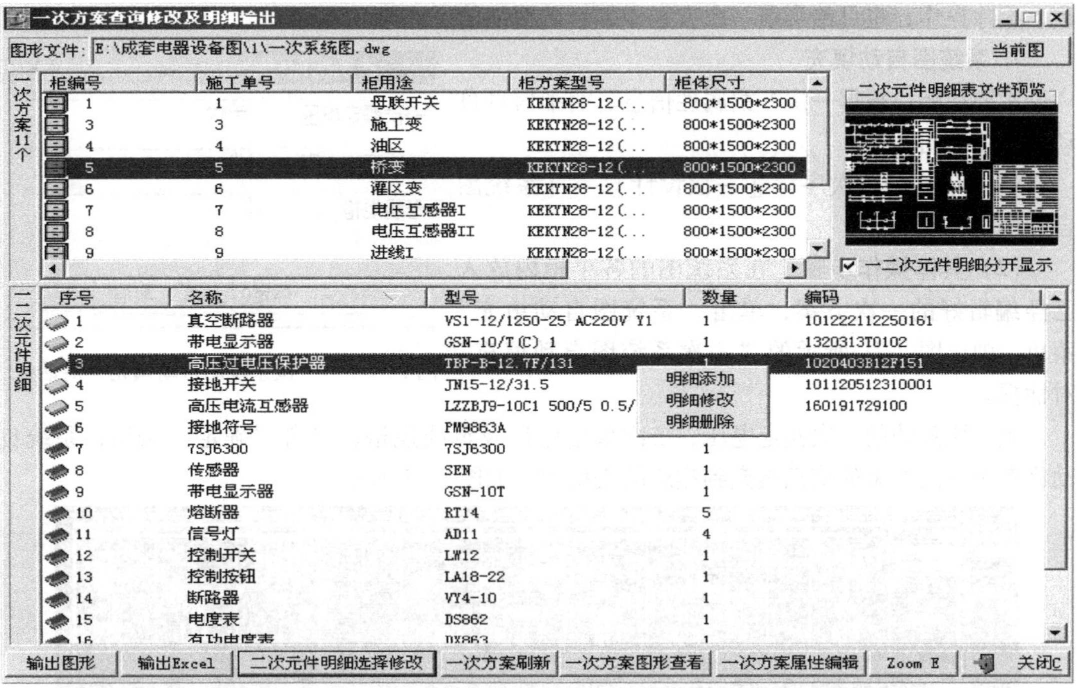

图 7-69 “一次方案查询修改及明细输出”对话框

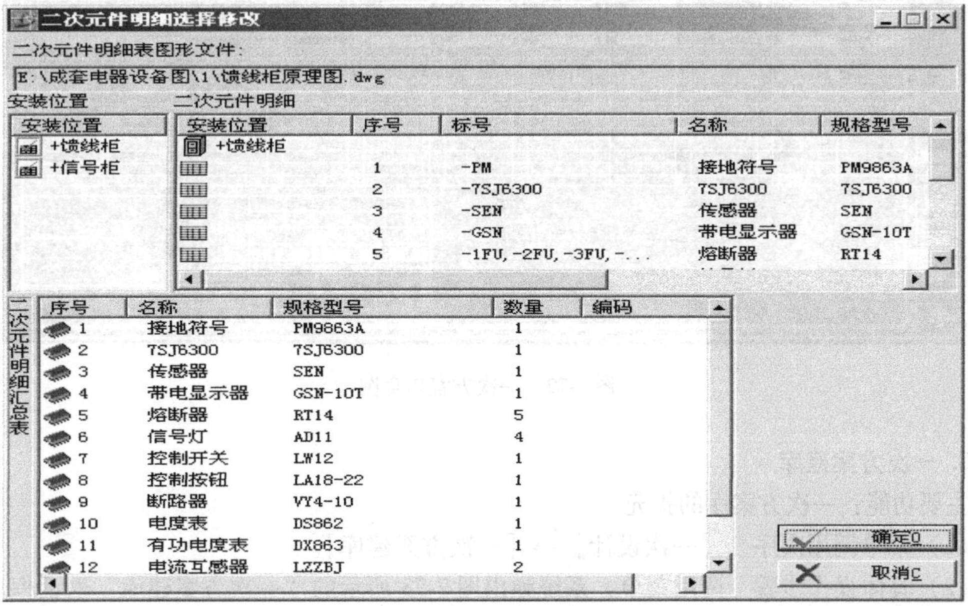

图 7-70 “二次元件明细选择修改”对话框

5）在一、二次元件明细列表中，选中一明细信息，通过右键菜单可对该明细进行修改、删除操作，也可给当前一次方案添加新的明细信息。

7. 系统图自动填充

主要功能：根据一次方案属性信息、明细信息自动填充系统图。

（1）菜单调用次序　［一次设计］→［系统图自动填充］。

（2）具体操作步骤　在系统图的各个柜内放入已经编辑好的一次方案，单击“系统图自动填充”菜单，弹出图 7-71 所示的“一次系统图自动填充”对话框。

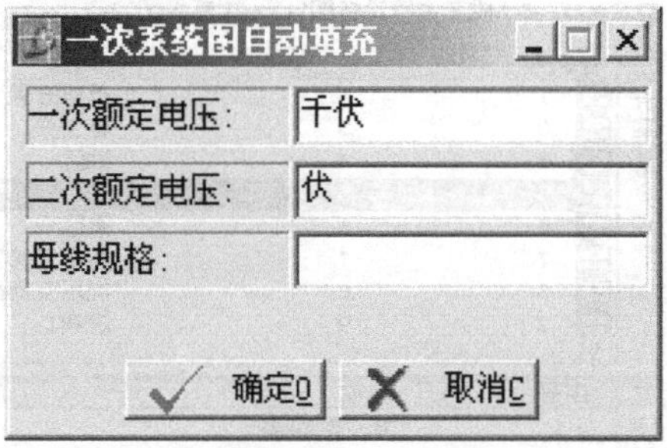

图 7-71　“一次系统图自动填充”对话框

填入该系统的一次额定电压、二次额定电压及母线规格，单击“确定”按钮，系统自动将各个一次方案的信息填充到相应的表格中，如图 7-72 所示。

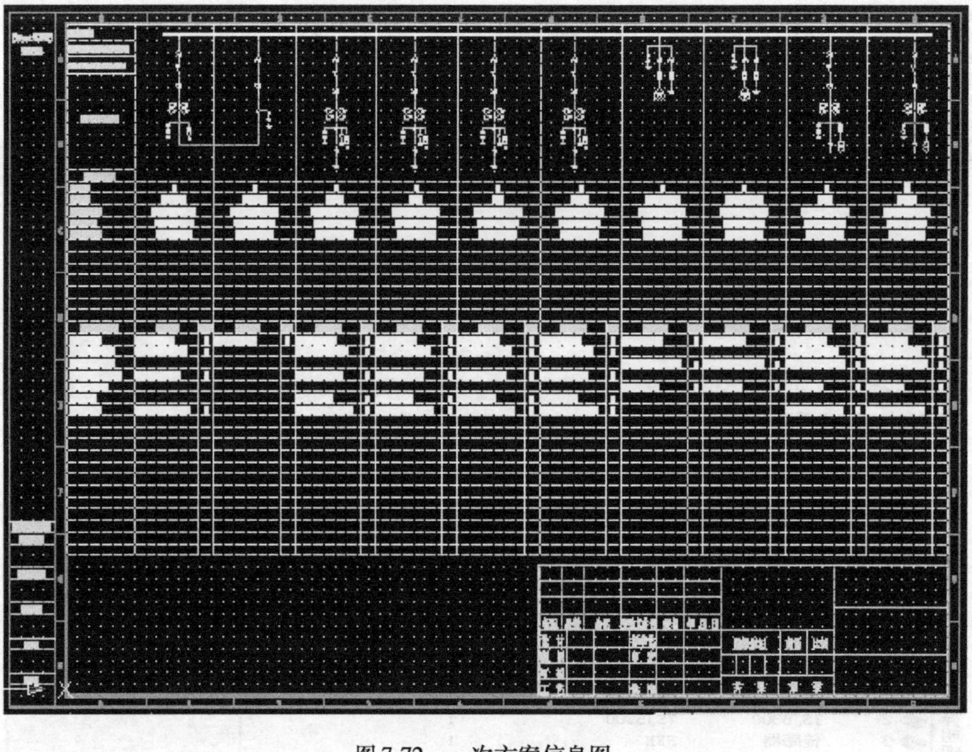

图 7-72　一次方案信息图

8. 一次方案建库

主要功能：一次方案库的扩充。

（1）菜单调用次序　［一次设计］→［一次方案建库］。

（2）具体操作步骤　调用菜单，系统弹出图 7-73 所示的“一次方案建库”对话框。

1）一次方案新建。单击“一次方案新建”按钮，弹出“图形新建”对话框，如图 7-74 所示。

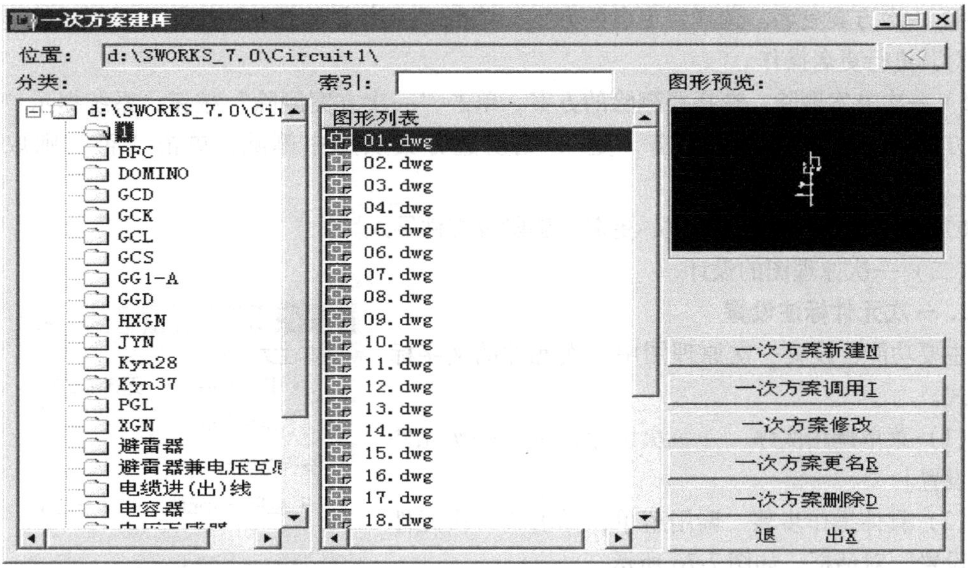

图 7-73 “一次方案建库”对话框

输入方案库名，单击“确定”按钮后，根据命令行提示选择图形基点，并且框选要新建的图形，单击右键确定后，系统弹出“一次方案新建”对话框，如图 7-75 所示。

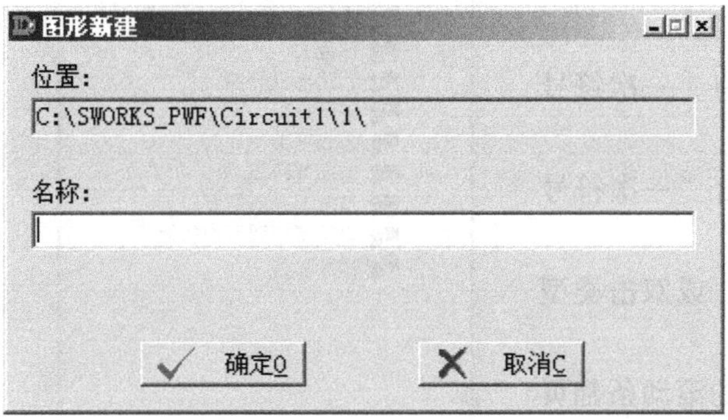

图 7-74 “图形新建”对话框

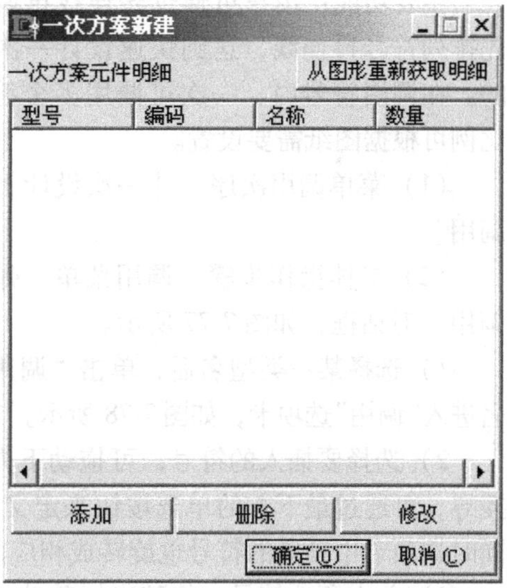

图 7-75 “一次方案新建”对话框

用户先对要建立的方案库图形文件进行编辑，编辑完成之后，单击“确定”按钮，图形入库。

2）一次方案调用。选择要调用的方案，单击“一次方案调用”按钮，可将随光标移动的方案放置在绘图区内的合适位置。

3）一次方案修改。选择要修改的方案，单击“一次方案修改”按钮，操作和新建方案基本相同，在此不再赘述。

4）一次方案更名。选择要更名的方案，单击“一次方案更名”按钮，根据系统显示对话框对其进行更名操作。

5）一次方案删除。选择要删除的方案，单击“一次方案删除”按钮，系统提示“真的删除方案库＊＊＊吗?”，单击“是”，则所选方案从库中删除；单击“否”则取消此操作。

6）鼠标右键支持目录新建、更名、删除及文件导入。

（二）一次原理图的设计

1. 一次元件标注设置

主要功能：设置一次原理图中一次元件的文字标注方式。

（1）菜单调用次序　［一次设计］→［一次元件标注设置］。

（2）具体操作步骤　调用菜单，弹出“一次元件标注设置”对话框，如图 7-76 所示。

用户根据需要使用标号、型号或者不标注文字，对所选择的一次元件进行标注。

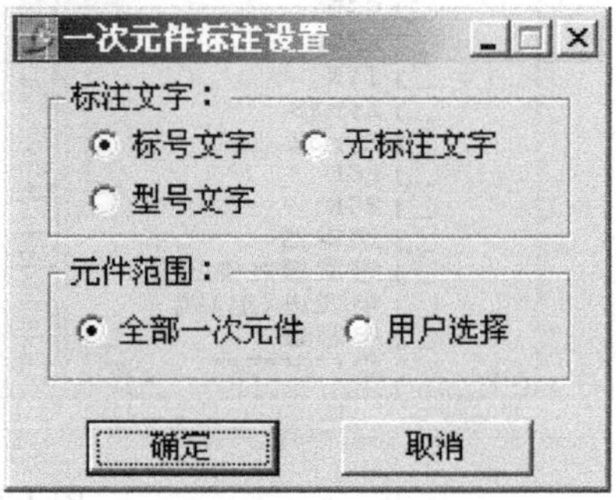

图 7-76　“一次元件标注设置”对话框

2. 一次符号调用

主要功能：用户可通过先连线再调用符号插入或先排列符号再连线，达到快速设计一次主接线图的目的。在调用符号时，一次可调用多个符号，符号大小比例可根据图纸需要设置。

（1）菜单调用次序　［一次设计］→［一次符号调用］。

（2）具体操作步骤　调用菜单，弹出“一次符号调用”对话框，如图 7-77 所示。

1）选择某一类型名后，单击“调用”或双击类型名进入“调用”选项卡，如图 7-78 所示。

2）选择要插入的符号，可拖动下方的滚动条翻页搜寻，可通过最下方的单选按钮来定义符号旋转角度，同时选项卡中预览的符号也旋转成相应的角度。

3）单击所选符号，将随光标移动的符号放置到绘图区的合适位置。

3. 一次组合元件

主要功能：用基本的一次符号元素组合成一个多端的一次元件，并对其定义属性。

（1）菜单调用次序　［一次设计］→［一次组合元件］。

（2）具体操作步骤　调用菜单，弹出“一次组合元件”对话框，如图 7-79 所示。

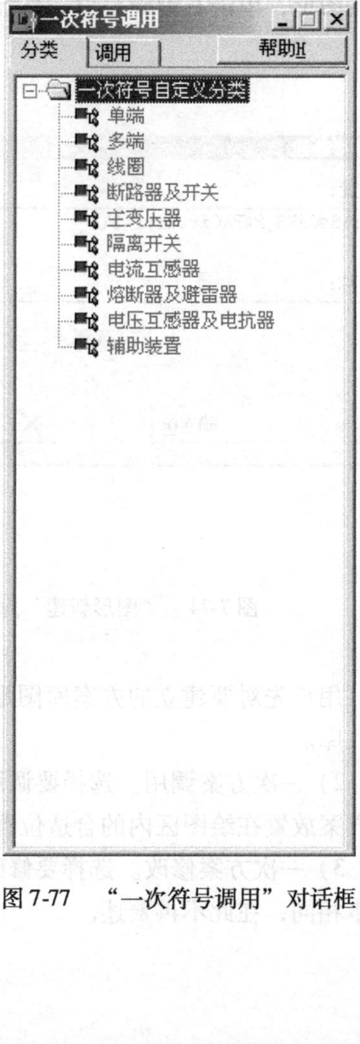

图 7-77　“一次符号调用”对话框

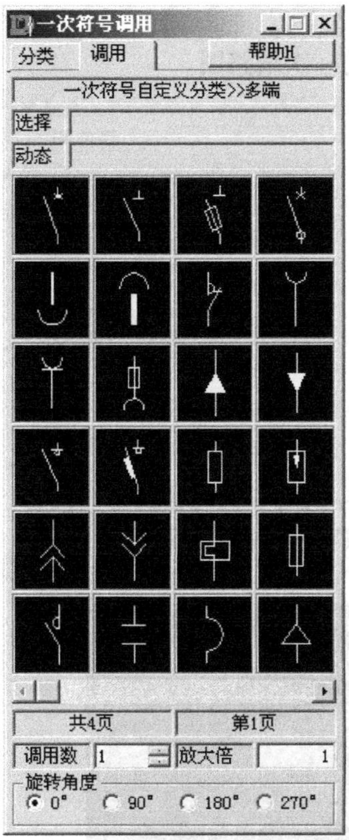

图 7-78　“调用”选项卡

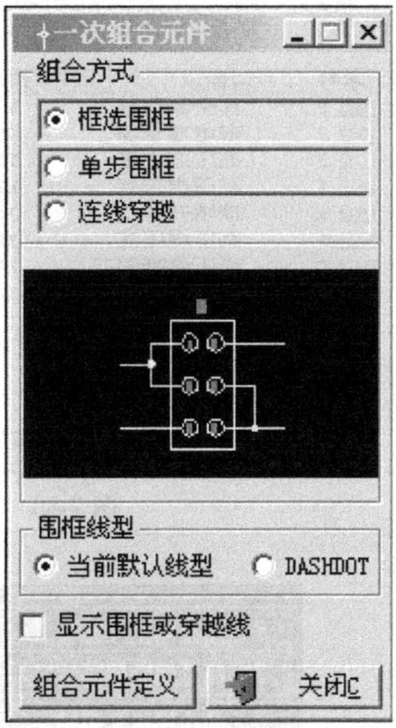

图 7-79　“一次组合元件”对话框

操作方法和二次设计中组合元件一样，在组合元件定义之前，可以根据需要选择复选框显示围框或者不显示。

单击“组合元件定义”按钮，根据命令行提示框选要进行组合的一次元件，右键或者按“Enter”键确定后，对组合元件进行属性编辑，并根据命令行提示指定标号位置，至此一次组合元件完成。

4. 属性编辑

一次设计中的属性编辑功能，使用方法与二次设计一样。

5. 一次元件明细表

主要功能：自动检索出当前一次原理图中所有一次元件明细信息，进行统计累加，生成一次元件明细表。

（1）菜单调用次序　［一次设计］→［一次元件明细表］。

（2）具体操作步骤　调用菜单，弹出“一次元件明细表生成”对话框，如图 7-80 所示。

系统自动对当前图中的一次元件的明细信息进行详细统计，用户可通过拖动对元件排列进行调序。调整完成后，单击“输出图形”按钮，以图形格式输出一次元件明细表，如图 7-81 所示，也可输出为 Excel 格式。

四、作业

利用 SuperWORKS 软件绘制图 5-17 所示的原理图的一次线路图。

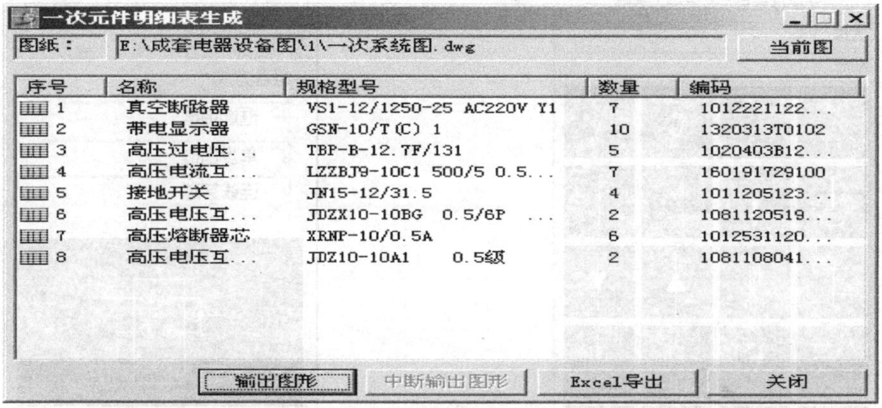

图 7-80　“一次元件明细表生成”对话框

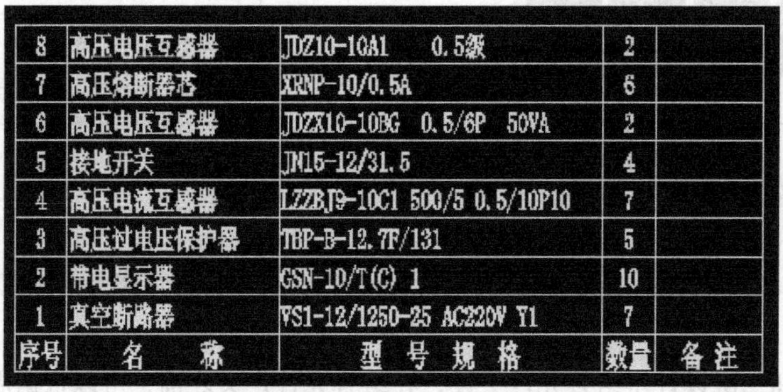

8	高压电压互感器	JDZ10-10A1　0.5级	2	
7	高压熔断器芯	XRNP-10/0.5A	6	
6	高压电压互感器	JDZX10-10BG　0.5/6P　50VA	2	
5	接地开关	JN15-12/31.5	4	
4	高压电流互感器	LZZBJ9-10C1 500/5 0.5/10P10	7	
3	高压过电压保护器	TBP-B-12.7F/131	5	
2	带电显示器	GSN-10/T(C) 1	10	
1	真空断路器	VS1-12/1250-25 AC220V Y1	7	
序号	名　称	型 号 规 格	数量	备注

图 7-81　一次元件明细表

模块四　电气设计软件 elecworks 介绍

一、教学目标

了解新型电气设计软件 elecworks 的特点

二、主要内容

（一）电气设计工具的发展

电气设计工具的发展主要分为三个阶段。第一阶段：利用 AutoCAD 软件绘制电气图。传统的电气制图是用画图板，其弊端是显而易见的。随着 AutoCAD 的广泛使用，用 AutoCAD 进行电气制图，提高了工作效率，保证了设计质量，降低了劳动成本。第二阶段：利用基于 AutoCAD 的 SuperWORKS 等软件绘制电气图。AutoCAD 的特长更多是机械结构的设计，利用 AutoCAD 绘制电气原理图特别是接线图非常不方便，效率较低，这时候出现 SuperWORKS 为代表的基于 AutoCAD 的专业电气设计二维软件，该类软件可以根据原理图自动生成接线图、端子表等。第三阶段：利用机电一体化专用电气软件绘制电气图。随着电气控制线路越来越复杂，基于 AutoCAD 的电气制图软件越来越不适应客户对电气制图高效、灵活、可视性强等要求，从而出现了以 elecworks 为代表的将机械和电气融为一个平台的三维电气设计软件。

（二）专业电气设计软件 elecworks

1. elecworks 软件概述

Elecworks 软件共分为三大模块：

1）elecworkscore2D 制图模块。它具有独立平台，是专业的 2D 电气设计软件，可以做专业的电气设计，如自动生成线号，自动统计报表，自动检错，自动进行项目管理，存储实时数据，自动建立标准化的符号库、产品库，自动导出端子排列表、接线列表等。网络版可以实现多人协同设计（多人同时同步工作于同一项目）。这一模块功能，相当于 SolidWorks 三维机械设计软件里的 SolidWorks Electrical 模块。

2）elecworks for SolidWorks 布局模块。它是作为 SolidWorks 插件存在的。通过此插件可以同步预览电气 2D 原理图，导出列表报表，将 2D 电气零件自动转换为 3D 零件，快速完成装配体中的 3D 布局，自动绘出 2D 工程图，完成智能尺寸标注。

3）elecworks for SolidWorks 布线模块。它也是作为 SolidWorks 插件存在的。在通过 SolidWorks 布局的基础上，自动借助 SolidWorks Routing 工具，根据电气 2D 原理图中的接线关系，完成装配体中零件自动最优路径接线（如通过线槽），导出线缆长度清单。Elecworks 软件绘制的原理图如图 7-82 所示。

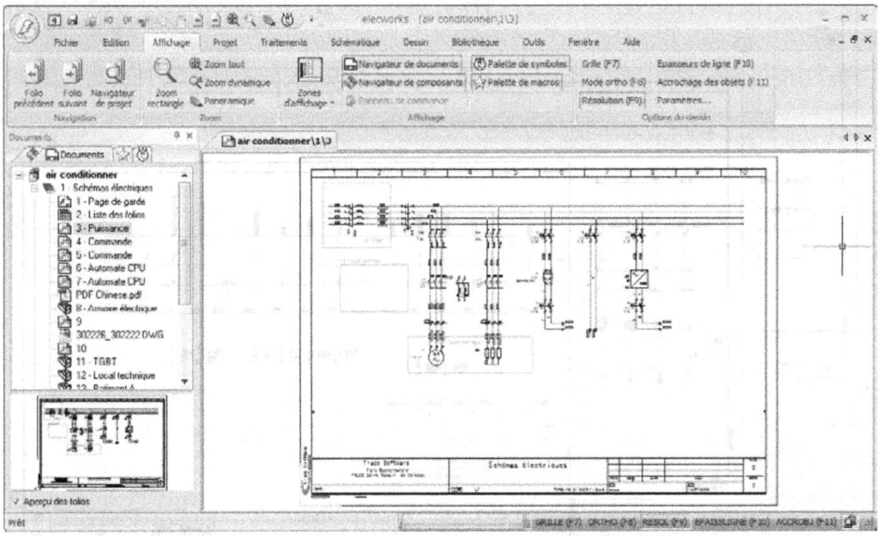

图 7-82 原理图设计案例

2. elecworks 软件的主要优势

Elecworks 是一款新生代专业电气设计软件，在满足电气设计需求的同时，不断创新，探索电气制图方式的革新。从管理理念的引入、设计方式的智能化，到数据统计的专业性、安全性和高效性，再到清单统计的实时性，elecworks 都体现出其独特的优势。

（1）标准化设计　Elecworks 的设计理念为：设计师仍然是灵魂，主导着设计的始末，合适的工具对于设计者来说如虎添翼。

Trace Software International 根据二十多年的电气 CAD 领域的开发经验，将 IEC 标准（国际电工委员会标准）的内容融入 elecworks，让设计者不需要检索各种繁杂的标准而进行设计，其设计结果却恰恰是符合国际通用标准的。

Elecworks 根据 IEC 标准定制符号库，并将符号按照类别分类，便于检索。同时，自动生成的端子清单也推荐采用 ISO 图形化标准，或者是采用 DIN 表格形式标准，尽可能地满足设计的国际化交流。

Elecworks 的工具栏采用智能化风格，快且便捷地将对应的设计工具呈现在设计者面前，操作界面友好，简单易学，即便是一个刚刚开始使用 elecworks 的工程师都能在很短的时间内学会正确使用软件。

（2）智能化设计　传统的设计中，工程师使用文字和图形组合而表达设计意图。但对于制造业来说，如何用原理设计真正地指导生产，这是一个很大的问题。设计者往往需要使用到智能化的元器件及设备，如智能断路器、PLC 等。AutoCAD 以及基于 AutoCAD 的二维电气软件已经很难满足设计需求，需要工程师手动地标识、修改，而 elecworks 可以较好地解决这一问题。图 7-83 为智能化元器件 PLC 设计案例。

此外，报表的统计在整个设计中占据了相当大的比重，但实际上工程师不需要将时间过多地花费在报表的统计上，而是更“专注于设计”。

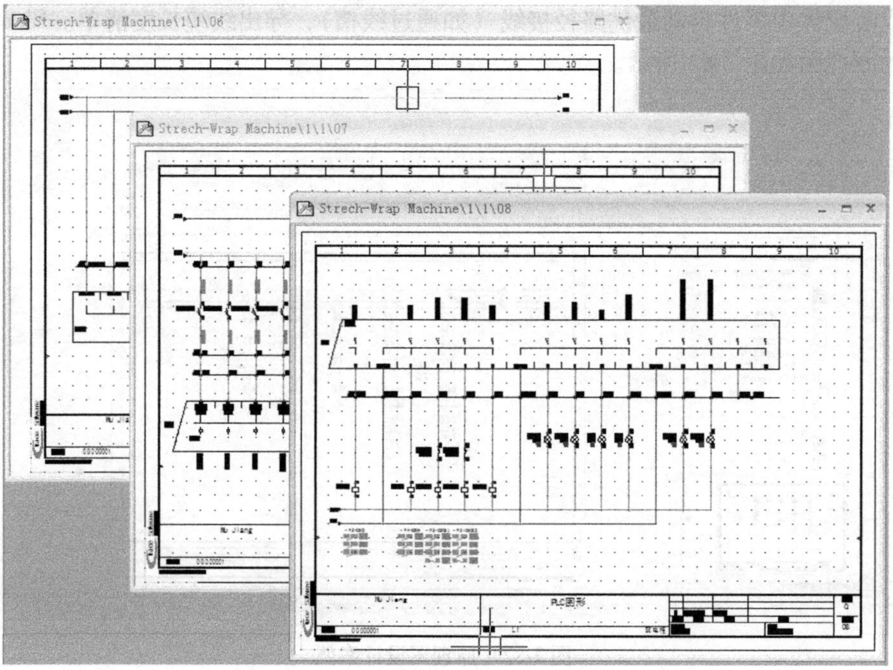

图 7-83　智能化元器件 PLC 设计案例

Elecworks 拥有智能的设计工具，不仅仅可以实现自动化，还可以自动纠错。例如在为新添加的符号命名时，elecworks 会根据标准命名规则，自动为符号命名，这就避免了手动命名时可能会出现的元件重名的错误。再如，在为继电器选型后，elecworks 可以智能识别所使用的触头是否溢出或多余，可将一切设计过失消灭在萌芽期。

（3）机电一体化设计　传统的设计中，电气和机械相互割裂，给实际工程施工带来了很多不便。针对这一问题，elecworks 做到了电气设计和机械设计相互融合，大大提高了工作效率。

Elecworks 不仅仅能够实现电气的设计，更是“机电一体化设计”理念的发起者和倡导者。与三维软件 SolidWorks、Creo 的真正的无缝集成能力使电气设计和机械设计有机融合。

在原理设计中所使用的元件列表会同步地呈现在 SolidWorks、Creo 设计树中，设计者只需要单击就可以智能地将 2D 图形转变成 3D 零件模型。

Elecworks 不仅仅可以从 2D 转变为 3D，还可以根据原理设计中的接线关系，自动地将布局好的三维模型接线。工程师只需要一键便可以自动地生成三维的电线、电缆。同时电线、电缆的长度数据也会同步反馈给二维原理中的清单，这样在清单中就会统计出不同类型的电线各自的长度以及总长度，为生产提供详实的数据。Elecworks 软件绘制的三维图如图 7-84 所示。

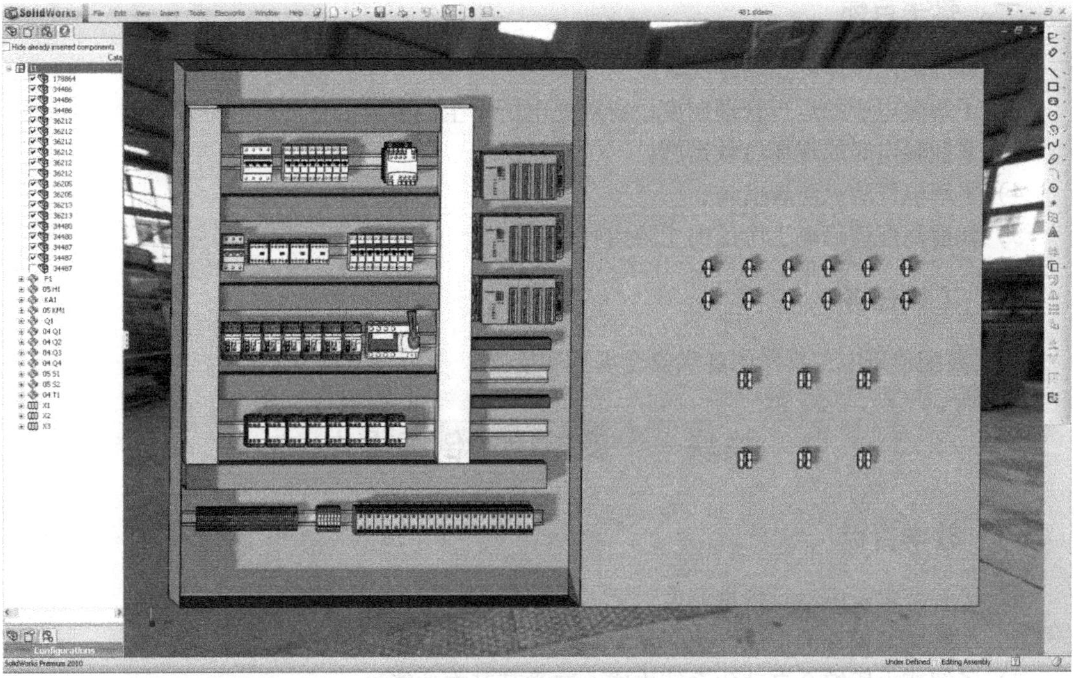

图 7-84　三维图设计案例

（4）平台化数据管理　如今企业中的所有数据大都使用数据库来管理，这就要求所有使用的数据适应平台化管理要求。

Elecworks 提供了更广泛的对外开放接口，能够与 ERP/PDM 等上层数据管理软件紧密集成，让设计可视化、参数化。

总体来说，elecworks 这款新生代专业电气设计软件对电气软件的发展很有意义，不仅作为领军者引领了机电一体化理念从构想变为现实，而且让电气设计的便捷性、智能性和创造性得到发展。

项 目 八

电工作业安全操作

【项目概述】 本项目包括三个模块：变电所的倒闸操作、电气事故处理、触电与现场急救。项目设计思路：模块一主要介绍如何安全操作，切断电气事故的源头；模块二主要介绍如何正确处理电气事故；模块三主要介绍触电现场急救的方法。同时本项目还将值班电工、维修电工等职业资格要求融于各模块之中。

一、教学目标

1）掌握倒闸操作的正确方法。
2）了解变电所的运行管理制度，会对变电所发生的事故进行分析和处理。
3）掌握触电时的现场急救措施。
4）了解电气防火防爆措施。
5）掌握高配值班电工考证的主要内容。

二、工作任务

分析高配值班电工操作的各项安全规程和措施。

模块一　变电所的倒闸操作

一、教学目标

1）了解变电所的运行管理制度。
2）掌握倒闸操作的正确方法。
3）了解变电所综合自动化系统构成，熟悉其基本功能。
4）了解无人值班变电所的常规模式及应用特点。

二、工作任务

1）输电线路的倒闸操作分析：某供配电线路的主接线如图 8-1 和图 8-2 所示，请分析图8-1由检修转运行时，开关的合闸顺序；分析图 8-2 由运行转检修时，开关的分闸顺序。

2）变压器的倒闸操作分析：两台变压器 T1、T2 的主接线如图 8-3 所示，试分析 T2 主变 102 断路器由运行转检修及由检修转运行时的操作步骤。

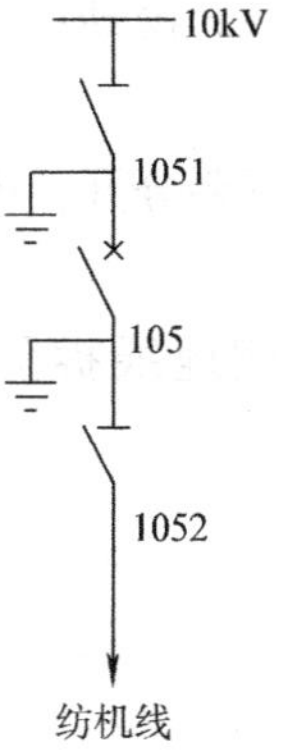

图 8-1 送电操作线路

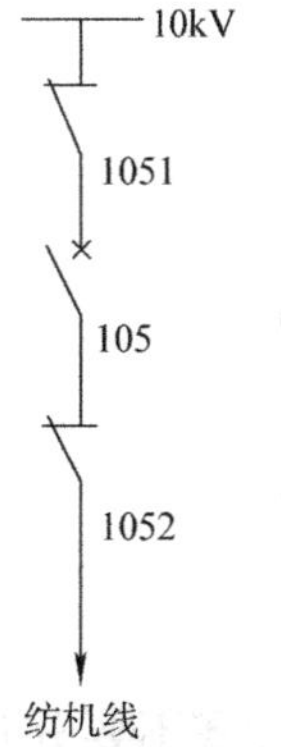

图 8-2 停电操作线路

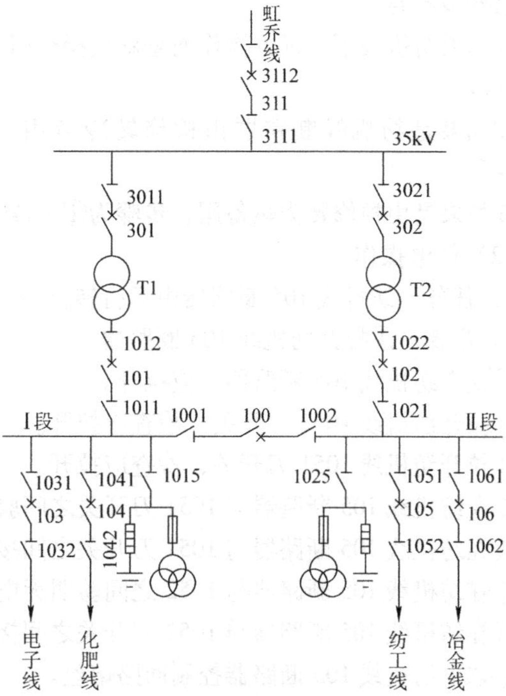

图 8-3 变压器的倒闸操作线路

三、相关实践知识

1. 输电线路的倒闸操作分析

（1）送电操作

1）任务：纺机线 105 断路器由检修转运行（见图 8-1）。

2）步骤：①拆除纺机线 105 断路器与 1051 刀开关之间临时接地线（#1）。

②拆除纺机线 105 断路器与 1052 刀开关之间临时接地线（#2）。

③检查纺机线 105 断路器两侧，应无接地和短路线。

④检查纺机线 105 断路器，应在分闸位置。

⑤检查纺机线 105 断路器的保护压板，应在投入位置。

⑥放上纺机线 105 断路器控制回路熔丝。

⑦合上纺机线 1051 刀开关并仔细检查，应合上。

⑧合上纺机线 1052 刀开关并仔细检查，应合上。

⑨合上纺机线 105 断路器。

⑩检查纺机线 105 断路器，应合上。

3）说明：①如果纺机线断路器的保护不是直流保护而是采用交流操作反时限保护，当无保护压板时，第⑤步不要。

②如果纺机线断路器的操动机构不是电动操动机构，而是 CS_2 手动操动机构，没有熔丝时，第⑥步不要。

③如果纺机线不是远方操作而是就地操作时，操作与检查步骤不要分开，即第⑩步合并到第⑨步。

④如果是纺机线断路器由检修转冷备用，只要将断路器两侧地线拆除即可。步骤为①~③。

⑤如果是由检修转为热备用，步骤为①~④、⑦~⑧。

（2）停电操作

1）任务：纺机线 105 断路器由运行转检修（见图 8-2）。

2）步骤：①拉开纺机线 105 断路器。

②检查纺机线 105 断路器，应拉开。

③拉开纺机线 1052 刀开关，检查应拉开。

④拉开纺机线 1051 刀开关，检查应拉开。

⑤在纺机线 105 断路器与 1051 刀开关之间验明无电。

⑥在纺机线 105 断路器与 1051 刀开关之间接临时接地线（#1）。

⑦在纺机线 105 断路器与 1052 之间验明无电。

⑧在纺机线 105 断路器与 1052 刀开关之间接临时接地线（#2）。

⑨取下纺机线 105 断路器控制回路熔丝。

⑩解除纺机线 105 断路器保护压板。

3）说明：①断路器不是远方操作而是就地操作时，第①、②步骤不要分开。

②断路器不是电动操作，没有熔丝时，第⑨步不要。

③断路器保护回路无压板时，第⑩步不要。

④如果断路器由运行转热备用，操作步骤只要第①和第②步。

⑤如果断路器由运行转冷备用，操作步骤为第①~④步。

⑥如果是纺机线的线路检修，则只要在 1052 刀开关的外侧（即线路侧）接临时接地线即可。

2. 变压器的倒闸操作分析

（1）变压器总断路器由运行转检修（见图 8-3）

1）原运行方式：35kV 虹乔线受电，起用 T1、T2，分列运行送全部出线。

2）操作任务：T2 主变二次侧 102 断路器由运行转检修。

3）操作提示：这里实际上有以下三个操作任务。

①T1、T2 由分列运行转为并列运行，如果不并列就将 102 断路器拉开，将会造成 II 段母线上的所有出线都要停电。

②102 断路器由运行转为检修，即在 102 断路器两侧验电接地。

③T2 一次侧 302 断路器由运行转冷备用。如果 302 断路器不拉开，则 T2 高压绕组有电，会产生空载损耗浪费电，同时二次侧也带电，即 1022 刀开关主变侧桩头有电造成不安全因素。

4）操作步骤：①检查母联 100 断路器，应在分闸位置。

②合上母联 1001 刀开关并仔细检查，应合上。
③合上母联 1002 刀开关并仔细检查，应合上。
④合上母联 100 断路器并仔细检查，应合上。
⑤检查 100 断路器负荷情况，确认 T1、T2 已并列。
⑥拉开 T2 主变 102 断路器。
⑦检查 T2 主变 102 断路器，应拉开。
⑧检查 T1 主变负荷情况和 Ⅱ 段母线上的出线电流情况。
⑨拉开 T2 主变 1022 刀开关，检查应拉开。
⑩拉开 T2 主变 1021 刀开关，检查应拉开。
⑪拉开 T2 主变 302 断路器。
⑫检查 T2 主变 302 断路器，应拉开。
⑬拉开 T2 主变 3021 刀开关，检查应拉开。
⑭在 T2 主变 102 断路器与 1021 刀开关之间验明无电。
⑮在 T2 主变 102 断路器与 1021 刀开关之间接临时接地线（#1）。
⑯在 T2 主变 102 断路器与 1022 刀开关之间验明无电。
⑰在 T2 主变 102 断路器与 1022 刀开关之间接临时接地线（#2）。
⑱取下 T2 主变 102 断路器与控制回路熔丝。
⑲解除 T2 主变 102 断路器保护压板。

5）说明：①如果是 T2 主变检修，则只要将两临时接地线改接在主变两侧。如果是 T2 主变 302 断路器检修，只要将两临时接地线改接在 302 断路器两侧。

②如果原来 T1、T2 是并列运行的，第①～④步不要。

（2）主变压器总断路器由检修转运行

1）原运行方式：35kV 虹乔线受电，起用 T1 送全部出线，T2 主变 102 断路器在检修状态（302 断路器冷备用）。

2）操作任务：T2 主变 102 断路器由检修转运行，T1、T2 分列运行，母联转冷备用。

3）操作步骤：①拆除 T2 主变 102 断路器与 1022 刀开关之间临时接地线（#2）。
②拆除 T2 主变 102 断路器与 1021 刀开关之间临时接地线（#1）。
③检查 T2 主变 102 断路器两侧应无接地线。
④检查 T2 主变 302 断路器应在分闸位置。
⑤合上 T2 主变 3021 刀开关，检查应合上。
⑥合上 T2 主变 302 断路器。
⑦检查 T2 主变 302 断路器，应合上。
⑧检查 T2 主变充电后有无异常情况。
⑨检查 T2 主变 102 断路器应在分闸位置。
⑩投入 T2 主变 102 断路器保护压板。
⑪放上 T2 主变 102 断路器控制回路熔丝。
⑫合上 T2 主变 1021 刀开关，检查应合上。
⑬合上 T2 主变 1022 刀开关，检查应合上。
⑭合上 T2 主变 102 断路器。

⑮检查 T2 主变 102 断路器，应合上。

⑯拉开母联 100 断路器，检查应拉开。

⑰拉开母联 1002 刀开关，检查应拉开。

⑱拉开母联 1001 刀开关，检查应拉开。

⑲检查 T2 主变负荷情况。

4）说明：①如果主变并列运行，第⑯～⑱步不要。

②如果是主变检修后的投入，步骤与上面大体相同。

四、相关理论知识

（一）倒闸操作基本知识

1. 变电所倒闸操作必须具备的条件

1）操作人员必须经过由供电局和劳动局举办的培训班培训，经考试合格并取得“电工进网作业许可证”和“特种作业人员操作证”后持证上岗。

2）现场一、二次设备要有明显的标志（包括名称和编号）。

3）要有与现场设备标志和运行方式相符合的一次系统模拟图，继电保护和二次设备还应有二次回路的原理图和展开图。

4）要有正确的操作命令和合格的操作票。

5）要有统一的操作术语。

6）要有合格的操作工具和安全用具。

2. 倒闸操作的十个环节

（1）预发命令和接受任务　值班员接受上级的操作命令时，应明确和领会操作的目的和意图，并填入操作票，然后向发令人复诵，经双方核对无误后，再将双方姓名分别写入各自的操作票上。

（2）填写操作票　填写操作票应按照发令人发布的命令，由副值班员核对模拟图逐项填写操作项目，填写操作票的顺序不可颠倒，要用双重姓名（即设备的名称和编号），字迹应清楚，不得涂改，不得使用铅笔。

（3）审票　操作人（副值班员）填写好操作票后，先由自己核对，再交正值班员审票。审票人发现错误应由操作人重新填写。

（4）发布正式操作命令　正式操作时，由发令人发布操作命令，由监护人（正值班员）接受命令，并按照填写好的操作票向发令人复诵。经双方核对无误后，在操作票上填写发令时间。

（5）预演　操作前，操作人和监护人应预先共同在模拟图上按照操作票所列的顺序唱票预演，再次对操作票的正确性进行核对。预演结束后，操作人和监护人带好必要的安全用具和钥匙到操作现场。

（6）核对设备　到达操作现场后，操作人应先站立到准确位置核对设备名称和编号，监护人核对操作人所站的位置及操作设备的名称、编号应正确无误，并检查应该用的安全用具已经用上，然后再高声唱票。

（7）唱票操作　监护人按照操作票上的顺序高声唱票，每次只准唱一步，操作人用手指点需要操作的设备名称和编号，并高声复诵。在两人一致认为无误，监护人发出“对，执行”的命令后，操作人方可进行操作。

（8）检查　每一步操作完毕后，两人共同在现场检查操作的正确性，检查内容如设备和机械指示、信号灯、表计变化情况等，最主要是检查断路器的本体状况，确认无误后，监护人在操作票上打“√”。

（9）操作汇报　全部操作结束后，应检查所有操作步骤是否全部执行，然后由监护人在操作票上填写操作终了时间，并向发令人或当值调度员汇报操作起讫时间和操作过程中的安全情况。

（10）签名盖章保存　最后操作人和监护人分别在操作票上签名，并在操作内容处盖上此票“已执行”章。操作票保存三个月。

3. 倒闸操作中常用的四种状态术语

（1）运行状态　即断路器和刀开关都在合闸位置。

（2）热备用　即断路器在分闸位置，刀开关在合闸位置。

（3）冷备用　即断路器和刀开关都在分闸位置。

（4）检修状态　即断路器和刀开关都在分闸位置，并且在断路器的两侧各接有临时接地线。

4. 倒闸操作顺序和基本规定

（1）线路停电　停电操作必须按照先拉断路器，再拉负荷侧刀开关，再拉母线侧刀开关的顺序进行操作。

（2）线路送电　送电操作顺序必须是检查断路器在分闸位置时，先合母线侧刀开关，再合负荷侧刀开关，最后合断路器进行送电。

为什么停电时必须先拉负荷侧刀开关，后拉母线侧刀开关呢？原因是当值班员万一忘记拉断路器而先拉刀开关时，就造成带负荷拉刀开关，这时先拉负荷侧刀开关所产生的弧光短路是在断路器的外侧，继电保护动作自动将短路故障切除。如果是先拉母线侧刀开关，后果就严重得多，它所产生的弧光短路是在断路器的母线侧，这样就可能造成母联跳闸或二次侧总开关跳闸，造成大面积停电或更大的事故。所以操作人员必须按照规定执行，认真细致地操作和检查。

（3）变压器的停、送电　变压器送电，先送电源侧，检查没有问题，再送负荷侧，再将各路出线送电。停电时，先停负荷侧，再停电源侧。因为从电源侧逐级送电，如发生故障便于按送电范围检查处理。

（二）变电所的运行制度

值班电工进行正确倒闸操作是保证变电所安全运行的一个环节。为了进一步提高变电所的运行和管理水平，按照《电业安全工作规程》和各种运行规程的要求，还必须遵守以下规章制度：

1. 交接班制度

交接班制度必须严肃、认真地进行。交班人员要发扬风格，为接班人员创造有利的工作条件，树立“一班保三班”的思想。交接班制度的内容和要求如下：

1）值班人员在接班前和值班时间内严禁饮酒，并应提前到变电所做好接班的准备工作。若接班人员因故未到，交班人员应坚守工作岗位，并立即报告上级领导，做出安排。因特殊情况而迟到的接班人员，同样应履行接班手续。

2）交接班时，应尽量避免倒闸操作和许可工作。在交接班过程中发生事故或异常情况时，原则上应由交班人员负责处理，但接班人员应主动协助处理。当事故处理告一段落时，可再继续进行交接班。

3）交班前，值班长应组织全体人员进行本值工作小结，并将交接班事项填写在值班工作日记中。交接班应交清下列内容，并陪同接班人员到现场进行检查：

①设备运行方式、设备变更和异常情况及处理经过。

②设备的检修、扩建和改进等工作的进展情况及结果。

③巡视发现的缺陷和处理情况以及本身自行完成的维护工作。

④继电保护、自动装置、远动装置的运行及动作情况。

⑤许可的工作票、接地线的使用组数及位置。

⑥业务学习和规程制度的执行情况。

⑦工具、仪表、备品、备件、材料及钥匙等的使用和变动情况。

⑧当值已完成和未完成的工作及其有关措施。

⑨上级指示、各种记录和技术资料的收管情况。

⑩设备整洁、环境卫生、通信设备情况及其他。

4）接班人员应认真听取交班人员的介绍，并会同交班人员到现场进行以下工作：

①核对模拟图板是否与设备的实际位置相符。对上述操作过的设备要进行现场检查。

②对存在缺陷的设备，要检查其缺陷是否有进一步扩展的趋势。

③检查继电保护的运行和变更情况，对信号及自动装置按规定进行试验。

④了解设备的检修工作情况，检查设备上的临时安全措施是否完整。

⑤检查直流系统运行方式及蓄电池充放电的情况。

⑥审查各种记录、图表、技术资料以及工具、仪表、备品、备件。

⑦检查设备及环境卫生。

5）交接班工作必须做到交、接两清。双方一致认为交接清楚、无问题后在记录簿上签名，交接班工作即告完成。

6）接班后，值班长应组织全班人员开好碰头会，根据系统设备运行、检修及天气变化等情况，提出本值运行中应注意的事项和事故预想。

2. 变电所巡回检查制度

巡回检查制度是保证设备正常安全运行的有效制度。各单位应根据本单位的具体情况，总结以往处理设备事故、障碍和缺陷的经验教训，制定出具体的检查办法，并不断地加以改进。

巡回检查制度应明确规定检查项目、周期和路线，并做好必要的标志。巡查路线应经上级领导批准。同时变电所应配备必要的检查工具，如红外线测量温度仪器等；要保证良好的巡查条件，如户外配电装置的照明等。

对于夜晚、恶劣天气以及特殊任务的特巡，要明确具体的巡视要求和注意事项，特巡必要时应有领导参加。每次巡视后，应将查得的缺陷立即记入设备缺陷记录簿中，巡视者应对记录负完全责任。因巡查不周所致事故者，要追究责任；对发现重大缺陷或防止了事故的发生者，应给予奖励。

（1）在巡视检查中应遵守的规定

1）巡视高压配电装置时，一般应两人一起巡视。允许单独巡视高压设备的人员应经考试合格后，由单位领导批准。

2）巡视高压设备时，人体与带电导体必须保持足够的安全距离。

3）必须按设备巡视路线进行巡视，以防设备漏巡。巡视时，不得打开遮栏或进行任何工作。

4）进入高压室内巡视时，应随手将门关好，以防小动物进入室内。

（2）巡视周期

1）有人值班变电所每次交接班时。

2）每班中间检查一次。

3）所长、技术员每周监督性巡视一次。

4）每周要夜巡一次。

5）季节性的特巡和节日特巡。

6）临时增加的特巡。

（3）巡视检查的基本方法

1）巡视检查设备时，要精力集中、认真、仔细，充分发挥眼、鼻、耳、手的作用，并分析设备运行是否正常。

2）采用先进技术，如用红外线测温仪进行定期测试，并分析测试的结果。

3）可在下小雨或小雪时检查户外设备是否有发热和放电现象。

4）利用日光检查户外瓷绝缘子是否有裂纹。

5）雨后检查户外瓷绝缘子是否有水波纹。

6）高温、高峰负荷时，检查重要设备是否发热。

7）设备经过操作后要做重点检查，特别是油断路器跳闸后的检查。

8）气候突然变热或变冷时，要检查注油设备。

9）根据历次的设备事故进行重点检查。

10）新设备投入运行时，要增加1～2次巡视。

3. 设备缺陷管理制度

设备缺陷管理制度是要求全面掌握设备的健康状况，以便及时发现设备缺陷，认真分析产生缺陷的原因，并予以尽快消除；掌握设备的运行规律，努力做到防患于未然。保证设备经常处于良好的技术状态是确保电网安全运行的重要环节，也是妥善安排设备检修、校验和试验工作的重要依据。

（1）值班员管辖的设备缺陷范围　设备缺陷是指已投入运行或备用的各个电压等级的电气设备有威胁安全的异常现象需要进行处理者。其管辖范围如下：

1）变配电一次回路设备。

2）变配电二次回路设备（如仪表、继电器、控制元件、控制电缆、信号系统、蓄电池及其他直流系统等）。

3）避雷针接地装置、通信设备及与供电有关的其他辅助设备。

4）配电装置构架及房屋建筑。

（2）缺陷的分类　按对供电安全的威胁程度，缺陷分为紧急、重要及一般三种。由设备主人根据下列原则自行划分，运行负责人应经常复查审定。

1）紧急缺陷：性质严重、情况危急、必须立即处理，否则将发生人身伤亡、大面积停电、主设备损坏，或造成火灾等事故。

2）重要缺陷：性质重要、情况严重，虽尚可继续运行，但已影响设备出力，不能满足系统正常运行之需要，或短期内将发生事故，威胁安全运行。

3）一般缺陷：性质一般、情况轻微，对安全运行影响不大，可列入检修计划进行处理。

（3）发现缺陷后的汇报

1）紧急缺陷：运行人员发现紧急缺陷后，应立即通过电话向主管领导汇报。

2）重要缺陷：发现重要缺陷后，应向主管部门汇报。

3）一般缺陷：应按月向主管部门汇报，对无法自行处理的应提出要求，请求安排在计划检修中处理。

4）对所发生的一切缺陷，应在交接班时，将缺陷情况进行汇报和分析。

（4）缺陷的登记或统计

变电所均应备有缺陷记录簿，均需设有缺陷揭示图或表，明显表示设备存在缺陷之情况。记录簿、揭示图及表应指定专人负责，并及时修改，以保证其正确性。

任何缺陷都应记入缺陷记录簿中。对于操作、检修及试验等工作中发现的缺陷而未处理的，均应登记；对当时已处理，如有重要参考价值的也要做好记录。

缺陷记录的主要内容应包括：设备名称和编号、缺陷主要内容、缺陷分类、发现者姓名和日期、处理意见、处理结果、处理者姓名和日期等。

（5）缺陷的总结工作

变电所运行班应在变电专职技术人员的领导下，定期（每季度或半年）对设备缺陷进行一次分析，年底总结一次。并于规定日期之前分别将小结和总结的书面材料上报主管部门。其内容应有：

1）在这段时期内，设备发生的紧急、重要和一般缺陷的件数；到目前为止，已处理的和尚未处理的缺陷件数；今后的打算和处理意见。

2）主设备发生缺陷的原因、缺陷发展之规律、处理的结果及今后的预防措施等。可选择几个典型缺陷的例子进行深入剖析，以积累运行经验，摸索设备变化情况。

3）缺陷管理工作的经验、存在的问题和对缺陷的处理。主管部门应定期组织有关人员讨论、交流产生缺陷的原因，并总结发现缺陷和处理缺陷的先进方法，以提高运行管理水平。

4. 变电所的定期试验切换制度

为了保证设备的完好性和备用设备在故障时能真正地起到备用作用，必须对备用的变压器、直流电源、备用冷却器和事故照明、消防设备以及备用电源切换装置等，进行定期切换使用。

各单位应针对自己的设备情况，制定定期试验切换制度（包括项目、要求、周期、执行人及监护人等），经领导批准后实施。

对运行设备影响较大的切换试验，应安排在适当的时候进行，并做好事故预想、制订安全对策。试验切换结果应及时记入专用的记录簿中。

五、作业

8-1-1　在什么情况下断路器两侧需装设隔离开关？在什么情况下断路器可只在一侧装设隔离开关？

8-1-2　怎样正确填写倒闸操作票？

模块二　电气事故处理

一、教学目标

1）会对变配电所发生的事故进行分析和处理。

2）了解电气维护及检测的安全技术措施。

3）了解电气火灾和爆炸的原因及防范措施。

二、工作任务

1）某母线出现过热、变形、绝缘子损坏、电压不平衡等故障，请分析其原因并处理。

2）某供电线路如图 8-4 所示，出现所用电消失事故，请分析原因并处理。

3）某变电所出现全所失电事故，请分析原因并处理。

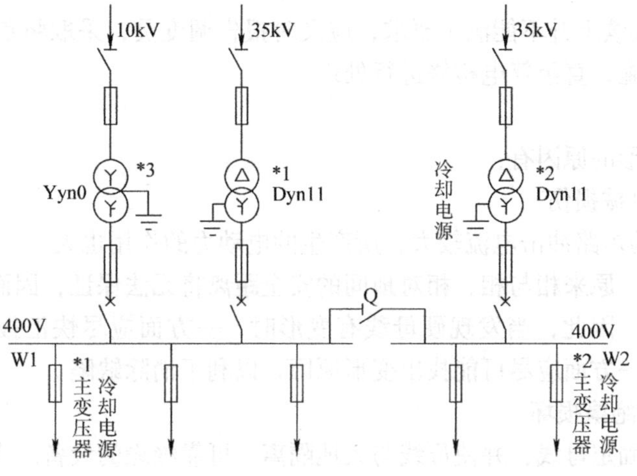

图 8-4　某所用电系统接线图

三、相关实践知识

（一）母线故障分析处理

1. 母线过热和母线接头过热的故障处理

（1）母线大面积过热　运行中当母线负荷超过允许值时，将会使母线大面积过热，特别是通风不良的户内母线，在过负荷情况下更易造成大面积过热。

（2）母线局部（接头处）过热　母线连接部位的接头允许温度为 70℃（环境温度为 25℃时），如果接触面处有锡覆盖层（超声波搪锡）则允许温度可提高到 85℃，若接触面处有银覆盖层，则允许温度可提高到95℃。

母线连接部位的接头不应出现过热，如果发现工作温度超过上述温度，则其过热的原因可能有：

1）母线选用材料、形状和截面积不合理或偏小。

2）母线运行严重过负荷，其传送电流严重超过允许值。

3）母线连接处螺钉松动，接触面氧化致使接触电阻增大，造成接触不良。

（3）判断母线发热的测量方法

1）观察示温蜡片是否熔化。

2）观察涂用的变色漆是否变色。

3）使用红外线测温仪进行测温。

4）利用半导体点位计（可带电测量）进行测温。

5）下雪天可观察室外母线上积雪及融化情况以判断母线是否发热。

当发现母线接头部位发热时，如不及时处理则可能导致母线接头加速氧化腐蚀，使接头的接触电阻继续增大，温度上升更快。这种恶性循环的结果，最后将使接头熔断，酿成事故。

（4）处理方法

1）观察负荷若有上升而温度有缓慢下降趋势，则要加强监视，注意温度变化情况。

2）如果温度有上升趋势，则可采用带电加装分流线，拧紧或打磨接头、卡子等措施。

3）若温度仍继续上升不能满足要求，应及时报告调度员，采取将负荷倒至备用母线运行或转移负荷的措施，直至停电检修进行处理。

2. 硬母线变形

导致硬母线变形的原因有：

1）外力造成机械损伤。

2）母线通过的短路冲击电流较大，所产生的电动力的作用也大。

硬母线变形后，原来相与相、相对地间的安全距离将无法保证，因而可能造成相间短路或接地短路等后果。因此，当发现硬母线有变形时，一方面应尽快汇报调度及设备主管部门，请求处理；另一方面应尽可能找出变形原因，以利于消除缺陷。

3. 母线绝缘子绝缘损坏

母线绝缘子是固定母线，并使母线与大地隔离、可靠绝缘的设备。当发生绝缘子绝缘损坏时，轻则造成母线接地，重则造成相间短路，并造成大面积停电直至配电网瓦解等严重后果。

（1）绝缘子绝缘损坏的原因分析

1）绝缘子由于表面污秽、潮湿造成闪络、放电。

2）过电压造成绝缘子绝缘击穿。

3）外力造成绝缘子损坏，如绝缘子断裂、破碎等。

4）产品质量本身存在问题及缺陷。

（2）母线绝缘子绝缘破坏后的现象

1）绝缘子绝缘损坏造成单相接地的现象：绝缘监视装置动作，发出报警；绝缘监视电压表指示其中一相电压降低，另两相电压升高，如果是金属性接地故障，则其中一相电压指示为零，另外两相电压升高为原相电压的$\sqrt{3}$倍。

2）两相或三相绝缘子绝缘损坏后的现象：保护装置动作掉牌，相应断路器跳闸；全变电站电压继电保护动作，并发出警报、警铃；相应母线电压表指示为零。

（3）处理方法

1）巡视检查本变电站设备，重点为母线及与其连接的所有电气设备。在室内巡视时应注意，人与故障点的距离不得小于4m；在室外巡视时，人与故障点的距离不得小于8m。如果需要进入上述范围内时，则值班人员必须穿绝缘靴，接触设备外壳及架构时还应戴绝缘手套。

2）迅速查明故障点，尽快报告调度员，及时进行处理，以防止因绝缘子破损而由单相接地发展成相间短路。特别要防止由于绝缘子被击穿、放电而将母线烧坏、烧断，使事故范围进一步扩大。在申请停电处理后至进行处理前，应加强对破损绝缘子的监视，增加巡视次数。

4. 母线电压不平衡原因分析

母线电压不平衡时，一般情况下将会有接地信号出现和警铃动作。引起母线电压不平衡的原因有：

1）输电线路发生单相金属性接地或非金属性接地故障。在小电流接地系统中，正常运行的对称三相系统中，当任何一相绝缘受到破坏而接地时，相对地电压将改变，对地电容电流也发生变化，中性点电位不再为零，其对地电压值视故障点的接地情况而异。当发生完全金属性接地时，则接地相对地电压为零，其余两相对地电压升高为原来的$\sqrt{3}$倍。当发生非金属性接地时，接地相对地电压大于零而小于正常相电压，其余两相对地电压大于正常相电压而小于正常线电压。当发生间隙性接地时，则接地相的对地电压会出现时增时减，而非故障相的对地电压时减时增或有时正常。当发生弧光接地时，则非故障相的对地电压有可能升高到2.5~3倍的额定电压。

2）电压互感器一、二次侧熔断器熔断。当电压互感器一次侧熔断器熔断一相时，熔断相的接地电压指示为零，其他两相电压为正或略低，电压回路断线信号动作，功率表、电能表读数不准确。当用电压切换开关切换时，三相电压不平衡，接地信号动作（电压互感器的开口三角形线圈上有电压33V）。

当电压互感器二次侧熔断器熔断一相时，熔断相的接地电压指示为零，其他两相电压的数值不变，电压回路断线信号动作，功率表、电能表读数不准确。当用电压切换开关切换时，三相电压不平衡。

5. 母线电压消失

（1）母线失电压的事故现象

1）当母线失电压时，失电压母线的电压表以及该母线所供各分路出线和电源进线的电流表、功率表均指示为零。

2）母线上所有跳闸开关的绿灯闪光。

3）报出事故声响，“掉牌未复信”光字牌点亮。

4）当高压侧母线失电压时，会引起双绕组变压器的低压侧母线失电压。

（2）母线失电压的原因分析

1）母线及其上连接设备的绝缘子发生污闪，以及因外力破坏或动物跨接母线而引起母线短路。

2）母线设备绝缘损坏，导致接地或相间短路故障，使母线或进线继电保护跳闸。

3）线路上发生故障时，因线路保护拒动或开关拒跳，造成越级跳闸。

线路故障时线路断路器不跳闸，一般由失灵保护动作，使故障线路所在母线上的断路器全部跳闸。对于未装失灵保护的，则由电源进线的后备保护动作跳闸，使母线失电压。

4）误操作。

（3）母线失电压故障的判断　母线失电压故障判断的主要依据是：保护动作情况和断路器跳闸情况、仪表指示、对站内设备检查的结果、有无操作和工作等。

当线路或设备发生故障，保护动作而线路断路器拒绝跳闸时，断路器失灵保护能在较短时限内跳开故障元件所在母线上的所有断路器及分段或母联断路器。但失灵保护要同时具备以下两个条件时才能起动：

1）故障元件保护出口继电器动作后不返回，断路器未跳闸。

2）故障元件的保护范围内仍有故障。

失灵保护动作跳闸使母线失电压，一般都为线路故障或变压器故障越级跳闸。此时，故障容易判别，故障元件的保护有信号掉牌，断路器仍在合闸位置。

当母线及连接设备发生故障时，主控制室各表计有强烈的冲击摆动，在故障处可能发生爆炸、冒烟或起火等现象，因此故障一般明显可见。

对于未装设母线保护和失灵保护的母线，电源主进线保护（一般为后备保护，如主变压器过电流保护等）动作跳闸，并且联跳分段开关或母联断路器使母线失电压。这种情况下，应根据以下情况进行分析判断：

1）首先检查母线及其连接设备上有无故障迹象。

2）若分路中有保护动作信号掉牌，则说明是开关因二次回路或机构问题拒跳而发生的越级跳闸；若分路中无保护动作信号掉牌，同时检查站内设备无问题，则说明是线路故障而保护拒动，造成越级跳闸，此时，并不能确定是哪条线路上有故障。

判断故障的其他因素还有：事故前的运行方式，所报出的其他信号等。当母线失电压时，事故当时无任何短路故障造成的表计指示冲击摆动，无其他任何异常情况，当时伴随报出的信号有“直流母线接地”或差动“电流回路断线”、“交流电压回路断线”等，检查母线及其连接设备上无任何故障迹象，则可能是由于母线保护或电源主进线保护误动作所引起。

（4）失电压事故处理　当发生母线失电压时，应采取下列处理方法：

1）投入备用电源或母线分段（母联）断路器。恢复低压侧母线的供电，并优先恢复所用电，保证事故照明。

2）认真检查失电压母线差动保护范围内的设备。检查这些设备有无爆炸、冒烟、起火等现象，瓷绝缘子有无闪络，导线有无落物等。

3）故障现象明显时的措施：

①若能将故障点隔离或消除的，则应迅速断开断路器或隔离开关，将电压互感器、电流互感器、避雷器、断路器或隔离开关，即将母线侧隔离开关以外的设备隔离开来，并立即清除母线上和设备上的落物以消除故障。之后，检查母线，如绝缘良好，导线无严重损伤时，

再合上电源主进线断路器，当母线充电正常后再恢复供电，同时恢复系统的运行方式。故障设备应由检修人员进行检修。

②若故障不能消除又不能隔离时，则应采取如下措施：

第一，如为双母线接线的，则可将无故障部分倒至另一母线上，以恢复供电；故障设备的负荷可倒至旁母线。

第二，如为单母线接线的，则将重要负荷倒至旁母线。

4）未发现故障时的措施：

①变电所内设备无问题而分路中有保护信号掉牌时，则可能是外部故障。此时，应汇报调度，根据调度命令暂时退出母差保护。

②将外部故障隔离以后，母线重新投入运行，恢复供电，恢复系统之间的联系，恢复正常运行方式。并汇报上级，由专业人员检查母差保护误动原因。

5）若未发现任何故障现象，变电所内设备无问题，跳闸时无故障电流冲击现象，则应检查直流母线绝缘情况和保护装置有无异常。

（二）变电所所用电消失事故处理

所用变压器是供本变电所使用的低压交流电源，要求可靠，一般不允许作为外接电源使用，应尽量做到双电源环形供电方式。为保证硅整流电源和主变压器潜油泵和风扇的冷却电源正常，以防一旦失去所用电而影响变电所的安全运行，不能放松对所用变压器的监视。如所用电失电，必然会影响变压器的冷却，使变压器内部温度迅速升高，从而影响变压器的带负荷量及使用年限。

1. 事故现象

1）所用电屏上三相交流电压指示为零。

2）电流指示为零。

3）硅整流电源跳闸。

4）通信逆变器起动。

5）直流电压稍有下降而电流增大。

6）主变压器冷却电源失电。

7）预告示警光字牌亮。

2. 事故处理

以图 8-4 所示某所用电系统为例加以说明。

1）查明 1 号所用变压器和 2 号所用变压器是否同时失电。若发生所用电某一段失电，则应拉开失电所用变压器的 400V 控制室总断路器，合上 400V 母线的分段隔离开关，检查主变压器冷却电源及油泵风扇等是否恢复正常，恢复硅整流电源投入。检查失电所用变压器是否有异常，拉开失电所用变压器的高压隔离开关，汇报工段由检修人员进行检查。

2）如果所用电全部失电，则应立即查明失电原因，并设法使其中一台所用变压器在 20min 内恢复送电。在处理过程中要注意蓄电池电压不能过低。如有外接第三电源所用电，应首先考虑第三所用电源的送电，操作前应拉开 1 号、2 号所用变压器 400V 侧总断路器，然后进行正常操作，再查明失电原因。

3）所用电高压熔断器熔断的现象及处理，见表 8-1。

表 8-1 Yyn0 和 Dyn11 接线组别所用变压器故障实例

设备名称	接线组别	故障性质	事故现象	处　理
3 号所用变压器	Yyn0	10kV 高压熔断器一相熔断	该相电压消失	停用所用变压器后更换熔断器
		10kV 高压熔断器两相熔断	低压侧电压全部消失	
1 号、2 号所用变压器	Dyn11	35kV 高压熔断器一相熔断	低压侧两相电压降低为原电压的 1/2，另一相正常	
		35kV 高压熔断器两相熔断	低压侧电压全部消失	

注意事项：

①更换熔断器时，应检查所用变压器无故障迹象，并以 1000V 兆欧表测量变压器高压绕组对地绝缘正常；熔断器更换后用万用表测量接触电阻应良好。若低压熔断器熔断，则停所用负荷后即可更换熔断器。

②所用变压器高压熔断器内部熔件似断非断时，此时高压熔断器内部将发出异常放电响声，值班员应立即汇报调度，要求停用所用变压器并寻找原因。

（三）变电所全所失电事故处理

1. 全所失电的现象

1）交流照明灯全部熄灭。

2）各母线电压表、电流表、功率表等均无指示。

3）继电保护发出“交流电压断线”信号。

4）运行中的变压器无声音。

2. 全所失电的判断

变电所全所失电，是指各级电压母线均无电压。对于全所失电事故，应根据情况综合判断。检查表计指示时只看电压表不行，只看电流表也不行。单从失去照明和全变电所用电情况，认为是全所失电不够全面，因为所用变压器的熔断器熔断、照明电源熔断器熔断同样会失去照明，只有全面检查表计指示，才能判定是否是全所失电。

全所失电事故若属于所内设备发生故障所致，则一般是明显可见的。因为离故障点近，能听到爆炸声、短路时的响声，能见到冒烟、起火以及绝缘损坏等现象。

3. 全所失电的原因分析

1）单电源进线的变电所，电源进线故障引起越级跳闸。此情况也包括双电源变电所，其中某一电源停电工作或作备用时，失去工作电源造成全所失电。单电源进线线路故障时，因本所不供故障电流，所以本所保护不反映，无保护动作信号掉牌。若本所有保护动作信号，多为所内设备故障越级跳闸。

2）本变电所母线故障或出线故障时越级使各电源进线跳闸。

4. 全所失电的处理

1）发现全变电所无电时，电压互感器应保持在投入状态。

2）对于多电源变电所，当全变电所无电时，应首先断开各电源断路器，母线上只保留一主电源断路器，以防多电源同时来电造成非同期并列而引起事故。

3）值班人员应对变电所进行认真检查，并结合停电时变电所内有无异常声、光来判断是否由于变电所内故障造成全变电所失电。若确定是变电所内故障引起全变电所失电，则应请示调度员或按现场规定处理。若确定不是由变电所内故障引起，则应报告调度员，听候处理。

4）全变电所失电后，若载波通信中断，则通过邮电通信或直接派人与调度取得联系；如电源来电，通信联系恢复，则应向调度员报告，请求恢复送电。

5. 注意事项

变电所全所停电后应注意：

1）监视蓄电池及直流母线的运行情况，停用不必要的直流负荷，确保蓄电池可靠运行。

2）变电所具有逆变装置的，则此时蓄电池供逆变装置的电流较大，因此待交流电源恢复后须对蓄电池进行充电。

3）尽快恢复所用电的供电。

四、相关理论知识

为了保证检修工作，特别是高压事故处理的安全，必须坚持执行必要的安全工作制度，如工作票制度、工作许可制度、工作监护制度、工作间断及转移制度、工作终结和恢复送电制度等。

1. 工作票制度

在电气设备或电力线路上工作，必须得到许可或按命令执行。工作票就是准许在电气设备、电力线路上工作的书面命令，也是明确安全职责、向工作人员进行安全交底、实施保证安全的技术措施，履行工作许可、工作监护、工作间断、工作转移和工作终结的书面依据。

（1）工作方式　根据《电业安全工作规程（发电厂和变电所电气部分）》的规定，配电室填用发电厂（变电所）第二种工作票的工作为：

1）带电作业和在带电设备外壳上的工作。

2）低压配电屏、配电箱及电源干线上的工作。

3）二次接线回路上的工作，无须将高压设备停电者。

4）转动中的发电机励磁回路上的工作。

除了上述工作以外的其他工作，如在电动机和照明回路上的工作等，可以采用口头或电话命令的方式执行，但命令必须清楚正确。值班人员接到命令后，应将发令人、工作负责人的姓名及工作任务详细记入运行记录本，并向发令人复诵核对一遍。

根据《电业安全工作规程（电力线路部分）》的规定，填用电力线路第一种工作票的工作为：

1）在停电线路上的工作（不含单一电源的低压分支线）。

2）在全部或部分停电的配电变压器台架上或配电变压器室内的工作。

所谓全部停电，是指供给该配电变压器台架或配电变压器室内的所有电源线路均已全部断开。

填用电力线路第二种工作票的工作为：

1）带电线路杆塔上的工作。

2）在运行中的配电变压器台架上或配电变压器室内的工作。

测量接地电阻、涂写杆塔号、悬挂警告牌、修剪树枝、检查杆根地锚、打绑桩、电杆基础上的工作、低压带电工作和单一电源低压分支线的停电工作等，按口头或电话命令执行。

为什么在配电室内进行低压带电作业就要填用工作票，而在电力线路上进行带电工作就可按口头或电话命令执行呢？这主要是考虑到配电室内设备较多，地方较狭窄，工作环境复杂，因此对安全的要求就较高。

根据国家能源局颁发的《农村电网低压电气安全工作规程》的规定，填用低压工作票的工作为：

1）低压线路全部或部分检修、试验。

2）配电变压器低压侧配电盘（箱）的大修或更换。

3）配电变压器至配电室（箱）的架空导线、电缆的大修或更换。

4）配电室配电盘（箱）上的断路器或电磁开关、三极刀开关、剩余电流断路器和计量装置的大修或更换等工作。

填用低压安全措施票的工作为：

1）线路清扫，电杆、构架刷漆以及一般维护工作。

2）在干线或分支线上连接、撤除接户线和临时用电引下线的工作。

3）动力用户配电盘、电动机的安装和撤除工作。

4）在配电盘上进行除填用低压工作票规定以外的检修、试验工作。

5）在线路拉线上进行一般的维护工作（指非拆卸拉线零部件的工作）。

（2）填写工作票　工作票由工作票签发人或工作负责人填写。为了互相制约，工作负责人不得签发工作票，也就是说工作负责人填写完工作票后，应交签发人审核及签发。

工作票签发人应由本单位具有一定技术水平、熟悉设备情况、熟悉《电业安全工作规程》（农村应熟悉《农村电网低压电气安全工作规程》）的人员担任。工作票签发人应经当地电力部门考核批准，未经批准的人员不得担任工作票签发人。工作票签发人员名单应书面公布。工作票签发人的安全责任是：

1）工作必要性。

2）工作是否安全。

3）工作票上所填安全措施是否正确完备。

4）所派工作负责人和工作班人员是否适当和充足，精神状态是否良好。

工作负责人是组织人员安全地完成工作票上所列工作任务的总负责人。应由熟悉设备情况、具有一定工作经验和组织领导能力的人员担任。其安全责任是：

1）正确安全地组织工作。

2）结合实际进行安全思想教育。

3）督促、监护工作人员遵守《电业安全工作规程》、《农村电网低压电气安全工作规程》。

4）检查工作票所列安全措施是否正确完备和工作许可人布置的安全措施是否符合现场实际条件。

5）工作前对工作人员交代安全事项。

6）检查工作班人员变动是否合适。

工作票填写一式两联，安全措施票填写一份，都要用钢笔或圆珠笔填写。填写时应对照模拟图或接线图。填写内容应正确清楚，不得任意涂改，否则会使工作票内容模糊不清，失去严肃性，并可能造成不应发生的事故。如有个别错、漏字需要修改，应字迹清楚。

工作票、安全措施票应事先编号，按编号顺序使用，未编号者，不得使用。

“工作负责人”栏，填写组织完成工作票上所列工作任务的总负责人。为了互相制约，工作票签发人不得兼任该项工作任务的工作负责人。“工作班人员”栏，填写参加此项工作的全体人员姓名。“共……人”栏，填写包括工作负责人在内的所有工作人员的总人数。“工作任务”栏，填写此项工作的具体工作项目。“计划工作时间”栏，填写计划开始工作到计划工作终结交付验收合格为止的时间。“安全措施”栏，填写应装设的接地线、遮栏或围绳、标示牌及要求工作人员工作中应遵守的安全措施和注意事项。“工作地段”栏，填写分支线路的名称及线路的起止杆号。如果主干线停电工作，则不必填写线路的起止杆号，但联络线必须写明线路的起止杆号。“保留带电部分”栏，填写工作地点邻近的带电设备或带电线路。

所谓一个电气连接部分，是指配电装置的一个电气单元中，其中间用刀开关与其他电气部分截然分开的部分。该部分无论引申到什么地方，均视为一个电气连接部分。在一个电气连接部分的两端挂上接地线后，在该电气连接部分设备上工作就不会有突然来电的危险了。

工作票写完以后，填票人应对照模拟图或接线图进行一次审查，以免填写错误。

（3）签发工作票　工作票必须由工作票签发人签发，其他人员不得签发工作票。

工作负责人写好工作票后，应送交工作票签发人审查，审查时也应对照模拟图或接线图，审查无误后签发。

工作票签发人写好工作票后，应按照填写内容逐项向工作负责人详细交代。工作负责人应认真核对，确认无误后，工作票签发人在一式两联工作票上签名，并将工作票交给工作负责人。

一个工作负责人只能发给一张工作票，以免实际工作中工作地点、工作任务、工作时间等发生混淆或错误，甚至发生不该发生的事故。

建筑工、油漆工等非电气工作人员在配电室内工作时，工作票应发给监护人。

在一条线路或同杆架设且停送电时间相同的几条线路工作时，应填用一张电力线路第一种工作票。对同一电压等级、同类型工作，可在数条线路上共用一张电力线路第二种工作票。

紧急事故处理时可以不填用工作票，但应履行工作许可手续，做好安全措施，执行监护制度。

2. 工作许可制度

在电气设备或电力线路上工作（不含电力线路第二种工作票的工作），工作前必须得到工作许可人的许可。未经许可，不准擅自进行工作。

严禁约时停、送电，以免造成人身伤亡事故。

工作负责人接到签发的工作票后，应及时将工作票交给工作许可人。工作许可人由厂矿配电室值班电工负责人担任，农村由村电工担任。其安全责任是：

1）审查工作票所列安全措施是否完善，是否符合现场条件。

2）检查工作现场布置的安全措施是否完善。

3）检查停电设备有无突然来电的危险。

4）对工作票所列内容即使发生很小疑问，也必须向工作票签发人询问清楚，必要时应要求作详细补充。

工作许可人收到工作票后，应到工作现场检查核对。无误后，按照工作票的要求，进行停电操作和布置安全措施。然后手持工作票与工作负责人共同到工作现场，把下联工作票交给工作负责人，上联工作票自持，向工作负责人详细交代停电范围及安全措施布置情况，并用手指背触试，证明检修设备确无电压。当工作地点邻近有带电设备时，还应向工作负责人指明带电设备部位及安全注意事项。

工作负责人应认真对照检查，确认已满足安全工作要求时，将所持工作票交给工作许可人，由工作许可人在一式两联工作票上填上许可开始工作的时间，双方在工作票上签名后，工作许可人将下联工作票交给工作负责人，作为许可工作的凭证。上联工作票由工作许可人保存，作为许可工作的依据。

办理工作许可手续后，工作负责人应随身携带工作票，并带领工作班全体人员进入工作现场，向工作人员详细交代工作任务、人员分工、邻近带电设备及其他安全注意事项。工作人员确认无问题后，宣布开始工作。

3. 工作监护制度

执行工作监护制度的目的，是使工作人员在工作中能够受到监护人的指导和监护，避免事故发生，特别是在靠近带电部位工作时尤为重要。因此，开始工作后，工作负责人必须始终在工作现场，对工作人员的安全认真监护，及时纠正违反安全的动作和错误做法，确保工作人员的安全。

工作负责人只有在班组成员确无触电危险的条件下，才可以参加工作班的工作，绝不能放弃监护职责。事故统计资料表明，由于工作负责人监护不到位而造成的触电伤亡事故很多，这些血的教训一定要牢记。

对有触电危险、施工现场复杂、容易发生事故的工作，工作票签发人或工作负责人应根据实际情况增设专人监护。专责监护人不得兼做其他工作。

工作中，不得随意增加工作票上没有填写的工作内容，以免因安全措施不完备而造成事故。同时，工作许可人、工作负责人双方都不得擅自变更安全措施，以免发生混乱或造成错觉，以致酿成事故。值班人员不得擅自变更设备运行方式，以免使检修设备相邻或有关部分由原来的不带电而变成带电状态。如遇特殊情况需要变更时，应事先取得对方的同意。

工作期间，不得随意变更工作负责人。特殊情况需要变更时，必须经工作票签发人批准，并通知全体工作人员和工作许可人，原工作负责人和新工作负责人应履行工作票交接手续，同时在工作票内注明。

工作期间，工作负责人因故必须离开工作现场时，应指定能胜任的人员临时代替，离开前应将工作现场情况交代清楚，并告知工作班人员。原工作负责人返回工作现场时，也应履行同样的交接手续。

要保障工作人员的安全，除工作负责人要认真做好监护外，工作班成员都要认真执行安全工作规程及现场的安全措施，并互相监督。值班人员如发现工作人员违反安全工作规程或任何危及工作人员安全的情况，应向工作负责人提出改正意见，必要时可暂时停止工作，并立即报告上级。

4. 工作间断及转移制度

工作中，如果遇到雷雨、大风或其他情况，威胁工作人员的安全，工作负责人应根据具体情况，临时停止工作。

工作间断时，全体工作人员必须离开工作现场。在工作间断期内，任何人不得私自进入现场进行工作或取物件，以免因无人监护而造成事故。

工作间断时，工作现场的安全措施保留不动，工作票仍由工作负责人保存，必要时应派人看守。恢复工作前，工作负责人必须认真检查现场安全措施是否符合工作票的要求，然后再向全体工作人员宣布继续工作。

在同一个电气连接部分用同一张工作票依次在几个工作地点转移工作时，全部安全措施由值班员在开工前一次做完，不需再办理转移手续。但在转移工作地点时，工作负责人应向工作人员详细交代带电范围、安全措施和注意事项。

5. 工作终结和恢复送电制度

全部工作做完以后，工作人员应清扫、整理现场，检查工作质量是否合格，设备上有无遗留的工具、材料等。检查合格后，工作负责人才能带领工作人员撤离工作现场，并向工作许可人报告工作结束，交回工作票。

工作许可人接到工作负责人的工作终结报告后，应携带工作票，与工作负责人共同到工作现场检查验收。验收合格后，工作许可人在一式两联工作票上填上工作终结时间，双方签名后，工作许可人在工作负责人所持的下联工作票上加盖“已执行”章，并将已盖章的下联工作票交给工作负责人，宣告工作结束。

工作结束后，工作许可人应立即拆除工作现场的安全措施，随后在工作许可人所持的上联工作票上加盖“已执行”章，然后给检修设备恢复送电，并记入运行记录簿。

“已执行”的工作票，应保存三个月。

线路检修工作做完以后，工作负责人必须检查线路检修地段的状况及在电杆上、导线上、瓷绝缘子上有无遗留的工具、材料等；确认工作人员已全部从杆上撤下来以后，才可指派人员拆除线路检修地段上所装设的接地线。接地线拆除后，任何人不准再登杆工作。然后由工作负责人向工作许可人报告线路检修工作已经结束，工作人员已全部撤离现场，工作地段所装设的接地线已全部拆除，可以恢复送电。工作许可人接到工作负责人的工作终结、可以恢复送电的报告后，拆除配电室线路侧装设的接地线，给检修线路恢复送电。

线路检修工作完毕，接地线已经拆除后，如又发现缺陷需要登杆处理时，可以按照下列规定进行处理：

接地线虽已拆除，但尚未向工作许可人汇报工作终结时，可在验电并挂接地线后，由工作负责人重新派人登杆处理，其他人员不准登杆；如果已向工作许可人汇报工作终结，无论线路送电与否，都必须向工作许可人汇报发现的缺陷和处理意见，等待重新履行许可手续。只有得到工作许可人的许可命令后，才能验电、挂接地线进行处理。

检修设备或检修线路恢复送电后，工作负责人应向工作票签发人汇报检修工作完成情况，并交回下联工作票。

五、拓展性知识

（一）电气维护及检修的安全技术措施

电气维护及检修的安全技术措施是保证检修人员人身安全、防止发生触电事故的重要措施。在全部停电或部分停电的电气线路或设备上进行工作时，必须完成下列安全技术措施，同时也是操作步骤，即停电—验电—装设接地线—悬挂标示牌—装设遮栏。

1. 停电

（1）工作地点必须停电的线路或设备

1）需要进行检修的设备、线路。

2）工作人员在进行工作中正常活动范围小于表8-2所示的安全距离的设备。

3）在44kV以下的设备上进行工作，上述正常活动范围大于表8-2的规定，但小于表8-3的规定，同时又无安全遮栏措施的设备。

4）带电部分在工作人员后面或两侧无可靠安全措施的设备。

表8-2　工作人员正常活动范围与带电设备的安全距离

电压等级/kV	安全距离/m	电压等级/kV	安全距离/m
10以下	0.35	154	2.00
20~35	0.60	220	3.00
44	0.90	330	4.00
60~110	1.50		

表8-3　设备不停电的安全距离

电压等级/kV	无遮栏时/m	有遮拦时/m	电压等级/kV	无遮拦时/m	有遮拦时/m
0.4	0.1	0.1	110	1.50	1.00
6~10	0.7	0.35	220	3.00	2.00
20~35	1.00	0.60			

（2）停电要求

1）停电操作时，要先停负荷侧开关，后停电源侧开关；先停高压侧开关，后停低压侧开关；先断开断路器，后拉开隔离开关；断开断路器时，要先拉开各支路断路器，后拉开主进线断路器。

2）有电容设备时，先断开电容器组开关，后断开各出线开关。

3）设备要断电检修时，必须将各方面的电源都断开，且各方面至少有一个明显的断开点（如通过隔离开关分断）。为了防止反送电的可能，应将与断电检修设备有关的变压器和电压互感器从高低压两侧均断开。对于柱上变压器等，应将高压熔断器的熔体管取下。

4）断开的隔离开关手柄必须锁住，根据需要取下开关控制回路的熔体管和电压互感器二次侧的熔体管，放掉断路器的气体，关闭其进气阀并闭锁液压控制系统。

（3）线路作业应停电的范围

1）需要检修线路的出线开关及联络开关。

2）可能将电源反送至检修线路的所有开关（如自备发电机的联络开关）。

3）在检修工作范围内的其他带电线路。

2. 验电

已经停电的设备或线路可能由于误操作、反送电等原因而带电，因此为确保停电的设备或线路确已停电，防止带电挂地线或作业人员接触带电部位，必须对其进行验电。验电的要求如下：

1）待检修的电气设备或电气线路，在悬挂接地线之前，必须用验电器检验有无电压。

2）验电工作应由两人进行，一人工作，一人监护。验电时，作业人员要使用辅助安全用具，如戴绝缘手套、穿绝缘靴。作业人员与带电体要保持规定的安全距离。

3）验电时，必须使用电压等级合适、经检验合格、在试验期限有效期内的验电器。

4）高压验电时必须穿绝缘靴、戴绝缘手套。35kV 及以上电压等级的电气设备，可使用绝缘验电杆验电，根据绝缘验电杆顶部有无火花和放电声音来判断有无电压。6～10kV 线路要用高压验电器验电，0.5kV 以下线路可用低压验电笔验电。

5）线路的验电应逐项进行。检修联络开关或隔离开关时，要在开关两侧均验电。同杆架设的多层电力线路验电时，要先验低压线路，后验高压线路；先验下层线路，后验上层线路。

6）表示设备断开的常设信号或标志、表示允许进入间隔的闭锁装置信号以及接入的电压表和其他无信号指示，只能作为参考，不能作为设备无电的根据。

3. 装设接地线

在工作的电力线路或设备上完成停电、验电工作以后，为了防止已停电检修的设备和线路上突然来电或产生感应电压造成人身触电，在检修的设备和线路上应装设临时接地线。装设接地线的要求如下：

1）验电之前，应先准备好接地线，并将接地端与接地网接好。当确定验电设备或线路上无电压后，应立即将待检修的设备或线路接地并三相短路。这是防止突然来电或产生感应电压造成工作人员触电的可靠安全技术措施。

2）对于可能送电至停电检修的设备或检修线路的各方面（包括线路的各支线）及可能产生感应电压的线路都要装设接地线，接地线应装设在工作地点可以看到的地方。工作人员应在接地线的保护范围以内工作。接地线与带电部分的距离应符合安全距离的规定。

3）如整个检修作业线路能分为电气上不连接的几个部分（如分段母线以开关隔成几段），则各部分要分别装设接地线。接地线与检修作业线路之间不得经过隔离开关、熔断器、断路器等电气设备。

4）检修室内配电装置时，接地线应装在该装置导电部分规定的地点，这些接地点不应有油漆。所有配电装置的接地点均应设有接地网的接线端子，接地电阻大小必须合格。

5）临时接地线导线应使用多股软裸铜绞线，其截面应符合短路电流的要求，但不得小于 $25mm^2$。接地线必须使用专用线卡固定在导体上，严禁使用缠绕的方法进行接地或短路。

6）在高压回路上作业，需要拆除部分或全部接地线后才能工作的情况（如测量母线和电缆的绝缘电阻，检查开关触头是否同步开断和接通）需要经特别许可，如：

①拆除一组接地线。

②拆除接地线，保留短路线。

③拆除全部接地线或拉开全部接地开关等。

上述工作必须得到值班员或调度员许可后方可进行，工作完毕后应立即将地线恢复。

7）每组接地线均应编号，并存放在固定地点。存放位置也应编号，接地线号码与存放位置的号码必须一致。每次装设接地线均应做好记录，交接班时要交代清楚。

8）接地线必须定期进行检查、试验，合格后方可使用。

4. 悬挂标示牌及装设遮栏

在可能送电至工作地点的电气开关上及作业现场等，均应悬挂标示牌或装设遮栏。标示牌共有七种，其名称、悬挂处所与式样见表8-4。标示牌的颜色要醒目，其作用是提醒警示作业人员及其他人员不得接近带电体，不得向正在工作的设备或线路送电，指明工作地点，指明接地位置等。严禁工作人员或其他人员在工作中随意移动标示牌，拆除遮栏和接地线。

表8-4　标示牌名称、悬挂处所与式样

序号	名　称	悬挂处所	式样	
			尺寸:(长/mm)×(宽/mm)	颜色
1	禁止合闸，有人工作	一经合闸即可送电到施工设备的开关和隔离开关操作手柄上	200×100或80×50	白底红字
2	禁止合闸，线路有人工作	线路开关和隔离开关柄上	200×100或80×50	红底白字
3	在此工作	室外和室内工作地点或施工设备	250×250	绿底白圆圈中黑字
4	止步，高压危险	施工地点接近带电设备的遮栏上，室外工作地点的围栏上，禁止通行的过道上，高压试验地点，室外架构上，工作地点临近带电设备的横梁上	250×200	白底红边黑字有红色危险标志
5	从此上下	工作人员上下的铁架或梯子上	250×250	绿底白圆圈中黑字
6	禁止攀登，高压危险	工作人员上下的铁架附近，可能上下的其他铁架上，运行中的变压器梯子上	250×200	白底红边黑字
7	已接地	悬挂在已接地的隔离开关操作手柄上	240×130	绿底黑字

（二）电气火灾和爆炸原因及防范措施

电气火灾和爆炸在火灾和爆炸事故中占有很大的比例。仅就电气火灾而言，不论是发生频率还是所造成的经济损失，在火灾中所占的比例都有上升的趋势。在很多地区，引起火灾的电气原因已经成为火灾的第一原因。电气火灾已经超过全部火灾的20%，有的地区或部门已经超过30%。就造成的经济损失而言，电气火灾所占比例还要更大一些。在化工企业，爆炸往往是同火灾联系在一起的，火灾和爆炸带来的损失比普通企业更大。因此我们必须认真分析电气火灾和爆炸原因，总结出切实可行的防火防爆措施，让损失减到最小。保持电气设备的正常运行，以免产生危险温度及过大的火花、电弧，对于防止电气火灾和爆炸发生具有重大意义。电气火灾和爆炸的原因较多，实践中应分类采取相关措施。

1. 电气火灾和爆炸原因

电气设备运行中产生的危险温度、电火花及电弧是引起电气火灾和爆炸的直接原因。

（1）短路　发生短路故障时，线路中电流增大为正常时的数倍乃至数十倍，使得温度急剧上升，大大超过允许范围。如果温度达到可燃物的引燃温度，即引起火灾。发生短路的原因主要有：

1）导体的绝缘由于磨损、受潮、腐蚀、鼠咬以及老化等原因而失去绝缘能力。

2）设备长年失修，导体支持绝缘物损坏或包裹的绝缘材料脱落。

3）绝缘导线受外力作用损伤。

4）架空裸导线弛度过大，风吹造成混线；线路架设过低，搬运长、大物件时不慎碰上导线。

5）检修不慎或错误造成人为短路。

（2）过负载　过负载也会引起电气设备产生危险温度。造成过负载的原因大体有以下三种情况：

1）设计、选用线路或设备不合理或没有考虑裕量。

2）使用不合理，即线路或设备的负载超过额定值或连续使用时间过长，超过线路或设备的设计能力。管理不严、乱拉乱接容易造成线路或设备过负载运行。

3）设备故障运行会造成设备和线路过负载。如三相电动机断相运行或三相变压器不对称运行，均可能造成过负载。

（3）接地故障　接地故障与一般短路相比，当发生火灾时具有更大的危险性和复杂性。一般短路起火主要是短路电流作用在线路上的高温引起火灾，而接地故障引起火灾则有以下三个原因：

1）由接地故障电流引起火灾。接地故障电流通路内有设备外壳、接地回路的多个连接端子等，TT 系统还以大地为通路。大地的接地电阻大，PE（PEN）线连接端子的电阻值也较大，所以接地故障电流比一般短路电流小，常不能使过电流保护装置及时切断故障，且故障点多不熔焊而出现电弧、电火花。0.5A 电流的电弧、电火花的局部高温即可烤燃可燃物质起火。

2）由 PE（PEN）线端子连接不紧密引起火灾。设备接地的 PE 线正常时不通过负荷电流，只在发生接地故障时才通过故障电流。如果因振动、腐蚀等原因，导致连接松动、接触电阻增大等现象，正常时是不易觉察的。一旦发生接地故障，故障电流需通过 PE 线返回电源时，PE 线的大接触电阻限制了故障电流，使保护装置不能及时动作，连接端子因接触电阻大而产生的高温、电弧或电火花却能导致火灾的发生。

3）由故障电压引起火灾。TN 系统中，电气设备金属外壳通过 PE（PEN）线连接在同一个接地极上。当未装漏电保护装置的电气设备发生接地故障时，会出现危险的对地电压，通过 PE（PEN）线传导至其他装有漏电保护装置的电气设备上，但因为线路内未出现剩余电流，所以保护装置不能动作。但这四处传导的故障电压是危险的起火源，通过对地的电火花和电弧而导致火灾。另外 TN-C 和 TN-C-S 系统中 PEN 线完好时，负荷侧中性点电位接近电源中性点电位和地电位，如果 PEN 线折断，负荷侧各相电压将按照各相负荷的阻抗分配。如果三相负载严重不平衡或电动机断相运行，负荷侧中性点电位将发生漂移，与 PEN 线相连的电气设备内的外露导电部分的对地电压随之升高。当达到一定的危险值时，可能引起电气火灾或电击伤人。

（4）电热器具和照明灯具使用不当引起火灾　电热器具是将电能转换成热能的用电设备。常用的有电炉、电烤箱、电熨斗、电烙铁及电褥子等。这些器具使用不当，例如电源线容量不够、使用时间过长，均可导致发热起火。

灯泡和灯具工作温度较高，如安装、使用不当，均可能引起火灾。200W 的白炽灯泡紧贴纸张时，十几分钟即可将纸张点燃；卤钨灯管表面温度较高，1000W 的卤钨灯表面温度高达 500～800℃。如果安装时靠近可燃物，容易起火。灯长时间使用后发热增加，温度上升，超过所用绝缘材料温度时，亦可引起火灾。

（5）其他原因　除上述以外，引起电气火灾和爆炸的主要原因还有：

1）电气设备选型和安装不当。因违背有关设计规定或设计时考虑不周造成设备选型不当，以及未严格遵照安装规程和要求而导致安装错误，这就给日后运行时引起火灾或爆炸提供了条件。如在有爆炸性危险的场所选用非防爆电动机、电器；在汽油汽化室内安装普通照明灯；在汽油库采用木槽板敷线等。设备选型不当和安装错误为火灾与爆炸事故埋下了隐患，因此是首先应该防止的。

2）违反安全操作规程。实践中，电气人员在工作中违反有关安全操作规程而引起电气火灾或爆炸的事例屡见不鲜。如在有火灾与爆炸危险的场所使用明火，在可能产生火花的设备或场所用汽油擦洗设备，带负荷拉合隔离开关产生过大的电火花等都会引起火灾。

3）外界热源引起。除了电气设备本身原因，外界火源也可引起电气设备着火事故。电气设备的绝缘大多是由易燃物质做成的，如低压绝缘导线用的橡胶、塑料，高压开关、变压器等充油设备的绝缘油，都是易燃物质，高压开关在断流容量不足时可能发生爆炸喷油，变压器内部故障时也会由防爆筒向外喷油。喷出的绝缘油在遇到外界火源或自身爆炸的热源时，均可能引起火灾和爆炸。

2. 电气防火防爆措施

（1）防止电气设备发生短路的措施

1）电气设备的安装应严格按要求施工，对于不同的场合应选用不同类型的电气设备和安装方式。

2）导线绝缘强度必须符合电源电压要求。穿墙或穿楼板的导线应用瓷管或硬塑管保护，以免导线绝缘遭到损坏。

3）定期用绝缘电阻表检测设备的绝缘情况，发现问题要及时处理。

4）敷设线路时，导线之间、导线对地或建筑物的距离符合规定的安全距离。架空线路的弧垂要调整合适。

5）熔断器熔体要选用恰当，不能随意换大，更不能以铜丝代替，保证线路发生短路时能迅速切断电源。

（2）防止电气设备过负载的措施

1）通过导线的电流不得超过其安全载流量，不能在原线路上擅自增加用电设备。

2）电气线路上必须装设过电流保护装置，并要与所保护电气设备的额定电流和导线的允许载流量相匹配。

3）经常监视线路及电气设备的运行情况，发现故障要及时维修。如发现严重或长期过负载，应及时加以调整，切除部分负荷，日后要增大设备容量及更换截面较粗的导线。

4）加强机电设备的维护保养工作，及时对电动机和其传动装置加润滑油，保证设备清洁与运转灵活。

（3）防止接地故障火灾的措施

1）选用适当的导线和敷设方式。PE（PEN）线的截面应满足故障时热稳定和动稳定要求，并与线路的保护相适应。敷设的线路应避免遭受机械损伤而断裂，各种导线的连接端子和接头均应紧密可靠，导电良好。

2）采用 RCD（剩余电流保护装置）。当泄漏电流达到 0.5A 时，木质材料就能起火。因此可采用整定电流为 300mA 的 RCD 防止由于泄漏电流引起火灾。

3）设置总等电位联结。为防止外部故障电压进入建筑物内引起事故，IEC 标准和一些发达国家电气标准都规定建筑电气装置内必须设置总等电位联结。当外部电压沿任何管线进入建筑物内时，内部的水、暖、气等管道的金属部分的电位同时升高而不出现电位差，就不会发生火灾、电击等事故了。

（4）防止电热器具和照明灯具引起电气火灾的措施

1）电热器具导线的载流量一定要满足电热器具的容量要求，且不可使用胶质线作为电源线。

2）电热器具要放置在泥砖、石棉板等不可燃材料基座上，同时应远离可燃物。使用时必须有专人看管，不可中途离开。

3）灯泡的正下方，不宜堆放可燃物品，灯泡距地面高度一般不应低于2m，灯座内必须接触良好。

4）卤钨灯灯管附近的导线应采用耐热绝缘导线，而不应采用具有延燃性能的绝缘导线，以免灯管高温破坏绝缘引起短路。

5）镇流器与灯管的电压和容量相匹配。镇流器安装时应注意通风散热，不准直接固定在可燃物上。

6）可燃吊顶内暗装的灯具功率不宜过大，并应以白炽灯或荧光灯为主，而且灯具上方应保持一定的空间，以利散热。

（5）其他防火防爆措施　除上述以外，还需要采取以下防火防爆措施：

1）防止外界热源引起火灾的措施

①正确选用断流容量与电力系统短路容量相适应的油断路器。

②完善电力变压器的继电保护系统，确保故障时能正确可靠地动作，以免事故扩大。

③定期对变压器进行小修和大修及电气性能试验和油样试验，以保证变压器在良好的状态下运行。变压器一般每年小修一次，5～10年大修一次。

④变配电所应设置足够的消防设备，并定期更换。变配电所内应保持清洁、无杂物，不准堆放油桶或其他易燃易爆物品。

⑤在可能产生延燃的地方采用阻燃型电缆、电线，即在绝缘材料中加入阻燃添加剂，且为低卤材料。当绝缘着火时，产生非燃气体，隔绝氧气或促使绝缘层碳化形成保护层，产生隔热和阻燃效果，且仅产生少量烟气。

⑥对于电气火灾危险较大的高层建筑内，最好采用无油的电气设备。如干式变压器、真空开关等。在垂直的电缆井道内敷设的电缆应全部涂防火漆，并每隔2～3层在楼板处用不低于楼板耐火极限的阻火材料作防火分隔，孔洞用防火堵料封堵。

2）消除或减少爆炸性混合物

①采取封闭式作业，防止爆炸性混合物泄漏。

②清理现场积尘，防止爆炸性混合物积累。

③设计正压室，防止爆炸性混合物侵入。

④采取开式作业或通风措施，稀释爆炸性混合物。

⑤在危险空间充填惰性气体或不活泼气体，防止形成爆炸性混合物。

⑥安装报警装置，当混合物中危险物品的浓度达到其爆炸下限的10%时报警。

3）正确选择、安装和使用电气设备

①按爆炸危险环境的特征和危险物的级别、组别选用电气设备和设计电气线路。

②危险性大的设备应分室安装，并在隔墙上采取封堵措施。电动机隔墙传动、照明灯隔

玻璃窗照明等都属于隔离措施。10kV 及 10kV 以下的变、配电室不得设在爆炸危险环境的正上方或正下方。室内充油设备油量为 60kg 以下者，允许安装在两侧有隔板的间隔内；油量为 60～600kg 者，必须安装在有防爆隔墙的间隔内；油量为 600kg 以上者，必须安装在单独的防爆间隔内。变、配电室与爆炸危险环境或火灾危险环境毗连时，隔墙应用非燃性材料制成；孔洞、沟道应用非燃性材料严密堵塞；门、窗应开向无爆炸或火灾危险的场所。

③高压、充油的电气设备，应与爆炸危险区域保持规定的安全距离。变、配电站不应设在容易沉积可燃粉尘或可燃纤维的地方。

④保持电气设备和电气线路安全运行。安全运行包括电流、电压、温升和温度不超过允许范围，包括绝缘良好、连接和接触良好、整体完好无损、清洁及标志清晰等。

六、作业

8-2-1　变电所所用电消失是什么意思？

8-2-2　母线绝缘子绝缘损坏的原因有哪些？

8-2-3　变电所全所失电有什么现象？该如何处理？

8-2-4　电气维护及检修的安全技术措施有哪些？

8-2-5　防止接地故障火灾的主要措施有哪些？

模块三　触电与现场急救

一、教学目标

1）掌握触电的类型和电流对人体的影响。

2）会判断触电后是否假死。

3）掌握触电时的现场急救方法。

二、工作任务

某人触电昏迷，请对触电者进行现场急救，并叙述抢救过程。

三、相关实践知识

触电急救必须分秒必争，立即就地迅速用心肺复苏法进行抢救，并坚持不断地进行，同时及早与医疗部门联系，争取医务人员接替救治。在医务人员来接替救治前，不应放弃现场抢救，更不能只根据没有呼吸或脉搏而擅自判定伤员死亡，放弃抢救。只有医生才有权做出伤员死亡的诊断。

1. 脱离电源

触电急救，首先要使触电者迅速脱离电源，且越快越好。脱离电源就要把触电者接触的那一部分带电设备的开关、刀开关或其他设备断开，或设法将触电者与带电设备脱离。在脱离电源中，救护人员既要救人，也要注意保护自己。触电者脱离电源前，救护人员不准直接用手触及伤员，因为有触电的危险。如触电者处于高处，解脱电源后可能会自高处坠落，对此要采取预防措施。

触电者触及低压带电设备时，救护人员应设法迅速切断电源，如拉开电源开关或刀开关，拔除电源插头等；或使用绝缘工具，如干燥木棒、木板、绳索等不导电物体解脱触电者；也可抓住触电者干燥而不贴身的衣服，将其拖开，切记要避免碰到金属物体和触电者的裸露身躯；也可戴绝缘手套或将手用干燥衣物等包起绝缘后解脱触电者。救护人员也可站在绝缘垫或干木板上，使自己绝缘进行救护。

在使触电者与导电体分离时，最好用一只手进行。

如果电流通过触电者入地，并且触电者紧握电线，可设法用干木板塞到触电者身下，使其与地隔离；也可用干木把斧子或有绝缘柄的钳子等将电线剪断。剪断电线时要分相，一根一根地剪断，并尽可能站在绝缘物体或干木板上。

触电者触及高压带电设备时，救护人员应迅速切断电源，或用适合该电压等级的绝缘工具（戴绝缘手套、穿绝缘靴并用绝缘棒）解脱触电者。救护人员在抢救过程中应注意保持自身与周围带电部分有必要的安全距离。

如果触电者触及断落在地上的带电高压导线，如尚未确证线路无电，救护人员在实施安全措施（如穿绝缘靴）前，不能接近断线点至 8 ~ 10m 范围内，防止跨步电压伤人。触电者脱离带电导线后亦应迅速带至 8 ~ 10m 以外后立即开始触电急救。只有在确证线路已经无电，才可在触电者离开触电导线后，立即就地进行急救。

为救护触电者切除电源时，有时会同时使照明失电，因此应考虑事故照明、应急灯等临时照明。新的照明要符合使用场所防火、防爆的要求，但不能因此延误切除电源和进行急救。

2. 触电者脱离电源后的处理

如触电者神志清醒，则应使其就地躺平，严密观察，暂时不要站立或走动。

如触电者神志不清，则应使其就地仰面躺平，且确保气道通畅，并用 5s 时间呼叫伤员或轻拍其肩部，以判定伤员是否意志丧失。禁止摇动触电者头部呼叫伤员。

如触电者意识丧失，应在 10s 内用看、听、试的方法，判定触电者呼吸心跳情况：

1）看伤员的胸部、腹部有无起伏动作。

2）用耳贴近伤员的口鼻处，听有无呼气声音。

3）测试口鼻有无呼气的气流，再用两手指轻试一侧（左或右）喉结旁凹陷处的颈动脉有无搏动。若看、听、试结果是既无呼吸又无颈动脉搏动，可判定呼吸心跳停止。

3. 心肺复苏法

触电者呼吸停止时，应立即按心肺复苏法支持生命的三项基本措施，正确进行就地抢救：通畅气道，口对口（鼻）人工呼吸，胸外按压（人工循环）。

（1）通畅气道　触电者呼吸停止，重要的是始终确保气道通畅。如发现触电者口内有异物，可将其身体及头部同时侧转，迅速用一个手指或用两手指交叉从口角处插入，取出异物，操作中要注意防止将异物推到咽喉深部。

通畅气道可采用仰头抬颏法。用一只手放在触电者前额，另一只手的手指将其下颌骨向上抬起，两手协同将头部推向后仰，舌根随之抬起，气道即可通畅。严禁用枕头或其他物品垫在伤员头下，头部抬高前倾，会加重气道阻塞，且使胸外按压时流向脑部的血流减少，甚至消失。

（2）口对口（鼻）人工呼吸　在保持触电者气道通畅的同时，救护人员用放在触电者额上的手指捏住其鼻翼，救护人员深吸气后，与触电者口对口紧合，在不漏气的情况下，先连续大口吹气两次，每次 1 ~ 1.5s。如两次吹气后颈动脉仍无搏动，可判断心跳已经停止，要立即进行胸外按压。除开始时大口吹气两次外，正常口对口（鼻）呼吸的吹气量不需过大，以免引起胃膨胀。吹气和放松时要注意，伤员胸部应有起伏的呼吸动作，如图 8-5 所示。吹气时如有较大阻力，可能是头部后仰不够，应及时纠正。

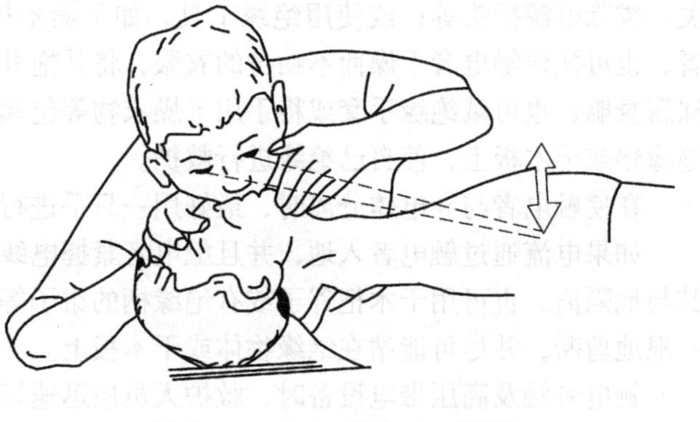

图 8-5　口对口（鼻）人工呼吸

触电者如牙关紧闭，可口对鼻人工呼吸。口对鼻人工呼吸吹气时，要将伤员嘴唇紧闭，防止漏气。

（3）胸外按压

1）正确的按压位置是保证胸外按压效果的重要前提。确定正确按压位置的步骤：

①右手的食指和中指沿触电者的右侧肋弓下缘向上，找到肋骨和胸骨接合处的中点。

②两手指并齐，中指放在切迹中点（剑突底部），食指平放在胸骨下部。

③另一只手的掌根紧挨食指上缘，置于胸骨上，即为正确按压位置，如图 8-6 所示。

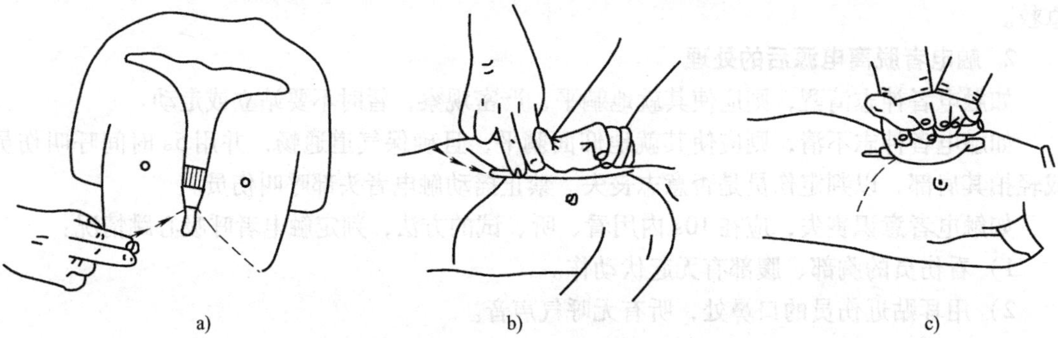

a)　b)　c)

图 8-6　正确的按压位置

2）正确的按压姿势是达到胸外按压效果的基本保证。正确的按压姿势如图 8-7 所示。

①使触电者仰面躺在平硬的地方，救护人员立或跪在伤员一侧肩旁，两肩位于触电者胸骨正上方，两臂伸直，肘关节固定不屈，两手掌根相叠，手指翘起，不接触伤员胸臂。

②以髋关节为支点，利用上身的重力，垂直将正常成人胸压陷 3 ~ 5cm（儿童和瘦弱者酌减）。

③压至要求程度后，立即全部放松，但放松时救护人员的掌根不得离开胸壁。

3）胸外按压操作频率是：

①胸外按压要求以均匀速度进行，约 80 次/min，每次按压和放松的时间相等。

②胸外按压与口对口（鼻）人工呼吸同时进行，其节奏为：单人抢救时，每按压 15 次

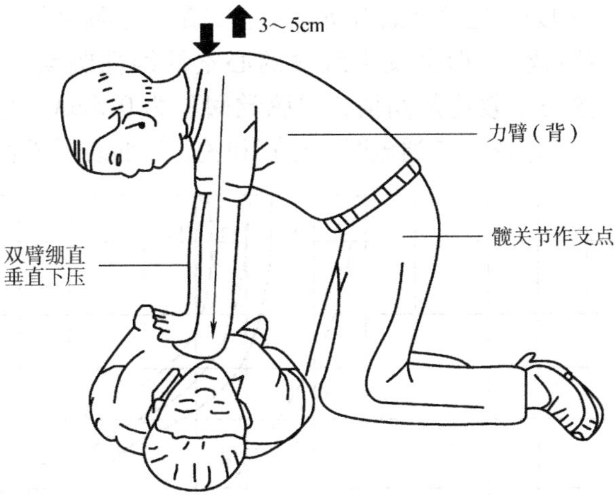

图 8-7　按压姿势

后吹气 2 次（15∶2），反复进行；双人抢救时，每按压 5 次后由另一人吹气 1 次（5∶1），反复进行。

4. 抢救过程中的注意事项

按压吹气 1min 后（相当于单人抢救时做了 4 个 15∶2 压吹循环），应用看、听、试方法在 5～7s 时间内完成对伤员呼吸和心跳是否恢复的再判定。

若判定颈动脉已有搏动但无呼吸，则暂停胸外按压，而再进行 2 次口对口人工呼吸，接着每 5s 吹气一次（即每分钟 12 次）。如脉搏和呼吸均未恢复，则继续坚持用心肺复苏法抢救。

在抢救过程中，要每隔数分钟再判定一次，每次判定时间不得超过 5～7s，在医务人员来接替抢救前，现场抢救人员不得放弃现场抢救。

抢救时应创造条件，如用塑料袋装入砸碎冰屑做成帽状包绕在伤员头部，露出眼睛，使脑部温度降低，争取心肺脑完全复苏。

如伤员的心跳和呼吸经抢救后均已恢复，可暂停心肺复苏法操作。但心跳呼吸恢复的早期有可能再次骤停，应严密监护，要随时准备再次抢救。

初期恢复后，触电者可能神志不清或精神恍惚、躁动，应设法使其安静。

以上叙述的是发生触电危险后对触电者进行急救的原则和方法。实践证明，如果发生触电，即使严重到“假死”状况，若能抢救及时，救护得法，绝大多数都能化险为夷、转危为安。

四、相关理论知识

（一）电流通过人体时的效应

电对人的伤害主要是电流流经人体后产生的，因此研究电流通过人体时所产生的效应，是电气安全方面的一个基础性课题。

经过各国科学家几十年的努力，目前在电流通过人体的效应的研究方面已取得了显著的成果。本节着重阐述 15～100Hz 交流电通过人体时的效应，专家们提出了三个不同性质的效应阈。一是“感觉阈”，即人对电流开始有所觉察；二是“摆脱阈”，即人对所握持的电极能自主摆脱；三是“室颤阈”，即会发生致命的心室纤维性颤动（以下简称室颤）。在IEC479-1报告中提出了这三个效应阈阈值，“感觉阈”为0.5mA，与通电时间长短无关；“摆脱阈”约为10mA；“室颤阈”与通电时间密切相关，以曲线形式表达，如图8-8所示。

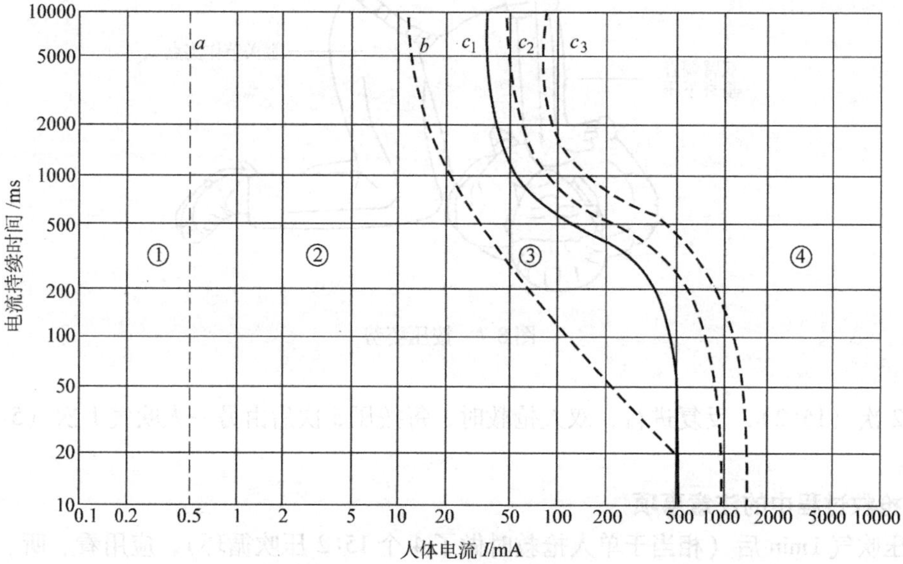

图8-8　15～100Hz交流电通过人体时的电流-时间效应分区图

1. 电流、通电时间与电流的效应关系

图8-8是15～100Hz交流电通过人体时产生效应的电流-时间效应分区图，它反映了电流、通电时间与电流的效应这三者的关系。图中分为四个区域：区域①是无效应区，在这个区域内人对电流通常无感觉，线条a即为“感觉阈”；区域②为无有害生理效应区，“摆脱阈”处在这个区域中；区域③为有病态生理效应而无器质性损伤的区域，但可能出现肌肉痉挛、呼吸困难和可逆性的心房纤维性颤动。随着电流和通电时间的增加，可引起非室颤的短暂心脏停跳。区域④除了有区域③的病态生理效应外，还可能出现室颤。曲线c_1～c_3反映的就是“室颤阈”。曲线c_1与c_2之间的区域，室颤的发生概率约为5%；曲线c_2与c_3之间的区域，室颤的发生概率约为50%；曲线c_3以右的区域，室颤的发生概率在50%以上。随着电流和通电时间的增加，可能出现心脏停跳、呼吸停止和严重灼伤。

图8-8中的曲线c_1～c_3呈现阶梯形，它反映的是室颤阈值与通电时间密切相关，而且以一个心脏周期（人的心脏周期约为750ms）为中心，呈现出两个不同水平的“台阶”。通电时间短于一个心脏周期时，室颤阈值处于高水平台阶上，两个台阶之间差值较大。

流过人体的电流越大，人体的生理反应越明显，感觉越强烈，引起心室颤动所需要的时间越短，危险性越大。通常把流过人体的电流分为感知电流、摆脱电流和心室颤动电流。

1）感知电流。感知电流也叫感觉电流，是指人体开始有通电感觉的最小电流。

感知电流流过人体时，对人体不会有伤害。实验表明：对于不同性别的人，感知电流是不同的。一般来说，成年男性的平均感知电流约为：交流（工频）为1.1mA；直流为5.2mA。成年女性的平均感知电流约为：交流（工频）为0.7mA；直流为3.5mA。

感知电流还与电流的频率有关。随着频率的增加，感知电流的数值也相应增加。例如当频率从50Hz增加到5000Hz时，成年男性的平均感知电流将从1.1mA增加到7mA。

2）摆脱电流。摆脱电流是指人体触电后，在不需要任何外来帮助的情况下，能自主摆脱电源的最大电流。实验表明，在摆脱电流作用下，由于触电者能自行脱离电源，所以不会有触电的危险。成年男性的平均摆脱电流约为：交流（工频）为16mA；直流为76mA。成年女性的平均摆脱电流约为：交流（工频）为10.5mA；直流为51mA。

3）心室颤动电流。心室颤动电流是指人体触电后，引起心室颤动概率大于5%的极限电流。当触电时间小于5s时，心室颤动电流的计算式为

$$I=\frac{165\mathrm{mA}\cdot \mathrm{s}^{\frac{1}{2}}}{\sqrt{t}} \tag{8-1}$$

式中，I为心室颤动电流，单位为mA；t为触电持续时间，取$8.3\times10^{-3}\sim5\mathrm{s}$。

当触电持续时间大于5s时，则以30mA作为心室颤动的极限电流。这个数值是通过大量的试验结果得出来的。因为当流过人体的电流大于30mA时，才会有发生心室颤动的危险。

2. 影响电流对人体伤害程度的其他因素

1）触电电压的高低。一般来说，当人体电阻一定时，触电电压越高，流过人体的电流越大，危险性也就越大。

2）人体电阻的大小。当触电电压一定时，人体电阻越小，流过人体的电流就越大，危险性也就越大。

人体电阻包括体内电阻和皮肤电阻两部分。体内电阻是指体内组织细胞的电阻。其电阻值比较稳定，基本上不受外界因素的影响，一般不低于500Ω。皮肤电阻主要决定于角质层的电阻，它受外界影响的因素很多，如角质层的厚度，皮肤的状况和触电的情况等，其阻值约为1000～1500Ω。

皮肤角质层的厚度一般为0.05～0.2mm。角质层越厚，电阻值越大。角质层越薄，电阻值越小。当角质层击穿后，电阻值就要减小。

皮肤干燥、洁净和无损伤时，电阻值就高。皮肤潮湿、多汗、有损伤或带有导电性粉尘时，电阻值就会减小。所以在夏季从事电气工作时更要注意安全。

人体与带电体接触面积大和接触紧密时，电阻值都会相应减小。如在使用电钻时，由于手要紧紧握住电钻手把，为了防止电钻漏电导致人体触电，所以工作人员要戴线手套，穿电工绝缘鞋或站在干燥的木板上。

从以上分析得知，人体的电阻值是不稳定的。不同的人，生理条件不同，电阻值也不相同。就是同一个人，随着工作环境的不同，劳动强度不同，触电部位不同，电阻值也不相同。一般来说，在计算流过人体的电流时，人体电阻值按1500～1800Ω考虑。

3）电流流过人体的途径。这对触电伤害程度影响很大。电流通过心脏，会引起心室颤动，较大的电流还会使心脏停止跳动。电流通过中枢神经或脊椎时，会引起有关的生理机能失调，如窒息致死等。电流通过脊髓时，会使人截瘫。电流通过头部时，会使人昏迷，若电流较大时，会对大脑产生严重伤害而致死。所以，电流从左手到胸部、从左手到右脚、从颅顶到双脚是最危险的电流途径。从右脚到胸部、从右手到脚、从手到手的电流途径也很危

险。从脚到脚的电流途径，一般危险性较小，但不等于没有危险。例如跨步电压触电时，开始电流仅通过两脚，触电后由于双脚剧烈痉挛而摔倒，此时电流就会流经其他要害部位，同样会造成严重后果。另一方面，即使是两脚触电，也会有一部分电流流经心脏，同样会带来危险。当电流仅通过肌肉、肌腱时，即使造成严重的电灼伤甚至碳化，对生命也不会造成危险。

4）电流的种类及频率的高低。实验表明，在同一电压作用下，当电流频率不同时，对人体的伤害程度也不相同。20～400Hz 交流电流的摆脱电流值最小，这就是说触电危险性较大，其中又以 50～60Hz 工频电流的危险性最大。低于或高于上述频率范围时，危险性相对减小。频率在 2000Hz 以上时，危险性反而降低。但高频电流比工频电流容易引起电灼伤，千万不可忽视。

直流电的触电危险性比交流电小，除了由于频率的影响外（直流电的频率为零），还因为交流电表示的是有效值，它的最大值是有效值的$\sqrt{2}$倍，而直流电的大小却是恒定不变的。例如 220V 交流电，它的最大值是 311V，而 220V 的直流电却始终是 220V。

5）人体的状况。一般来说，当遭受同样电击时，女性的伤害程度比男性重；小孩比成年人重；患有心脏病、精神病、结核病等病症或体弱多病的人比健康的人重；喝醉酒、疲劳过度、出汗过多的人伤害较重。所以电工在从事电气工作前要进行体格检查，以后每隔两年还要进行一次体格检查。电工在工作前严禁喝酒。

（二）人体允许电流

人体允许电流是指对人体没有伤害的最大电流。

电流流过人体时，由于每个人的生理条件不同，对电流的反映也不相同。有的人敏感一些，即使通过几毫安的工频电流也忍受不了，有的人甚至通过十几毫安的工频电流也不在乎。因此，很难确定一个对每个人都适应的允许电流值。一般来说，只要流过人体的电流不大于摆脱电流值，触电人都能自主地摆脱电源，从而就可以避免触电的危险，因此，一般可以把摆脱电流值看作是人体的允许电流。但为了安全起见，成年男性的允许工频电流为 9mA，成年女性的允许工频电流为 6mA。在空中、水面等可能因电击导致高空摔跌、溺死等二次伤害的地方，人体的允许工频电流为 5mA。当供电网络中装有防止触电的速断保护装置时，人体的允许工频电流为 30mA。对于直流电源，人体允许电流为 50mA。

（三）安全电压

根据欧姆定律，电压越高，电流也就越大。因此，可以把可能加在人身上的电压限制在某一范围之内，使得在这种电压下，通过人体的电流不超过允许的范围，这一电压就称为安全电压。

安全电压限值是在任何运行情况下，任何两导体间可能出现的最高电压值。我国标准规定工频交流空负荷上限值为 50V，直流电压的限值为 120V。我国标准还推荐，当接触面积大于 $1cm^2$、接触时间超过 1s 时，干燥环境中工频电压有效值的限值为 33V，直流电压限值为 70V；潮湿环境中工频电压有效值的限值为 16V，直流电压限值为 35V。

我国标准规定，工频有效值 42V、36V、24V、12V 和 6V 为安全电压的额定值。凡特别危险环境使用的携带式电动工具应采用 42V 安全电压；凡有电击危险环境使用的手持照明灯和局部照明灯应采用 36V 或 24V 安全电压；凡金属容器内、隧道内、水井内以及周围有大面积接地导体等工作地点狭窄、行动不便的环境或特别潮湿的环境应采用 12V 安全电压；

水下作业等特殊场所应采用6V安全电压。当电气设备采用24V以上安全电压时，必须采取直接接触电击的防护措施。

五、拓展性知识

（一）触电事故

触电事故包括电击和电伤。电击指电流通过人体，刺激肌体组织，使肌肉非自主地发生痉挛性收缩而造成的伤害，严重时会破坏人的心脏、肺部、神经系统的正常工作，形成危及生命的伤害。

1. 电击

电击对人体的效应是由通过的电流决定的，而电流对人体的伤害程度与通过人体电流的强度、种类、持续时间、通过途径及人体状况等多种因素有关。

按照人体触及带电体的方式，电击可分为以下几种情况：

（1）单相触电　这是指人体接触到地面或其他接地导体的同时，人体另一部位触及某一相带电体所引起的电击，如图8-9所示。发生电击时，所触及的带电体为正常运行的带电体时，称为直接接触电击。而当电气设备发生事故（例如绝缘损坏，造成设备外壳意外带电）时，人体触及意外带电体所发生的电击称为间接接触电击。国内外的统计资料表明，单相触电事故占全部触电事故的70%以上。因此，防止触电事故的技术措施应将单相触电作为重点。

（2）两相触电　这是指人体的两个部位同时触及两相带电体所引起的电击，如图8-10所示。在此情况下，人体所承受的电压为三相系统中的线电压，因电压相对较高，其危险性也较大。

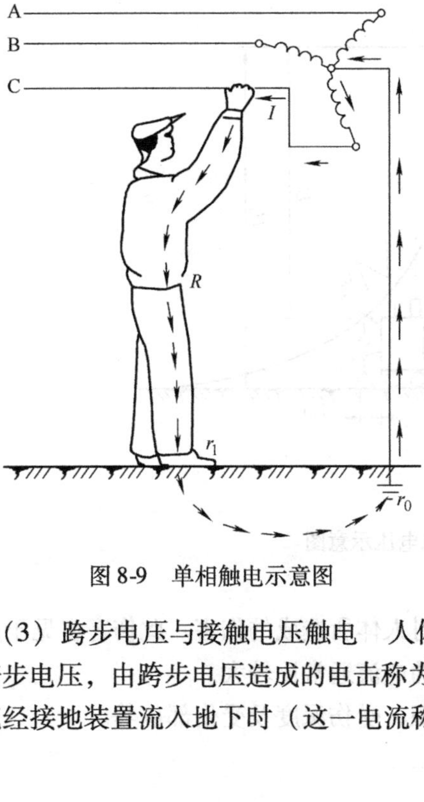

图8-9　单相触电示意图

图8-10　两相触电示意图

（3）跨步电压与接触电压触电　人体进入地面带电的区域时，两脚之间承受的电压称为跨步电压，由跨步电压造成的电击称为跨步电压电击，如图8-11所示。当电源对地短路，电流经接地装置流入地下时（这一电流称为接地电流），电流自接地体向四周流散（这时的电流称为流散电流），于是接地点周围的土壤中将产生电压降，接地点周围地面将带有不同的对地电压。接地体周围各点对地电压与至接地体的距离大致保持反比关系。因此人站在接地点周围时，两脚之间可能承受一定的电压，遭受跨步电压电击。下列情况和部位可能发生跨步电压电击：

1）带电导体特别是高压导体故障接地时或接地装置流过故障电流时，流散电流在附近地面各点产生的电位差可造成跨步电压电击。

2）正常时有较大工作电流流过的接地装置附近，流散电流在地面各点产生的电位差可造成跨步电压电击。

3）防雷装置遭受雷击或高大设施、高大树木遭受雷击时，极大的流散电流在其接地装置或接地点附近地面产生的电位差可造成跨步电压电击。

跨步电压的大小受接地电流大小、鞋和地面特征、两脚之间的跨距、两脚的方位以及离接地点的远近等很多因素的影响。人两脚之间的跨距一般按 0.8m 考虑。图 8-11 中，b、c 两人都承受跨步电压。由于对地电压曲线离开接地点由陡而缓的下降特征，b 承受的跨步电压高于 c 承受的跨步电压。当两脚与接地点等距离时（设接地体具有几何对称的特点），两脚之间是没有跨步电压的。因此，离接地点越近，只是有可能承受而并不一定承受越大的跨步电压。由于跨步电压受很多因素影响以及由于地面电位分布的复杂性，几个人在同一地带（如同一棵大树下或同一故障接地点附近）遭到跨步电压电击完全可能出现截然不同的后果。

接触电压指电气设备的绝缘损坏时，在身体可同时触及的两部分之间出现的电位差。例如人站在发生接地故障的设备旁边，手触及设备的金属外壳，则人手与脚之间所呈现的电位差，即为接触电压。图 8-11 中，a 主要承受的是接触电压。显然，离接地点越远，可能承受的接触电压越高。

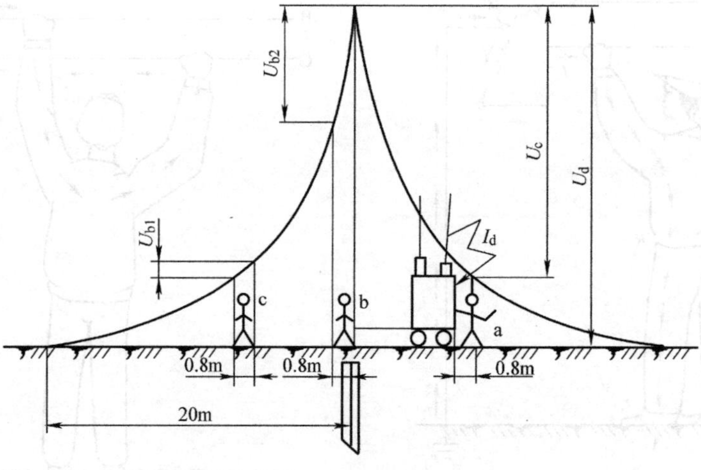

图 8-11　跨步电压与接触电压示意图

2. 电伤

电伤指电流的热效应、化学效应及机械效应等对人体所造成的伤害。此伤害多见于肌体的外部，往往在肌体表面留下伤痕。能够形成电伤的电流通常比较大。

电伤属于局部伤害，其危险程度决定于受伤面积、受伤深度及受伤部位等。

电伤包括电烧伤、电烙印、皮肤金属化、机械损伤及电光眼等多种伤害。

电烧伤是最为常见的电伤，大部分触电事故都含有电烧伤成分。电烧伤可分为电流灼伤和电弧烧伤。

电流灼伤是人体同带电体接触，电流通过人体时，因电能转换成的热能引起的伤害。由于人体与带电体的接触面积一般都不大，且皮肤电阻又比较高，因而在皮肤与带电体接触部位产生的热量就较多，因此，使皮肤受到比体内严重得多的灼伤。电流愈大、通电时间愈长，则电流灼伤愈严重。由于接近高压带电体时会发生击穿放电，因此，电流灼伤一般发生在低压电气设备上。因电压较低，形成电流灼伤的电流不太大。但数百毫安的电流即可造成灼伤，数安的电流则会形成严重的灼伤。在高频电流下，因皮肤电容的旁路作用，有可能发生皮肤仅有轻度灼伤而内部组织却被严重灼伤的情况。

电弧烧伤是由弧光放电造成的烧伤。电弧发生在带电体与人体之间，有电流通过人体的烧伤称为直接电弧烧伤。电弧发生在人体附近，对人体形成的烧伤以及被熔化金属溅落的烫伤称为间接电弧烧伤。弧光放电时电流很大，能量也很大，电弧温度高达数千摄氏度，可造成大面积的深度烧伤，严重时能将肌体组织烘干、烧焦。电弧烧伤既可以发生在高压系统，也可以发生在低压系统。对于低压系统，带负荷（尤其是感性负荷）拉开裸露的刀开关时，产生的电弧会烧伤操作者的手部和面部；当线路发生短路，开启式熔断器熔断时，炽热的金属微粒飞溅出来会造成灼伤；因误操作引起短路也会导致电弧烧伤等。对于高压系统，由于误操作，会产生强烈的电弧，造成严重的烧伤；人体过分接近带电体，其间距小于放电距离时，直接产生强烈的电弧，造成电弧烧伤，严重时会因电弧烧伤而死亡。

在全部电烧伤事故中，大部分事故发生在电气维修人员身上。

电烙印是电流通过人体后，在皮肤表面接触部位留下与接触带电体形状相似的斑痕，如同烙印。斑痕处皮肤呈现硬变，表层坏死，失去知觉。

皮肤金属化是由高温电弧使周围金属熔化、蒸发并飞溅渗透到皮肤表层内部所造成的。受伤部位呈现粗糙、张紧。

机械损伤多数是由于电流作用于人体，肌肉产生非自主地剧烈收缩所造成的。其损伤包括肌腱、皮肤、血管、神经组织断裂以及关节脱位乃至骨折等。

电光眼的表现为角膜和结膜发炎。弧光放电时辐射的红外线、可见光、紫外线都会损伤眼睛。在短暂照射的情况下，引起电光眼的主要原因是紫外线。

六、作业

8-3-1　触电有哪些症状？

8-3-2　发现有人触电时，应如何急救处理？

8-3-3　按照人体触及带电体的方式，电击可分为哪几种情况？

8-3-4　影响电流对人体伤害程度的因素有哪些？

8-3-5　何谓跨步电压与接触电压？

附　　录

附录表 1　主要一次设备的图形符号和文字符号

序号	设备名称	图形符号	文字符号	序号	设备名称	图形符号	文字符号
1	双绕组变压器	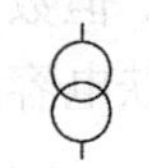	T	11	母线		WB
				12	断路器		QF
2	三绕组变压器	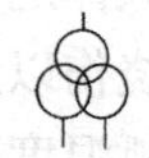	T	13	隔离开关		QS
3	电抗器		L	14	负荷开关		QSF
4	避雷器		F	15	刀开关		QK
5	火花间隙		FG	16	熔断器	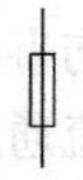	FU
6	电容器		C	17	跌开式熔断器		FD
7	具有一个二次绕组的电流互感器		TA	18	负荷型跌开式熔断器		FDL
				19	刀熔开关		QKF
8	具有两个二次绕组的电流互感器	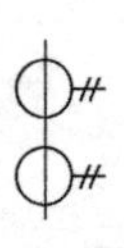	TA	20	接触器主触头	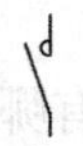	KM
				21	电缆终端头		X
9	电压互感器	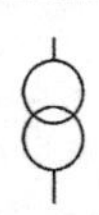	TV	22	输电线路		WL
10	三绕组电压互感器		TV	23	接地	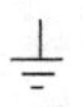	

附录表 2 用电设备组的需要系数、二项式系数及功率因数值

用电设备名称	需要系数 K_d	二项式系数		最大容量设备台数	cosφ	tanφ
		b	c			
小批量生产的金属冷加工机床电动机	0.16～0.2	0.14	0.4	5	0.5	1.73
大批量生产的金属冷加工机床电动机	0.18～0.25	0.14	0.5	5	0.5	1.73
小批量生产的金属热加工机床电动机	0.25～0.3	0.24	0.4	5	0.5	1.73
大批量生产的金属热加工机床电动机	0.3～0.35	0.26	0.5	5	0.65	1.17
通风机、水泵、空压机及电动发电机组电动机	0.7～0.8	0.65	0.25	5	0.8	0.75
非联锁的连续运输机械及铸造车间整砂机械	0.5～0.6	0.4	0.4	5	0.75	0.88
联锁的连续运输机械及铸造车间整砂机械	0.65～0.7	0.6	0.2	5	0.75	0.88
铸造车间的桥式起重机（$\varepsilon=25\%$）	0.1～0.25	0.09	0.3	3	0.5	1.73
锅炉房、机加工、机修和装配车间的桥式起重机（$\varepsilon=25\%$）	0.1～0.15	0.06	0.2	3	0.5	1.73
自动连续装料的电阻炉设备	0.75～0.8	0.7	0.3	2	0.95	0.33
非自动连续装料的电阻炉设备	0.65～0.7	0.7	0.3	2	0.95	0.33
实验室用的小型电热设备（电阻炉、干燥箱等）	0.7	0.7	0		1.0	0
工频感应电炉	0.8				0.35	2.67
高频感应电炉	0.8				0.6	1.33
电弧熔炉	0.9				0.87	0.57
点焊机、缝焊机	0.35				0.6	1.33
对焊机、铆钉加热机	0.35				0.7	1.02
自动弧焊变压器	0.5				0.4	2.29
变配电所、仓库照明	0.5～0.7					
生产厂房、办公室、阅览室及实验室照明	0.8～1					
宿舍（生活区）照明	0.6～0.8					
室外照明、事故照明	1.0					

附录表 3 照明用电设备的 cosφ 与 tanφ（无补偿）

光源类别	cosφ	tanφ	光源类别	cosφ	tanφ
白炽灯、卤钨灯	1.0	0	高压钠灯	0.45	1.98
荧光灯（电感镇流器）	0.55	1.52	金属卤化物灯	0.4～0.61	2.29～1.29
荧光灯（电子镇流器）	0.9	0.48	镝灯	0.52	1.6
高压汞灯（50～175W）	0.45～0.5	1.98～1.73	氙灯	0.9	0.48
高压汞灯（200～1000W）	0.65～0.67	1.16～1.10	霓虹灯	0.4～0.5	2.29～1.73

附录表 4　民用建筑用电设备组的需要系数 K_d 及功率因数值

负荷名称	规模（台数）	需要系数 K_d	功率因数	备　注
照明	面积小于 500m²	1 ~ 0.9	0.9	含插座容量，荧光灯就地补偿或采用电子镇流器
	500 ~ 3000m²	0.9 ~ 0.7		
	3000 ~ 15000m²	0.75 ~ 0.55		
	>15000m²	0.6 ~ 0.4		
	商场照明	0.9 ~ 0.7		
冷冻机房、锅炉房	1 ~ 3 台 >3 台	0.9 ~ 0.7 0.7 ~ 0.6	0.8 ~ 0.85	
热力站、水泵房和通风机	1 ~ 5 台 >5 台	1 ~ 0.8 0.8 ~ 0.6	0.8 ~ 0.85	
电梯		0.18 ~ 0.22	0.7（交流机） 0.8（直流机）	
洗衣机房 厨房	≤100kW >100kW	0.4 ~ 0.5 0.3 ~ 0.4	0.8 ~ 0.9	
窗式空调	4 ~ 10 台 10 ~ 50 台 50 台以上	0.8 ~ 0.6 0.6 ~ 0.4 0.4 ~ 0.3	0.8	
舞台照明	≤200kW >200kW	1 ~ 0.6 0.6 ~ 0.4	0.9 ~ 1	

附录表 5　部分企业的全厂需要系数 K_d、功率因数 $\cos\varphi$ 及年最大有功负荷利用时间 T_{max} 参考值

企业名称	K_d	$\cos\varphi$	T_{max}/h	企业名称	K_d	$\cos\varphi$	T_{max}/h
汽轮机制造厂	0.38	0.88	5000	重型机床制造厂	0.32	0.71	3700
锅炉制造厂	0.27	0.73	4500	机床制造厂	0.20	0.65	3200
柴油机制造厂	0.32	0.74	4500	石油机械制造厂	0.45	0.78	3500
量具刃具制造厂	0.26	0.60	3800	电器开关制造厂	0.35	0.75	3400
工具制造厂	0.34	0.65	3800	电线电缆制造厂	0.35	0.73	3500
电机制造厂	0.33	0.65	3000	仪器仪表制造厂	0.37	0.81	3500
重型机械制造厂	0.35	0.79	3700	滚珠轴承制造厂	0.28	0.70	3500

附录表 6　各类建筑物的负荷密度（用电指标）

建筑类别	用电指标/（W·m⁻²）	建筑类别	用电指标/（W·m⁻²）
公寓	30 ~ 50	医院	40 ~ 70
旅馆	40 ~ 70	高等学校	20 ~ 40
办公	30 ~ 70	中小学	12 ~ 20
商业	一般：40 ~ 80 大中型：60 ~ 120	展览馆	50 ~ 80
体育	40 ~ 70	演播室	250 ~ 500
剧场	50 ~ 80	汽车库	8 ~ 15

附录表 7　部分并联电容器的主要技术数据

型　号	额定容量 /kvar	额定电容 /μF	额定电流 /A	型　号	额定容量 /kvar	额定电容 /μF	额定电流 /A
BSMJ0. 4-3-3	3	59. 7	4. 3	BWF6. 3-30-1（W）	30	2. 407	4. 76
BSMJ0. 4-5-3	5	99. 5	7. 2	BWF6. 3-40-1（W）	40	3. 210	6. 35
BSMJ0. 4-7. 5-3	7. 5	149. 3	10. 8	BWF10. 5-12-1	12	0. 34	1. 14
BSMJ0. 4-8-3	8	159. 0	11. 5	BWF10. 5-14-1	14	0. 40	1. 33
BSMJ0. 4-10-3	10	199. 0	14. 4	BWF10. 5-16-1	16	0. 46	1. 52
BSMJ0. 4-12-3	12	239. 0	17. 3	BWF10. 5-18-1	18	0. 52	1. 71
BSMJ0. 4-14-3	14	278. 7	20. 2	BWF10. 5-25-1W	25	0. 722	2. 38
BSMJ0. 4-15-3	15	298. 6	21. 7	BWF10. 5-30-1W	30	0. 866	2. 86
BSMJ0. 4-16-3	16	318. 5	23. 1	BWF10. 5-33. 4-1	33. 4	0. 964	3. 18
BSMJ0. 4-18-3	18	358. 3	26. 0	BWF10. 5-40-1	40	1. 15	3. 81
BSMJ0. 4-20-3	20	398. 1	28. 9	BWF10. 5-50-1	50	1. 44	4. 76
BSMJ0. 4-25-3	25	497. 1	36. 0	BWF10. 5-100-1	100	2. 88	9. 52
BSMJ0. 4-30-3	30	597. 1	43. 2	BWF10. 5-150-1	150	4. 33	14. 3
BSMJ0. 4-35-3	35	696. 7	50. 5	BWF10. 5-200-1	200	5. 77	19. 0
BSMJ0. 4-40-3	40	796. 2	57. 6	BWF10. 5-334-1	334	9. 64	31. 8

附录表 8　10kV 级 S11 型双绕组无励磁调压配电变压器的主要技术数据

型　号	额定容量 /(kV·A)	电压组合及分接范围			联结组标号	空载损耗 /kW	负载损耗 /kW	空载电流 (%)	阻抗电压 (%)
		高压 /kV	高压分接范围 (%)	低压 /kV					
S11-10/10	10	11 10. 5 10 6. 3 6	±5 ±2×2. 5	0. 4	Yyn0	0. 055	0. 36	2. 2	4. 0
S11-20/10	20					0. 075	0. 45	2. 2	4. 0
S11-30/10	30					0. 1	0. 60	2. 1	4. 0
S11-M-50/10	50					0. 13	0. 87	2. 0	4. 0
S11-M-63/10	63					0. 16	1. 04	1. 9	4. 0
S11-M-80/10	80					0. 18	1. 25	1. 8	4. 0
S11-M-100/10	100					0. 2	1. 5	1. 6	4. 0
S11-M-125/10	125					0. 24	1. 8	4. 5	4. 0
S11-M-160/10	160					0. 28	2. 2	1. 4	4. 0
S11-M-200/10	200					0. 34	2. 6	1. 3	4. 0
S11-M-250/10	250					0. 4	3. 05	1. 2	4. 0
S11-M-315/10	315				Yyn0 Dyn11	0. 48	3. 65	1. 1	4. 0
S11-M-400/10	400					0. 57	4. 3	1. 0	4. 0
S11-M-500/10	500					0. 68	5. 15	1. 0	4. 0
S11-M-630/10	630					0. 81	6. 2	0. 9	4. 5

（续）

型号	额定容量/(kV·A)	电压组合及分接范围			联结组标号	空载损耗/kW	负载损耗/kW	空载电流(%)	阻抗电压(%)
		高压/kV	高压分接范围(%)	低压/kV					
S11-M-800/10	800	11 10.5 10 6.3 6	±5 ±2×2.5	0.4	Yyn0 Dyn11	0.98	7.5	0.7	4.5
S11-M-1000/10	1000					1.15	10.3	0.6	4.5
S11-M-1250/10	1250					1.36	12	0.5	4.5
S11-M-1600/10	1600					1.64	14.5	0.5	4.5
S11-M-2000/10	2000					2.1	17.1	0.4	4.5
S11-M-2500/10	2500					2.5	21	0.4	4.5

附录表9　10kV级SC系列干式变压器的主要技术数据

型号	额定容量/(kV·A)	电压组合及分接范围			联结组标号	空载损耗/kW	负载损耗/kW	空载电流(%)	阻抗电压(%)
		高压/kV	高压分接范围(%)	低压/kV					
SC-30/10	30	6 6.3 6.6 10 10.5 11	±5 或 ±2×2.5	0.4	Yyn0 或 Dyn11	220	700	2.3	4
SC-50/10	50					300	1000	2.2	
SC-80/10	80					400	1400	2.1	
SC-100/10	100					450	1600	2.0	
SC-125/10	125					520	1900	1.9	
SC-160/10	160					600	2200	1.8	
SC-200/10	200					700	2600	1.7	
SC-250/10	250					800	2900	1.6	
SC-315/10	315					950	3500	1.6	
SC-400/10	400					1100	4200	1.5	
SC-500/10	500					1300	5200	1.5	
SC-500/10	500					1300	5200	1.5	6
SC-630/10	630					1500	6500	1.4	4
SC-630/10	630					1500	6500	1.4	6
SC-800/10	800					1600	7500	1.4	
SC-1000/10	1000					1800	8800	1.2	
SC-1250/10	1250					2100	10500	1.2	
SC-1600/10	1600					2700	12600	1.1	
SC-2000/10	2000					3500	15000	1.1	
SC-2500/10	2500					4400	17000	1.0	

附录表 10 三相线路电线电缆单位长度每相阻抗值

类别		导线截面积/mm^2											
		6	10	16	25	35	50	70	95	120	150	185	240
导线类型	导线温度/℃	每相电阻 r_0/（$\Omega \cdot km^{-1}$）											
铝	20	—	—	1.798	1.151	0.822	0.575	0.411	0.303	0.240	0.192	0.156	0.121
LJ 绞线	55	—	—	2.054	1.285	0.950	0.660	0.458	0.343	0.271	0.222	0.179	0.137
LGJ 绞线	55	—	—	—	—	0.938	0.678	0.481	0.349	0.285	0.221	0.181	0.138
铜	20	2.867	1.754	1.097	0.702	0.501	0.351	0.251	0.185	0.146	0.117	0.095	0.077
BV 导线	60	3.467	2.040	1.248	0.805	0.579	0.398	0.291	0.217	0.171	0.137	0.112	0.086
VV 电缆	60	3.325	2.035	1.272	0.814	0.581	0.407	0.291	0.214	0.169	0.136	0.110	0.085
YJV 电缆	80	3.554	2.175	1.359	0.870	0.622	0.435	0.310	0.229	0.181	0.145	0.118	0.091
导线类型	线距/mm	每相电抗 x_0/（$\Omega \cdot km^{-1}$）											
LJ 裸铝绞线	800	—	—	0.381	0.367	0.357	0.345	0.335	0.322	0.315	0.307	0.301	0.293
	1000	—	—	0.390	0.376	0.366	0.355	0.344	0.335	0.327	0.319	0.313	0.305
	1250	—	—	0.408	0.395	0.385	0.373	0.363	0.350	0.343	0.335	0.329	0.321
LGJ 钢芯铝绞线	1500	—	—	—	—	0.39	0.38	0.37	0.35	0.35	0.34	0.33	0.33
	2000	—	—	—	—	0.403	0.394	0.383	0.372	0.365	0.358	0.35	0.34
	3000	—	—	—	—	0.434	0.424	0.413	0.399	0.392	0.384	0.378	0.369

附录表 11 矩形铜母线（TMY）的允许载流量

（单位：A）

母线尺寸：（宽/mm）×（厚/mm）	每相铜排数 1	2	3	母线尺寸：（宽/mm）×（厚/mm）	每相铜排数 1	2	3
40×4	625	—	—	80×8	1690	2620	3370
40×5	700	—	—	100×8	2080	3060	3930
50×5	860	—	—	125×8	2400	3400	4340
50×6.3	955	—	—	63×10	1475	2560	3300
63×6.3	1125	1740	2240	80×10	1900	3100	3990
80×6.3	1480	2110	2720	100×10	2310	3610	4650
100×6.3	1810	2470	3170	125×10	2650	4100	5200
63×8	1320	2160	2790				

注：本表载流量为母线立放时的数据，当为平放且宽度小于等于 63mm 时，表中数据应乘以 0.95，大于 63mm 时应乘以 0.92。铜线允许载流量约为铝线的 1.29 倍。

附录表 12 1kV 级聚氯乙烯绝缘铜芯电力电缆 VV 型的允许载流量 （单位：A）

主芯线截面积/mm^2	中性线截面积/mm^2	在空气中敷设 环境温度				直接埋地敷设 环境温度		
		25℃	30℃	35℃	40℃	20℃	25℃	30℃
4	2.5	33	31	29	27	39	37	35
6	4	42	40	38	35	49	47	44
10	6	60	57	54	50	68	65	61
16	10	82	77	72	67	89	85	80
25	16	106	100	94	87	116	110	103
35	16	127	120	113	104	142	135	127
50	25	164	155	146	135	173	165	155
70	35	201	190	179	165	205	195	183
95	50	249	235	221	204	247	235	221
120	70	286	270	254	235	278	265	249
150	70	339	320	301	278	320	305	287
185	95	387	365	343	318	357	340	320
240	120	461	435	409	378	420	400	376
300	150	514	485	456	422	462	440	414

注：本表为 3 芯电缆的载流量，4～5 芯电缆的载流量与此相同。

附录表 13 交联聚乙烯绝缘铜芯电力电缆 YJV 型的允许载流量 （单位：A）

主芯线截面积/mm^2	0.6/1kV 4 芯 在空气中敷设 环境温度		0.6/1kV 4 芯 直接埋地敷设 环境温度		8.7/10kV 3 芯 在空气中敷设 环境温度			8.7/10kV 3 芯 直接埋地敷设 环境温度		
	25℃	35℃	20℃	30℃	25℃	30℃	35℃	20℃	25℃	30℃
4	42	38	52	48	—	—	—	—	—	—
6	52	47	62	58	—	—	—	—	—	—
10	67	62	83	77	—	—	—	—	—	—
16	88	81	104	96	—	—	—	—	—	—
25	120	109	135	125	135	130	125	140	135	130
35	151	138	161	149	172	165	158	166	160	154
50	182	166	192	178	208	200	192	198	190	182
70	229	209	234	216	255	245	235	239	230	221
95	281	256	281	259	307	295	283	286	275	264
120	328	299	317	293	359	345	331	322	310	298
150	374	342	359	331	411	395	379	364	350	336
185	437	399	406	374	468	450	432	411	395	379
240	520	475	473	437	551	530	509	473	455	437
300					629	605	581	536	515	494

附录表 14 多根并行敷设时电缆的载流量校正系数

并列根数（对桥架为叠置电缆层数）		1	2	3	4	5	6
土中直埋 电缆之间净距/mm	100	1	0.9	0.85	0.8	0.78	0.75
	200	1	0.92	0.87	0.84	0.82	0.81
	300	1	0.93	0.90	0.87	0.86	0.85
空气中单层并行敷设 （*s* 为电缆中心距，*d* 为电缆外径）	$s=d$		0.90	0.85	0.82	0.81	0.80
	$s=2d$	1.00	1.00	0.98	0.95	0.93	0.90
	$s=3d$		1.00	1.00	0.98	0.97	0.96
电缆桥架无间距多层并列敷设 （呈水平状，并列电缆数不少于 7 根）	梯架	0.8	0.65	0.55	0.5		
	托盘	0.7	0.55	0.5	0.45		

注：1. 本表按全部电缆具有相同外径条件制定，当并列敷设的电缆外径不同时，*d* 值可近似地取电缆外径的平均值。
2. 本表中的校正系数不适用于交流系统中使用的单芯电力电缆。

附录表 15 不同土壤热阻系数时电缆的载流量校正系数

土壤热阻系数 /（℃·m/W）	分类特征（土壤特征和雨量）	校正系数
0.8	土壤很潮湿，经常下雨。如湿度大于 9% 的沙土，湿度大于 10% 的沙-泥土等	1.05
1.2	土壤潮湿，规律性下雨。如湿度大于 7% 但小于 9% 的沙土，湿度为 12% ~14% 的沙-泥土等	1.0
1.5	土壤较干燥，雨量不大。如湿度为 8% ~12% 的沙-泥土等	0.93
2.0	土壤较干燥，少雨。如湿度大于 4% 但小于 7% 的沙土，湿度为 4% ~8% 的沙-泥土等	0.87
3.0	多石地层，非常干燥。如湿度小于 4% 的沙土等	0.75

注：1. 本表适用于缺乏实测土壤热阻系数时的粗略分类。对于 110kV 及以上电压电缆线路工程，宜以实测方式确定土壤热阻系数。
2. 本表中的校正系数不适用于三相交流系统中使用的高压单芯电缆。

附录表 16 铜芯绝缘导线明敷时的允许载流量 （单位：A）

芯线截面积 /mm^2	BX 型橡胶线（$\theta_{a1}=65℃$）环境温度				BV、BVR 型塑料线（$\theta_{a1}=70℃$）环境温度			
	25℃	30℃	35℃	40℃	25℃	30℃	35℃	40℃
1.5	27	25	23	21	25	24	23	21
2.5	35	32	30	27	34	32	30	28
4	45	42	38	35	45	42	40	37
6	58	54	50	45	58	55	52	48
10	85	79	73	67	80	75	71	65
16	110	102	95	87	111	105	99	91
25	145	135	125	114	146	138	130	120
35	180	168	155	142	180	170	160	148
50	230	215	198	181	228	215	202	187
70	285	266	246	225	281	265	249	231
95	345	322	298	272	345	325	306	283
120	400	374	346	316	398	375	353	326
150	470	439	406	371	456	430	404	374
185	540	504	467	427	519	490	461	426

附录表 17　铜芯聚氯乙烯绝缘导线穿钢管敷设时的允许载流量

（$\theta_{a1}=70℃$）　　　　　　（单位：A）

芯线截面积 /mm²	3 根单芯线 环境温度				3 根穿管 管径/mm		4～5 根单芯线 环境温度				4 根穿管 管径/mm		5 根穿管 管径/mm	
	25℃	30℃	35℃	40℃	SC	MT	25℃	30℃	35℃	40℃	SC	MT	SC	MT
1.5	18	17	16	15	15	15	17	16	15	14	15	15	15	20
2.5	25	24	23	21	15	15	23	22	21	19	15	20	15	20
4	33	31	29	27	15	20	30	28	26	24	20	25	20	20
6	43	41	39	36	20	25	39	37	35	32	20	25	25	25
10	60	57	54	50	25	32	53	50	47	44	25	32	25	32
16	77	73	69	64	25	32	69	65	61	57	32	40	32	40
25	101	95	89	83	32	40	90	85	80	74	32	—	32	—
35	122	115	108	100	32	—	111	105	99	91	50	—	40	—
50	155	146	137	127	40	—	138	130	122	113	50	—	50	—
70	194	183	172	159	50	—	175	165	155	144	70	—	70	—
95	239	225	212	196	70	—	212	200	188	174	70	—	70	—
120	276	260	244	226	70	—	244	230	216	200	70	—	80	—
150	318	300	282	261	70	—	281	265	249	231	80	—	80	—
185	360	340	320	296	80	—	318	300	282	261	100	—	100	—

注：1. 穿线管符号：SC——焊接钢管，管径按内径计；MT——电线管，管径按外径计。

2. 4～5 根单芯线穿管的载流量，是指低压 TN-C 系统、TN-S 系统或 TN-C-S 系统中的相线载流量，其中 N 线或 PEN 线中可有不平衡电流通过。若三相负荷平衡，则虽有 4 根或 5 根线穿管，但其载流量仍按 3 根线穿管考虑，而穿线管管径则按实际穿管导线数选择。

附录表 18　铜芯聚氯乙烯绝缘导线穿硬塑料管敷设时的允许载流量　　　　（单位：A）

芯线截面积 /mm²	3 根单芯线 环境温度				3 根穿管 管径/mm	4～5 根单芯线 环境温度				4 根穿管 管径/mm	5 根穿管 管径/mm
	25℃	30℃	35℃	40℃	PC	25℃	30℃	35℃	40℃	PC	PC
1.5	16	15	14	13	15	14	13	12	11	15	20
2.5	22	21	20	18	15	20	19	18	17	20	25
4	30	28	26	24	20	27	25	24	22	20	25
6	38	36	34	31	20	34	32	30	28	25	32
10	52	49	46	43	25	47	44	41	38	32	32
16	69	65	61	57	32	60	57	54	50	32	40
25	90	85	80	74	40	80	75	71	65	40	40
35	111	105	99	91	40	99	93	87	81	50	50
50	140	132	124	115	50	124	117	110	102	65	65
70	177	167	157	145	65	127	148	139	129	65	75
95	217	205	193	178	65	196	185	174	161	65	80

注：1. 穿线管符号：SC——焊接钢管，管径按内径计。

2. 4～5 根单芯线穿管的载流量，是指低压 TN-C 系统、TN-S 系统或 TN-C-S 系统中的相线载流量，其中 N 线或 PEN 线中可有不平衡电流通过。若三相负荷平衡，则虽有 4 根或 5 根线穿管，但其载流量仍按 3 根线穿管考虑，而穿线管管径则按实际穿管导线数选择。

附录表 19　RW3-10（G）型跌落式熔断器的主要技术数据

型　号	额定电压 /kV	额定电流 /A	断流容量/MVA		单相质量 /kg
			上限	下限	
RW3-10/50	10	50	50	5	—
RW3-10/100		100	100	10	5.7
RW3-10/200		200	200	20	5.7

附录表 20　RW4-10（G）型跌落式熔断器的主要技术数据

型　号	额定电压 /kV	额定电流 /A	断流容量/MVA		单相质量 /kg
			上限	下限	
RW4-10G/50	10	50	89	7.5	4.8
RW4-10G/100		100	124	10	4.95
RW4-10/50		50	75	—	4.2
RW4-10/100		100	100	—	4.5
RW4-10/200		200	100	30	5.72

附录表 21　RW5-35 型跌落式熔断器的主要技术数据

型　号	额定电压 /kV	额定电流 /A	断流容量/MVA		单相质量 /kg
			上限	下限	
RW5-35/100-400	35	100	400	10	30
RW5-35/200-800		200	800	30	31
RW5-35/100-400GY		100	400	30	51.9

附录表 22　RN1 型高压熔断器的主要技术数据

型号	额定电压 /kV	额定电流 /A	最大开断电流（有效值）/kA	最小开断电流（额定电流倍数）	开断极限短路电流时最大峰值电流/kA	质量 /kg	熔体管质量 /kg
RN1-6	6	75	20	1.3	14	9.6	2
		100			19	13.6	5.8
		200			25	13.6	5.8
RN1-10	10	50	12	1.3	8.6	11.5	2.8
		100			15.5	14.5	5.8
		150			—	21	11
RN1-35	35	20	3.5	1.3	2.8	27	7.5
		30			3.6	27	7.5
		40			4.2	27	7.5

注：最大三相断流容量均为 200MVA；过电压倍数均不超过 2.5 倍工作电压。

附录表 23　RN2 型高压熔断器的主要技术数据

型号	额定电压 /kV	额定电流 /A	最大开断电流 /kA	三相最大断流容量 /MVA	开断极限短路电流时最大峰值电流 /kA	过电压倍数（额定电压倍数）	熔体管电阻 /Ω	质量 /kg
RN2-10	6	0.5	85	1000	300	2.5	100 ±7	8（5.6）
RN2-10	10	0.5	50	1000	1000	2.5	100 ±7	8（5.6）
RN2-35	35	0.5	17	1000	700	2.5	142 ±14	20（15.6）

附录表 24 常用户内式高压隔离开关的主要技术数据

型号	额定电压/kV	最大工作电压/kV	额定电流/A	极限通过电流/kA		热稳定电流/kA			配用机构	质量/kg
				有效值	峰值	1s	5s	10s		
GN6-10T/400	10	11.5	400	30	40	30	14	10	CS6-1	27
GN6-10T/600	10	11.5	600	20	52	30	20	14	CS6-1	29
GN6-10T/1000	10	11.5	1000	43	75	43	30	21	CS6-1	50
GN6-35T/1000	35	40.5	1000		75	43	30		CS6-2	
GN8-10T/200Ⅱ、Ⅲ、Ⅳ	10	11.5	200	14.7	25.5	14.7	10		CS6-1 或 CS6-1T	38
GN8-10T/400Ⅱ、Ⅲ、Ⅳ	10	11.5	400	30	40	30	14			39
GN8-10T/600Ⅱ、Ⅲ、Ⅳ	10	11.5	600	30	52	30	20			41
GN8-10T/1000Ⅱ、Ⅲ、Ⅳ	10	11.5	1000	43	75	43	30			
GN10-10T/3000	10	11.5	3000		160		70		CS9	54.5
GN10-10T/4000	10	11.5	4000		160		85			60

附录表 25 常用户外式高压隔离开关的主要技术数据

型号	额定电压/kV	额定电流/A	极限通过电流/kA		热稳定电流/kA			分闸时间/s	泄漏比距/（cm/kV）	配用机构	质量/kg
			有效值	峰值	4s	5s	10s				
GW1-10（W）/200	10	200		15		7			4	CS8-1	19.4
GW1-10（W）/400	10	400		25		14			4	CS8-1	19.5
GW1-10（W）/600	10	600		35		20			4	CS8-1	20.5
GW4-35/600	35	600		50	15.8					CS11-G	65
GW4-35D/1000	35	1000		50	23.7					CS8-6D	68
GW4-35D（W）/600	35	600		50	15.8					CJ5 或 CS14G	53～60
GW4-35D（W）/1000	35	1000		80	23.7						
GW5-35GD/600	35	600	29	50		14				CS-G	92
GW5-35GD/1000	35	1000								CS-G	
GW5-35GK/600	35	600						0.25		CS1-XG	
GW5-35GK/1000	35	1000						0.25		CS1-XG	
GW9-10（W）/200	10	200		15			5		5		10.9
GW9-10（W）/400	10	400		21			10		5		11.1
GW9-10（W）/600	10	600		35			14		5		11.8

附录表 26 FN 型负荷开关的主要技术数据

型号	额定电压/kV	额定电流/A	额定断流容量/MVA	最大开断电流/kA	极限通过电流/kA		热稳定电流/kA		固有分闸时间不大于/s	质量/kg	操动机构	外形尺寸/mm		
					有效值	峰值	4s	5s				高	宽	深
FN2-10R/400	10	400	25	1200	14.5	25		8.5		44	CS4、CS4-T	450	932	586
FN3-6R/400	10	400	20	1950	145	25		85		58	CS3、CS3-T	662	850	590
FN3-10R/400	10	400	25	1450	145	25		85		58				
FN4-10/600	10	600	50	300		7.5	3		0.05	75	电磁	810	560	365

附录表 27　FN2-10R 所配 RN1 型熔断器的主要技术数据

额定电压 /kV	熔管最大额定电流 /A	最大开断电流（有效值）/kA	最小开断电流（额定电流倍数）	断流容量（三相）/MVA	当开断最大开断电流时的最大电流瞬时值 /kA
6	75	20	1.3	200	14
	200	20	1.3		25
10	20	12	不规定	200	4.5
	50	12	1.3		8.6
	100	12	1.3		15.5

附录表 28　FN3 型负荷开关所配 RN3 熔断器的主要技术数据

额定电压 /kV	额定电流 /A	最大开断电流（有效值）/kA	最大断流容量 /MVA	切断极限短路电流时电流之最大峰值 /kA
6	10～50	20	200	14
	75			14
	100			19
	200			25
10	10～50	12	200	8.6
	75			8.6
	100～150			15.5

附录表 29　FN5-10 型负荷开关的主要技术数据

额定电压 /kV	最高工作电压 /kV	1min 工频耐压 /kV	额定电流 /A	4s 热稳定电流 /kA	动稳定电流（峰值）/kA	额定开断电流 /A	短路关合电流 /kA
10	11.5	42	400	10、12.5	25、31.5	400	25、31.5
			630	16	40	630	40
			1250	20	50	1250	50

附录表 30　FN5-10 型负荷开关所配熔断器的主要技术数据

额定电压 /kV	最高工作电压 /kV	额定电流 /A	三相断流容量 /MVA	熔体额定电流 /A
10	11.5	50	200	2、3、5、7.5、10、15、20、30、40、50
		75		75
		100		100
		200		150、200

附录表 31　常用接地电阻值

线路及设备名称	接地特点	接地电阻值
1000V 以上大接地电流系统	一般土壤电阻率地区	$R\leqslant\frac{2000\text{V}}{I}\leqslant 0.5\Omega$
	高土壤电阻率地区	$R\leqslant 5\Omega$
1000V 以上小接地电流系统	仅用于高压电力设备	$R\leqslant\frac{250\text{V}}{I}$
	高压与低压电力设备共用	$R\leqslant\frac{120\text{V}}{I}$
	高土壤电阻率地区	$R<30\Omega$
变压器	高压为小接地电流系统，且电容电流不大于 30A，变压器中性点与高压设备外壳共同接地	$R\leqslant 1\Omega$
	外壳单独接地	$R\leqslant 4\Omega$
旋转电机	管式避雷器或保护间隙	$R\leqslant 5\Omega$
	阀式避雷器保护	$R\leqslant 3\Omega$
低压系统及低压电力设备	一般系统及电力设备	$R\leqslant 4\Omega$
	由 100kVA 及以下发电机或变压器供电的系统及电力设备	$R\leqslant 10\Omega$
	一般系统的重复接地	$R\leqslant 10\Omega$
	由 100kVA 及以下发电机或变压器供电系统的重复接地	$R\leqslant 30\Omega$

注：1. I 为流经接地装置的入地电流（A）。

2. 在高土壤电阻率系统地区，还应采取以下措施：

1）对可能将接地网的电位引向站台外或将低电压引进站台的设施，采取隔离电位的措施。

2）应考虑短路电流非周期分量的影响。当接地网电位升高时，站台内的 3～10kV 阀式避雷器不应动作。

3）接触电压和跨步电压应符合要求。

3. 低压系统及电力设备的接地电阻还应按安全关系式进行校验。

4. 大接地电流系统包括有效接地和低电阻接地系统：小接地电流系统包括不接地、消弧线圈接地和高电阻接地系统。

参 考 文 献

［1］ 唐志平．供配电技术［M］．北京：电子工业出版社，2009.
［2］ 刘介才．工厂供电［M］．北京：机械工业出版社，2010.
［3］ 唐海．建筑电气设计与施工［M］．北京：中国建筑工业出版社，2010.
［4］ 刘介才．供配电技术［M］．北京：机械工业出版社，2000.
［5］ 周希章，等．照明装置的选用、安装与维修［M］．北京：机械工业出版社，2007.
［6］ 谈笑君，尹春燕．变配电所及其安全运行［M］．北京：机械工业出版社，2003.
［7］ 白公．怎样阅读电气工程图［M］．北京：机械工业出版社，2001.
［8］ 劳动和社会保障部中国就业培训技术指导中心组织．变配电室值班电工［M］．北京：中国电力出版社，2003.
［9］ 常大军，常绪滨．高压电工上岗读本［M］．北京：人民邮电出版社，2006.
［10］ 徐滤非．供配电系统［M］．北京：机械工业出版社，2009.
［11］ 张莹．工厂供配电技术［M］．北京：电子工业出版社，2006.
［12］ 刘燕．供配电技术［M］．西安：西安电子科技大学出版社，2007.
［13］ 李军．供配电技术［M］．北京：中国轻工业出版社，2007.
［14］ 朱平．电气控制技术实训［M］．北京：机械工业出版社，2001.
［15］ 朱平．电器（低压·高压·电子）［M］．北京：机械工业出版社，2000.
［16］ 刘介才，戴绍基．工厂供电［M］．北京：机械工业出版社，1999.
［17］ 唐海．建筑电气设计与施工［M］．北京：中国建筑工业出版社，2000.
［18］ 黄为源，苏建军．配电线路典型装置图集［M］．北京：中国电力出版社，2000.
［19］ 俞丽华．电气照明［M］．上海：同济大学出版社，2001.